普通高等学校网络工程专业教材

计算机网络工程
（第2版）

沈鑫剡 叶寒锋 编著

清华大学出版社

北京

内 容 简 介

本书是一本注重于各种类型网络设计方法和过程并培养读者实际网络设计和实施能力的教材。它基于"计算机网络"和"计算机网络安全"课程内容,给出了运用主流网络技术和网络安全技术实现校园网、企业网、大型 ISP 网络、接入网、虚拟专用网、IPv6 网络和物联网的方法和过程。

本书的最大特点在于:一是为读者提供普遍性的计算机网络设计原则;二是详细讨论运用当前主流网络技术和网络安全技术设计、实现各种类型网络的方法和过程;三是在网络设计和实现过程中讨论各种类型网络所面临的安全问题和解决方法,并将安全问题的解决方法融入网络设计和实现过程。以此实现真正让读者具备设计和实现校园网、企业网、大型 ISP 网络、接入网、虚拟专用网、IPv6 网络和物联网的能力的教学目标。

本书以通俗易懂、循序渐进的方式叙述网络设计方法和过程,内容组织严谨、叙述方法新颖,是一本理想的网络工程专业和物联网专业本科生计算机网络工程课程的教材,对于从事计算机网络设计和实施的工程技术人员也是一本非常好的参考书。

图书在版编目(CIP)数据

计算机网络工程/沈鑫剡,叶寒锋编著.—2 版.—北京:清华大学出版社,2021.9(2025.1重印)
普通高等学校网络工程专业教材
ISBN 978-7-302-58042-3

Ⅰ.①计…　Ⅱ.①沈…②叶…　Ⅲ.①计算机网络－高等学校－教材　Ⅳ.①TP393

中国版本图书馆 CIP 数据核字(2021)第 075218 号

责任编辑:袁勤勇
封面设计:常雪影
责任校对:焦丽丽
责任印制:刘　菲

出版发行:清华大学出版社
　　　　　网　　　址:https://www.tup.com.cn,https://www.wqxuetang.com
　　　　　地　　　址:北京清华大学学研大厦 A 座　　　　　邮　　编:100084
　　　　　社 总 机:010-83470000　　　　　　　　　　　　邮　　购:010-62786544
　　　　　投稿与读者服务:010-62776969,c-service@tup.tsinghua.edu.cn
　　　　　质量反馈:010-62772015,zhiliang@tup.tsinghua.edu.cn
　　　　　课件下载:https://www.tup.com.cn,010-83470236
印 装 者:天津鑫丰华印务有限公司
经　　销:全国新华书店
开　　本:185mm×260mm　　印　张:21.25　　　　字　数:513 千字
版　　次:2013 年 9 月第 1 版　　2021 年 9 月第 2 版　　印　次:2025 年 1 月第 3 次印刷
定　　价:59.80 元

产品编号:087004-01

前　言

　　"计算机网络工程"课程的教学目标是培养学生设计和实现各种类型网络的能力。因此，"计算机网络工程"课程的教材应该满足以下要求：一是讨论普遍性的设计原则；二是基于"计算机网络"课程的网络工作原理和联网技术以及"计算机网络安全"课程的网络安全理论、网络安全协议和网络安全技术给出设计并实现校园网、企业网、大型 ISP 网络、接入网、虚拟专用网、IPv6 网络和物联网的方法和过程；三是讨论各种类型网络所面临的安全问题和解决方法。但目前的"计算机网络工程"或"组网工程"课程的教材基本上可分为两类：一类主要讨论网络技术和网络安全技术，大量内容与计算机网络和计算机网络安全教材重叠，较少涉及各种类型网络的设计方法和过程；另一类主要给出一些厂家的网络设备的基本配置过程，没有在具体网络环境下讨论设备配置，也很少涉及各种类型网络的设计和实施过程。这些教材无法真正培养学生运用主流网络技术及网络安全技术设计并实现各种类型网络的能力。

　　本书的特色在于：一是为读者提供普遍性的设计原则；二是详细讨论运用当前主流网络技术和网络安全技术设计和实现各种类型网络的方法和过程；三是在网络设计和实现过程中讨论各种类型网络所面临的安全问题和解决方法，并且将安全问题的解决方法融入网络设计和实现过程；四是将网络设备远程配置和网络管理融入网络设计和实现过程，以此提高网络设备远程配置和网络管理的安全性；五是针对不同网络应用系统需求，给出设计和实现网络存储系统的方法和过程。

　　"计算机网络工程"课程是一门实践性很强的课程，掌握交换机、路由器及网络安全设备配置过程并完成各种类型网络设计和实施过程，对于深入了解网络设计的普遍性原则以及具备在网络设计和实施过程中融入主流网络技术和网络安全技术的能力非常有用。鉴于目前很少有学校可以提供能够完成校园网、企业网、大型 ISP 网络、接入网、虚拟专用网、IPv6 网络和物联网设计和实施实验的网络实验室的现实，我们提供了指导学生利用 Cisco Packet Tracer 和华为 eNSP 软件实验平台完成各种类型网络设计和实施实验的配套实验教材《计算机网络工程实验教程——基于 Cisco Packet Tracer》和《计算机网络工程

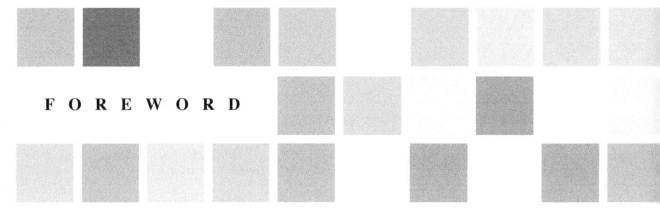

FOREWORD

实验教程 基于华为 eNSP》。Cisco Packct Traccr 和华为 cNSP 软件实验平台的人机界面非常接近实际配置过程,学生通过这两个平台可以完成教材内容涵盖的全部实验,建立与现实网络世界相似的应用环境,真正掌握基于 Cisco设备和华为设备完成校园网、企业网、大型 ISP 网络、接入网、虚拟专用网、IPv6网络和物联网设计、配置和调试过程的方法和步骤。

《计算机网络工程》(第 2 版)在前一版基础上对内容做了以下修改:一是重新梳理了教材内容,使得内容组织更加合理,知识点之间的逻辑性更强,对难点的讨论更加深入和详细;二是根据最新网络技术和网络安全技术对相关类型网络设计和实施过程进行了更新;三是增加了物联网设计方法和实现过程。

作为一本无论在内容组织、叙述方法还是教学目标都和已有"计算机网络工程"课程教材有一定区别的新教材,错误和不足之处在所难免,我们殷切希望使用本书的老师和学生批评指正,也希望读者能够就教材内容和叙述方式提出宝贵建议和意见。

编 者

2021 年 4 月

目　录

CONTENTS

CONTENTS

CONTENTS

CONTENTS

C O N T E N T S

CONTENTS

C O N T E N T S

CONTENTS

第1章 网络系统设计目标和实现过程

企业需要为客户和员工提供多种多样的服务,而网络是企业实现服务的基础。设计和实施一个能够满足各种服务需求的网络系统不是一件容易的事情,必须有一套规范网络系统设计和实施过程的机制与方法。

1.1 网络系统基本单元

网络工程的主要任务是根据应用需求,选择合适的网络系统基本单元,设计并实现满足应用需求的网络系统。因此,了解网络系统基本单元和掌握不同网络系统基本单元的适用场景是设计网络系统的前提。

1.1.1 基本单元组成的网络系统

基本单元组成的网络系统如图 1.1 所示,包含传输网络、互连设备、主机等基本单元。传输网络包括采用不同交换机制和有着不同作用范围的各种网络。互连设备包括网际层互连设备(如路由器)、链路层互连设备(如交换机)和物理层互连设备(如集线器、中继器)等,例如图 1.1 中的设备 R1 是用于实现不同类型传输网络互联的路由器,设备 S1 是用于构成交换式以太网的交换机。主机包括图 1.1 中的终端和服务器。

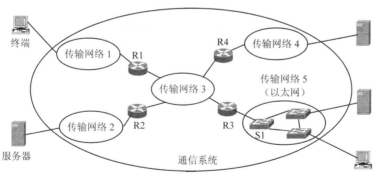

图 1.1　网络系统组成

1.1.2 传输网络

1. 传输网络分类标准

目前存在多种用于分类传输网络的标准。按照交换机制进行分类,可以分为电路交换网络、虚电路交换网络和数据报交换网络;按照作用范围进行分类,可以分为个域网(Personal Area Network,PAN)、局域网(Local Area Network,LAN)、城域网(Metropolitan Area Network,MAN)和广域网(Wide Area Network,WAN);按照功能进行分类,可以分为接入网和核心网;按照传输媒体类型进行分类,可以分为有线网络和无线网络。

2. 不同作用范围的传输网络

1) 各自作用范围

个域网的最大通信距离一般限制在 10m 以内,而且通常采用无线通信方式,目前常见的个域网有蓝牙(Bluetooth)、ZigBee 等。

局域网的作用范围为 2~10km²,而且整个网络分布在某个单位的管辖范围内,因此可以实行自主布线。最常见的局域网是以太网。

城域网的作用范围应该是一个大城市所覆盖的地理范围。由于结点之间的物理链路跨越市区,而且除了类似电信这样的部门,一般单位不可能具有跨市区铺设光缆或电缆的能力,因此城域网往往是类似电信这样的部门组建的公共传输网络,如同步数字体系(Synchronous Digital Hierarchy,SDH)。如果用以太网作为城域网,一般需要向电信购买或租用用于互连以太网交换机的光纤。

广域网的作用范围可以是一个省、一个国家甚至全球。广域网往往是类似电信这样的部门组建的公共传输网络,目前常见的广域网有公共交换电话网(Public Switched Telephone Network,PSTN)、SDH 等。

2) 各自适用场景

个域网主要用于实现可穿戴设备之间的互连、传感器之间的近距离通信,无线外设(如无线鼠标和无线键盘)与主机之间的通信等。

局域网主要用于构建校园网、企业园区网、机关办公网等。

城域网主要用于构建城市主干网,实现散布在同一城市不同地区的校园网各个子网、企业网各个子网、机关办公网各个子网之间的互联等。

广域网用于构建国家主干网,实现散布在全国或全球不同地区的校园网各个子网、企业网各个子网、机关办公网各个子网之间的互联等。

3. 不同交换机制的传输网络

1) 电路交换网络的特点

- 通信前需要建立连接,通信完成后需要释放连接。
- 独占连接经过的物理链路的带宽。
- 由于传输时延和传输速率确定,按需建立的信道适合传输要求时延抖动(时延变化)小的语音和视频数据。
- 传输突发性和间歇性数据会导致信道利用率降低。
- 典型的电路交换网络有 PSTN、SDH 等。

2) 虚电路交换网络的特点

- 通信前需要建立虚电路,通信完成后需要释放虚电路;或者建立永久虚电路,永久虚电路是事先建立且不再释放的虚电路。
- 建立虚电路的过程只是确定虚电路两端之间的传输路径,并不占用传输路径所经过的物理链路的带宽。
- 多条虚电路共享物理链路带宽。
- 如果结点较少且每一个结点的通信对象是固定的,可以在需要通信的结点之间事先建立永久虚电路,因此可以用永久虚电路互连路由器。

- 数据经过虚电路传输时,必须封装成分组形式,分组携带数据所属虚电路的虚电路标识符,分组传输过程中经过的各个分组交换机根据虚电路标识符为分组选择传输路径。
- 由于在建立虚电路时可以充分考虑虚电路的性能要求,并且可以有效控制经过虚电路传输的数据的传输时延和时延抖动,因此虚电路比较适合用于传输语音和视频数据。
- 采用虚电路交换方式的网络不适合作为面向终端间通信的网络。
- 典型的虚电路交换网络有异步传输模式(Asynchronous Transfer Mode,ATM)网、帧中继网等。

3）数据报交换网络的特点

- 不需要连接建立过程,每一个分组独立选择传输路径。
- 数据必须封装成分组形式,分组携带源和目的终端地址,分组传输过程中经过的各个分组交换机根据分组的目的终端地址选择传输路径。
- 由于没有连接建立过程,传输分组前既不了解传输路径的状况,也不可能对经过传输路径的流量进行规划,因此分组的传输时延和传输时延抖动是无法控制的。
- 采用数据报交换方式的网络适合作为面向终端间通信的网络。
- 典型的数据报交换网络有以太网、无线局域网等。

4）电路交换网络应用场景

（1）PSTN 应用场景

电路交换网络按需建立点对点物理链路,建立点对点物理链路的过程分为动态建立过程和手动配置过程。PSTN 实现两个终端之间以及终端与路由器之间通信的过程如图 1.2 所示。PSTN 可以通过信令协议动态建立两个终端之间,或者终端与路由器之间的点对点物理链路,因此可以通过按需建立两个终端之间或终端与路由器之间的点对点物理链路来实现两个终端之间、终端与路由器之间的通信过程。点对点物理链路的传输速率一般不超过 56kb/s。由于 PSTN 是广域网,因此可以实现全国或全球范围内连接在 PSTN 上的两个终端之间或终端与路由器之间的通信过程。在通信过程中,PSTN 一直保持两个终端之间或者终端与路由器之间建立的物理链路。

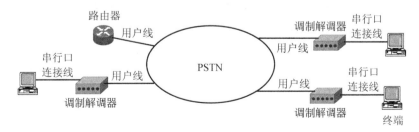

图 1.2　PSTN 实现通信的过程

PSTN 通过用户线连接终端和路由器,因此路由器必须具备连接 PSTN 用户线的接口,这种接口称为 RJ11 标准接口。终端与 PSTN 之间添加调制解调器,调制解调器一端通过 RJ11 标准接口连接 PSTN 用户线,另一端通过 RS-232 标准接口连接串行口连接线。同样,终端也通过 RS-232 标准接口连接串行口连接线。

（2）SDH 应用场景

SDH 实现路由器之间通信的过程如图 1.3 所示。SDH 通常通过手动配置过程建立静态点对点物理链路,因此点对点物理链路两端的设备应该是固定的。点对点物理链路的传输速率最大可以达到 40Gb/s。图 1.3 所示的 SDH 可以通过手动配置提供 3 条用于实现路由器之间互连的、传输速率为 2.5Gb/s(STM-16)的静态点对点物理链路,实现如图 1.4 所示的互联网物理结构。

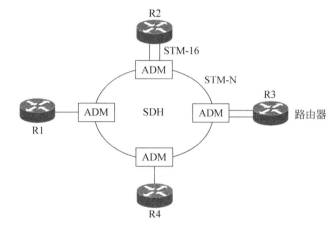

图 1.3　SDH 实现路由器之间通信的过程

图 1.4　互联网结构

分插复用器(Add/Drop Multiplexer,ADM)是实现电路交换的关键设备,通过虚容器(Virtual Container,VC)交换技术,建立路由器之间的点对点电路连接,即静态点对点物理链路。

路由器 POS(Packet over SDH,SDH 直接承载分组方式)模块用于实现路由器和 ADM 之间的物理连接。POS 模块的物理层实现路由器和 ADM 之间的光纤连接。链路层实现点对点协议(Point-to-Point Protocol,PPP)帧的封装和传输过程。路由器之间传输的 IP 分组首先封装成 PPP 帧,经过 SDH 提供的点对点物理链路实现路由器之间的 PPP 帧的传输。

ADM 的结构如图 1.5 所示,从接收到的同步传送模块等级 N(Synchronous Transport Module level-N,STM-N)帧中取出 STM-16 信号发送给路由器,同时将路由器发送给它的 STM-16 信号插入 STM-N 帧中,完成分插操作后的 STM-N 帧被传输给环路上的下一个 ADM。路由器发送和接收的 STM-16 信号在 STM-N 帧结构中的位置在手动建立路由器之间的点对点物理链路时确定。

5）虚电路电路交换网络应用场景

虚电路交换网络实现两个终端之间以及终端与路由器之间通信的过程如图 1.6 所示。

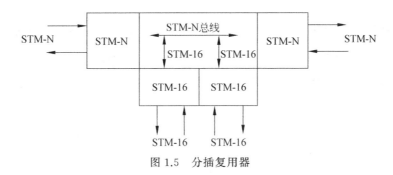

图 1.5　分插复用器

两个终端之间以及终端与路由器之间进行通信前必须先建立虚电路,虚电路根据建立方式可以分为交换虚电路(Switching Virtual Circuit,SVC)和永久虚电路(Permanent Virtual Circuit,PVC)。交换虚电路通过信令协议动态建立,永久虚电路通过手动配置建立。因此,永久虚电路两端的设备通常是固定的。

虚电路是点对点的逻辑链路。建立两个设备之间点对点逻辑链路的过程,是通过在两个设备之间点对点逻辑链路经过的虚电路分组交换设备中创建转发表,从而建立两个设备之间的传输路径。因此,建立两个设备之间的虚电路其实就是建立两个设备之间的点对点传输路径。多条逻辑链路可以共享这些逻辑链路经过的物理链路带宽,这是虚电路交换网络与电路交换网络的本质区别。

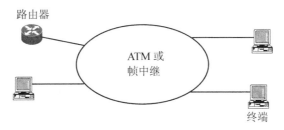

图 1.6　虚电路交换网络实现通信的过程

从电路交换网络发展到虚电路交换网络的原因是,两个设备独占电路交换网络建立的两个设备之间点对点物理链路带宽的方式不适合数据传输网络突发性、间隙性的数据传输模式。但 SDH 这样的电路交换网络所建立的点对点物理链路往往用于实现路由器之间互连,如图 1.4 所示。由于路由器之间的物理链路被多个网络中成千上万对终端之间的传输路径所共享,如图 1.7 所示,因此路由器之间的物理链路往往不是带宽利用率不足,而是带宽不足。

其实,无论是电路交换网络还是虚电路交换网络,由于通信前存在建立点对点物理链路(电路交换网络)或点对点逻辑链路(虚电路交换网络)的过程,通信后存在删除已经建立的点对点物理链路或点对点逻辑链路的过程,因此,它们并不适合通信对象变换频繁的应用场景,而比较适合点对点物理链路或点对点逻辑链路两端设备相对固定的应用场景。也就是说,它们不太适合实现终端之间的通信过程,而比较适合实现如图 1.4 所示的路由器之间的互连。

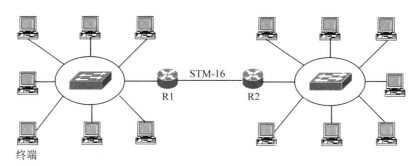

图 1.7　多对终端之间的通信过程共享路由器之间物理链路的带宽

6）数据报交换网络应用场景

（1）以太网

以太网实现终端之间以及终端与路由器之间通信的过程如图 1.8 所示。连接在以太网上的终端和路由器接口需要配置媒体接入控制（Medium Access Control，MAC）地址，交换机需要建立图中所示的转发表（也称 MAC 表），每一个终端只有在获取另一个终端或路由器接口的 MAC 地址后，才能向该终端或路由器接口发送 MAC 帧。两个终端之间传输的MAC 帧中需要给出发送终端的 MAC 地址（源 MAC 地址）和接收终端的 MAC 地址（目的MAC 地址）。

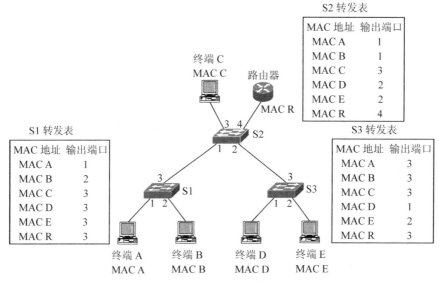

图 1.8　以太网实现通信的过程

与电路交换网络和虚电路交换网络不同，数据报交换网络中的转发表只给出通往目的终端的传输路径，而前者需要建立两个设备之间的点对点物理链路或点对点虚电路。因此，连接 N 个终端的电路交换网络和虚电路交换网络，如果需要实现任何两个终端之间的通信过程，则要建立 $N×(N-1)/2$ 条点对点物理链路或点对点虚电路。连接 N 个终端的数据报交换网络，如果需要实现任何两个终端之间的通信过程，只需要给出通往 N 个终端的传输路径。

（2）IP 数据报交换网络

图 1.9 所示是由路由器互连多个不同类型的传输网络构成的网际网。各个传输网络可以采用不同的交换方式，如传输网络 1 可以是电路交换网络，传输网络 3 可以是虚电路交换网络，传输网络 6 可以是数据报交换网络。但路由器采用数据报交换方式，路由器路由表中给出通往每一个传输网络的传输路径。由于路由器是网际层互连设备且采用数据报交换方式，因此我们也将网际网称为 IP 数据报交换网络。

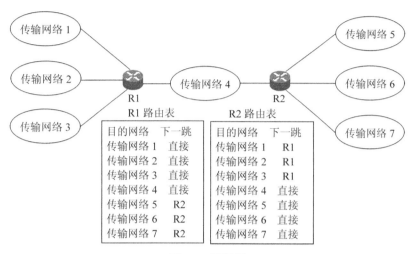

图 1.9　网际网

4. 不同功能的传输网络

构成互联网的传输网络根据功能不同分为接入网络和核心网络。

1）接入网络

接入网络是指用于将家庭终端或家庭局域网连接到 Internet 的网络。按照时间顺序排列，作为接入网络的传输网络有 PSTN、非对称数字用户线（Asymmetric Digital Subscriber Line，ADSL）、以太网和以太网无源光网络（Ethernet Passive Optical Network，EPON）。目前普遍使用的是 EPON。EPON 由以太网发展而来，对于用户来说，EPON 和以太网是等同的。

（1）以太网

用户通过以太网接入 Internet 的过程如图 1.10 所示。中心交换机通过 1Gb/s 传输速

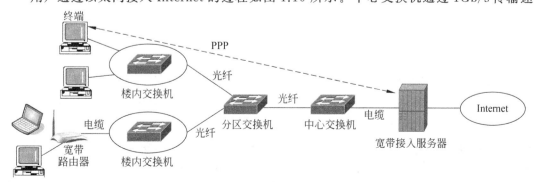

图 1.10　用户通过以太网接入 Internet 的过程

率的以太网链路直接和宽带接入服务器相连,通过光缆构成的 100Mb/s 传输速率的以太网链路连接小区中的分区交换机,而分区交换机也通过光缆构成的 100Mb/s 传输速率的以太网链路连接每一栋楼内的交换机。楼内交换机用电缆接入楼内每一户的终端或宽带路由器,连接楼内用户终端或宽带路由器的以太网链路的传输速率为 10Mb/s。

在终端接入方式下,终端通过 PPPoE 建立用于在宽带接入服务器和终端之间传输 PPP 帧的 PPP 会话,宽带接入服务器通过 PPP 完成对终端的身份鉴别和 IP 地址分配过程。在局域网接入方式下,宽带路由器通过 PPPoE 建立用于在宽带接入服务器和宽带路由器之间传输 PPP 帧的 PPP 会话。宽带接入服务器通过 PPP 完成对宽带路由器的身份鉴别和 IP 地址分配过程。终端通过有线和无线的方式与宽带路由器建立连接,局域网内部终端分配私有地址,由宽带路由器完成网络地址转换(Network Address Translation,NAT)功能。

(2) EPON

用户通过 EPON 接入 Internet 的过程如图 1.11 所示,EPON 中的光线路终端(Optical Line Terminal,OLT)通过无源的光分配网(Optical Distribution Network,ODN)直接连接光网络单元(Optical Network Unit,ONU)。图 1.11 中的 OLT 与图 1.10 中的中心交换机相似,只是 OLT 增加了多个无源光网络(Passive Optical Network,PON)接口。图 1.11 中的 ONU 与图 1.10 中的楼内交换机相似,只是增加了一个 PON 上联端口。ODN 由单个或串接在一起的多个光分路器(Optical Branching Device,OBD)组成,由于 OBD 是无源器件,因此无论是可靠性还是实施的方便性都是以太网无法比拟的。

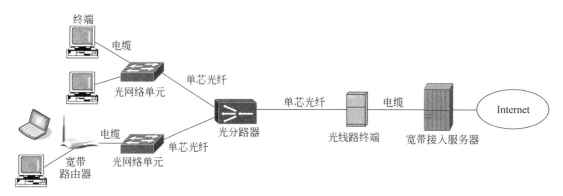

图 1.11　用户通过 EPON 接入 Internet 的过程

终端或宽带路由器与宽带接入服务器之间相互传输 MAC 帧,ONU 与 OLT 之间相互传输 PON 报文,由 ONU 和 OLT 实现 MAC 帧与 PON 报文之间的相互转换过程。因此,终端或宽带路由器同样通过 PPPoE 实现 Internet 接入过程。

EPON 中的网络设备主要有 OLT、ONU 和 OBD。

OLT 是配置多个 PON 接口的交换机,与普通以太网交换机不同的是下联端口(PON 接口)的工作机制。PON 一是通过波分复用在单根光纤上实现全双工通信;二是下行传输方向(OLT 至 ONU 传输方向)采用广播传输方式,每一个 ONU 通过 PON 报文中携带的 ONU 标识符确定自己是否是该 PON 报文的接收端;三是上行传输方向(ONU 至 OLT 传输方向)采用时分多址复用(Time Division Multiple Address,TDMA),各个 ONU 通过分配给它的时隙向 OLT 传输 PON 报文。ONU PON 接口与 OLT PON 接口之间传输 PON

报文,因此终端或宽带路由器与宽带接入服务器之间传输的 MAC 帧只有封装成 PON 报文后,才能经过 ODN 实现 ONU PON 接口与 OLT PON 接口之间的传输过程。

ONU 是带有 PON 上联端口的交换机,一方面通过 PON 端口和 ODN 实现与 OLT 的连接,另一方面通过以太网端口连接终端或宽带路由器。

OBD 实现 1∶N 的光分路功能,N 可以是 4～64。对于下行传输方向,OBD 可以将 OLT 发送的光信号广播给多个 ONU 设备。对于上行传输方向,OBD 可以合成多个 ONU 发送给 OLT 的光信号,当然合成的前提是每一个 ONU 通过分配给它的时隙发送光信号。

2) 核心网络

核心网络(如图 1.12 所示)是指 Internet 服务提供者(Internet Service Provider,ISP)网络。不同级别的 ISP 有着规模和范围不同的 ISP 网络。城市 ISP 网络覆盖一个城市,互连路由器的链路可以是 SDH 建立的点对点物理链路,也可以是 1Gb/s 或 10Gb/s 以太网建立的交换路径。国家 ISP 网络覆盖全国,全球 ISP 网络覆盖全球。互连路由器的链路通常是 SDH 建立的点对点物理链路。不同级别的 ISP 网络有着不同的功能:城市 ISP 网络用于互联接入网和企业园区网,全国 ISP 网络用于互联城市 ISP 网络,全球 ISP 网络用于互联各个国家 ISP 网络。

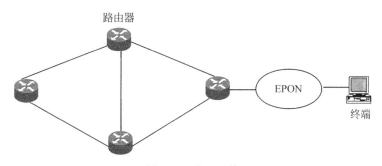

图 1.12 核心网络

5. 不同传输媒体类型的传输网络

传输媒体分为导向传输媒体和非导向传输媒体:导向传输媒体有同轴电缆、光缆和双绞线缆等,非导向传输媒体指自由空间。由导向传输媒体实现信号传播的网络称为有线网络,由非导向传输媒体实现信号传播的网络称为无线网络。

1) 有线网络

以太网、SDH 等都是有线网络,以太网使用的传输媒体主要是双绞线缆和光缆,SDH 使用的传输媒体主要是光缆。

2) 无线网络

无线网络根据其作用范围分为无线个域网、无线局域网、无线城域网和无线广域网等。

(1) 无线个域网

无线个域网的传输距离为 10～100m,目前常见的无线个域网主要有蓝牙和 ZigBee。蓝牙主要用于连接无线设备,如用于主机与无线鼠标之间的连接等。ZigBee 主要用于实现无线传感器网络(Wireless Sensor Network,WSN)。

(2) 无线局域网

无线局域网(Wireless Local Area Network,WLAN)的传输距离为 100m～300m,早期

主要作为以太网的补充,用于在不方便铺设线缆的区域实现终端之间的连接。目前,随着无线局域网传输速率的提高和移动互联网的广泛应用,无线局域网已经成为校园、企业园区、家庭、酒店、广场等场合的主要组网技术。

以无线局域网为主的校园网结构如图 1.13 所示。图中的接入点(Access Point,AP)是瘦 AP,每一个 AP 构建一个基本服务集(Basic Service Set,BSS),这些 AP 通过交换式以太网互联在一起。由无线控制器(Access Controller,AC)自动完成对 AP 的配置过程。为实现 AP 的自动配置过程,需要在 AC 中建立 AP 的配置模板,配置模板中给出 AP 的全部配置信息。瘦 AP 加电后,通过无线接入点控制和配置(Control And Provisioning of Wireless Access Points,CAPWAP)协议的发现过程发现 AC,建立与 AC 之间的隧道。AC 通过与各个 AP 之间的隧道向各个 AP 推送配置模板。

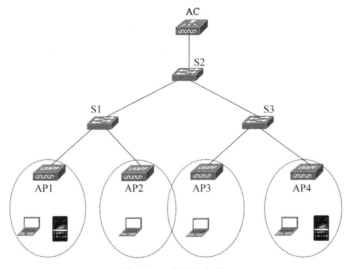

图 1.13　校园网结构

瘦 AP 可以工作在 Local MAC 和 Split MAC 这两种模式下。在 Local MAC 模式下,AC 只完成向瘦 AP 推送配置模板的功能,由瘦 AP 完成对接入终端的身份鉴别、建立与接入终端之间的关联、完成 MAC 帧的转发等过程。在 Split MAC 模式下,瘦 AP 只是完成通过无线局域网发送和接收 MAC 帧的过程,由 AC 完成对接入终端的身份鉴别、建立与接入终端之间的关联、完成 MAC 帧的转发等过程。

WLAN 常用的加密和鉴别机制有 Wi-Fi 保护访问第 2 版(Wi-Fi Protected Access 2,WPA2)和 WPA2 预共享密钥(WPA2 Pre-Shared Key,WPA2-PSK)。

(3) 无线城域网

全球微波接入互操作性(World Interoperability for Microwave Access,WiMAX)是常见的无线城域网,它的传输距离在几千米与几十千米之间。WiMAX 的典型应用如图 1.14 所示,实现移动终端和客户终端设备(Customer Premise Equipment,CPE)的远距离无线接入。图 1.14 中的基站用于完成连接建立、信道分配、调制解调等功能,接入服务网(Access Service Network,ASN)网关作为中继设备一方面与核心服务器一起实现接入用户身份鉴别功能和移动终端等的 IP 地址配置功能,另一方面实现 IP 分组接入服务网与核心服务网之间的转发。

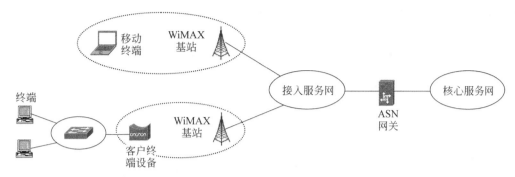

图 1.14　WiMAX 应用

（4）无线广域网

蜂窝移动通信网络是常见的无线广域网，可用于实现全球范围内移动终端之间的通信过程。

1.1.3　互连设备

1. 物理层互连设备

物理层互连设备主要用于实现多段信道之间的连接，这些信道可以由不同类型的传输媒体组成。通过物理层互连设备互连的多段信道对于数据链路层相当于一段单段信道，即物理层互连设备对于数据链路层是透明的。

物理层互连设备的功能有两个：一是实现信号再生；二是实现不同类型信号之间的转换。对于如图 1.15 所示的中继器，如果中继器互连两段同轴电缆，则由中继器完成信号再生功能，即将一端接收到的已经衰减、失真的信号重新还原成初始数字信号后，通过另一端发送出去。如果中继器一端连接同轴电缆，另一端连接光缆，则由中继器完成信号再生和转换功能，即将一端接收到的已经衰减、失真的电信号重新还原成初始电信号，再将电信号转换为光信号后，通过另一端连接的光缆发送出去；或者相反，将一端接收到的已经衰减、失真的光信号重新还原成初始光信号，再将光信号转换为电信号后，通过另一端连接的同轴电缆发送出去。

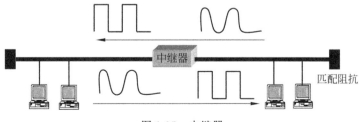

图 1.15　中继器

集线器的功能如图 1.16 所示，将通过某个端口接收到的已经衰减、失真的信号重新还原成初始数字信号后，通过其他端口连接的双绞线缆发送出去。

物理层互连设备互连的多段信道可以传播不同类型的信号，但这些信号表示的二进制位流及二进制位流传输速率都是相同的,即物理层互连设备互连的多段信道统一为数据链路层提供以指定数据传输速率传输二进制位流的功能。

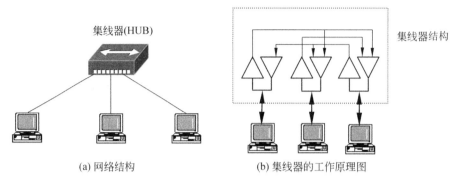

(a) 网络结构   (b) 集线器的工作原理图

图 1.16   集线器互连终端的网络结构和集线器的工作原理图

2. 数据链路层互连设备

1) 以太网交换机

(1) 互连冲突域

最常见的数据链路层互连设备是以太网交换机,采用数据报交换方式转发 MAC 帧。无论是总线型以太网,还是以集线器为物理层互连设备构成的星状或树状以太网,整个以太网是一个冲突域,冲突域内只允许单个终端发送 MAC 帧。冲突域直径(即冲突域内间隔最远的两个结点之间的距离)与 MAC 帧最短长度之间存在相互制约。为提高以太网的传输效率,可将一个大的冲突域分割为若干个小的冲突域,由以太网交换机互连这些冲突域,如图 1.17 所示。属于不同冲突域的终端可以同时发送 MAC 帧,例如进行终端 A 至终端 C MAC 帧传输过程的同时可以进行终端 D 至终端 E MAC 帧的传输过程。通过以太网交换机的存储转发,可以实现属于不同冲突域的终端之间的 MAC 帧传输过程,例如终端 A 与终端 F 之间的 MAC 帧传输过程。

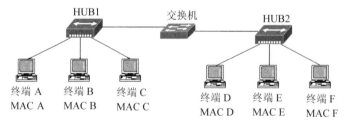

图 1.17   以太网交换机互连冲突域

(2) 交换式以太网

如果每一个交换机端口只连接一个终端,交换机端口与终端之间采用全双工通信方式,且交换机与交换机之间同样采用全双工通信方式(如图 1.18 所示),则以太网中不存在冲突域,所有因为冲突域而引发的问题将不复存在。这样的以太网结构被称为交换式以太网结构,交换式以太网结构已经成为最普遍的以太网结构。在交换式以太网结构中,所有终端可以同时发送 MAC 帧。通过以太网交换机的存储转发,可以实现交换式以太网中任何两个终端之间的 MAC 帧传输过程。

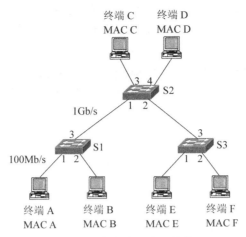

图 1.18　交换式以太网结构

（3）VLAN

交换式以太网是一个广播域。广播操作既浪费带宽,又影响数据传输安全。虚拟局域网(Virtual LAN,VLAN)技术可以将一个物理交换式以太网划分为多个 VLAN,每一个 VLAN 是一个独立的广播域,其包含的终端具有物理地域无关性,即任何一个 VLAN 均可包含交换式以太网中任意的终端组合,如图 1.19 所示的 VLAN 2 和 VLAN 3 包含的终端。VLAN 逻辑上等同于一个独立的以太网,因此它们之间的通信需要经过网络层互连设备,图 1.19 所示的网络结构只能实现属于相同 VLAN 的终端之间的通信过程,属于不同 VLAN 的终端之间无法通信。

2）AP

AP 是一种特殊的数据链路层互连设备,采用数据报交换方式转发 MAC 帧。AP 用于实现无线局域网和以太网互联,因此,它通常具有连接无线信道和以太网的端口,用于分别连接无线局域网和以太网,如图 1.20 所示。无线局域网和以太网是两种不同类型的传输网络,但它们有着许多相同的特性:一是都以 MAC 地址标识结点,使得其中的结点有着统一的地址格式;二是由于结点地址格式相同,比较容易实现 MAC 帧格式之间的转换过程。因此可以由数据链路层互连设备实现这两种不同类型传输网络的互联,而不是按惯例由网际层(或网络层)互连设备实现。

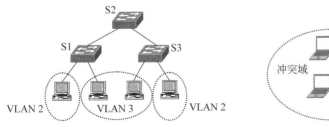

图 1.19　交换式以太网与 VLAN

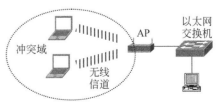

图 1.20　无线局域网与以太网互联

3）ATM 交换机

ATM 交换机是数据链路层互连设备,采用虚电路交换方式转发信元。ATM 交换机和实现 ATM 交换机互连的物理链路构成 ATM 网络,如图 1.21 所示。实现连接在 ATM 网络上的两个结点之间的通信过程前必须先建立这两个结点之间的虚电路,为该虚电路分配唯一标识符(虚电路标识符),建立虚电路与虚电路标识符之间的关联。两个结点之间虚电路经过的各个 ATM 交换机需要建立转发项,通过转发项给出虚电路标识符与两个结点之间虚电路之间的关联。两个结点之间的虚电路用于确定两个结点之间的传输路径。

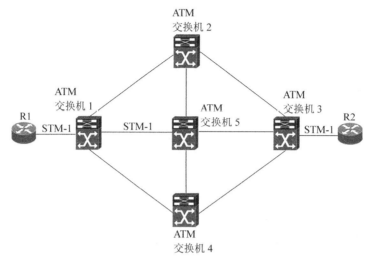

图 1.21　ATM 网络结构

互连 ATM 交换机的物理链路可以是 SDH 建立的点对点物理链路,因此 ATM 网络可以是广域网,用于建立间隔甚远的两个结点之间的虚电路。由于 ATM 网络必须在建立两个结点之间的虚电路后才能实现两个结点之间的通信过程,因此通过 ATM 网络实现通信的结点通常是通信对象相对固定的结点(如路由器),而不是通信对象频繁变换的终端。

3. 网际层互连设备

1)路由器

(1)不同类型传输网络互联

路由器是一种网际层(也称网络层)互连设备,用于实现不同类型传输网络互联。在如图 1.22 所示的互联网结构中,由路由器 R1、R2 和 R3 实现电路交换网络 SDH、虚电路交换网络 ATM 和数据报交换网络以太网互联。路由器采用数据报交换方式转发 IP 分组。

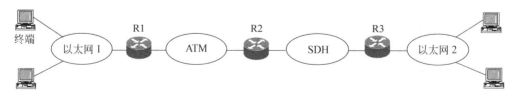

图 1.22　互联网结构

(2)VLAN 互联

每一个 VLAN 相当于一个独立的以太网,因此需要由网际层互连设备实现 VLAN 互联。图 1.23(a)所示是由多端口路由器实现 VLAN 互联的过程,每一个路由器端口连接一个 VLAN,路由器端口连接的交换机端口必须是分配给某个 VLAN 的接入端口。如图 1.23(a)所示,交换机 S2 中必须有两个分别分配给 VLAN 2 和 VLAN 3 的接入端口,这两个接入端口分别连接路由器 R 的两个端口。这样连接分配给 VLAN 2 的接入端口的路由器端口成为连接 VLAN 2 的端口,连接分配给 VLAN 3 的接入端口的路由器端口成为连接 VLAN 3 的端口。为保证所有连接在 VLAN 2 上的终端能够与路由器 R 连接 VLAN 2 的端口相互通信,必须建立所有分配给 VLAN 2 的交换机端口与交换机 S2 中分配给 VLAN 2 的接入端口之间的交换路径。同样,必须建立所有分配给 VLAN 3 的交换机端口与交换机 S2 中分配给 VLAN 3 的接入端口之间的交换路径。

由于交换式以太网中的 VLAN 是动态变化的,因此对于由多端口路由器实现 VLAN 互联的情况,要求实现 VLAN 互联的路由器的端口数也是动态变化的,这会对网络实施过程带来困难。图 1.23(b)所示的单臂路由器实现 VLAN 互联的过程较好地解决了这一问题。这种情况下,交换机 S2 中有一个被 VLAN 2 和 VLAN 3 共享的主干端口(共享端口),输入输出该主干端口的 MAC 帧携带该 MAC 帧所属的 VLAN 的 VLAN ID。路由器只需要单个物理端口,用该物理端口连接交换机 S2 的主干端口。路由器物理端口需要划分为多个逻辑接口,每一个逻辑接口对应一个 VLAN。图 1.23(b)中的路由器物理端口需要划分两个逻辑接口,分别对应 VLAN 2 和 VLAN 3。通过这两个逻辑接口输入输出的 MAC 帧携带该 MAC 帧所属的 VLAN 的 VLAN ID。由于路由器物理端口可以划分任意多个逻辑接口,因此单臂路由器可以实现任意多个 VLAN 互联。单臂路由器实现 VLAN 互联的坏处是,所有 VLAN 间流量都需要经过路由器物理端口与交换机 S2 主干端口之间的物理链路,有可能导致该物理链路过载。

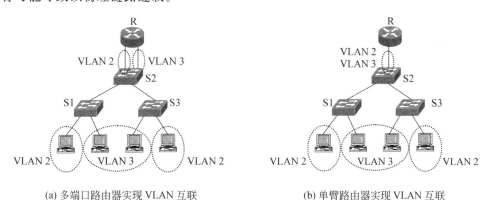

(a) 多端口路由器实现 VLAN 互联　　　　　(b) 单臂路由器实现 VLAN 互联

图 1.23　路由器实现 VLAN 互联的过程

2) 三层交换机

三层交换机是一种新型的交换设备。对于属于同一 VLAN 的终端之间的数据传输过程,三层交换机的作用等同于二层交换机;对于属于不同 VLAN 的终端之间的数据传输过程,三层交换机的作用等同于路由器。因此,图 1.24 所示的网络结构不仅能够实现属于同一 VLAN 的终端之间的通信过程,也能实现属于不同 VLAN

图 1.24　三层交换机实现 VLAN 互联的过程

的终端之间的通信过程。目前校园网和企业园区网通常采用如图 1.24 所示的网络结构。

三层交换机实现 VLAN 间通信时,必须为每一个 VLAN 定义一个 IP 接口,属于某个 VLAN 的所有终端必须建立与该 VLAN 对应的 IP 接口之间的交换路径。对于如图 1.24 所示的三层交换机实现 VLAN 互联的结构,三层交换机 S2 中必须定义分别对应 VLAN 2 和 VLAN 3 的 IP 接口。所有属于 VLAN 2 和 VLAN 3 的终端必须建立与三层交换机 S2 中分别对应 VLAN 2 和 VLAN 3 的 IP 接口之间的交换路径。

1.1.4 主机系统

1. 终端

1) PC 和笔记本电脑

PC 是早期主要的上网终端,正是因为 PC 的发展,使得其走入千家万户,才有了互联网的迅速发展。随着 PC 的发展,其性能越来越好,性价比越来越高,但 PC 无法移动的特性限制了其上网的方便性。

无线局域网的普及和发展,加上笔记本电脑方便携带和自由移动的特性与无线局域网相结合,使得笔记本电脑成为互联网的移动终端,大大提高了上网的便捷性。

2) 智能手机

随着 4G 的普及和 5G 开始商用,智能手机通过无线数据传输网络访问互联网的速率越来越高。无线数据传输网络无处不在的特性和智能手机的便携性相结合使得智能手机可以实现随时随地访问互联网。

智能手机丰富的传感器与随时随地访问互联网的特性使得以智能手机为移动终端的移动互联网得到广泛应用,基于位置的服务(Location Based Services,LBS)等新的应用领域的不断普及和深入使得移动互联网快速发展,智能手机成为最常见的移动互联网终端,移动互联网终端数得到快速增长。

2. 服务器

1) 传统服务器

互联网常见的应用结构是 C/S 结构。如图 1.25 所示,资源存储在服务器中,终端作为客户端。客户端需要访问资源时,向服务器发送访问资源请求,由服务器完成资源检索过程并把检索到的资源发送给客户端。一个服务器可能同时需要响应成千上万个客户端发送的访问资源请求,因此服务器的计算能力和存储能力必须远大于客户端。

图 1.25　C/S 结构

服务器需要选择计算能力和存储能力都较强的设备。根据服务器承担的任务,服务器可以选择计算性能较强的 PC 和外置磁盘阵列;也可选择小型机甚至高性能计算机。由于服务器承担的任务是变化的,因此对服务器计算能力和存储能力的要求不是一成不变的,这就为服务器的选择带来困难。服务器的费用不仅包括购置安装设备的费用,还包括维护运行的费用,较长一段时间需要的维护运行费用可能超过购置安装设备的费用。因此,配置服务器存在以下两个问题:一是由于任务变化导致服务器计算能力和存储能力需求发生变化的问题;二是服务器维护运行费用较高的问题。为解决这两个问题,人们提出了云计算和云存储方案。

2）云计算和云存储

云计算和云存储是基于互联网构建计算池和存储池。计算池和存储池中的计算能力和存储能力非常巨大，用户可以按需申请，而且可以按需改变。一旦为用户分配计算能力和存储能力，就相当于为其配置了具有云计算和云存储分配的计算能力和存储能力的服务器。

云计算和云存储是一种服务，用户只要按照要求支付服务费用，就可享受云计算和云存储分配的计算和存储能力。由于云计算和云存储是由专业服务提供商提供的服务，可靠性和适用性是能够得到保证的，且费用比自己配置、维护和运行服务器低，因此目前安全性要求不是特别高的企业通常采用购买云计算和云存储服务的方式。

1.2　网络系统设计目标

网络系统是为满足应用需求而设计实现的，它通过提供各种服务满足不同的应用需求。因此，网络系统的设计目标是设计一个提供的服务能够满足应用需求的网络系统。

1.2.1　面向服务的网络系统

网络作为基础设施，其功能是提供服务。一个功能完整的网络应用系统需要提供安全、信息资源访问控制、计算、移动和存储服务。

1. 安全服务

安全服务用于保障存储在主机系统中和传输过程中的信息的安全。实现安全服务必须使网络系统具有隔断病毒传播与非法访问途径、抵御各种网络攻击和保障信息安全传输的功能。

2. 信息资源访问控制服务

信息资源访问控制服务用于保证每一个用户只能访问授权访问的信息资源。实现信息资源访问控制服务必须使网络系统具有用户身份鉴别和授权访问控制的功能。

3. 计算服务

计算服务一是保证计算资源之间的数据分布和交换，二是保证基于应用的计算资源分配和调度。实现计算服务必须虚拟化网络系统中的计算资源，能够基于应用动态、透明地分配计算资源。

4. 移动服务

移动服务保证用户在任何地方都能访问网络，允许用户在一定物理区域内漫游。实现移动服务一是必须使网络系统具有无线接入功能，二是必须实现无线网络与有线网络的有机集成。

5. 存储服务

存储服务用于保证用户信息的存储、备份和恢复。实现存储服务必须使网络系统具有分布式存储系统并集成集群和灾难恢复技术。

1.2.2　面向服务的网络系统设计目标

为了使网络系统成为一个面向服务的网络系统，为用户提供安全、信息资源访问控制、计算、移动和存储服务,设计时必须使网络系统满足以下目标。

1. 功能

要保证网络系统是一个功能完善的网络系统,即一是能够实现用户和资源之间的连接;二是具有隔断病毒传播与非法访问途径、抵御各种网络攻击和保障信息安全传输的功能;三是能够根据授权访问机制对用户访问信息资源过程实施控制;四是具有良好的无线接入控制功能;五是能够为用户提供信息存储、备份和恢复功能。

2. 扩展性

扩展性保障网络系统能够根据企业应用的变化和升级进行扩展,而且能够使得这种扩展过程尽量不对现有网络系统产生影响。这就要求设计网络系统时尽量采用分层和模块化结构。

3. 可用性

可用性保障网络系统在遭受攻击或发生意外时仍能提供服务。这就要求设计网络系统时必须集成多种容错技术。

4. 性能

性能保证网络系统具有应用所要求的响应速度和吞吐率。这就要求在设计网络系统时尽量采用综合服务、区分服务等保障服务质量的技术。

5. 可管理性

可管理性保证用户能够对网络系统进行故障管理、计费管理、配置管理、性能管理和安全管理。

6. 效率

效率保证以尽可能低的投资和运营成本设计、实施和维护一个满足用户需求的网络系统。

1.3 网络系统结构

完整的网络系统由数据通信系统、安全系统、存储系统和应用系统等组成。数据通信系统用于实现终端之间以及终端与服务器之间的通信过程。安全系统用于保证网络应用系统的安全。存储系统用于实现数据中心的功能。应用系统用于实现网络系统的服务功能。

1.3.1 数据通信系统

数据通信系统如图 1.26 所示,包括企业园区网、分支网络以及实现企业园区网、分支网络、数据中心和远程终端互联的 Internet。

1. 企业园区网

(1) 分层结构

为增加企业园区网的可扩展性和可管理性,将企业园区网分为接入层、分布层和核心层等三层结构。接入层实现终端的接入控制功能。分布层实现虚拟局域网(Virtual LAN, VLAN)划分、VLAN 间路由和信息交换控制等功能。核心层实现 IP 分组的快速转发和网络容错功能。

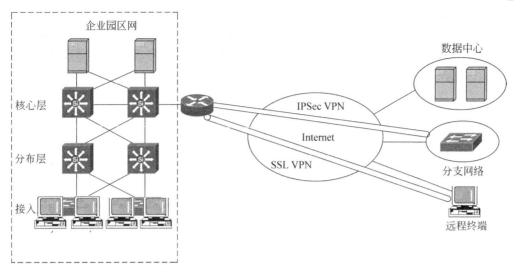

图 1.26　面向服务的网络应用系统结构

（2）可靠性技术

VLAN 内可存在冗余链路，生成树协议（Spanning Tree Protocol，STP）通过阻塞某些交换机端口使整个 VLAN 没有环路。当某条链路或是某个交换机发生故障时，通过重新开通原来阻塞的一些端口，使属于同一 VLAN 的终端之间依然保持连通性，同时又没有形成环路，这样既提高了 VLAN 的可靠性，又消除了环路带来的问题。

每一个终端需要配置默认网关地址，当源终端向位于其他网络中的目的终端发送 IP 分组时，默认网关成为源终端至目的终端传输路径中的第一跳路由器。一旦默认网关发现问题，源终端无法向位于其他网络的目的终端发送 IP 分组。虚拟路由器冗余协议（Virtual Router Redundancy Protocol，VRRP）允许每一个网络连接多个可以作为默认网关的路由器，根据优先级在多个可以作为默认网关的路由器中选择一个路由器作为其默认网关，一旦该路由器发生故障，能够自动选择另一个路由器作为默认网关并自动完成两个路由器之间的功能切换。

链路聚合（Link Aggregation）技术通过聚合交换机之间的多条链路，可以在不进行硬件升级的前提下增加交换机之间的带宽，并且使交换机之间的流量可以均衡分布到多条链路上。同时，多条链路还可以提供容错功能，在若干链路失效的情况下保证交换机之间的连通性。

两个 VLAN 之间允许存在多条 IP 分组传输路径，由路由协议根据优先级为每一个 IP 分组选择传输路径，并且在某条传输路径发生故障的情况下，由路由协议为每一个 IP 分组选择新的传输路径，以此保障两个 VLAN 之间的连通性。

2. 分支网络

企业园区网通过 Internet 实现和其他分支网络的互联。为确保企业园区网和分支网络之间的数据传输安全，采用虚拟专用网（Virtual Private Network，VPN）技术构建面向服务的网络系统。可以通过隧道和 IPSec 技术实现企业园区网和分支网络之间的双向身份鉴别和数据安全传输。

3. 远程终端

远程终端可通过 Internet 访问企业园区网中的信息资源,采用安全套接层(Secure Socket Layer,SSL)VPN 技术实现远程终端的身份鉴别和远程终端与企业园区网之间的安全传输,以此保证远程终端对企业园区网中信息资源的安全访问。

1.3.2 安全系统

1. 安全系统功能

安全系统的功能一是保障两类信息的安全(这两类信息分别是存储在主机系统的信息和经过数据传输系统传输的信息),二是抵御拒绝服务(Denial of Service,DoS)攻击。我们可用两类设备共同实现安全系统功能:一类是传统的网络设备,如交换机、路由器和接入控制设备等;另一类是专职网络安全设备,如主机入侵防御系统、网络入侵防御系统和防火墙等。

2. 传统的网络设备

(1) 交换机

交换机是终端接入设备,具有以下安全功能:一是通过 IEEE 802.1x 或扩展认证协议(Extensible Authentication Protocol,EAP)实施终端接入控制功能;二是通过信任端口机制防止伪造的动态主机配置协议(Dynamic Host Configuration Protocol,DHCP)服务器接入;三是通过 DHCP 侦听或 IP 地址和 MAC 地址绑定机制防止地址解析协议(Address Resolution Protocol,ARP)欺骗攻击;四是通过 IP 地址与端口绑定机制防止源 IP 地址欺骗攻击;五是通过 VLAN 技术控制终端之间的数据传输过程。

(2) 路由器

路由器是实现网络间 IP 分组转发功能的设备,具有以下安全功能:一是通过分组过滤器控制网络间 IP 分组的传输过程;二是通过安全路由功能保证路由项的正确性;三是通过流量管制技术防止黑客实施 DoS 攻击。

3. 专职网络安全设备

(1) 防火墙

防火墙是对网络间数据的传输过程实施控制的设备,具有以下安全功能:一是服务控制功能,通过制订相应的安全策略只允许网络间相互交换与特定服务相关的信息;二是方向控制功能,通过制订相应的安全策略不仅可以将网络之间允许相互交换的信息限制为与特定服务相关的信息,而且可以限制该特定服务的发起端,即只允许网络之间相互交换与由属于某个特定网络的终端发起的特定服务相关的信息;三是用户控制功能,通过制订相应安全策略设定每一个用户的访问权限,对每一个访问网络资源的用户进行身份鉴别并根据鉴别结果确定该用户本次访问的合法性,从而实现对每一个用户每一次访问网络资源过程的控制;四是行为控制功能,通过制订相应安全策略对访问网络资源的行为进行控制,如过滤垃圾邮件、防止 SYN 泛洪攻击等。

(2) 主机入侵防御系统

主机入侵防御系统主要用于检测到达某台主机的信息流和监测对主机资源的访问操作。主机入侵防御系统具有以下安全功能:一是有效抵御恶意代码攻击,通过实时扫描主机中的文件和实时监测主机中运行的进程的行为发现被恶意代码感染的文件并删除恶意代码。通过判别操作的合理性确定是否是攻击行为,通过取消非法操作阻止恶意代码对主机系统造成伤害;二是有效管制信息传输过程,通过对主机发起建立或主机响应建立的 TCP 连接的合法性进行监控和对通过这些 TCP 连接传输的信息进行检测,发现主机中存在的后门或间谍软件并对这些软件的攻击行为进行反制;三是强化对主机资源的保护,通过为主机资源建立访问控制阵列,根据访问控制阵列对主机资源的访问过程进行严格控制,以此实现对主机资源的保护。

（3）网络入侵防御系统

网络入侵防御系统的功能是发现流经网络某段链路的异常信息流,通过对异常信息流实施反制操作,阻止各种攻击行为的发生和进行。异常信息包括包含恶意代码的信息、信息内容与指定应用不符的信息和实施攻击的信息。反制操作包括丢弃封装了异常信息的 IP 分组、释放传输异常信息的 TCP 连接和向用户示警等。

1.3.3 存储系统

1. 存储系统结构

早期的网络系统中并不存在存储系统,数据直接存储在服务器自身配置的存储设备中。由于服务器自身空间的限制,无法配置太多存储设备,因此限制了服务器本身具有的存储容量。这种服务器自身配置存储设备的方式被称为直接附加存储（Direct Attached Storage, DAS）。为提高存储容量并使得多个服务器能够共享存储设备,人们将存储设备从服务器中分离出来,单独成为一个网络构件。如图 1.27 所示,服务器通过两种类型的网络结构与存储设备互连,一种是专用的光纤通道（Fiber Channel, FC）,另一种是普通的 TCP/IP 网络。对于采用光纤通道结构实现服务器和存储设备之间互连的方式,需要服务器和存储设备配置光纤通道接口,用光纤互连存储设备或服务器的光纤通道接口与光纤通道交换机端口,由光纤通道交换机实现服务器与存储设备之间的数据交换过程。对于采用 TCP/IP 网络结构实现服务器与存储设备之间互连的方式,服务器和存储设备等同于普通的网络终端,连接到某个传输网络（如图 1.27 所示的以太网）,服务器和存储设备之间通过 TCP/IP 实现数据交换过程。

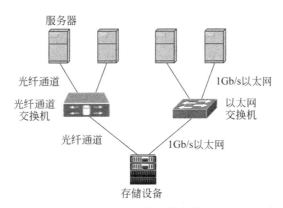

图 1.27 存储系统结构

在图 1.27 所示的存储系统中,服务器通过小型计算机系统接口（Small Computer

System Interface,SCSI)协议访问存储设备,以数据块为单位读写和管理存储设备的方式被称为存储区域网络(Storage Area Network,SAN),采用光纤通道结构实现服务器和存储设备之间互连的方式被称为 FC SAN,采用 TCP/IP 网络结构实现服务器与存储设备之间互连的方式被称为互联网小型计算机系统接口(internet Small Computer System Interface,iSCSI)。采用 TCP/IP 网络结构实现服务器与存储设备之间互连,服务器通过网络文件系统(Network File System,NFS)或通用互联网文件系统(Common Internet File System,CIFS)访问存储设备,以文件为单位读写和管理存储设备的方式被称为网络附加存储(Network Attached Storage,NAS)。

2. 存储系统设备

(1) 存储设备

存储设备由控制器和磁盘阵列组成。控制器的功能是接收服务器发送的命令,完成对磁盘阵列的访问并将访问结果传输给服务器。磁盘阵列由一组硬盘组成,完成数据存储功能。

(2) 光纤通道交换机

光纤通道交换机与以太网交换机相似,属于链路层设备,完成光纤通道对应的链路层帧的转发操作。

(3) 服务器

对于连接在 SAN 上的服务器,需要将对数据块的操作转换成 SCSI 命令并将 SCSI 命令封装成光纤通道对应的链路层帧以传输给存储设备。可以从存储设备发送给它的光纤通道对应的链路层帧中分离出操作结果。

对于连接在 NAS 上的服务器,需要运行 NFS 或 CIFS 应用层进程。可以将存储设备上创建的某个目录加载到自己的目录结构中并对其进行访问。

1.3.4 应用系统

所有网络应用系统一般都包括 Web、E-mail、FTP 等应用,其他应用随网络系统用途而定,如电子商务、VoIP 等。不同应用系统对网络系统中数据传输系统、安全系统和存储系统有着不同的要求,因此设计网络系统时需要采用自上而下的设计方法。首先需要分析应用系统对数据传输系统、安全系统和存储系统的功能和性能要求,同时需要考虑可扩展性和其他制约因素(如技术和资金),最终形成数据传输系统、安全系统和存储系统的设计方案。

1.4 网络系统生命周期

网络系统生命周期是指网络系统从开始构思到最后淘汰的整个过程,一般包括需求分析、规划设计、实施调试和运行维护等阶段。不同规模、不同复杂性和不同应用的网络系统有着不同的生命周期。对于复杂的和运行过程中需求发生变化的网络系统,可能需要多次反复需求分析、规划设计、实施调试和运行维护等阶段。

1.4.1　网络系统生命周期的分类

1. 四阶段周期

四阶段周期将网络系统生命周期分为构思与规划阶段、分析与设计阶段、实施与构建阶段和运行与维护阶段。四阶段周期适用于需求明确、比较简单的网络系统。

2. 五阶段周期

五阶段周期将网络系统生命周期分为需求分析阶段、通信规范分析阶段、逻辑网络设计阶段、物理网络设计阶段和安装与维护阶段。五阶段周期适用于需求比较明确、规模较大、有一定复杂性的网络系统。

3. 六阶段周期

六阶段周期将网络系统生命周期分为需求分析阶段、逻辑网络设计阶段、物理网络设计阶段、设计优化阶段、实施测试阶段和监测与性能优化阶段。六阶段周期侧重于网络系统测试和优化，适用于需求变化频繁、复杂性高、规模大的网络系统。对于需求比较明确、技术途径比较清晰的网络系统，可以简化测试阶段，使网络系统生命周期简化为需求分析、逻辑设计、物理设计、实施、运行和优化这六个阶段。

网络系统设计采用自上而下的设计方法，首先需要确定用户需求、用户希望实现的技术目标和资金限制，对用户已有的网络系统进行评估，给出概念性的网络系统方案并做出预算。然后进行逻辑设计并对逻辑设计进行模拟、分析，在确定逻辑设计能够满足用户需求的前提下，进行物理设计并实施网络系统。最后对网络系统的运行过程进行监控和性能评估，给出性能优化方案并对网络系统进行优化。

1.4.2　需求分析阶段

由于目前网络系统设计大部分是在原有网络系统的基础上进行提升和改造，因此需求分析阶段主要完成以下三方面工作：一是确定用户新的需求；二是对现有网络系统和 IT 人员进行评估；三是制订针对性的改造和培训方案。

1. 确定用户新的需求

需求分析阶段完成的任务是确定用户需求，了解用户对网络系统的设计目标以及用户的资金投入计划、IT 技术人员状况及项目实施时间表等。其中最重要的是确定用户新的需求，并且在综合考虑用户的资金限制和目前的技术限制的前提下，把用户需求转换为网络系统需要实现的网络应用和服务以及网络系统的可用性、可扩展性、可管理性和安全性等技术指标。

2. 现有网络系统和 IT 人员评估

我们需要对现有网络系统的功能和性能进行评估、对网络系统的实施环境进行评估，以及对用户 IT 技术人员的网络系统应用和管理能力进行评估。评估的目的有两个：一是得出现有网络系统的功能和性能与根据新的用户需求确定的网络系统需要实现的网络应用和服务以及网络系统的可用性、可扩展性、可管理性等技术指标之间的差距；二是得出用户 IT 技术人员现有的网络系统应用和管理能力与负责满足新的用户需求的新网络系统所需能力之间的差距。

3. 制订针对性的改造和培训方案

根据评估结果,一是制订现有网络系统的提升和改造方案,二是制订用户 IT 技术人员的培训方案,三是制订网络系统实施环境的电磁屏蔽、电源提供以及设备和线缆位置设置方案。制订方案时必须综合考虑用户的资金限制、目前的技术限制和项目实施时间表。

如果是新建网络系统,梳理、规范和明确用户需求是一件十分困难的工作,需要设计人员熟悉用户业务流程,与用户反复沟通讨论,挖掘整理出用户需求。

1.4.3 逻辑设计阶段

逻辑设计是设计一个能够满足特定功能和性能要求的网络系统,设计过程不涉及实际网络设备。逻辑设计的目的是设计一个实现根据用户需求确定的网络应用和服务并满足根据用户需求确定的可用性、可扩展性、可管理性和安全性等技术指标的网络系统。逻辑设计阶段需要完成以下工作。

- 指定合适的传输网络。
- 指定合适的互连设备。
- 得出正确的网络拓扑结构并验证该网络拓扑结构的功能和性能。
- 完成 IP 地址分配过程。
- 完成安全功能方案设计。

1.4.4 物理设计阶段

物理设计是在逻辑设计过程得出的网络拓扑结构基础上,根据资金限制选择合适的设备厂家和设备型号,根据设备位置和设备之间的距离选择合适的网络设备端口类型。物理设计阶段需要完成以下工作。

- 网络设备清单。
- 网络设备配置清单。
- 能够实施的网络系统设计方案。

1.4.5 实施阶段

实施阶段一是完成布线系统的施工;二是完成网络设备的安装、连接和配置;三是完成应用服务器的安装、调试和配置;四是完成网络设备和线缆的标识和记录。

1.4.6 运行阶段

运行阶段一是维持网络系统的正常运行;二是监测网络系统的性能,验证网络系统是否满足需求分析阶段确定的可用性、可扩展性、可管理性和安全性等技术指标;三是观察网络系统能否支撑用户业务(尤其当业务快速增长时)。

1.4.7 优化阶段

优化阶段一是通过监测网络的性能,发现网络设计过程中存在的缺陷并弥补这些缺陷;二是发现网络系统技术目标与用户业务之间的差距,通过提升和改造网络系统消除这些差距;三是在用户业务发生变化的情况下,通过改进网络系统的功能和性能,使之适应变化后的用户业务。优化是一个持续不断的过程,通过不断改善网络系统的功能和性能,确保网络系统能够支撑用户业务的正常开展。

习题

1.1　分析所在学校校园网的结构和功能并提出改进意见。

1.2　通过分析校园网的功能编写校园设计方案。

1.3　讨论根据用户需求得出网络系统应用方式和技术目标的途径。

1.4　简述网络系统结构及各个子系统的功能。

1.5　简述数据传输系统与安全系统之间的关系。

1.6　简述 DAS、SAN 和 NAS 之间的区别。

第2章 网络系统设计方法

网络系统设计中存在一些共性问题,如 IP 地址分配和聚合、路由协议选择、容错结构设计、安全功能实现等,成功设计网络系统的前提是找出这些共性问题的解决方法。

2.1 分层结构

分层结构是简化复杂系统设计过程的方法。在园区网设计过程中,分层结构可以简化复杂园区网的设计过程,提高园区网的可靠性和可扩展性。

2.1.1 平坦网络结构和分层网络结构

平坦网络结构如图 2.1(a)所示,4 台交换机串接在一起。每一台交换机的作用是相似的,一是实现连接在相同交换机上的终端之间的数据传输功能,二是实现交换机之间的数据传输功能。数据传输过程中需要经过的交换机跳数随着源和目的终端位置的不同而不同。对于图 2.1(a)所示的平坦网络结构,最大跳数为 4。

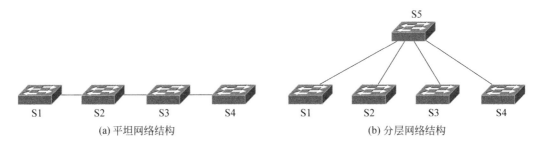

(a) 平坦网络结构　　　　　　　　　　　　　(b) 分层网络结构

图 2.1　交换式以太网结构

分层网络结构如图 2.1(b)所示,交换机根据功能分为两类:一类交换机主要用于实现连接在相同交换机上的终端之间的数据传输功能,如图 2.1(b)中的交换机 S1~S4;另一类交换机主要用于实现交换机之间的数据传输功能,如图 2.1(b)中的交换机 S5。不同功能的交换机位于网络拓扑结构中的不同层次。分层结构的好处有三个:一是固定了数据传输过程中需要经过的交换机跳数,对于如图 2.1(b)所示的分层结构,连接在相同交换机上的终端之间的数据传输过程经过一跳交换机,连接在不同交换机上的终端之间的数据传输过程需要经过三跳交换机;二是通过由不同类型的交换机实现不同类型数据的传输功能,增强了交换机的数据传输能力;三是增强了网络的可靠性,图 2.1(b)中交换机 S5 以外的其他交换机发生故障只能影响该交换机连接的终端与网络中其他终端之间的通信功能。

分层网络结构通过由不同类型的交换机实现不同类型数据的传输功能,将不同类型的交换机放置在网络拓扑结构的不同层次,最大程度地提高网络的功能和性能。

2.1.2　园区网的分层网络结构

1. 三层结构

园区网的网络结构如图 2.2 所示,是由接入层、汇聚层和核心层组成的三层结构。分层设计方法可以降低复杂网络系统的设计难度。分的层次越多,越能把一个复杂的网络系统分解为多个功能相对简单的模块。但分的层次越多,终端之间的传输时延越大。因此,层次数量必须综合考虑复杂网络系统的设计难度和终端之间的最大传输时延。三层结构被证明是平衡复杂网络系统的设计难度和终端之间的最大传输时延的最佳分层结构。

图 2.2 所示的分层网络结构存在三个等级的数据传输区域,每一台交换机构成一个最低等级的数据传输区域,用于实现连接在相同交换机上的终端之间的通信功能。交换机 S1～S4 和交换机 S5～S8 分别构成两个中等等级的数据传输区域,在汇聚层交换机的作用下,用于实现连接在这 4 个交换机上的终端之间的通信功能。交换机 S1～S8 构成最高等级的数据传输区域,在核心层和汇聚层交换机的作用下实现连接在这 8 个交换机上的终端之间的通信功能。完成连接在相同交换机上的终端之间的通信过程需要经过一跳交换机。完成连接在交换机 S1～S4(或交换机 S5～S8)上的终端之间的通信过程最多需要经过三跳交换机。完成连接在交换机 S1～S8 上的终端之间的通信过程最多需要经过五跳交换机。

采用分层网络结构的原因有三个:一是控制流量方便,不同数据传输区域之间的数据传输通路一目了然;二是可扩展性好,对于如图 2.2 所示的园区网结构,增加任何等级的数据传输区域都非常方便;三是数据传输区域划分与路由协议的区域划分一致。

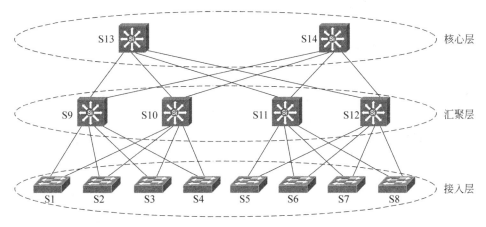

图 2.2　园区网的分层网络结构

2. 接入层

接入层由二层交换机组成,用于直接连接终端。终端的 VLAN 划分过程与汇聚层和核心层设备有关。对于如图 2.2 所示的园区网络结构;如果汇聚层由路由器组成,终端的 VLAN 划分必须局限在单个交换机内,如果汇聚层设备是三层交换机,终端的 VLAN 划分只需要局限在中等等级的数据传输区域内,如交换机 S1～S4;如果核心层设备是三层交换机,终端的 VLAN 划分不受限制。

由于接入层直接连接终端,因此需要由接入层实现终端的接入控制,同时通过配置接入层交换机的安全功能实现对源 IP 地址欺骗攻击、ARP 欺骗攻击和伪造 DHCP 服务器攻击的防御。

3. 汇聚层

汇聚层由路由器或三层交换机组成,一是用于实现 VLAN 间 IP 分组的传输过程,二是用于实现 VLAN 间 IP 分组的传输控制,三是用于管控传输给核心层的流量,四是使得接入层变化不会对核心层发生影响。

汇聚层通过冗余链路使得每一个终端存在两个物理默认网关,通过使用 VRRP 避免终端因为默认网关的单点故障而无法和其他 VLAN 相互通信。构成汇聚层的路由器或三层交换机通过分组过滤和流量管制器对经过汇聚层的流量实施控制和管制。

4. 核心层

核心层是网络流量的最终汇聚点和处理点,因此构成核心层的设备必须具有高带宽和高可靠性的特点。核心层通常通过冗余设计避免单点故障问题。为保证核心层设备能够高速转发分组,一般不在核心层设备进行分组传输控制和流量管控的操作。

5. 设计指南

分层网络结构的设计原则如下。

* 如果园区网接入的终端数有限,可以采用只有接入层或者只具有接入层和汇聚层的分层网络结构。对于大型园区网,采用如图 2.2 所示的三层网络结构。
* 从接入层开始设计,接入层要尽量避免构成环路。
* 汇聚层和核心层的性能取决于经过这两层的流量。
* 网络结构要保持清晰的层次结构。
* 数据传输区域划分要与路由协议的区域划分保持一致。

2.1.3　分层网络结构的优势

分层网络结构具有以下优势。

* 分层网络结构中由于每一层设备的功能明确,因此每一层设备只需要具有该层设备应该具有的功能,避免了设备性能的浪费,总体上节省了网络系统的费用。
* 在分层网络结构中,终端之间的传输延迟是固定的,通过合理划分数据传输区域,可以优化终端之间的传输延迟。
* 在分层网络结构中,数据传输区域之间的物理界限清晰,不仅方便监控数据传输区域之间的流量,而且能够简化网络系统设计和故障管理,容易定位故障。
* 分层网络结构的可扩展性很好,接入层的变化不会影响核心层的结构,接入层、汇聚层和核心层的扩展比较容易。
* 分层网络结构是一种非常容易理解的网络结构。

2.2　编址

为最大可能地减少路由项和 IP 地址浪费,人们引进了无分类编址。无分类编址可以用无分类域间路由(Classless Inter-Domain Routing,CIDR)地址块表示任意有着相同网络前缀的 IP 地址集合。为解决 IPv4 地址短缺问题,人们引进了私有 IP 地址空间和 NAT 技术,使得不同内部网络可以分配相同的私有 IP 地址空间,并且这些内部网络之间可以实现相互通信。

2.2.1 分类编址、VLSM 和 CIDR

1. 分类编址

图 2.3 给出了 IP 地址的分类方法。一般情况所说的 IP 地址是指 IPv4 所定义的 IP 地址，它由 32 位二进制数组成。为方便表示，采用点分十进制表示方式。32 位二进制数分成 4 个 8 位二进制数，每个 8 位二进制数单独用十进制表示（0～255），4 个用十进制表示的 8 位二进制数用点分隔。例如 32 位二进制数表示的 IP 地址 01011101 10100101 11011011 11001001，其点分十进制表示为 93.165.219.201。

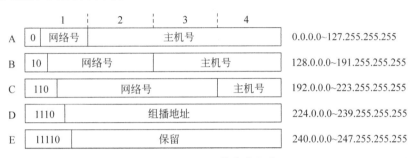

图 2.3 IP 地址的分类方法

IP 是网际协议，是用来实现网络间互联的协议，因此用来标识互联网中终端设备的每一个 IP 地址由两部分组成：网络号和主机号。最高位为 0，表示 A 类地址，用 7 位二进制数标识网络号，24 位二进制数标识主机号。A 类地址中网络号全 0 和全 1 的 IP 地址有特别用途，不能作为普通地址使用。0.0.0.0 表示 IP 地址无法确定，终端没有分配 IP 地址前，可以用 0.0.0.0 作为 IP 分组的源地址。127.X.X.X 是环回地址。在所有类型的 IP 地址中，主机号全 0 和全 1 的 IP 地址也有特别用途，也不能作为普通地址使用。主机号全 0 表示网络号指定网络的网络地址，主机号全 1 表示网络号指定网络的广播地址。例如网络号为 5 的 A 类 IP 地址的范围为 5.0.0.0～5.255.255.255，但 IP 地址 5.0.0.0 用于表示网络号为 5 的网络地址，而 IP 地址 5.255.255.255 作为在网络号为 5 的网络内广播的广播地址。A 类地址的范围是 0.0.0.0～127.255.255.255，但实际能用的网络号是 1～126，每一个网络号下允许使用的主机号（有效主机号数量）=$2^{24}-2$。由此可以看出，A 类地址适用于大型网络。

最高 2 位为 10，表示 B 类地址，用 14 位二进制数标识网络号，16 位二进制数标识主机号。B 类地址中网络号全 0 的 IP 地址有特别用途，不能作为普通地址使用。因此，B 类地址能够标识的网络号为 $2^{14}-1$，每一个网络号下允许使用的主机号=$2^{16}-2$。B 类地址的范围是 128.0.0.0～191.255.255.255，适用于大、中型网络。

最高 3 位为 110，表示 C 类地址，用 21 位二进制数表示网络号，8 位二进制数表示主机号。C 类地址中网络号全 0 的 IP 地址有特别用途，不能作为普通地址使用。因此，C 类地址能够标识的网络号为 $2^{21}-1$，每一个网络号下能够标识的主机号=2^8-2。很显然，C 类地址只适用于小型网络。

A、B、C 三类地址都称为单播地址，用于唯一标识 IP 网络中的某个终端，但任何网络内都有一个主机号全 1 的地址作为该网络内的广播地址。这种广播地址不能用于标识网络内的终端,只能在传输 IP 分组时作为目的地址,表明接收方是网络内的所有终端。

每一个单播 IP 地址具有唯一的网络号,因此对应唯一的网络地址。根据单播 IP 地址求出对应的网络地址的过程如下:根据该 IP 地址的最高字节值确定该 IP 地址的类型,根据类型确定主机号字段位数,清零主机号字段得到的结果就是该 IP 地址对应的网络地址,例如 IP 地址 193.1.2.7 对应的网络地址是 193.1.2.0。

最高 4 位为 1110,表示组播地址,用 28 位二进制数标识组播组,同一个组播组内的终端可以任意分布在 Internet 中。因此,组播组是不受网络范围影响的。

最高 5 位为 11110,表示 E 类地址,目前没有定义。

IP 地址分层(32 位 IP 地址分为网络号和主机号两部分)的目的是希望用一个路由项指出通往该网络内所有终端的传输路径。IP 地址分类的原因是可以对不同规模的网络分配相应类型的 IP 地址,例如对规模很大的网络分配 A 类地址,对规模较大的网络分配 B 类地址,对规模较小的网络分配 C 类地址,使得 IP 地址分配更贴近实际需要。

2. VLSM

一个大型物理以太网往往需要划分为多个 VLAN,由于每一个 VLAN 逻辑上等同于一个独立的网络,因此需要为每一个 VLAN 分配唯一的网络地址。VLAN 的数量和属于某个 VLAN 的终端数都是变化的,用分类编址解决 VLAN 的地址分配问题显得不够灵活和方便。针对这一问题,人们提出了变长子网掩码(Variable Length Subnet Mask,VLSM)编址。

可以将一个分类地址划分为多个子网地址,将原本用于标识主机号的一些二进制位用于标识子网号。为指明用于标识子网号的二进制位,人们引进了子网掩码。子网掩码是一个 32 位的二进制数,它和 IP 地址的表示方法一样,采用点分十进制表示方式,例如点分十进制表示的子网掩码 255.0.0.0,展开成二进制表示为 32 位二进制数 11111111 00000000 00000000 00000000。子网掩码中为 1 的二进制数对应 IP 地址中作为网络号和子网号的二进制数,因此 A 类地址对应的子网掩码的高 8 位必须为 1,B 类地址对应的子网掩码的高 16 位必须为 1,C 类地址对应的子网掩码的高 24 位必须为 1。通过子网掩码可以确定主机号字段中用于标识子网号的二进制数位数,并由此确定允许划分的子网数量和每一个子网可分配的 IP 地址数量。

假如单位分配的 C 类地址是 192.1.1.0,需要将该 C 类地址均匀分配给 6 个子网,那么可以求出每一个子网的主机号字段位数为 $8-3=5$,其中 3 是子网号的位数,是满足 $2^n-2 \geqslant$ 子网数 6 的最小 n 的值。不等式左边之所以减 2,是因为规定子网字段值全 0 和全 1 都不能作为有效子网号。这种情况下,每一个子网对应的子网掩码为 255.255.255.224,6 个子网对应的子网地址分别是 192.1.1.32/255.255.255.224、192.1.1.64/255.255.255.224、192.1.1.96/255.255.255.224、192.1.1.128/255.255.255.224、192.1.1.160/255.255.255.224 和 192.1.1.192/255.255.255.224。每一个子网可分配的 IP 地址数为 $2^5-2=30$。

3. CIDR

无分类编址将 IP 地址结构变为<网络前缀,主机号>,用子网掩码给出网络前缀的位数,网络前缀的位数任意。网络前缀的表示方式与 VLSM 表示网络号的方式相同,可以用子网掩码或数字指定 32 位 IP 地址中网络前缀的位数。有着相同网络前缀的一组 IP 地址被称为 CIDR 地址块。例如 192.1.0.0/21 表示高 21 位相同的 CIDR 地址块,192.1.0.0 是该 CIDR 地址块的起始地址,称为网络前缀地址。该 CIDR 地址块对应的 IP 地址集合是 192. 1.0.0~192.1.7.255,即维持高 21 位不变,低 11 位从全 0 到全 1 的 IP 地址范围。网络前缀和网络号的含义不同,它只是用来表示具有相同网络前缀的一组 IP 地址。

<网络前缀,主机号>这种 IP 地址结构完全取消了原先定义的 A、B、C 三类 IP 地址的概念。N 位网络前缀的 CIDR 地址块可以分配给单个网络,此时 N 位网络前缀是该网络的网络号;也可以分配给多个网络,此时 N 位网络前缀只是用来确定 CIDR 地址块的 IP 地址范围。

值得指出的是,如果某个 CIDR 地址块分配给单个网络,则与分类地址一样,该 CIDR 地址块中主机号全 0 的 IP 地址作为该网络的网络地址,主机号全 1 的 IP 地址作为该网络的直接广播地址。对于任何有效 IP 地址,网络前缀全 0 的 IP 地址作为该 IP 地址的主机地址。

2.2.2 地址分配过程

在图 2.4 所示的互联网结构中,NETi 表示网络,括号中的数字表示该网络要求的有效主机地址数量。为最大程度地减少路由项,分配给这些网络的 IP 地址集合最好构成一个 CIDR 地址块。同样,每一个路由器连接的网络的 IP 地址集合最好也构成一个 CIDR 地址块,这个 CIDR 地址块是总的 CIDR 地址块的子集。

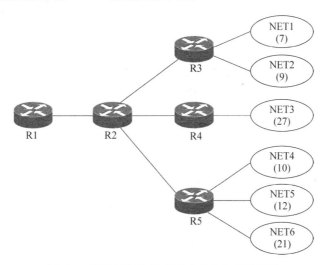

图 2.4 互联网结构及有效主机地址分配原则

由于 NET1 需要的有效主机地址数量＝7,因此求出满足 $2^n \geqslant 7+2$ 的最小 $n＝4$,从而可得出 NET1 需要网络前缀位数为 28 位,主机号字段位数为 4 位的 CIDR 地址块。同样,可得出 NET2 的网络前缀位数为 28 位,NET3 的网络前缀位数为 27 位,NET4 的网络前缀位数为 28 位,NET5 的网络前缀位数为 28 位,NET6 的网络前缀位数为 27 位。

NET1 和 NET2 的 CIDR 地址块可以合并为一个网络前缀位数为 27 位的 CIDR 地址块,NET4 和 NET5 的 CIDR 地址块可以合并为一个网络前缀位数为 27 位的 CIDR 地址块,合并后的 CIDR 地址块又可以和 NET6 的 CIDR 地址块合并为一个网络前缀位数为 26 位的 CIDR 地址块。同样,NET1 和 NET2 合并后的 CIDR 地址块和 NET3 的 CIDR 地址块可以合并为一个网络前缀位数为 26 位的 CIDR 地址块;再进一步,NET1、NET2、NET3 合并后的 CIDR 地址块和 NET4、NET5、NET6 合并后的 CIDR 地址块可以合并为一个网络前缀位数为 25 位的 CIDR 地址块。CIDR 地址块的合并和分解过程如图 2.5 所示。

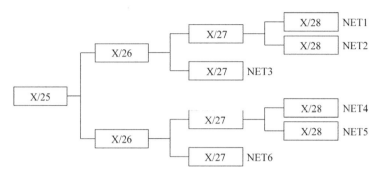

图 2.5　CIDR 地址块的合并和分解过程

假定 X/25＝192.1.2.0/25(IP 地址低 8 位为 0 0000000,其中最高位 0 属于网络前缀), 分解后产生的两个网络前缀为 26 位的 CIDR 地址块分别是 192.1.2.0/26(IP 地址低 8 位为 0 0 000000,其中最高 2 位属于网络前缀)和 192.1.2.64/26(IP 地址低 8 位为 0 1 000000,其中最高 2 位属于网络前缀)。192.1.2.0/26 分解后产生的两个网络前缀为 27 位的 CIDR 地址块分别是 192.1.2.0/27(IP 地址低 8 位为 00 0 00000,其中最高 3 位属于网络前缀)和 192.1.2.32/27(IP 地址低 8 位为 00 1 00000,其中最高 3 位属于网络前缀)。192.1.2.64/26 分解后产生的两个网络前缀为 27 位的 CIDR 地址块分别是 192.1.2.64/27(IP 地址低 8 位为 01 0 00000,其中最高 3 位属于网络前缀)和 192.1.2.96/27(IP 地址低 8 位为 01 1 00000,其中最高 3 位属于网络前缀)。192.1.2.0/27 分解后产生的两个网络前缀为 28 位的 CIDR 地址块分别是 192.1.2.0/28(IP 地址低 8 位为 000 0 0000,其中最高 4 位属于网络前缀)和 192.1.2.16/28(IP 地址低 8 位为 000 1 0000,其中最高 4 位属于网络前缀)。192.1.2.64/27 分解后产生的两个网络前缀为 28 位的 CIDR 地址块分别是 192.1.2.64/28(IP 地址低 8 位为 010 0 0000,其中最高 4 位属于网络前缀)和 192.1.2.80/27(IP 地址低 8 位为 010 1 0000,其中最高 4 位属于网络前缀)。根据分解后产生的各个网络的网络地址和 CIDR 地址块的合并、分解过程,可以得出如图 2.6 所示的各个路由器的路由表。

图 2.6 中的路由器 R1 可以用一个路由项给出通往 6 个网络的传输路径的原因是:6 个网络的 IP 地址集合恰好构成 CIDR 地址块 192.1.2.0/25,且路由器 R1 通往这 6 个网络的传输路径有着相同的下一跳——路由器 R2。同样,由于分配给 NET1 和 NET2 的 IP 地址集合构成 CIDR 地址块 192.1.2.0/27,且路由器 R2 通往这两个网络的传输路径有着相同的下一跳(路由器 R3),因此路由器 R2 可以用一个路由项给出通往这两个网络的传输路径。无分类编址为各个网络分配网络地址的原则是:如果某个路由器通往若干网络的传输路径有着相同的下一跳,则分配给这些网络的 CIDR 地址块可以合并为一个更大的 CIDR 地址块, 使得该路由器可以用一项路由项给出通往这些网络的传输路径。

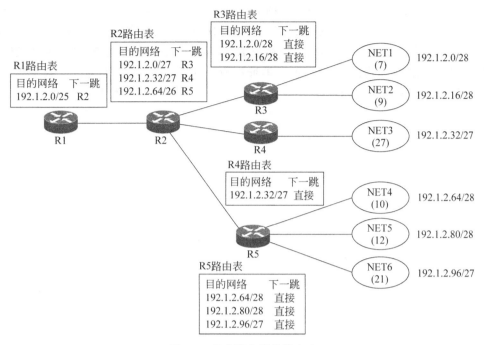

图 2.6　各个路由器的路由表

2.2.3　NAT 和私有地址

1. NAT

如图 2.7 所示,由边界路由器 R 实现内部网络和外部网络的互连,但内部网络和外部网络本身可能是一个复杂的互联网。由于受各种因素的限制,假定内部网络只能识别属于地址空间 192.168.3.0/24 和 172.16.3.0/24 的 IP 地址,外部网络只能识别属于地址空间 202.3.3.0/24 和 202.7.7.0/24 的 IP 地址。某个网络只能识别某个地址空间的含义是:该网络中的路由器只能路由以属于该地址空间的 IP 地址为目的 IP 地址的 IP 分组。如果需要实现终端 A 与终端 B 之间的通信,必须在内部网络为终端 B 分配一个属于地址空间 192.168.3.0/24 或 172.16.3.0/24 的 IP 地址,且内部网络能够将以该 IP 地址为目的 IP 地址的 IP 分组传输给边界路由器 R,边界路由器 R 能够将该 IP 分组转发给外部网络,并且以终端 B 在外

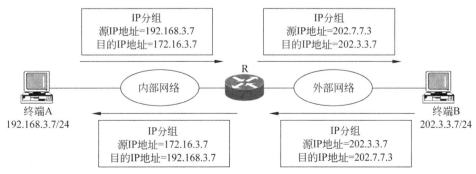

图 2.7　NAT 过程

部网络中的 IP 地址作为该 IP 分组的目的 IP 地址。同样,必须在外部网络为终端 A 分配一个属于地址空间 202.3.3.0/24 或 202.7.7.0/24 的 IP 地址,且外部网络能够将以该 IP 地址为目的 IP 地址的 IP 分组传输给边界路由器 R,边界路由器 R 能够将该 IP 分组转发给内部网络,并且以终端 A 在内部网络中的 IP 地址作为该 IP 分组的目的 IP 地址。这里假定为终端 B 在内部网络分配 IP 地址 172.16.3.7,为终端 A 在外部网络分配 IP 地址 202.7.7.3。这种情况下,总共为终端 A 和终端 B 分配 4 个 IP 地址,即终端 A 在内部网络使用的 IP 地址和终端 A 在外部网络使用的 IP 地址以及终端 B 在内部网络使用的 IP 地址和终端 B 在外部网络使用的 IP 地址。

我们通常将内部网络使用的地址称为本地地址(或私有地址),将外部网络使用的地址称为全球地址,因此将位于内部网络的终端使用的本地地址称为内部本地地址,将位于内部网络的终端使用的全球地址称为内部全球地址,将位于外部网络的终端使用的本地地址称为外部本地地址,将位于外部网络的终端使用的全球地址称为外部全球地址。对于图 2.7 中的终端 A 和终端 B,这 4 个地址如表 2.1 所示。因此,终端 A 发送的目的终端为终端 B 的 IP 分组在内部网络中的源 IP 地址必须是内部网络分配给终端 A 的 IP 地址 192.168.3.7,即内部本地地址。目的 IP 地址必须是内部网络分配给终端 B 的 IP 地址 172.16.3.7,即外部本地地址。该 IP 分组在外部网络中的源 IP 地址必须是外部网络分配给终端 A 的 IP 地址 202.7.7.3,即内部全球地址。目的 IP 地址必须是外部网络分配给终端 B 的 IP 地址 202.3.3.7,即外部全球地址。终端 B 发送的目的终端为终端 A 的 IP 分组在外部网络中的源 IP 地址必须是外部网络分配给终端 B 的 IP 地址 202.3.3.7,即外部全球地址,目的 IP 地址必须是外部网络分配给终端 A 的 IP 地址 202.7.7.3,即内部全球地址。该 IP 分组在内部网络中的源 IP 地址必须是内部网络分配给终端 B 的 IP 地址 172.16.3.7,即外部本地地址,目的 IP 地址必须是内部网络分配给终端 A 的 IP 地址 192.168.3.7,即内部本地地址。

表 2.1   终端 A 和终端 B 的本地和全球地址

内部本地地址 (终端 A 的内部网络地址)	内部全球地址 (终端 A 的外部网络地址)	外部本地地址 (终端 B 的内部网络地址)	外部全球地址 (终端 B 的外部网络地址)
192.168.3.7	202.7.7.3	172.16.3.7	202.3.3.7

边界路由器 R 的网络地址转换(Network Address Translation,NAT)技术是一种对从内部网络转发到外部网络的 IP 分组实现源 IP 地址内部本地地址至内部全球地址的转换和目的 IP 地址外部本地地址至外部全球地址的转换,对从外部网络转发到内部网络的 IP 分组实现源 IP 地址外部全球地址至外部本地地址的转换和目的 IP 地址内部全球地址至内部本地地址的转换的技术。图 2.7 给出了终端 A 和终端 B 之间实现双向通信时边界路由器 R 实现的地址转换过程。

2. 私有地址空间

提出 NAT 的初衷是为解决 IPv4 地址耗尽的问题,NAT 允许不同的内部网络分配相同的私有地址空间,且这些通过公共网络互联的分配相同私有地址空间的内部网络之间可以实现相互通信。实现这一功能的前提是内部网络使用的私有地址空间和公共网络使用的全球地址空间之间不能重叠。为此,IETF 专门留出了三组 IP 地址作为内部网络使用的私有地址空间,公共网络使用的全球地址空间中不允许包含属于这三组 IP 地址的地址空间。

这三组 IP 地址如下所示。

- 10.0.0.0/8
- 172.16.0.0/12
- 192.168.0.0/16

允许多个内部网络使用相同私有地址空间的原因是：内部网络使用的私有地址空间对所有尝试与该内部网络通信的其他网络是不可见的，因此两个使用相同私有地址空间的内部网络相互通信时看到的都是对方经过转换后的全球 IP 地址。

2.3 路由协议选择

在互联网中，路由器通过路由协议建立用于指明通往所有没有与该路由器直接连接的网络的传输路径的动态路由项。根据路由协议交换路由消息和计算最短路径的方式可以将路由协议分为距离向量路由协议和链路状态路由协议。根据路由协议的作用范围可以将路由协议分为内部网关协议和外部网关协议。

2.3.1 路由项分类

1. 直连路由项

图 2.8 中的每一个路由器连接三个网络，为路由器接口配置的 IP 地址和子网掩码确定了该接口所连接的网络的网络地址。如果为路由器 R1 接口 1 配置 IP 地址和子网掩码 192.1.1.254/24，通过对 192.1.1.254 和 255.255.255.0 进行"与"操作，可得到结果 192.1.1.0，因此得出路由器 R1 接口 1 所连接的网络的网络地址是 192.1.1.0/24。同样可以得出路由器 R1 接口 2 所连接的网络的网络地址是 192.1.4.0/30（192.1.4.1 和 255.255.255.252 的"与"操作结果），接口 3 所连接的网络的网络地址是 192.1.5.0/30（192.1.5.1 和 255.255.255.252 的"与"操作结果）。路由器自动给出用于指明通往这些直接连接的网络的传输路径的

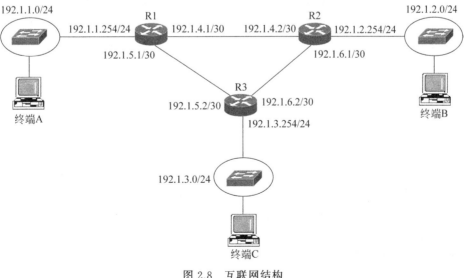

图 2.8 互联网结构

路由项,这些路由项称为直连路由项。在为路由器接口配置 IP 地址和子网掩码后,路由器自动根据接口配置的 IP 地址和子网掩码生成直连路由项。对于路由器 R1,在完成接口的

表 2.2　路由器 R1 的直连路由项

目的网络	输出接口	下一跳
192.1.1.0/24	1	直接
192.1.4.0/30	2	直接
192.1.5.0/30	3	直接

IP 地址和子网掩码配置后,生成如表 2.2 所示的直连路由项。网络地址 192.1.4.0/30 包含 4 个 IP 地址(192.1.4.0~192.1.4.3),其中 192.1.4.0 是网络地址(主机字段为全 0),192.1.4.3 是直接广播地址(主机字段为全 1)。因此,它只包含两个有效 IP 地址 192.1.4.1 和 192.1.4.2。这种类型的网络地址是无分类编址中有效 IP 地址数最少的网络地址,一般用于用点对点链路互连两个路由器的情况。

2. 静态路由项

对于如图 2.8 所示的网络结构,由于终端 B 连接的网络没有和路由器 R1 直接连接,因此路由器 R1 的路由表中没有用于指明通往网络 192.1.2.0/24 的传输路径的直连路由项,在完成 IP 分组从终端 A 至终端 B 的传输过程时,路由器 R1 将因为无法确定通往网络 192.1.2.0/24 的传输路径上的下一跳,而丢弃所有目的 IP 地址属于网络地址 192.1.2.0/24 的 IP 分组。因此,对于所有没有和某个路由器直接连接的网络,该路由器必须生成用于指明通往这些网络的传输路径的路由项,否则将丢弃以连接在这些网络上的终端为目的终端的 IP 分组。对于图 2.8 中的路由器 R1,没有和其直接连接的网络有三个,分别是网络 192.1.2.0/24、192.1.3.0/24 和 192.1.6.0/30。如果路由器 R1 需要转发以属于这些网络地址的 IP 地址为目的 IP 地址的 IP 分组,它必须在路由表中生成用于指明通往这三个网络的传输路径的路由项。如果采用手动配置静态路由项的方式,则首先需要确定路由器 R1 至这三个网络的最短路径,然后求出路由器 R1 至这三个网络的最短路径上的下一跳路由器,以及下一跳路由器连接路由器 R1 的接口的 IP 地址,根据这些信息得出路由器 R1 用于指明通往这三个网络的传输路径的路由项。

对于网络 192.1.2.0/24,路由器 R1 通往该网络的最短路径是 R1→R2→192.1.2.0/24 (传输路径经过的路由器跳数最少),且路由器 R2 连接路由器 R1 的接口的 IP 地址是 192.1.4.2。可以得出用于指明通往网络 192.1.2.0/24 的传输路径的路由项为<192.1.2.0/24,2,192.1.4.2>,其中 192.1.2.0/24 是目的网络的网络地址,2 是输出接口编号,192.1.4.2 是下一跳地址。以同样的方式得出用于指明通往网络 192.1.3.0/24 的传输路径的路由项为<192.1.3.0/24,3,192.1.5.2>。由于路由器 R1 存在两条经过的路由器跳数相同的通往网络 192.1.6.0/30 的传输路径,因此可以在这两条传输路径中任选一条,这里选择传输路径 R1→R2→192.1.6.0/30 作为路由器 R1 通往网络 192.1.6.0/30 的传输路径,并且因此生成路由项<192.1.6.0/30,2,192.1.4.2>。由此可以得出表 2.3 所示的路由器 R1 用于指明通往所有 6 个网络的传输路径的路由项,类型 C 表示是路由器自动生成的直连路由项,类型 S 表示是手动配置的静态路由项。需要强调的是,如果下一跳 IP 地址是 192.1.4.2,则输出接口肯定是路由器 R1 连接网络 192.1.4.0/30 的接口。同样,如果下一跳 IP 地址是 192.1.5.2,输出接口肯定是路由器 R1 连接网络 192.1.5.0/30 的接口。

表 2.3　路由器 R1 的完整路由表

路由项类型	目的网络	输出接口	下一跳	路由项类型	目的网络	输出接口	下一跳
C	192.1.1.0/24	1	直接	S	192.1.2.0/24	2	192.1.4.2
C	192.1.4.0/30	2	直接	S	192.1.3.0/24	3	192.1.5.2
C	192.1.5.0/30	3	直接	S	192.1.6.0/30	2	192.1.4.2

3. 动态路由项

在确定互联网拓扑结构和完成路由器接口 IP 地址和子网掩码配置的前提下,通过在路由器运行路由协议生成的、与互联网拓扑结构一致的、用于指明通往互联网中所有网络的传输路径的路由项称为动态路由项。使用动态路由项这一术语的主要目的是为了区别于手动配置的静态路由项。

（1）路由协议

每一个路由器通过和其他路由器相互交换路由消息,发现与互联网拓扑结构一致的、通往互联网中所有网络的最短路径,并且据此生成用于指明通往互联网中所有网络的最短路径的路由项。路由协议就是一组用于规范路由消息的格式、路由器之间的路由消息交换过程以及路由器对路由消息的处理流程的规则。目前存在多种路由协议,虽然所有路由协议的作用都是为互联网中的每一个路由器找出通往互联网中所有网络的最短路径,但不同路由协议对最短路径的定义以及对路由消息格式和内容的约定等都是不同的。

（2）路径距离

所谓最短路径就是路径距离最小的传输路径,如果某个路由器存在多条通往某个网络的传输路径（如图 2.8 所示,路由器 R1 存在两条通往网络 192.1.2.0/24 的传输路径,一是 R1→R2→192.1.2.0/24,另一条是 R1→R3→R2→192.1.2.0/24）,那么要在这些传输路径中选择路径距离最小的传输路径。路径距离可以是传输路径经过的路由器跳数,也可以是其他衡量传输路径的参数,如传输路径的物理距离、传输路径经过的物理链路带宽等。

如果以传输路径经过的路由器跳数作为传输路径距离,传输路径 R1→R2→192.1.2.0/24 的距离为 1（Cisco 计算跳数时不包含传输路径起始路由器,之后路由协议计算传输路径跳数时与此习惯一致）,传输路径 R1→R3→R2→192.1.2.0/24 的距离为 2。

如果以传输路径经过的物理链路带宽作为传输路径距离,则首先需要定义将带宽换算成代价的计算公式。例如代价＝10^8/带宽,当带宽是 100Mb/s 时,得出代价是 1;当带宽是 10Mb/s 时,得出代价为 10。计算传输路径距离时,需要累计传输路径经过的物理链路的代价和。如果互连 R1 和 R3 以及 R3 和 R2 的物理链路的带宽为 100Mb/s,互连 R1 和 R2 的物理链路的带宽为 10Mb/s,路由器 R2 连接网络 192.1.2.0/24 的物理链路的带宽为 100Mb/s,则传输路径 R1→R2→192.1.2.0/24 的距离为 11,传输路径 R1→R3→R2→192.1.2.0/24 的距离为 3。由于路由协议要求代价必须是整数,因此当物理链路带宽大于 100Mb/s 时,不能使用代价＝10^8/带宽这个计算公式,而是需要为物理链路定义一个能够反映物理链路带宽的距离值。

2.3.2　路由协议分类

可以根据路由协议发现、计算最短路径的方式和路由协议的作用范围分类路由协议。

1. 距离向量路由协议和链路状态路由协议

根据路由协议交换路由消息和计算最短路径的方式可以将路由协议分为距离向量路由协议和链路状态路由协议。

（1）距离向量路由协议

路由协议的功能是在每一个路由器自动生成的直连路由项的基础上，通过路由器之间交换路由消息，使得每一个路由器能够生成用于指明通往互联网中没有和该路由器直接连接的网络的传输路径的路由项。距离向量路由协议要求每一个路由器定期向其相邻路由器公告全部路由项，由于每一项路由项用于指明通往某个网络或网络前缀相同的一组网络的传输路径，因此路由器拥有某项路由项意味着该路由器已经建立通往目的网络字段指定的一个或一组网络的传输路径。当某个路由器接收到相邻路由器公告的路由消息且该路由器没有路由消息中包含的某项路由项时，意味着该路由器可以通过相邻路由器到达该路由项目的网络字段指定的一个或一组网络，可创建一个路由项，目的网络字段值与路由消息中该路由项的目的网络字段值相同，下一跳为相邻路由器连接该路由器的接口的 IP 地址。通过相邻路由器之间不断交换路由消息，最终使互联网中的所有路由器建立用于指明通往互联网中所有没有和该路由器直接连接的网络的传输路径的路由项。之所以将该路由协议称为距离向量路由协议，是因为发送给相邻路由器的路由消息由一组路由项组成且路由项格式为＜目的网络，距离＞。如果某个路由器可以通过多个相邻路由器到达某个网络，则可通过距离值在多条通往某个网络的传输路径中选择距离最短的传输路径。两个路由器相邻意味着这两个路由器存在连接在同一个网络上的接口，这样的接口也称为两个路由器的互连接口。目前常见的距离向量路由协议有路由信息协议（Routing Information Protocol，RIP）和边界网关协议（Border Gateway Protocol，BGP）等。

（2）链路状态路由协议

互联网中的每一个网络必须和某个路由器直接连接，路由器的每一个接口连接一个网络。该网络可以是末端网络，除了该路由器接口，不再连接其他路由器接口；或者是互连路由器网络，两个或以上路由器存在连接该网络的接口（一组存在连接在同一个网络上的接口的路由器称为相邻路由器）。每一个路由器可以通过一组链路状态表示接口所连接的网络，链路状态用＜Router ID，Neighbor，Cost＞表示，其中 Router ID 是某个路由器标识符，通常用该路由器其中一个接口的 IP 地址作为该路由器标识符。如果某个接口连接的是末端网络，Neighbor 是该网络的网络地址。如果某个接口连接的是互连路由器网络，Neighbor 是相邻路由器连接互连路由器网络的接口的 IP 地址。Cost 是根据路由器连接该网络的接口的带宽计算出的代价。每一个路由器通过一组链路状态表示与该路由器直接连接的网络的信息。当互联网中的某个路由器获得所有其他路由器的链路状态信息时，就可构建互联网的拓扑结构并在此基础上计算出该路由器到达所有网络的最短路径。目前常见的链路状态路由协议有开放最短路径优先（Open Shortest Path First，OSPF）等。

2. 内部网关协议和外部网关协议

在一个大型互联网中，无数个网络和互联网络的路由器被划分成多个自治系统

（Autonomous System，AS），每一个自治系统通常由单一管理部门负责管理，运行相同的路由协议。但自治系统不是孤岛，必须由设备将自治系统互联在一起，这种用于互联自治系统的设备称为自治系统边界路由器（Autonomous System Boundary Router，ASBR）。这样一来，两个不属于同一自治系统的终端之间的传输过程涉及两个层次的传输路径，一是连接源终端所在网络的路由器如何找到一条通往连接源终端所在自治系统的自治系统边界路由器的传输路径，二是连接源终端所在自治系统的自治系统边界路由器如何找到一条通往连接目的终端所在自治系统的自治系统边界路由器的传输路径。前一条传输路径是由属于同一自治系统的路由器构成，后一条传输路径是由互连不同自治系统的自治系统边界路由器构成，如图 2.9 所示。我们把用于建立第一条传输路径的路由协议称为内部网关协议（Interior Gateway Protocol，IGP），而将用于建立第二条传输路径的路由协议称为外部网关协议（External Gateway Protocol，EGP）。常用的内部网关协议有 RIP、OSPF 等，外部网关协议有 BGP 等。

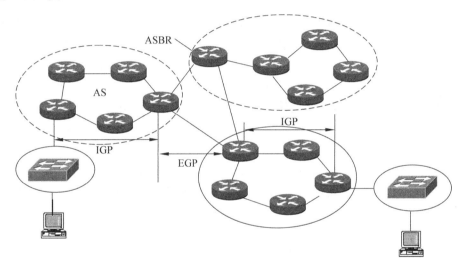

图 2.9 两层传输路径

2.3.3 RIP

RIP 是一种基于距离向量的路由协议，在路由器通过配置接口的 IP 地址和子网掩码自动生成的直连路由项的基础上，通过相邻路由器之间不断交换路由消息，最终在所有路由器中建立通往所有网络的最短路径。

1. RIP 创建路由表的过程

（1）建立直连路由项

为图 2.8 中路由器 R1、R2 和 R3 的每一个接口配置 IP 地址和子网掩码后，路由器 R1、R2 和 R3 路由表中自动生成表 2.4～表 2.6 所示的直连路由项，直连路由项的距离为 0 表示直连路由项经过的路由器跳数为 0。

表 2.4 路由器 R1 的直连路由项

类型	目的网络	输出接口	距离	下一跳
C	192.1.1.0/24	1	0	直接
C	192.1.4.0/30	2	0	直接
C	192.1.5.0/30	3	0	直接

表 2.5　路由器 R2 的直连路由项

类型	目的网络	输出接口	距离	下一跳
C	192.1.2.0/24	1	0	直接
C	192.1.6.0/30	2	0	直接
C	192.1.4.0/30	3	0	直接

表 2.6　路由器 R3 的直连路由项

类型	目的网络	输出接口	距离	下一跳
C	192.1.3.0/24	1	0	直接
C	192.1.5.0/30	2	0	直接
C	192.1.6.0/30	3	0	直接

(2) 定期交换路由消息

路由器 R1 分别与 R2 和 R3 相邻,因此它们定期相互交换路由消息。路由器 R2 发送给路由器 R1 的路由消息为{(192.1.2.0/24,0)(192.1.6.0/30,0)(192.1.4.0/30,0)192.1.4.2},其中包含路由器 R2 的全部直连路由项和路由器 R2 连接路由器 R1 的接口的 IP 地址,直连路由项(192.1.2.0/24,0)中的 192.1.2.0/24 是目的网络,0 是路由器 R2 通往目的网络 192.1.2.0/24 的传输路径的距离。由于路由器 R1 没有与网络 192.1.2.0/24 和网络 192.1.6.0/30 直接连接,且通过路由器 R2 发送的路由消息获知,路由器 R2 能够到达这些网络,因此,路由器 R1 发现经过路由器 R2 到达这些网络的传输路径并在路由表中创建用于指明通往网络 192.1.2.0/24 和 192.1.6.0/30 的传输路径的路由项。对于路由器 R1,通往网络 192.1.2.0/24 和 192.1.6.0/30 的传输路径上的下一跳是路由器 R2,下一跳 IP 地址是路由消息给出的路由器 R2 连接路由器 R1 的接口的 IP 地址 192.1.4.2。路由器 R1 增加用于指明通往网络 192.1.2.0/24 和 192.1.6.0/30 的传输路径的路由项后的路由表如表 2.7 所示,表中用 R 表示路由项类型是路由协议 RIP 创建的动态路由项。距离 1 是路由器 R1 到达网络 192.1.2.0/24 的传输路径经过的路由器跳数,由于路由器 R2 到达网络 192.1.2.0/24 的传输路径的距离为 0,而路由器 R1 到达网络 192.1.2.0/24 的传输路径是路由器 R1 至路由器 R2 传输路径+路由器 R2 到达网络 192.1.2.0/24 的传输路径,因此需要在路由器 R2 到达网络 192.1.2.0/24 的传输路径的距离上加 1。

同样,路由器 R3 向路由器 R1 发送路由消息{(192.1.3.0/24,0)(192.1.5.0/30,0)(192.1.6.0/30,0)192.1.5.2},路由器 R1 根据路由器 R3 发送的路由消息生成用于指明通往网络 192.1.3.0/24 和 192.1.6.0/30 的传输路径的路由项。由于路由器 R1 的路由表中已经存在用于指明通往网络 192.1.6.0/30 的传输路径的路由项,根据最短路径原则,路由器 R1 选择距离最小的路由项作为最终路由项。在两项路由项距离相等的情况下,路由器 R1 任选一项路由项作为最终路由项,路由器 R1 生成的完整路由表如表 2.8 所示。同样路由器 R1 也向路由器 R2 和 R3 发送路由消息,在建立表 2.8 所示的完整路由表后,路由器 R1 发送给路由器 R2 和 R3 的路由消息分别为{(192.1.1.0/24,0)(192.1.4.0/30,0)(192.1.5.0/30,0)(192.1.2.0/24,1)(192.1.3.0/24,1)(192.1.6.0/30,1)192.1.4.1}和{(192.1.1.0/24,0)(192.1.4.0/30,0)(192.1.5.0/30,0)(192.1.2.0/24,1)(192.1.3.0/24,1)(192.1.6.0/30,1)192.1.5.1},两个路由消息中不同的是用于作为下一跳路由器地址的 IP 地址。路由器 R2 和 R3 也根据路由器 R1 发送的路由消息创建路由项。经过路由器之间多次相互交换路由消息,路由器 R1、R2 和 R3 最终生成用于指明通往所有网络的传输路径的路由项。此时各个路由器的路由表已经收敛。

表 2.7　路由器 R1 的路由表

类型	目的网络	输出接口	距离	下一跳
C	192.1.1.0/24	1	0	直接
C	192.1.4.0/30	2	0	直接
C	192.1.5.0/30	3	0	直接
R	192.1.2.0/24	2	1	192.1.4.2
R	192.1.6.0/30	2	1	192.1.4.2

表 2.8　路由器 R1 的完整路由表

类型	目的网络	输出接口	距离	下一跳
C	192.1.1.0/24	1	0	直接
C	192.1.4.0/30	2	0	直接
C	192.1.5.0/30	3	0	直接
R	192.1.2.0/24	2	1	192.1.4.2
R	192.1.6.0/30	2	1	192.1.4.2
R	192.1.3.0/24	3	1	192.1.5.2

2. 距离向量路由协议的特性

（1）周期性广播全部路由项

每一个路由器必须向其相邻路由器定期发送路由消息,由于无法确定某个路由器接口连接的网络中存在哪些相邻路由器,因此路由器在某个接口连接的网络上广播路由消息。路由消息中给出该路由器的全部路由项,发送路由消息的间隔时间决定收敛时间和路由消息传输开销。减小发送路由消息的间隔时间会减小收敛时间,但会增加路由消息的传输开销,容易导致网络发生拥塞;加大发送路由消息的间隔时间会增加收敛时间,但会减少路由消息的传输开销。

（2）容易发生路由环路

由于每一个路由器根据相邻路由器发送的路由消息生成路由项,因此有可能导致路由环路。路由环路是指一条成环的传输路径,例如图 2.8 中,路由器 R1 通往某个特定网络的传输路径的下一跳是路由器 R2,路由器 R2 通往该网络的传输路径的下一跳是路由器 R3,路由器 R3 通往该网络的传输路径的下一跳是路由器 R1。这种情况下,各个路由器通往该网络的传输路径构成环路。

（3）实时性差

当网络拓扑结构发生变化时,重新收敛各个路由器的路由表的时间较长。

（4）设置触发机制

除了周期性发送路由消息,必须在发现有路由项发生改变的情况下,立即向其相邻路由器发送路由消息,以此加快相邻路由器路由表的收敛速度。

（5）设置无效定时器

如果某项路由项根据相邻路由器发送的路由消息创建,则当该相邻路由器发生故障时,该路由项应该无效。无效定时器用于确定没有接收到该相邻路由器发送的路由消息的最长时间间隔。如果在无效定时器规定的时间间隔内,一直没有接收到该相邻路由器发送的路由消息,则可以断定该相邻路由器已经发生故障。这个时间间隔一般是 3× 相邻路由器路由消息的发送周期。

2.3.4　OSPF

OSPF 协议是一种链路状态路由协议,它将路由器每一个接口连接的网络称为链路,路由器通过和相邻路由器交换 Hello 报文确定每一条链路的状态。在确定所有链路状态后,构建链路状态通告(Link State Advertisement,LSA),通过泛洪链路状态通告将自身链路状态通告给互联网中的所有其他路由器。每一个路由器在接收到互联网中所有其他路由器泛洪的链路状态通告后,建立链路状态数据库。链路状态数据库精确描述了互联网拓扑结构,互联网中每一个路由器建立的链路状态数据库是相同的,每一个路由器根据链路状态库构建的以自身为根的最短路径树是一致的。每一个路由器可以根据自身为根的最短路径树构建路由表。

1. OSPF 创建路由表的过程

(1) 建立各个路由器的链路状态

为图 2.8 中路由器 R1、R2 和 R3 的每一个接口配置 IP 地址和子网掩码后,路由器 R1、R2 和 R3 之间通过交换 Hello 报文获得每一个接口所连接的链路的状态。表 2.9 是每一个路由器建立的链路状态。Cost 字段是根据路由器接口带宽换算出的代价,换算公式为 Cost=10^8/接口传输速率,这里假定路由器 R1 连接路由器 R2 的链路的传输速率为 10Mb/s,其他链路的传输速率为 100Mb/s。

表 2.9 路由器的链路状态

Router ID	Neighbor	Cost
路由器 R1 的链路状态		
R1	192.1.1.0/24	1
R1	192.1.4.2(R2)	10
R1	192.1.5.2(R3)	1
路由器 R2 的链路状态		
R2	192.1.2.0/24	1
R2	192.1.4.1(R1)	10
R2	192.1.6.2(R3)	1
路由器 R3 的链路状态		
R3	192.1.3.0/24	1
R3	192.1.5.1(R1)	1
R3	192.1.6.1(R2)	1

(2) 泛洪链路状态

每一个路由器将自身链路状态封装成链路状态通告后,以泛洪方式传输给互联网中的所有其他路由器。泛洪方式传输过程如下:始发路由器通过所有接口广播链路状态通告,某个路由器接收到链路状态通告后,首先向广播该链路状态通告的路由器发送确认应答,然后判别是否已经接收过该链路状态通告。如果是第一次接收该链路状态通告,从除接收该链路状态通告接口以外的所有其他接口广播该链路状态通告。如果已经接收过该链路状态通告,丢弃该链路状态通告。链路状态通告中包含始发路由器的标识符和序号,路由器每发送一个新的链路状态通告就递增序号,序号最大的链路状态通告是始发路由器发送的最新的链路状态通告。某个路由器接收到某个始发路由器发送的链路状态通告后,判别该链路状态通告中携带的序号是否大于该路由器为始发路由器保留的序号。如果条件成立,将链路状态通告携带的序号作为为始发路由器保留的序号,表明该路由器第一次接收到该链路状态通告。如果条件不成立,表明路由器已经接收过该链路状态通告。图 2.10 给出了路由器 R1 的泛洪链路状态通告过程,当路由器 R3 接收到路由器 R2 转发的链路状态通告时,由于路由器 R2 已经接收过路由器 R1 发送的链路状态通告,且这两个链路状态通告的始发路由器和序号都相同,因此路由器 R3 丢弃路由器 R2 转发的链路状态通告。

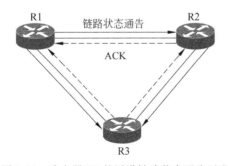

图 2.10 路由器 R1 的泛洪链路状态通告过程

（3）构建链路状态数据库

当所有路由器泛洪自身链路状态后，互联网中的每一个路由器建立表 2.9 所示的链路状态库，该链路状态库描述了互联网的拓扑结构。

（4）计算最短路径树

下面以构建路由器 R1 为树根的最短路径树为例，讨论根据链路状态库构建最短路径树的算法。令 $D(v)$ 为源结点（路由器 R1）到达结点 v 的距离，它是从源结点沿着某一路径到达结点 v 所经过的链路的代价之和，$L(i,j)$ 为结点 i 至结点 j 的距离。

① 以 R1 为树根，求出各个结点和根结点之间距离。

$$D(v)=\begin{cases}L(R1,v) & \text{若结点 v 与 R1 直接相连}\\ \infty & \text{若结点 v 与 R1 不直接相连}\end{cases}$$

② 找出与根结点距离最短的结点（假定为结点 w），将该结点连接到以 R1 为根的树上并重新对剩下的结点计算到达根结点的距离 $D(v)=\text{MIN}\{D(v),D(w)+L(w,v)\}$。

③ 重复步骤②，直到所有结点都连接到以源结点为根的树上。

表 2.10 给出了构建以路由器 R1 为根的最短路径树的每一步。将根 R1 连接到最短路径树上，R1 到达自身的距离为 0。找出与 R1 直接连接的结点和网络，将其放入备份结点和网络中。根据表 2.9 所示的链路状态库，与 R1 直接连接的结点和网络有 R2、R3 和 192.1.1.0/24，距离分别是 10、1 和 1。选择距离最小的结点或网络直接连接到根结点上。

表 2.10　以路由器 R1 为根的最短路径树生成过程

最短路径树	备份结点和网络	说　明
（R1,R1,0）	（R1,192.1.1.0/24,1） （R1,R2,10） （R1,R3,1）	从备份结点和网络中选择到达 R1 距离最短的结点或网络连接到根结点上，第一步选择网络 192.1.1.0/24
（R1,R1,0） （R1,192.1.1.0/24,1）	（R1,R2,10） （R1,R3,1）	选择 R3 连接到根结点上
（R1,R1,0） （R1,192.1.1.0/24,1） （R1,R3,1）	（R1,R2,2），根据（R3,R2,1）计算出 R2 到达 R1 的距离为 2 （R1,192.1.3.0/24,2），根据（R3,192.1.3.0/24,1）计算出网络 192.1.3.0/24 到达 R1 的距离为 2	根据 R3 重新计算各个结点和网络到达 R1 的距离，选择网络 192.1.3.0/24 连接到最短路径树的 R3 分枝上
（R1,R1,0） （R1,192.1.1.0/24,1） （R1,R3,1） （R3,192.1.3.0/24,1）	（R1,R2,2）	选择 R2 连接到最短路径树的 R3 分枝上
（R1,R1,0） （R1,192.1.1.0/24,1） （R1,R3,1） （R3,192.1.3.0/24,1） （R3,R2,1）	（R1,192.1.2.0/24,3），根据（R3,R2,1）和（R2,192.1.2.0/24,1）计算出网络 192.1.2.0/24 到达 R1 的距离为 3	根据 R2 重新计算各个结点和网络到达 R1 的距离，将网络 192.1.2.0/24 连接到最短路径树的 R2 分枝上

选择将结点 R3 直接连接到根结点后，重新计算各个结点和网络到达根结点的距离，计算出 R2 经过 R3 到达根结点的距离为 2（$D(2)=D(3)+L(3,2)=1+1=2$）。由于 R2 直接到达 R1 的距离大于 R2 经过 R3 到达 R1 的距离，因此结点 R2 必须连接到最短路径树的

R3 分支上。经过表 2.10 所示的步骤,最终生成如图 2.11 所示的以路由器 R1 为根的最短路径树。根据如图 2.11 所示的最短路径树,得出表 2.11 所示的路由器 R1 的路由表,类型为 O 的路由项是由路由协议 OSPF 创建的动态路由项。

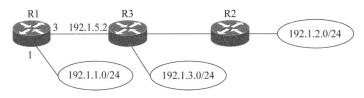

图 2.11 以路由器 R1 为根的最短路径树

表 2.11 路由器 R1 的完整路由表

类型	目的网络	输出接口	距离	下一跳	类型	目的网络	输出接口	距离	下一跳
C	192.1.1.0/24	1	0	直接	O	192.1.2.0/24	3	3	192.1.5.2
C	192.1.4.0/30	2	0	直接	O	192.1.3.0/24	3	2	192.1.5.2
C	192.1.5.0/30	3	0	直接					

2. OSPF 路由协议的特性

(1) 适合层次网络结构

OSPF 允许将一个大型互联网划分为多个区域,每一个区域分配一个区域标识符,LSA 只在同一个区域内泛洪。这些区域中存在一个区域标识符为 0 的主干区域,所有其他区域必须通过区域边界路由器连接到主干区域。OSPF 的区域划分功能非常适合层次网络结构,图 2.12 所示是三层网络结构和对应的 OSPF 区域划分。接入层由二层交换机组成,不包含路由设备。汇聚层路由器连接的网络被分为多个区域,核心层路由器构成主干区域,连接汇聚层路由器的核心层路由器作为区域边界路由器。图 2.12 所示的 OSPF 区域划分极大地减少了 LSA 流量和路由器构建最短路径树的计算量。

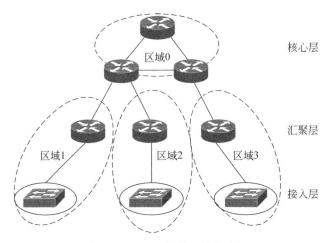

图 2.12 OSPF 划分区域的过程

（2）快速收敛

通过互联网中各个路由器泛洪链路状态通告，每一个路由器很快建立链路状态库，并且根据链路状态库构建以自己为根的最短路径树。

（3）消除路由环路

由于每一个路由器有着相同的链路状态库并根据链路状态库构建以自己为根的最短路径树，因此各个路由器根据以自己为根的最短路径树生成的路由表是不会产生路由环路的。

（4）实时性好

一旦某个路由器的链路状态发生变化，该路由器就通过泛洪链路状态通告及时向互联网中的所有其他路由器通报这种变化，使得其他路由器能够及时更新链路状态库并重新构建以自己为根的最短路径树。

（5）实现负载均衡

由于每一个路由器具有描述互联网拓扑结构的链路状态库，可以计算出到达某个特定网络的所有传输路径，并且根据流量分配策略将传输给该特定网络的流量分配到多条不同的传输路径上。

（6）传输开销较大

由于每一个路由器需要将自己的链路状态封装成链路状态通告并以泛洪方式将链路状态通告传输给互联网中的所有其他路由器，因此这种传输链路状态通告的方式会给网络增加较多流量。

（7）计算复杂度高

根据链路状态库构建以自己为根的最短路径树的算法是一种计算复杂度很高的算法，因此每一个路由器根据链路状态库构建以自己为根的最短路径树的过程会占用路由器大量的计算能力，会对路由器转发 IP 分组的能力造成影响。

2.3.5　BGP

1. 分层路由的原因

图 2.13 是由三个自治系统组成的互联网结构，每一个自治系统分配全球唯一的 16 位自治系统号（Autonomous System Number，ASN），如 AS1 中的 1。自治系统内部采用内部网关协议（如 RIP 和 OSPF），自治系统之间采用外部网关协议，这里是 BGP。划分自治系统的目的不只是为了解决互联网规模与路由消息传输开销及计算路由项的复杂度之间的矛盾，因为如果将图 2.13 所示的互联网结构作为单个自治系统，OSPF 可以通过采用划分区域，将链路状态的泛洪范围控制在各个区域内的方法解决互联网规模过大的问题。之所以不能将不同的自治系统作为 OSPF 的不同区域处理，是因为下述原因：一是不同自治系统由不同管理机构负责管理，因此很难在代价的取值标准上取得一致，也就很难通过 OSPF 这样的最短路径路由协议求出不同自治系统之间的最佳路由；二是出于安全考虑，自治系统内部结构是不对外公布的，因此没有人可以在了解各个自治系统的内部结构后对由多个自治系统组成的互联网进行区域划分和配置；三是在 IP 分组传输过程中，当选择自治系统时更多考虑政策和安全因素，这一点和内部网关协议非常不同；四是对于 Internet 这样大规模的互联网，用划分区域的方法很难解决互联网规模与路由消息传输开销及计算路由项的复杂度之间的矛盾。因此，自治系统之间需要的是这样一种路由协议：它可以在不了解各个

自治系统内部结构、不需要统一各个自治系统的代价取值标准的情况下并在满足政策和安全的前提下建立自治系统之间的传输路径,而 BGP 就是这样一种路由协议。

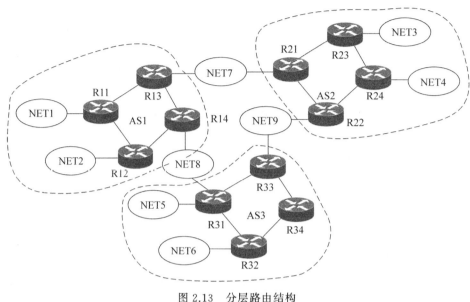

图 2.13　分层路由结构

2. BGP 的工作机制

某个自治系统中和其他自治系统直接相连的路由器称为自治系统边界路由器,简称为AS 边界路由器。所谓直接相连是指该路由器和属于另一个自治系统的 AS 边界路由器存在连接在同一个网络上的接口,如图 2.13 中的路由器 R14 和 R31 分别是自治系统 AS1 和 AS3 的 AS 边界路由器。一般情况下选择 AS 边界路由器作为 BGP 发言人。两个相邻自治系统的 BGP 发言人往往是两个存在连接在同一个网络上的接口的 AS 边界路由器,如选择路由器 R14 和 R31 分别作为自治系统 AS1 和 AS3 的 BGP 发言人。每一个 BGP 发言人向其他自治系统中的 BGP 发言人发送的路由消息是该自治系统可以到达的网络及通往该网络的传输路径经过的自治系统序列,这样的路由消息称为路径向量,例如路由器 R31 发送给路由器 R14 的路径向量可以是＜NET5：AS3＞和＜NET4：AS3，AS2＞,表明经过AS3 可以到达网络 NET5,经过 AS3 和 AS2 可以到达网络 NET4。对于任何一个特定网络,每一个自治系统选择经过自治系统最少的传输路径作为通往该网络的传输路径。由于BGP 对任何外部网络(即位于其他自治系统中的网络),选择经过自治系统最少的传输路径作为通往该外部网络的传输路径,因此称 BGP 为路径向量路由协议。需要注意的是,选择经过自治系统最少的传输路径和选择距离最短的传输路径是不同的。计算距离需要统一度量和知道自治系统内部拓扑结构,计算经过的自治系统不需要知道自治系统内部拓扑结构和每一个自治系统对度量的定义。下面通过 AS1 中路由器 R11 建立通往外部网络的传输路径为例,详细讨论 BGP 的工作机制。

(1) 建立 BGP 发言人之间的邻居关系

BGP 发言人之间实现单播传输,因此每一个 BGP 发言人都必须知道和其相邻的 BGP发言人的 IP 地址。在图 2.13 中,由于需要在 AS1 中的 R13 与 AS2 中的 R21、AS1 中的

R14 与 AS3 中的 R31 以及 AS1 中的 R13 与 R14 之间相互交换 BGP 报文,因此必须在这些 BGP 发言人之间建立邻居关系。为实现有着邻居关系的两个路由器之间的可靠传输,在通过打开报文建立这两个路由器之间的邻居关系前,必须先建立这两个路由器之间的 TCP 连接,以此保证 BGP 报文的可靠传输。

（2）自治系统各自建立内部路由

每一个自治系统通过各自的内部网关协议建立到达自治系统内各个网络的传输路径,表 2.12～表 2.14 给出了 AS1 中的路由器 R11 以及 AS2 和 AS3 中的 BGP 发言人(AS 边界路由器 R21 和 R31)通过内部网关协议建立的用于指明到达自治系统内各个网络的传输路径的路由项。

表 2.12 路由器 R11 的路由表			表 2.13 R21 的路由表			表 2.14 R31 的路由表		
目的网络	距离	下一跳路由器	目的网络	距离	下一跳路由器	目的网络	距离	下一跳路由器
NET1	1	直接	NET3	2	R23	NET5	1	直接
NET2	2	R12	NET4	3	R23	NET6	2	R32
NET7	2	R13	NET7	1	直接	NET8	1	直接
NET8	3	R12	NET9	2	R22	NET9	2	R33

（3）BGP 发言人之间交换路由信息

如图 2.14 所示,建立邻居关系的 BGP 发言人之间相互交换更新报文,更新报文中给出通过它所在的自治系统能够到达的网络以及通往这些网络的传输路径经过的自治系统序列和下一跳路由器地址。如果交换更新报文的两个 BGP 发言人属于不同的自治系统(如 R13 和 R21),则下一跳路由器地址给出的是 BGP 发言人发送更新报文的接口的 IP 地址,而这一接口通常和相邻自治系统的 BGP 发言人的其中一个接口连接在同一个网络上。如果交换更新报文的两个 BGP 发言人属于同一个自治系统(如 R13 和 R14),则下一跳路由器地址是原始更新报文中给出的地址。在本例中,R13 转发的来自 R21 的更新报文中的下一跳路由器地址仍然是路由器 R21 连接网络 NET7 的接口的 IP 地址,图 2.14(c)中用 R21 表示。如果 AS1 中 BGP 发言人接收过相邻自治系统中 BGP 发言人发送的更新报文,同时 AS1 中 BGP 发言人之间交换过各自接收到的更新报文,则 AS1 中 BGP 发言人建立如表 2.15 所示的用于指明通往外部网络的传输路径的路由项,路由类型 E 表明目的网络位于其他自治系统。

表 2.15 AS1 中 BGP 发言人建立的对应外部网络的路由项

目的网络	距离	下一跳路由器	路由类型	经历的自治系统	目的网络	距离	下一跳路由器	路由类型	经历的自治系统
NET3		R21	E	AS2	NET6		R31	E	AS3
NET4		R21	E	AS2	NET9		R21	E	AS2
NET5		R31	E	AS3					

表 2.15 中路由项＜NET3,R21,AS2＞中的下一跳路由器 R21 的作用是用于给出通往自治系统 AS2 的传输路径,为建立自治系统 AS1 通往自治系统 AS2 的传输路径,当 AS2

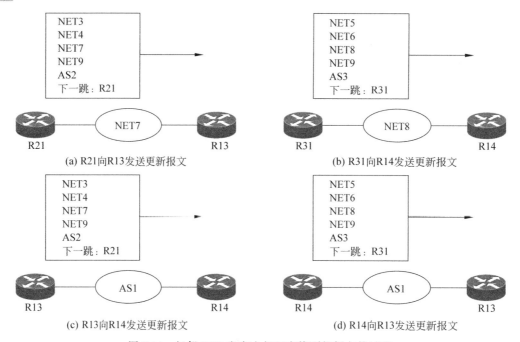

图 2.14　相邻 BGP 发言人相互交换更新报文的过程

中的路由器 R21 向 AS1 中的 BGP 发言人 R13 发送路径向量时,还需要给出自己连接网络 NET7 的接口的 IP 地址。注意 NET7 是互连路由器 R13 和 R21 的网络,它既和自治系统 AS1 相连,又和自治系统 AS2 相连。由于 AS1 内部网关协议建立的路由表包含了用于指明通往属于 AS1 的所有网络的传输路径的路由项(自然包含目的网络为 NET7 的路由项),因此在确定路由器 R21 连接网络 NET7 的接口的 IP 地址为 AS1 通往 AS2 传输路径上的下一跳 IP 地址后,可以结合 AS1 内部网关协议建立的路由表创建用于指明通往网络 NET3 的传输路径的路由项。

在实际 BGP 操作过程中,所有建立相邻关系的 BGP 发言人之间不断交换更新报文,然后由 BGP 发言人选择经过的自治系统最短的传输路径作为通往某个外部网络的传输路径并记录在路由表中。由于本例只讨论路由器 R11 建立完整路由表的过程,因此与该过程无关的更新报文交换过程不再赘述。

(4) 路由器 R11 建立完整路由表的过程

路由器 R11 通过内部网关协议建立表 2.12 所示的用于指明通往属于本自治系统的所有网络的传输路径的路由项。在本自治系统中的 BGP 发言人建立表 2.15 所示的目的网络为外部网络的路由项后,通过内部网关协议向本自治系统中的其他路由器公告表 2.15 所示的路由项。当路由器 R11 接收到本自治系统中的 BGP 发言人 R13 或 R14 公告的表 2.15 所示的目的网络为外部网络的路由项后,结合表 2.12 所示的目的网络为内部网络(属于本自治系统的网络)的路由项,得出表 2.16 所示的完整路由表,其目的网络为外部网络的路由项中给出的下一跳路由器是路由器 R11 通往表 2.15 中给出的下一跳路由器的自治系统内传输路径上的下一跳路由器,如表 2.15 中目的网络为 NET3 的路由项中的下一跳路由器是 R21,实际表示的是 R21 连接 NET7 的接口的 IP 地址。路由器 R11 通往 NET7 的传输路径上的下一跳是 R13,距离是 2,因此通往外部网络 NET3 的本自治系统内传输路径上的下一跳路由器是 R13,距离是 2。需要指出的是,自治系统中的 BGP 发言人选择通往外部网络的传输路径时的依据是经过的自治系统最少的传输路径。自治系统内的其他路由器只是被动接受本自治系统中的 BGP 发言人选择的通往外部网络的传输路径,然后根据内部网关协议生成的路由项确定自治系统内通往外部网络的这一段传输路径。无论是路由项中的距离还是下一跳路由器都是对应这一段传输路径的,这一段传输路径实际上是路由器通往本自治系统连接相邻自治系统的网络的传输路径,而该相邻自治系统是通往该外部网络的传输路径经过的第一个自治系统。

表 2.16　R11 的完整路由表

目的网络	距离	下一跳路由器	路由类型	经历的自治系统	目的网络	距离	下一跳路由器	路由类型	经历的自治系统
NET1	1	直接	I		NET6	3	R12	E	AS3
NET2	2	R12	I		NET7	2	R13	I	
NET3	2	R13	E	AS2	NET8	3	R12	I	
NET4	2	R13	E	AS2	NET9	2	R13	E	AS2
NET5	3	R12	E	AS3					

2.3.6　路由协议选择原则

1. RIP 适用环境

适用 RIP 的园区网通常是一个简单的互联网,采用平坦的网络结构,无须通过设定链路代价优化端到端传输路径。管理员不具备调试和故障诊断复杂网络的能力。它对路由协议的收敛时间没有特别要求。

2. OSPF 适用环境

适用 OSPF 的园区网通常是一个复杂的互联网,采用层次结构。由于是一个复杂的互联网,因此需要限制路由协议的收敛时间。计算传输路径距离时需要考虑多种因素。必须保证互联网的可扩展性。管理员具备丰富的网络技能,能够完成区域划分、链路代价设置等复杂配置。

3. BGP 适用环境

RIP 和 OSPF 是内部网关协议,用于建立自治系统内部的端到端传输路径;BGP 是外部网关协议,用于建立自治系统间的传输路径。一个自治系统是一个能够自主决定采用何种路由协议的网络集合。这个网络集合通常是一个单独的、可管理的网络单元,如园区网。每一个自治系统需要分配称为自治系统号的全球唯一的号码。

2.4　容错互联网结构

容错互联网结构是一种在若干网络结点或链路失效的情况下仍能维持各个网络之间连通性的互联网结构。

2.4.1 核心层容错结构

图 2.15 所示的互联网结构是一种常见的园区网结构,核心层由高速交换机组成,实现各个子网间 IP 分组的线速转发。汇聚层由路由器(也可以是三层交换机)组成,主要完成信息流的管理和控制功能,如报文过滤、流量管制等。对于这种互联网结构,核心层是整个互联网的中枢,一旦核心层交换机出现问题,整个互联网将瘫痪。因此,核心层交换机必须采取冗余结构,如图 2.15 所示的双核心层交换机结构;而且,对于可靠性要求较高的网络系统,双核心层交换机必须异地设置,以避免火灾、断电这样的事故使双核心层交换机同时失效。

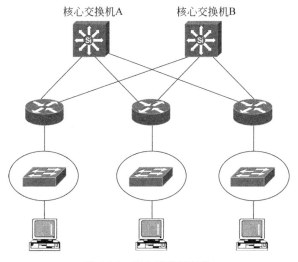

图 2.15 核心层容错结构

2.4.2 网状容错结构

网状拓扑结构导致路由器之间存在多条传输路径,路由协议动态生成传输路径的机制保证在某个路由器或某条链路失效的情况下,仍然能够产生新的端到端传输路径。如图 2.16 所示,正常情况下,终端 A 至终端 B 的传输路径是终端 A→路由器 R1→路由器 R3→终端 B。一旦路由器 R1 和 R3 之间链路失效,各个路由器通过交换路由消息生成新的传

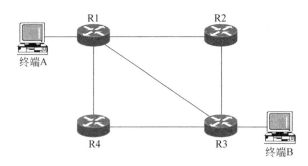

图 2.16 网状容错结构

输路径(终端 A→路由器 R1→路由器 R4→路由器 R3→终端 B),保证了两个终端之间的端到端连通性。

2.4.3 生成树协议

以太网交换机的转发机制要求交换机之间不允许存在环路,因此在以太网中,任何两个终端之间只允许存在一条传输路径。但这种网络结构的可靠性不高,任何一段链路发生故障,都可能使一部分终端无法和网络中的其他终端通信。是否能够设计这样一种网络:它存在冗余链路,但在网络运行时,通过阻塞某些端口使整个网络没有环路。当某条链路因为故障无法通信时,通过重新开通原来阻塞的一些端口使网络终端之间依然保持连通性,同时又没有形成环路。这样既提高了网络的可靠性,又消除了环路带来的问题。生成树协议(Spanning Tree Protocol,STP)就是这样一种机制,图 2.17 描述了生成树协议作用过程的示意图。

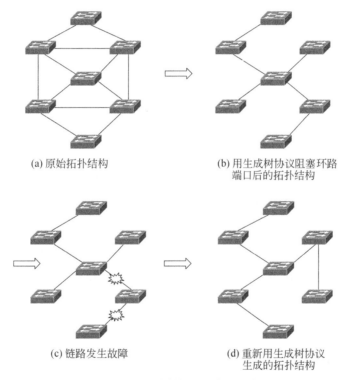

(a) 原始拓扑结构　　　　　(b) 用生成树协议阻塞环路
　　　　　　　　　　　　端口后的拓扑结构

(c) 链路发生故障　　　　　(d) 重新用生成树协议
　　　　　　　　　　　　生成的拓扑结构

图 2.17　生成树协议的容错机制

图 2.17(a)是原始网络拓扑结构,交换机之间存在环路。通过运行生成树协议,生成图 2.17(b)所示的既保持交换机之间连通性又避免环路的网络拓扑结构,这种以太网结构能够保证 MAC 帧的正常转发。如果以太网结构由于交换机之间链路故障导致交换机之间连通性被破坏,如图 2.17(c)所示,则生成树协议通过重新启用被阻塞的冗余链路,再次保证新的以太网结构中交换机之间的连通性,如图 2.17(d)所示。

2.4.4 冗余链路

生成树协议能够解决以太网的容错问题,但存在两个问题:一是以太网运行生成树协议的开销较大;二是从链路发生故障到通过生成树协议重新构建新的保证交换机之间连通性的以太网结构的时间较长,在这段时间内可能因为故障链路导致以太网不能正常转发MAC帧。关键链路可以采用如图 2.18 所示的冗余链路技术实施容错,交换机 C 同时与交换机 A 和交换机 B 相连。连接交换机 A 的链路为主链路,处于正常传输状态,连接交换机B 的链路为备用链路。在主链路处于正常传输状态时,交换机 C 连接备用链路的端口处于阻塞状态,因此如图 2.18 所示的网络结构等同于如图 2.19(a)所示的以太网结构,交换机之间保证连通且没有环路。一旦主链路发生故障,交换机 C 通过监测物理层信号检测到故障,立即阻塞连接主链路的端口,启用连接备用链路的端口。备用链路处于正常传输状态,如图 2.19(b)所示,以太网依然保持连通性且没有环路。

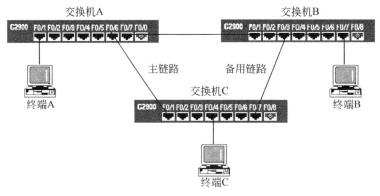

图 2.18　冗余链路结构

(a) 主链路处于正常传输状态　　　　　　(b) 主链路发生故障,切换到备用链路

图 2.19　冗余链路的容错机制

2.5　安全互联网设计方法

安全互联网是指在遭受攻击的情况下仍能正常提供网络服务的互联网。设计安全互联网首先需要了解现有的网络安全技术和需要保护的互联网资源,在资金限制的条件下,用最合适的安全技术和安全设备实现保护互联网资源的安全目标。

2.5.1　安全互联网设计目标

安全互联网设计目标是实现互联网中信息的可用性、保密性、完整性、不可抵赖性和可控制性等。互联网中的信息包括存储在互联网中的信息和经过互联网传输的信息。

1. 可用性

可用性是信息被授权实体访问并按需使用的特性。通俗地讲,就是做到有权使用信息的人任何时候都能使用已经被授权使用的信息,信息系统无论在何种情况下都要保障这种服务;而无权使用信息的人任何时候都不能访问没有被授权使用的信息。

2. 保密性

保密性是防止信息泄露给非授权个人或实体,只为授权用户使用的特性。通俗地讲,信息只能让有权看到的人看到,无权看到信息的人无论在何时用何种手段都无法看到信息。

3. 完整性

完整性是信息未经授权不能改变的特性。通俗地讲,当信息在计算机存储和网络传输过程中时,非授权用户无论何时用何种手段都不能删除、篡改和伪造信息。

4. 不可抵赖性

不可抵赖性是信息交互过程中所有参与者不能否认曾经完成的操作或承诺的特性,这种特性体现在两个方面:一是参与者开始参与信息交互时,必须对其真实性进行鉴别;二是信息交互过程中必须能够保留下使其无法否认曾经完成的操作或许下的承诺的证据。

5. 可控制性

可控制性是对信息的传播及内容具有控制能力的特性。通俗地讲,就是可以控制用户的信息流向,对信息内容进行审查,以及对出现的安全问题提供调查和追踪手段。

2.5.2　网络安全机制

1. 加密

在信息存储和传输过程中,存在被非法访问、嗅探和截获的可能,为保障信息的保密性,最好的办法是对信息进行加密。加密是指用加密算法(E)和密钥(K1)对明文(P)进行运算,使其成为无法正常识别的密文(Y)的过程,如图 2.20 所示。而解密是加密的逆过程,是指用解密算法(D)和密钥(K2)对密文(Y)进行运算,重新得到明文(P)的过程。

图 2.20　加密解密过程

$$Y = E_{K1}(P) \tag{2.1}$$

$$P = D_{K2}(Y) \tag{2.2}$$

$$D_{K2}(E_{K1}(P)) = P \tag{2.3}$$

式(2.1)是加密公式,式(2.2)是解密公式,式(2.3)是还原明文过程。如果加密密钥 K1=解密密钥 K2,则称加密解密算法为对称密钥算法;如果加密密钥 K1≠解密密钥 K2,则称加密解密算法为不对称密钥算法。由于加密和解密运算都是改变信息内容的过程,只是改变过程互逆,因此两者可以互换,即 $E_{K1}(D_{K2}(P)) = D_{K2}(E_{K1}(P)) = P$。

除非同时获悉密钥 K2 和解密算法,否则即使获得密文,也无法解读密文包含的内容,即无法还原密文对应的明文。

2. 源端鉴别

在电子商务中,时常需要验证信息发送者(源端)的身份,鉴别就是验证发送者身份的过程。因此,为实现源端鉴别,发送者发送的信息中需要包含用于确认其身份的内容。简单的源端鉴别通过检测封装信息的 IP 分组的源 IP 地址实现,由于存在源 IP 地址欺骗攻击,这种检测方法已经无法鉴别发送者身份。常见的鉴别机制是给发送者分配一个密钥 K,该密钥 K 只有发送者和鉴别发送者身份的鉴别者知道。当发送者给鉴别者发送信息 P 时,发送给鉴别者的是 P ‖ $E_K(P)$,其中 ‖ 表示串接操作符,用于将两串信息合并在一起(如"123456" ‖ "ABCD"="123456ABCD"),E 是对称密钥算法中的加密算法。鉴别者用加密算法 E 对应的解密算法 D 和密钥 K 对附在信息 P 后面的密文进行解密,如果解密结果等于信息 P($D_K(E_K(P))=P$),则表示发送者拥有密钥 K,发送者身份得到确认。

3. 完整性检测

为防止信息在传输过程中被篡改,接收端需要有能够检测出信息是否被篡改的机制,这种机制称为完整性检测机制。在构成传输信息的帧结构(如 MAC 帧)时,通常附加检错码。检错码 C 是需要传输的信息 P 的函数运算结果,即 C=F(P)(F 是某种函数),当 P 发生改变时,C 随之发生改变。好的检错码一是要求长度固定,和信息 P 的长度无关,且为了减少开销,长度尽可能小;二是能够检测出信息 P 的任意改变,即只要 $P'{\neq}P$,$F(P'){\neq}F(P)$。事实上,这两个要求是相悖的,因此好的检错码只是在两者之间取得较好的平衡。发送端发送的消息是 P ‖ C(C=F(P)),如果传输过程中 P 改变为 P',但 C 没有改变,则接收端根据 $F(P'){\neq}C$ 确定 P' 或 C 在传输过程中发生改变,这就是检错码的检错原理。单纯用检错码是无法检测出信息是否被篡改的,因为篡改者将 P 改变为 P' 的同时,可以将 C 改变为 C',且使得 C'= F(P')。保证接收端能够检测出被篡改的信息的前提是使得篡改者无法同时改变信息 P 和检错码 C。为做到这一点,发送端发送的消息是 P ‖ $E_K(C)$(C=F(P),密钥 K 只有发送端和接收端知道),这样接收端检测信息是否被篡改的过程如下:根据接收到的信息重新计算检错码,然后将重新计算的检错码和对密文解密运算后的结果比较,如果两者相等,表示信息没有被篡改;如果两者不相等,表示信息已经被篡改。由于篡改者无法知道密钥 K,因只能改变信息 P,而无法重新根据改变后的信息 P' 计算 $E_K(C')$(C'= F(P')),这导致接收端能够检测出被篡改的信息。当然,这种检测机制必须保证篡改者无法根据 P 产生 P',且使得 $P{\neq}P'$,但 F(P)=F(P'),否则篡改者如果将信息 P 改变为 P',接收端是无法检测出这种改变的。简单的检错码算法很难做到这一点,因此需要提出一种新的算法 F,根据目前的计算能力保证:对于任何长度的 P,无法得出 P',$P{\neq}P'$,但 F(P)=F(P')。这种不同于检错码的算法称为报文摘要算法,也称哈希函数,用 MD(P)表示,其中 P 表示任意长度的信息。

4. 访问控制

访问控制保证每一个用户只能访问网络中授权他访问的资源。用户可以通过两种途径访问某个终端中的信息:一是物理接触该终端,通过将信息复制到移动媒介完成信息的访问过程;二是通过网络实现信息的远程访问。访问控制主要限制后一种访问过程。实现访问控制需要分两步进行:一是实现终端接入控制,二是实现信息授权访问。终端接入控制保证只允许授权用户终端接入网络,图 2.21 给出了控制用户终端接入以太网的实例。用户终端接入以太网前,先向鉴别者注册,由鉴别者对注册后的用户分配用户名和口令,同时在鉴别者的注册数据库中记录下用户的注册信息和分配的用户名和口令。当某个用户终端接入以太网时,首先向鉴别者发送用户名和口令,鉴别者在注册数据库中检索接入用户发送的用户名和口令,如果检索到相同的用户名和口令对,表示接入用户是授权用户,允许他通过以太网访问网络中的信息资源,否则予以拒绝。接入用户以明文方式向鉴别者传输用户名和口令是不可取的,因为经过网络传输的任何信息都有可能被截获或嗅探,因此必须通过一种安全的方式向鉴别者传输用户名和口令。在图 2.21 中,接入用户先向鉴别者发送用户名,鉴别者如果在注册数据库中检索到该用户名,就用随机数生成器产生一个随机数并将该随机数发送给接入用户。接入用户将该随机数和自己的口令串接,然后对串接操作后的结果进行报文摘要运算并将运算结果发送给鉴别者。鉴别者根据保持的随机数和注册数据库中的口令进行同样的运算并将运算结果和接入用户发送的运算结果进行比较,如果相等,表示是授权用户,否则予以拒绝。以太网中往往由交换机充当鉴别者的角色。为保证接入用户口令的传输安全,报文摘要算法必须是单向的,即无法通过 C=MD(P)导出 P。

为实现信息授权访问,终端配置访问控制列表,对终端中的所有信息指定允许访问的用户和访问方式。例如在表 2.17 中,对信息 1 允许用户 A 和用户 B 访问,访问方式是只读。

图 2.21　以太网端口接入认证过程

表 2.17　访问控制列表

信息名称	授权用户	访问方式
信息 1	用户 A	只读
	用户 B	只读
...		

当终端接收到访问信息的请求消息时,用请求消息给出的访问对象、请求消息发送者和访问方式去匹配访问控制列表,当然在进行匹配操作前,必须先对发送者身份进行鉴别。如果匹配成功,允许信息访问过程正常进行,否则拒绝信息访问请求。

5. 数字签名

现实中的签名具有三个特性:一是唯一性,确认由签名者本人做出承诺;二是关联性,对特定信息做出承诺;三是可证明性,能够证明签名与签名者之间的关联。如果需要通过数字签名(Digital Signature,DS)使发送者在发送的信息中留下无法抵赖的痕迹,则数字签名也必须具有唯一性、关联性和可证明性这三个特性。假定能够证明只有发送者 A 拥有密钥 KS,则发送者 A 可以用 $E_{KS}(MD(P))$ 作为信息 P 的数字签名,用 $P\parallel E_{KS}(MD(P))$ 作为数字签名后的消息。这是因为只能由发送者 A 实现密钥 KS 对应的加密运算,唯一性得到确认。在当前的计算能力下,只能根据信息 P 计算出 MD(P),即无法根据 P 导出 P',$P\neq P'$,但 $MD(P')=MD(P)$,因此 MD(P)和信息 P 的关联性得到确认,只能由发送者 A 针对信息 P 计算出 $E_{KS}(MD(P))$。接收端为验证发送端的数字签名,针对任何信息 P,需要确认发送端 A 附在信息 P 后面的是 $E_{KS}(MD(P))$。为保证密钥 KS 的唯一性,需要采用不对称密钥算法,针对密钥 KS 存在密钥 KR,且密钥 KS 和密钥 KR 一一对应。如果能够用密钥 KR 和解密算法 D 解密密文,则可以证明密文是由密钥 KS 和加密算法 E 加密运算的结果。因此,只要证明 $D_{KR}(数字签名)=MD(P)$,就可证明数字签名的正确性,即数字签名=$E_{KS}(MD(P))$。数字签名和验证过程如图 2.22 所示。

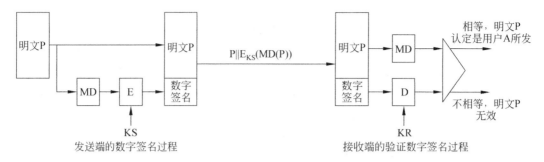

图 2.22　数字签名和验证过程

6. 安全路由

路由是 IP 网络实现 IP 分组端到端传输的关键,路由器中的路由项必须为每一个 IP 分组选择安全的传输路径。存在两种导致 IP 分组无法安全传输的因素:一是路由器中的路由项可能是伪造的,路由项欺骗攻击就用于实现这一点;二是 IP 分组传输路径中可能包含不安全的路由器。如果敏感信息经过敌国控制的路由器进行转发,窃取敏感信息是轻而易举的事情。因此,安全路由必须保证:一是不允许黑客终端伪造的路由消息改变路由器的路由项;二是必须为敏感信息选择有安全保障的传输路径。由于路由器中路由项指定的传输路径往往是最短路径,并不考虑安全因素,因此需要用特定的技术分离出封装敏感信息的 IP 分组,并且为该 IP 分组选择一条并不是由路由项指定的、安全的传输路径。

7. 防火墙

防火墙通常位于内网和外网之间的连接点,对内网中的信息资源实施保护,目前作为防火墙的主要有分组过滤器、电路层网关和应用层网关。

分组过滤器根据用户制订的安全策略对内网和外网间传输的信息实施控制,它对信息的发送端和接收端是透明的,因此分组过滤器的存在不需要改变终端访问网络的方式。随着有状态分组过滤器的应用,防火墙对内网和外网间传输的信息流的监控变得更加精致,因此分组过滤器是目前应用最广泛的通用防火墙。

分组过滤器分为无状态分组过滤器和有状态分组过滤器。无状态分组过滤器基于单个 IP 分组进行操作,每一个 IP 分组都是独立的个体。有状态分组过滤器基于会话进行操作,对每一个 IP 分组,不仅需要根据 IP 分组自身属性,而且还需要根据会话状态确定对其的操作。

8. 入侵防御系统

入侵防御系统(Intrusion Prevention System,IPS)是一种能够有效检测传输的信息是否异常并对异常信息的传输过程进行干预,或者能够确定对主机资源的访问是否合法并对非法访问进行管制的系统。入侵防御系统分为两大类:主机入侵防御系统(Host Intrusion Prevention System,HIPS)和网络入侵防御系统(Network Intrusion Prevention System,NIPS)。网络入侵防御系统主要用于检测流经网络某段链路的信息流,而主机入侵防御系统主要用于检测到达某台主机的信息流并对主机资源的访问操作实施监测。

9. VPN

虚拟专用网络(Virtual Private Network,VPN)是一种通过 Internet 实现企业局域网之

间互联以及远程终端与内部网络之间互联,但又使其具有专用网络的安全性的技术。图 2.23(a)给出了 VPN 实现企业局域网之间互联的应用场景,图 2.23(b)给出了 VPN 实现远程终端与内部网络之间互联的应用场景。VPN 解决私有 IP 地址、数据传输保密性和完整性、双向身份鉴别等问题的机制如下。

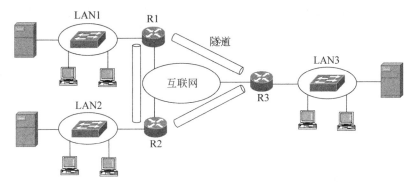

(a) 隧道实现企业局域网之间的互联

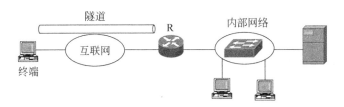

(b) 隧道实现远程终端与内部网络之间互联

图 2.23　VPN 与隧道

(1) 隧道

隧道是基于互联网建立的、具有语音信道和 SDH 点对点物理链路传输特性的传输通路,以私有 IP 地址为源和目的 IP 地址的 IP 分组能够从隧道一端传输到隧道另一端。隧道使得互联网对于企业局域网、远程终端和内部网络是透明的。

隧道一端需要将经过隧道传输的协议数据单元(Protocol Data Unit,PDU)封装成适合互联网传输的、以隧道两端全球 IP 地址为源和目的 IP 地址的 IP 分组,这种 IP 分组称为隧道报文。隧道另一端需要从隧道报文中分离出经过隧道传输的 PDU。需要经过隧道传输的 PDU 可以是以私有 IP 地址为源和目的 IP 地址的 IP 分组,也可以是链路层帧,例如点对点协议(Point to Point Protocol,PPP)帧。

(2) 双向身份鉴别

通过在隧道两端之间完成双向身份鉴别过程,对于如图 2.23(a)所示的 VPN 结构,保证隧道两端是将企业局域网接入互联网的边界路由器。对于如图 2.23(b)所示的 VPN 结构,保证隧道两端是远程终端和将内部网络接入互联网的边界路由器。

(3) 保密性和完整性

通过加密和报文摘要算法保证经过隧道传输的信息的保密性和完整性。

10. 审计与追踪

网络时常遭受攻击,必须对攻击行为进行分析和统计,找出攻击特征,以免相同攻击再次影响网络运行。因此,需要记录下网络中发生的所有事件,对事件进行归类、统计和分析,结合事件发生时网络的状况,确定事件的性质。如果是攻击事件,找出攻击轨迹和行为特征并研究出对策。这些功能由审计和追踪完成。

11. 灾难恢复

灾难恢复通常指在遭受地震、火灾等自然灾害的情况下快速恢复网络的正常服务功能的机制。在网络安全中,灾难恢复指在遭受网络攻击的情况下快速终止网络攻击、清除网络攻击造成的不良后果并恢复网络的正常服务功能的机制。主要实现手段是备份和冗余,通过信息备份和设备冗余保证即使在网络因为遭受攻击而丧失部分通信和服务功能的情况下,仍然能够维持信息的可用性、完整性和网络的连通性。

2.5.3 安全互联网设计过程

1. 资源评估

设计安全互联网的第一步是了解互联网中的资源,确定每一个资源在实现互联网目标中所起的作用。互联网中通常包含以下资源。

- 网络设备(如交换机、路由器等)。
- 网络操作信息(如路由表、访问控制列表等控制网络设备进行数据传输操作的控制信息)。
- 链路带宽。
- 存储在终端中的信息(如服务器中的数据库、文件等)。
- 传输过程中的信息。
- 用户访问互联网资源时使用的一些私密信息(如口令等)。

根据互联网用途对资源的重要性进行分类,如果互联网用于提供公共服务,则可用性相对比较重要,因此安全互联网的重点是互联网中用于保障可用性的资源,如链路带宽、网络设备、服务器等。由于互联网中的信息主要用于提供公共服务,因此信息的保密性要求相对较低,互联网中用于实现访问控制的资源的重要性相对较弱。资源评估主要完成以下功能:一是梳理互联网中存在的资源,确定每一种资源在实现网络服务中所起的作用;二是根据互联网用途对资源的重要性进行分类。由于实现互联网安全的成本很高,我们不可能对互联网中的所有资源实施保护,因此有必要通过资源评估,列出重点保护资源,有针对性地设计互联网安全方案。

2. 互联网威胁评估

知己知彼,百战不殆。由于技术和成本的限制,不可能构建一个能够抵御一切网络攻击的互联网安全体系,因此互联网安全方案必须有针对性。互联网威胁评估主要完成以下任务:一是对现有网络攻击手段进行分类;二是了解对本网络服务有致命影响的攻击类型和攻击机制。网络攻击根据其目的可以分为以下三类。

- 非法窃取互联网中的信息。
- 非法篡改互联网中的信息。
- 拒绝服务攻击。

不同用途的互联网,其重点防御的网络攻击也有所不同。对于提供公共服务的互联网,需要重点防御拒绝服务攻击和非法篡改互联网中信息的攻击,并且需要比较细致地研究属于这两种类型的网络攻击的攻击机制和实施过程。

3. 风险评估

互联网安全体系一是无法保护所有互联网资源，二是对任何特定互联网资源无法抵御所有网络攻击。因此，互联网安全体系只能保护一部分互联网资源免遭有限的网络攻击的破坏。设计互联网安全方案时需要了解以下两个问题：一是哪些互联网资源最易遭受攻击；二是哪些攻击造成的后果最严重。风险评估就用于回答这两个问题。对于任何特定互联网资源，风险评估需要回答以下两个问题。

- 遭受某种网络攻击的可能性。
- 如果某种网络攻击成功攻击了该互联网资源，造成的损失有多大。

评估损失时既要考虑直接代价（如恢复系统的代价、中断服务的代价），同时也要考虑间接代价（如因为中断服务而使信誉受损、造成客户流失、服务收入减少等）。越是可能遭受攻击且攻击成功后损失巨大的互联网资源的风险系数越高，反之，不容易遭受攻击且即使被攻击成功也不会造成巨大损失的互联网资源的风险系数越低。显然，互联网安全防护的重点是风险系数高的互联网资源，抵御可能造成巨大损失的网络攻击。

4. 构建互联网安全策略

互联网安全策略规定了互联网资源的使用和访问过程，为用户和网络管理员构建、使用和审计互联网提供指南。它是依据互联网用途和风险评估结果为保障互联网服务所做的规定，对一切网络行为进行了规范。互联网安全策略通常由以下几部分组成。

- 访问策略。它详细规定了每一个用户的权限以及互联网允许或禁止的信息交换过程。
- 职能策略。它详细规定了用户、系统管理员和其他管理层的任务和责任以及发生突发事件时的处理流程。
- 鉴别策略。它详细规定了各种情况下使用的鉴别机制、用户注册信息的存放机制、口令和密码的分发机制。
- 可用性策略。它详细规定了可用性指标（如最短无中断持续服务时间、平均故障修复时间），提出了通过信息备份和设备冗余提高互联网可用性的要求，描述了遭受攻击后恢复系统的步骤。
- 违规报告策略。它描述了各种必须报告的违规情况以及对违规情况做出的反应。
- 审计策略。它描述了应该记录的网络事件，网络事件的处理流程。

5. 实施互联网安全策略

选择合适的网络安全技术、适当的网络安全设备，将网络安全设备放置在互联网中合适的位置，对网络安全设备进行正确的配置，将各种网络安全技术有机集成，构成互联网安全体系，使互联网安全体系能够实现互联网安全策略要求的各项功能。

6. 审计和改进

构建互联网安全体系是一个反复调整的过程。在实施互联网安全策略后，通过对互联网审计，发现漏洞和调整安全设备配置，甚至修改互联网安全策略，然后对调整后的互联网安全体系进行审计，直到互联网服务符合要求。

2.6　网络管理系统设计方法

网络管理系统用于对网络运行过程实施监控,对网络设备进行配置,对性能参数进行采集,以此保证网络的正常、高效运行和不断优化。网络管理系统设计要面对网络规模日益庞大、网络应用日益复杂和管理对象日益增多这一事实。

2.6.1　网络管理系统功能

随着网络规模的扩大、接入主机的增多和复杂网络应用的开展,网络管理的重要性日益显现、网络管理功能主要包括:故障管理、计费管理、配置管理、性能管理和安全管理。故障管理主要包括故障检测、故障隔离和故障修复这三个方面。计费管理用于记录网络资源使用情况并根据用户使用网络资源的情况计算出需要付出的费用。配置管理包括两方面:一是统一对网络设备参数进行配置;二是为使网络性能达到最优,采集和存储配置时需要参考的数据。性能管理是指用户通过对网络运行及通信效率等系统性能进行评价,对网络运行状态进行监测,发现性能瓶颈并经过重新对网络设备进行配置,使网络维持服务所需的性能的过程。安全管理保证数据的私有性,通过身份鉴别、接入控制等手段控制用户对网络资源的访问。另外,安全管理还包括密钥分配、密钥和安全日志检查及维护等功能。

2.6.2　网络管理系统结构

对于目前这样大规模的网络,用人工监测的方法实施网络管理是不现实的,必须采用自动和分布式管理机制。自动意味着不需要人工监测就能完成网络管理功能,分布式意味着将网络管理功能分散到多个部件中,目前常将网络管理功能分散到网络管理工作站(Network Management Station,NMS)和路由器、交换机、主机等网络结点中。图2.24给出了常见的网络管理系统结构。

图 2.24　网络管理系统结构

图 2.24 所示的网络管理系统结构由网络管理工作站、管理代理、管理信息库(Management Information Base,MIB)、被管理对象和网络管理协议组成。

网络管理工作站是一台运行多个网络管理应用程序的主机系统,至少具有以下功能。

- 作为网络管理员和网络管理系统之间的接口,网络管理员通过网络管理工作站实现对网络系统的监测和控制。
- 运行一系列与网络管理功能相关的应用程序,如数据分析、故障恢复、设备配置、计费管理等。
- 将网络管理员的要求转换成对网络结点的实际监测和控制操作。

- 从网络结点的 MIB 中提取出相应信息,构成综合管理数据库,并且以用户方便阅读、理解的界面提供整个网络系统的配置、运行状态及流量分布情况。

显然,网络管理工作站实现上述功能的前提是可以和网络结点进行数据交换,能够从网络结点的 MIB 中获取相关信息,同时可以向网络结点传输控制命令。

管理代理寄生在路由器、交换机、终端等网络结点中,它一方面负责这些设备的配置、运行时性能参数的采集及一些流量的统计,并且将采集和统计结果存储在 MIB 中;另一方面负责完成与网络管理工作站之间的数据交换过程,接收网络管理工作站的查询和配置命令,实施信息查询和设备配置操作。实施查询命令时,管理代理从 MIB 中检索出相应信息并通过网络管理协议将检索结果传输给网络管理工作站。实施配置命令时,管理代理按照命令要求,完成设备中某个被管理对象的配置操作。另外,当管理代理监测到某个被管理对象发生某个重大事件时,也可以通过陷阱主动向网络管理工作站报告,以便网络管理工作站及时向网络管理员示警,督促网络管理员对网络系统进行干预。

网络管理的基本单位是被管理对象。一个网络结点可以分解为多个被管理对象,每一个被管理对象都有一组属性参数,所有被管理对象的属性参数集合就是 MIB。被管理对象是标准的,不同厂家生产的交换机由相同的一组被管理对象进行描述。网络管理工作站通过管理代理对管理信息库中与某个被管理对象相关的属性参数进行操作,如检索和配置,以此实现对该被管理对象的监测和控制。

网络管理协议实现网络管理工作站和网络结点中管理代理之间的通信过程,目前常见的网络管理协议是基于 TCP/IP 协议栈的简单网络管理协议(Simple Network Management Protocol,SNMP)。网络管理工作站通过 SNMP,对网络系统进行集中监测和配置。

习题

2.1　分层网络的优势有哪些?

2.2　确立接入层、汇聚层和核心层功能的依据是什么?

2.3　无分类编址下 IP 地址的分配原则是什么?

2.4　简述无分类编址减少路由项的理由。

2.5　简述无分类编址减缓 IP 地址短缺问题的理由。

2.6　设计容错网络的原因是什么?

2.7　STP 用于解决什么问题?

2.8　冗余 IP 传输路径如何实现容错?

2.9　RIP 和 OSPF 的特点是什么?

2.10　选择 RIP 和 OSPF 的依据是什么?

2.11　为什么需要划分自治系统?

2.12　BGP 适用于建立自治系统之间传输路径的依据是什么?

2.13　安全网络的设计目标是什么?

2.14　如何设计一个能够有效防御黑客攻击的网络系统?

2.15　如何设计一个能够遏制病毒快速传播的网络系统?

2.16　网络管理系统的重要性有哪些?

2.17　如何设计一个具有良好可管理性的网络?

第3章 校园网设计方法和实现过程

在校园网设计和实施过程中,需要解决如何通过无线局域网接入移动终端的问题,如何通过以太网安全机制防御 ARP 欺骗攻击和源 IP 地址欺骗攻击的问题,以及如何通过安全路由防御路由项欺骗攻击的问题。

3.1 校园布局和设计要求

我们需要根据校园布局设计校园网的分层结构。对应分层结构,将建筑物分为教室、办公楼和主楼三个层次。

3.1.1 校园布局

校园布局如图 3.1 所示,楼与楼之间的距离为 $1\sim2\,km$,要求通过校园网实现各个楼之间互联。为简化起见,只要求将每一栋教室中的若干终端和数据中心中的若干服务器连接到校园网上,不考虑主楼和办公楼中的终端和服务器。教室中的终端包括固定终端和移动终端。

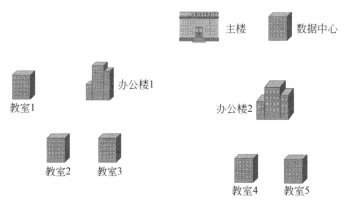

图 3.1 校园布局

3.1.2 需求分析

每一个教室存在三种类型的终端:一是上课用的固定终端,二是学生携带的移动终端,三是教师携带的移动终端。每一个教室设置 AP,由 AC 统一完成对 AP 的配置过程。移动终端通过 AP 接入校园网。数据中心设置 Web 服务器、DHCP 服务器、域名系统(Domain Name System,DNS)服务器、文件传输协议(File Transfer Protocol,FTP)服务器、E-mail 服务器、RADIUS(Remote Authentication Dial In User Service,远程鉴别拨入用户服务)服务器等。如果对移动终端接入过程实施统一鉴别,由 RADIUS 服务器完成统一鉴别过程。教师和学生的移动终端以及固定终端都通过 DHCP 获取网络信息。教师移动终端、学生移动终端和固定终端属于不同的 VLAN,有着不同的资源访问权限。固定终端不能访问 E-mail 服务器,学生移动终端不能访问 FTP 服务器。

3.2　逻辑设计

逻辑设计阶段需要根据校园布局完成拓扑结构设计,根据需求分析结果导出数据通信系统和安全系统的功能和设计原则,完成设备选型。

3.2.1　网络拓扑结构

网络拓扑结构设计一是需要考虑布线系统的实施难度和成本,二是需要考虑放置和管理网络设备的方便性,三是需要考虑数据通信网络的设计要求。根据如图 3.1 所示的校园布局,设计出如图 3.2 所示的校园网拓扑结构。接入层设备放置在各个教室和数据中心,教室中接入层设备的功能是连接教室中的固定终端和 AP,数据中心中接入层设备的功能是连接数据中心中的服务器。汇聚层设备放置在两个办公楼中,汇聚层设备的功能一是连接核心层设备,二是连接分布在教室中的接入层设备。办公楼 1 中的汇聚层设备连接教室 1、教室 2 和教室 3 中的接入层设备。办公楼 2 中的汇聚层设备连接教室 4 和教室 5 中的接入层设备。核心层设备放置在主楼中,核心层设备的功能是连接放置在办公楼 1 和办公楼 2 中的汇聚层设备和 AC 以及连接数据中心中服务器的接入层交换机。

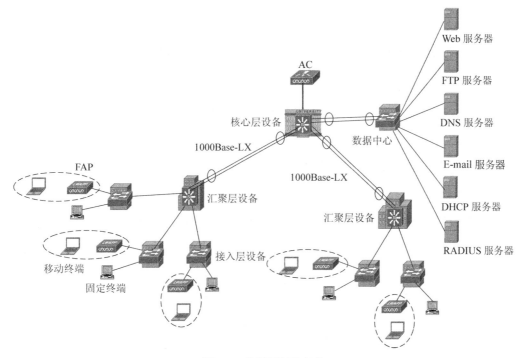

图 3.2　校园网拓扑结构

3.2.2　数据通信网络性能指标和设计原则

1. 数据通信网络性能指标

- 全双工、100Mb/s 链路连接终端。
- 全双工、1000Mb/s 链路连接 FAP。
- 全双工、1000Mb/s 链路连接服务器。
- 教室与办公楼之间提供全双工、1000Mb/s 链路。
- 办公楼 1 与主楼之间通过链路聚合技术提供全双工、2000Mb/s 物理连接。
- 办公楼 2 与主楼之间通过链路聚合技术提供全双工、2000Mb/s 物理连接。
- 数据中心与主楼之间通过链路聚合技术提供全双工、2000Mb/s 物理连接。
- 允许跨教室划分 VLAN。
- 允许按照应用和安全等级为服务器分配 VLAN。
- 完成各个 VLAN 的 IP 地址分配。
- 选择 OSPF 作为路由协议,将校园网作为单个 OSPF 区域。
- 按照安全系统要求建立端到端传输路径。
- 所有终端通过 DHCP 自动获取网络信息。

2. 数据通信网络设计原则

- 由于允许多个终端同时通过瘦 AP 接入校园网,因此接入层交换机通过 1000Mb/s 链路连接瘦 AP。
- 由于每一个接入层交换机连接 1 个固定终端和多个移动终端,因此接入层交换机通过 1000Mb/s 链路连接汇聚层交换机。
- 由于每一个汇聚层交换机连接多个接入层交换机,因此汇聚层交换机通过 2000Mb/s 链路连接核心层交换机。
- 为提高服务器访问速率,每一台服务器通过 1000Mb/s 链路连接数据中心交换机。由于数据中心交换机连接多台服务器,因此数据中心交换机通过 2000Mb/s 链路连接核心层交换机。

3.2.3　AC＋瘦 AP 结构和设计原则

1. AC＋瘦 AP 结构

分布在各个教室的 AP 是瘦 AP,瘦 AP 不需要通过人工逐一配置,而是由无线控制器

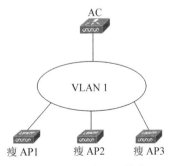

图 3.3　AC＋瘦 AP 结构

(AC)统一配置。AC＋瘦 AP 的一种典型结构如图 3.3 所示,AC 和瘦 AP 连接在同一个 VLAN 上,该 VLAN 通常是本地 VLAN,通过本地 VLAN 传输的 MAC 帧无须携带 VLAN ID。默认情况下,VLAN 1 是本地 VLAN。图 3.3 中的各个瘦 AP 首先需要通过广播发现 AC,获取自己的网络信息,建立与 AC 之间的隧道,然后由 AC 推送配置信息。每一个 AP 可以绑定多个 WLAN,每一个 WLAN 有着独立的服务集标识符(Service Set Identifier,SSID)和加密及鉴别方式。不同的 WLAN 可以绑定不同的 VLAN。这里,每

一个 AP 绑定两个 WLAN,分别是连接学生移动终端的 WLAN 和连接教师移动终端的 WLAN。为平衡负载,将教室 1、教室 2 和教室 3 中瘦 AP 绑定的这两个 WLAN 分别关联 VLAN 2 和 VLAN 4,将教室 4 和教室 5 中瘦 AP 绑定的这两个 WLAN 分别关联 VLAN 3 和 VLAN 5。

2. 设计原则

- 将瘦 AP 和 AC 连接在同一个本地 VLAN。瘦 AP 加电后通过广播无线接入点控制和配置协议(Control And Provisioning of Wireless Access Points Protocol,CAPWAP)报文发现 AC,且封装 CAPWAP 报文的 MAC 帧不携带 VLAN ID。因此,为保证瘦 AP 广播的不带 VLAN ID 的 MAC 帧到达 AC,瘦 AP 和 AC 必须连接在同一个本地 VLAN 上。
- AC 自动为瘦 AP 分配网络信息。瘦 AP 分配 IP 地址后才能建立与 AC 之间的隧道。因此,在瘦 AP 发现 AC 后,由 AC 通过 DHCP 为瘦 AP 分配网络信息。

3.2.4 安全系统功能和设计原则

1. 安全系统功能

- 将交换机端口与 IP 地址和 MAC 地址对绑定,以防止源 IP 地址欺骗攻击和 ARP 欺骗攻击。
- 通过将教师移动终端、学生移动终端和固定终端接入不同的 VLAN 和将不同的服务器接入不同的 VLAN,建立如下访问控制策略。
  - ◀ 不允许学生移动终端访问 FTP 服务器,但允许访问其他服务器。
  - ◀ 允许教师移动终端访问所有服务器。
  - ◀ 不允许固定终端访问 E-mail 服务器,但允许访问其他服务器。
- 启动 OSPF 的安全路由功能,防止路由项欺骗攻击。
- 通过限制终端与服务器之间未完成的 TCP 连接数量,防止对服务器的 DoS 攻击。

2. 安全系统设计原则

- 由二层交换机通过 DHCP 侦听建立 DHCP 侦听库,通过 DHCP 侦听库建立交换机端口、IP 地址和 MAC 地址之间的关联。
- 将 AC 与瘦 AP 之间通信的网络与 VLAN 1 绑定,且 VLAN 1 是本地 VLAN。为平衡负载,将教室 1、教室 2 和教室 3 中连接学生移动终端的 WLAN 与 VLAN 2 绑定,连接教师移动终端的 WLAN 与 VLAN 4 绑定,将这三个教室的固定终端连接到 VLAN 6 上。同时,将教室 4 和教室 5 中连接学生移动终端的 WLAN 与 VLAN 3 绑定,连接教师移动终端的 WLAN 与 VLAN 5 绑定,将这两个教室的固定终端连接到 VLAN 7 上。
- 在三层交换机中启动防 OSPF 路由项欺骗攻击功能。
- 在三层交换机中设置无状态分组过滤器,实施不允许学生移动终端访问 FTP 服务器和不允许固定终端访问 E-mail 服务器的安全策略。

3.2.5 设备选型和配置

1. 设备选型依据

接入层设备选择二层交换机,汇聚层和核心层设备选择三层交换机。接入层设备选择二层交换机的依据如下。

- 接入层需要具有 VLAN 划分功能。
- 接入层需要具有接入控制和防御 ARP 欺骗攻击、源 IP 地址欺骗攻击及伪造 DHCP 服务器攻击等功能。
- 终端和服务器需要提供全双工通信方式。
- 接入层一般不需要提供 VLAN 间路由功能。
- 由于接入层设备的量比较大,因此采用相对比较便宜的设备。

汇聚层设备选择三层交换机的依据如下。

- 需要汇聚层设备支持跨接入层设备的 VLAN 划分。
- 需要汇聚层设备实现 VLAN 间路由功能。
- 需要汇聚层设备实现资源访问控制功能。
- 需要汇聚层设备灵活分配连接核心层设备和接入层设备的链路的带宽。
- 需要汇聚层设备生成端到端 IP 传输路径。

核心层设备选择三层交换机的依据如下。

- 需要核心层设备具有高速转发 IP 分组的功能。
- 需要核心层设备灵活分配连接汇聚层设备的链路的带宽。

选择 AC+瘦 AP 结构的依据如下。

- 瘦 AP 分布在各个教室,人工逐一配置的工作量太大,而且容易发生配置不一致问题。
- 选择 AC+瘦 AP 结构使得瘦 AP 可以即插即用,降低了维护和更换瘦 AP 的工作量。
- 便于对瘦 AP 进行集中管理。

2. 设备配置

各个交换机的端口配置如表 3.1 所示,表中的交换机编号与图 3.4 中一致。假设每一个教室中的接入层交换机连接一个固定终端和一台瘦 AP,根据数据通信网络设计要求,每一台接入层交换机需要提供一个用于连接固定终端的 100Base-TX 端口、一个用于连接瘦 AP 的 1000Base-TX 端口和一个用于连接与办公楼之间的 1000Mb/s 的光纤链路的 1000Base-LX 端口。数据中心中的接入层交换机需要提供 6 个用于连接 6 台服务器的 1000Base-TX 端口。此外,需要提供 2 个 1000Base-LX 端口,这两个 1000Base-LX 端口通过端口聚合技术聚合为一个 2000Mb/s 的端口通道,用于实现与主楼核心层交换机之间的 2000Mb/s 的物理连接。

办公楼 1 中的汇聚层交换机需要提供 5 个 1000Base-LX 端口,其中 3 个 1000Base-LX 端口分别用于连接与教室 1、教室 2 和教室 3 中接入层交换机之间的 1000Mb/s 的光纤链路。2 个 1000Base-LX 端口通过端口聚合技术聚合为一个 2000Mb/s 的端口通道,用于实现与主楼核心层交换机之间的 2000Mb/s 的物理连接。

办公楼 2 中的汇聚层交换机需要提供 4 个 1000Base-LX 端口,其中 2 个 1000Base-LX 端口分别用于连接与教室 4 和教室 5 中接入层交换机之间的 1000Mb/s 的光纤链路。2 个 1000Base-LX 端口通过端口聚合技术聚合为一个 2000Mb/s 的端口通道,用于实现与主楼核心层交换机之间的 2000Mb/s 的物理连接。

主楼中的核心层交换机需要提供 6 个 1000Base-LX 端口和一个 1000Base-TX 端口。6个 1000Base-LX 端口分成三组，每一组包含 2 个 1000Base-LX 端口。每一组的 2 个 1000Base-LX 端口通过端口聚合技术聚合为一个 2000Mb/s 的端口通道，三组共构成 3 个 2000Mb/s 的端口通道，分别用于实现与办公楼 1 中汇聚层交换机之间、与办公楼 2 中汇聚层交换机之间和数据中心中接入层交换机之间的 2000Mb/s 的物理连接。一个 1000Base-TX 端口用于连接 AC。

表 3.1　设备类型和配置

设备名称	类型	100Base-TX 端口	1000Base-TX 端口	1000Base-LX 端口
S1	二层交换机	1	1	1
S2	二层交换机	1	1	1
S3	二层交换机	1	1	1
S4	二层交换机	1	1	1
S5	二层交换机	1	1	1
S6	二层交换机		6	2
S7	三层交换机			5
S8	三层交换机			4
S9	三层交换机		1	6

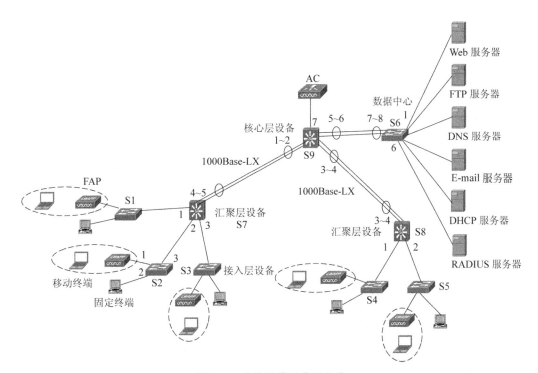

图 3.4　交换机端口分配方式

3.3 数据通信网络实现过程

数据通信网络实现过程涉及链路聚合、AC＋瘦 AP 无线局域网结构、VLAN 划分、OSPF 配置及路由表生成过程等。

3.3.1 链路聚合

交换机 S6、S7、S8 和 S9 通过链路聚合技术建立端口通道,各个交换机建立的端口通道及该端口通道包含的交换机端口如表 3.2 所示。

表 3.2 各个交换机建立的端口通道及各个端口通道包含的交换机端口

交换机	端口通道	端口	交换机	端口通道	端口
S6	Port Channel 1	端口 7 和端口 8		Port Channel 1	端口 1 和端口 2
S7	Port Channel 1	端口 4 和端口 5	S9	Port Channel 2	端口 3 和端口 4
S8	PortChannel 1	端口 3 和端口 4		Port Channel 3	端口 5 和端口 6

3.3.2 AC 配置

AC 需要创建 4 个 WLAN,如表 3.3 所示。WLAN 1 用于连接教室 1、教室 2 和教室 3 中的学生移动终端,WLAN 2 用于连接教室 1、教室 2 和教室 3 中的教师移动终端,WLAN 3 用于连接教室 4 和教室 5 中的学生移动终端,WLAN 4 用于连接教室 4 和教室 5 中的教师移动终端。WLAN 1 与 VLAN 2 建立关联,WLAN 2 与 VLAN 4 建立关联,这两个 WLAN 需要绑定教室 1、教室 2 和教室 3 中的瘦 AP1、瘦 AP2 和瘦 AP3。WLAN 3 与 VLAN 3 建立关联,WLAN 4 与 VLAN 5 建立关联,这两个 WLAN 需要绑定教室 4 和教室 5 中的瘦 AP4 和瘦 AP5。

表 3.3 AC 需要创建的 4 个 WLAN 及相关参数

WLAN	绑定的 VLAN	SSID	鉴别机制	RADIUS 服务器	密钥	绑定的瘦 AP
WLAN 1	VLAN 2	1234561	WPA2	192.1.8.21	12345678	瘦 AP1、瘦 AP2、瘦 AP3
WLAN 2	VLAN 4	1234562	WPA2-PSK		1234567890	瘦 AP1、瘦 AP2、瘦 AP3
WLAN 3	VLAN 3	1234563	WPA2	192.1.8.21	12345678	瘦 AP4、瘦 AP5
WLAN 4	VLAN 5	1234564	WPA2-PSK		1234567890	瘦 AP4、瘦 AP5

AC 为了能够与瘦 AP 通信,需要与所有瘦 AP 位于同一个 VLAN 中,且该 VLAN 是本地 VLAN,这里将 VLAN 1 作为互联 AC 和瘦 AP 的 VLAN。由 AC 为该 VLAN 定义 IP 接口和配置 IP 地址,同时由 AC 创建本地 VLAN 对应的 DHCP 地址池,为所有瘦 AP 自动分配网络信息。AC 配置的 IP 地址和 DHCP 地址池如表 3.4 所示。

表 3.4　AC 配置的 IP 地址和 DHCP 地址池

AC 配置的 IP 地址	AC 配置的子网掩码	DHCP 地址池
192.168.1.1	255.255.255.0	192.168.1.100～192.168.1.150

3.3.3　VLAN 划分

1. 需要创建的 VLAN 及其功能

在如图 3.4 所示的校园网拓扑结构中创建 15 个 VLAN(VLAN 1 是默认 VLAN),这 15 个 VLAN 的功能如表 3.5 所示。

表 3.5　需要创建的 VLAN 及其功能

VLAN	功　　能
VLAN 1	用于所有瘦 AP 与 AC 之间交换 CAPWAP 消息
VLAN 2	用于连接瘦 AP1、瘦 AP2 和瘦 AP3 连接的学生移动终端
VLAN 3	用于连接瘦 AP4 和瘦 AP5 连接的学生移动终端
VLAN 4	用于连接瘦 AP1、瘦 AP2 和瘦 AP3 连接的教师移动终端
VLAN 5	用于连接瘦 AP4 和瘦 AP5 连接的教师移动终端
VLAN 6	用于连接交换机 S1、S2 和 S3 连接的固定终端
VLAN 7	用于连接交换机 S4 和 S5 连接的固定终端
VLAN 8	用于连接 Web 服务器
VLAN 9	用于连接 FTP 服务器
VLAN 10	用于连接 DNS 服务器
VLAN 11	用于连接 E-mail 服务器
VLAN 12	用于连接 DHCP 服务器
VLAN 13	用于连接 RADIUS 服务器
VLAN 14	用于实现三层交换机 S7 与 S9 互联
VLAN 15	用于实现三层交换机 S8 与 S9 互联

2. 各个交换机 VLAN 与交换机端口的映射

根据图 3.4 所示的交换机端口分配方式,得出表 3.6～表 3.11 所示的各个交换机 VLAN 与交换机端口之间的映射。交换机 S2 和 S3 的 VLAN 与交换机端口之间的映射与交换机 S1 相同,如表 3.6 所示。交换机 S5 的 VLAN 与交换机端口之间的映射与交换机 S4 相同,如表 3.7 所示。建立 VLAN 与交换机端口之间映射的原则如下:如果端口 X 被属于 VLAN Y 的交换路径经过,需要将端口 X 配置给 VLAN Y。如果端口 X 仅被单条属于 VLAN Y 的交换路径经过,端口 X 作为接入端口分配给 VLAN Y。如果端口 X 既被属于 VLAN Y 的交换路径经过,又被属于 VLAN Z 的交换路径经过,端口 X 作为主干端口被 VLAN Y 和 VLAN Z 共享。

属于同一 VLAN 的终端和设备之间需要建立交换路径,属于同一 VLAN 的终端和设备与创建该 VLAN 对应的 IP 接口的三层交换机之间也需要建立交换路径。由于所有瘦 AP 和 AC 属于 VLAN 1,需要建立所有瘦 AP 与 AC 之间的交换路径,因此属于 VLAN 1 的交换路径经过的交换机端口和端口通道如下:交换机 S1、S2、S3、S4 和 S5 的端口 1 和端口 3;交换机 S7 的端口 1、端口 2、端口 3 和端口通道 Port Channel 1;交换机 S8 的端口 1、端口 2 和端口通道 Port Channel 1;交换机 S9 的端口 7、端口通道 Port Channel 1 和端口通道 Port Channel 2。

对于 VLAN 2,需要建立瘦 AP1(交换机 S1 连接的瘦 AP)、瘦 AP2(交换机 S2 连接的瘦 AP)、瘦 AP3(交换机 S3 连接的瘦 AP)和创建 VLAN 2 对应的 IP 接口的三层交换机 S7 之间的交换路径。为允许由 AC 转发数据帧,还需要建立瘦 AP1、瘦 AP2、瘦 AP3 与 AC 之间的交换路径,因此属于 VLAN 2 的交换路径经过的交换机端口和端口通道如下:交换机 S1、S2 和 S3 的端口 1 和端口 3;交换机 S7 的端口 1、端口 2、端口 3 和端口通道 Port Channel 1;交换机 S9 的端口 7 和端口通道 Port Channel 1。属于 VLAN 4 的交换路径经过的交换机端口和端口通道与 VLAN 2 相同。

对于 VLAN 6,需要建立属于 VLAN 6 的固定终端和创建 VLAN 6 对应的 IP 接口的三层交换机 S7 之间的交换路径,因此属于 VLAN 6 的交换路径经过的交换机端口如下:交换机 S1、S2 和 S3 的端口 2 和端口 3;交换机 S7 的端口 1、端口 2 和端口 3。各个交换机其他 VLAN 与交换机端口之间的映射可以通过同样的分析方式导出。

表 3.6　交换机 S1 的 VLAN 与交换机端口映射表

VLAN	接入端口	主干端口	VLAN	接入端口	主干端口
VLAN 1		端口 1、端口 3	VLAN 4		端口 1、端口 3
VLAN 2		端口 1、端口 3	VLAN 6	端口 2	端口 3

表 3.7　交换机 S4 的 VLAN 与交换机端口映射表

VLAN	接入端口	主干端口	VLAN	接入端口	主干端口
VLAN 1		端口 1、端口 3	VLAN 5		端口 1、端口 3
VLAN 3		端口 1、端口 3	VLAN 7	端口 2	端口 3

表 3.8　交换机 S6 的 VLAN 与交换机端口映射表

VLAN	接入端口	主干端口	VLAN	接入端口	主干端口
VLAN 8	端口 1	Port Channel 1	VLAN 11	端口 4	Port Channel 1
VLAN 9	端口 2	Port Channel 1	VLAN 12	端口 5	Port Channel 1
VLAN 10	端口 3	Port Channel 1	VLAN 13	端口 6	Port Channel 1

表 3.9　交换机 S7 的 VLAN 与交换机端口映射表

VLAN	接入端口	主干端口
VLAN 1		端口 1、端口 2、端口 3、Port Channel 1

VLAN	接入端口	主干端口
VLAN 2		端口 1、端口 2、端口 3、Port Channel 1
VLAN 4		端口 1、端口 2、端口 3、Port Channel 1
VLAN 6		端口 1、端口 2、端口 3
VLAN 14		Port Channel 1

表 3.10　交换机 S8 的 VLAN 与交换机端口映射表

VLAN	接入端口	主干端口	VLAN	接入端口	主干端口
VLAN 1		端口 1、端口 2、Port Channel 1	VLAN 7		端口 1、端口 2
VLAN 3		端口 1、端口 2、Port Channel 1	VLAN 15		Port Channel 1
VLAN 5		端口 1、端口 2、Port Channel 1			

表 3.11　交换机 S9 的 VLAN 与交换机端口映射表

VLAN	接入端口	主干端口	VLAN	接入端口	主干端口
VLAN 1		Port Channel 1、Port Channel 2、端口 7	VLAN 10		Port Channel 3
VLAN 2		Port Channel 1、端口 7	VLAN 11		Port Channel 3
VLAN 3		Port Channel 2、端口 7	VLAN 12		Port Channel 3
VLAN 4		Port Channel 1、端口 7	VLAN 13		Port Channel 3
VLAN 5		Port Channel 2、端口 7	VLAN 14		Port Channel 1
VLAN 8		Port Channel 3	VLAN 15		Port Channel 2
VLAN 9		Port Channel 3			

3. VLAN 内的 MAC 帧传输过程

属于相同 VLAN 的两个终端之间能够通过 VLAN 内的交换路径实现以这两个终端的 MAC 地址为源和目的 MAC 地址的 MAC 帧的传输过程。

在图 3.5 中,每一个 VLAN 有单独的网桥转发属于该 VLAN 的 MAC 帧,每一个网桥有独立的转发表。假定各个与 VLAN 4 绑定的转发表已经通过地址学习过程建立了如图 3.5 所示的转发表,终端 B 发送给终端 H 的 MAC 帧的传输过程如下。

终端 B 发送给终端 H 的 MAC 帧以终端 B 的 MAC 地址 MAC B 为源 MAC 地址,以终端 H 的 MAC 地址 MAC H 为目的 MAC 地址。这里假定终端 B 已经加入与 VLAN 4 绑定的 WLAN,且瘦 AP1 的转发表中已经建立 MAC 地址为 MAC H。转发端口为瘦 AP1 以太网端口的转发项。因此,当瘦 AP1 通过无线局域网接收到该无线局域网 MAC 帧,确定将其通过以太网端口转发出去后,将该无线局域网 MAC 帧转换成以太网 MAC 帧并为该以太网 MAC 帧添加 VLAN ID=4。该以太网 MAC 帧经过交换机端口 S1.1 进入交换机 S1,由于交换机端口 S1.1 是被 VLAN 1、VLAN 2 和 VLAN 4 共享的主干端口,且该以太网

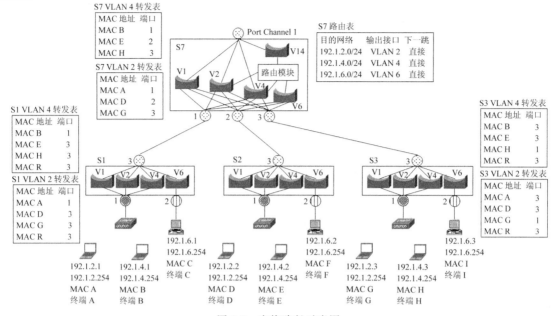

图 3.5　交换路径示意图

MAC 帧携带 VLAN ID=4,因此将其提交给与 VLAN 4 绑定的网桥(图 3.5 中用 V4 表示与 VLAN 4 绑定的网桥)。与 VLAN 4 绑定的网桥在自己的转发表中检索到 MAC 地址为 MAC H 的转发项,确定输出端口是端口 S1.3。由于端口 S1.3 是主干端口(也称为标记端口),因此从该端口输出的 MAC 帧携带 VLAN ID=4。

从端口 S1.3 输出的 MAC 帧经过端口 S7.1 进入交换机 S7,由于端口 S7.1 是被 VLAN 1、VLAN 2、VLAN 4 和 VLAN 6 共享的主干端口且 MAC 帧携带 VLAN ID=4,因此该 MAC 帧被提交给与 VLAN 4 绑定的网桥(图 3.5 中用 V4 表示与 VLAN 4 绑定的网桥)。与 VLAN 4 绑定的网桥在自己的转发表中检索到 MAC 地址为 MAC H 的转发项,确定输出端口是端口 S7.3。由于端口 S7.3 是主干端口(标记端口),因此从该端口输出的 MAC 帧携带 VLAN ID=4。

从端口 S7.3 输出的 MAC 帧经过端口 S3.3 进入交换机 S3,由于端口 S3.3 是 VLAN 1、VLAN 2、VLAN 4 和 VLAN 6 共享的主干端口且 MAC 帧携带 VLAN ID=4,因此该 MAC 帧被提交给与 VLAN 4 绑定的网桥(图 3.5 中用 V4 表示与 VLAN 4 绑定的网桥)。与 VLAN 4 绑定的网桥在自己的转发表中检索到 MAC 地址为 MAC H 的转发项,确定输出端口是端口 S3.1。由于端口 S3.1 是主干端口(标记端口),因此从该端口输出的 MAC 帧携带 VLAN ID=4。

瘦 AP3 通过以太网端口接收到该以太网 MAC 帧,由于该以太网 MAC 帧携带的 VLAN ID=4,确定转发给与 VLAN 4 绑定的 WLAN,因此将该以太网 MAC 帧转换成无线局域网 MAC 帧后,发送给与 VLAN 4 绑定的 WLAN。

3.3.4　VLAN IP 地址分配

1. IP 地址分配过程

IP 地址包括两种分配。

一是需要为每一个 VLAN 分配一个网络地址,网络地址包含的有效 IP 地址数随 VLAN 不同而不同。例如与接入学生移动终端的 WLAN 绑定的 VLAN 2、与接入教师移动终端的 WLAN 绑定的 VLAN 4 和连接固定终端的 VLAN 6,由于需要接入较大量的终端,因此网络前缀位数取值 24,有效 IP 地址数$=2^8-2=254$。划分数据中心中的服务器所产生的 VLAN,由于每一个 VLAN 只连接一台服务器,因此只需要两个有效 IP 地址,一个用于分配给服务器,一个用于分配给该 VLAN 对应的 IP 接口。因此,网络前缀位数取值 30,有效 IP 地址数$=2^2-2=2$。互联三层交换机的 VLAN 由于只需要分别为在两个三层交换机上创建的 IP 接口分配 IP 地址,因此网络前缀位数取值 30。图 3.6 给出了为每一个 VLAN 分配的网络地址。

二是需要为每一个 IP 接口分配 IP 地址。对于连接移动终端、固定终端和服务器所产生 VLAN,该 VLAN 对应的 IP 接口就是连接在该 VLAN 上的移动终端、固定终端或服务器的默认网关地址。为某个 VLAN 对应的 IP 接口分配的 IP 地址和子网掩码确定该 VLAN 的网络地址。如表 3.12 所示,一旦为 VLAN 2 对应的 IP 接口分配 IP 地址和子网掩码 192.1.2.254/24,则 VLAN 2 对应的网络地址为 192.1.2.0/24,连接在 VLAN 2 上的终端的默认网关地址为 192.1.2.254。各个 VLAN 对应的 IP 接口的 IP 地址和子网掩码如表 3.12 所示。在三层交换机 S7 中创建 VLAN 2、VLAN 4、VLAN 6 和 VLAN 14 对应的 IP 接口并为 IP 接口分配 IP 地址和子网掩码后,三层交换机 S7 建立如表 3.13 所示的直连路由项。三层交换机创建某个 VLAN 对应的 IP 接口的前提是,在该三层交换机中创建了该 VLAN 且至少有一个端口(或端口通道)被配置给该 VLAN。当然,该端口既可作为接入端口(非标记端口)也可作为主干端口(标记端口)配置给该 VLAN。

2. VLAN 间的数据传输过程

VLAN 间的数据传输过程是指两个连接在不同 VLAN 上的终端之间的数据传输过程,如图 3.5 中终端 A 和终端 B 之间的数据传输过程。

(1) 源和目的终端配置网络信息。每一个连接在 VLAN 上的终端和服务器需要配置 IP 地址、子网掩码和默认网关地址,IP 地址和子网掩码确定的网络地址必须与分配给该 VLAN 的网络地址相同,且该 IP 地址没有分配给连接在同一 VLAN 中的其他终端和服务器。默认网关地址是分配给该 VLAN 对应的 IP 接口的 IP 地址,如图 3.5 中终端 A 分配的 IP 地址、子网掩码和默认网关地址分别是 192.1.2.1/24 和 192.1.2.254。

(2) 发送终端获取接收终端的 IP 地址。发送终端向接收终端传输数据前,必须获取接收终端的 IP 地址。例如终端 A 向终端 B 传输数据前,终端 A 必须获取终端 B 的 IP 地址 192.1.4.1。

(3) 发送终端确定与接收终端不在同一个 VLAN 上。发送终端通过用自己的子网掩码与接收终端的 IP 地址进行"与"操作求出接收终端的网络地址,如果接收终端的网络地址与自己的网络地址不同,则确定接收终端与自己不在同一个 VLAN 上。终端 A 的网络地址为 192.1.2.0/24,用子网掩码 255.255.255.0 与终端 B 的 IP 地址 192.1.4.1 进行"与"操作,得到结果 192.1.4.0。由于 192.1.4.0/24 不等于 192.1.2.0/24,因此确定终端 A 和终端 B 不在同一个 VLAN 上。

(4) 发送终端解析出 IP 接口的 MAC 地址。对于 VLAN 间的数据传输过程,发送终端首先把 IP 分组发送给自己的默认网关。由于默认网关是发送终端所连接的 VLAN 所对应的 IP 接口,因此发送给默认网关的 IP 分组必须封装成以发送终端的 MAC 地址为源 MAC 地址、以默认网关的 MAC 地址为目的 MAC 地址的 MAC 帧,发送终端连接的 VLAN 必须将这样的 MAC 帧传输给该 VLAN 对应的 IP 接口。在图 3.5 中,终端 A 发送给三层交换机 S7 VLAN 2 对应的 IP 接口的 MAC 帧必须转发给 S7 中的路由模块。每一个三层交换机用一个(或若干个)特殊的 MAC 地址表示接收端是三层交换机中的路由模块。因此,如果三层交换机接收到解析 IP 接口地址的 ARP 请求帧,则用该特殊 MAC 地址作为该 IP 接口的 MAC 地址,在图 3.5 中,统一用 MAC 地址 MAC R 作为三层交换机 S7 的特殊 MAC 地址。因此,终端 A 解析 IP 地址 192.1.2.254 得到的 MAC 地址是 MAC R。

(5) 发送终端向 IP 接口传输 IP 分组。发送终端构建以自己的 IP 地址为源 IP 地址、以接收终端的 IP 地址为目的 IP 地址的 IP 分组,并且将 IP 分组封装成以发送终端的 MAC 地址为源 MAC 地址、以 IP 接口的 MAC 地址为目的 MAC 地址的 MAC 帧,通过连接 IP 接口的 VLAN 将 MAC 帧发送给 IP 接口。对于终端 A 至终端 B 的数据传输过程,终端 A 构建以 192.1.2.1 为源 IP 地址、以 192.1.4.1 为目的 IP 地址的 IP 分组,并且将 IP 分组封装成以 MAC A 为源 MAC 地址、以 MAC R 为目的 MAC 地址、以瘦 AP1 的 MAC 地址为接收端 MAC 地址的无线局域网 MAC 帧,通过 WLAN 1 将无线局域网 MAC 帧发送给瘦 AP1。瘦 AP1 将该无线局域网 MAC 帧转换成以太网 MAC 帧,携带 VLAN ID=2,并且发送给交换机 S1。交换机 S1 通过端口 S1.1 接收到该 MAC 帧,将其提交给与 VLAN 2 绑定的网桥。与 VLAN 2 绑定的网桥在自己的转发表中检索到 MAC 地址为 MAC R 的转发项,确定输出端口是端口 S1.3。由于端口 S1.3 是主干端口(标记端口),因此从该端口输出的 MAC 帧携带 VLAN ID=2。从端口 S1.3 输出的 MAC 帧经过端口 S7.1 进入交换机 S7,由于该 MAC 帧的目的地址是三层交换机 S7 用于标识路由模块的特殊 MAC 地址,因此 S7 将其提交给路由模块。

(6) 路由模块转发 IP 分组。三层交换机 S7 中的路由模块从 MAC 帧中分离出 IP 分组,用 IP 分组的目的 IP 地址 192.1.4.1 检索路由表,找到匹配的路由项<192.1.4.0/24,VLAN 4,直接>,确定通过 VLAN 4 将该 IP 分组发送给终端 B。路由模块通过 ARP 地址解析过程获取终端 B 的 MAC 地址 MAC B,重新将 IP 分组封装成以 IP 接口的 MAC 地址 MAC R 为源 MAC 地址、以终端 B 的 MAC 地址 MAC B 为目的 MAC 地址的 MAC 帧,并且将该 MAC 帧提交给与 VLAN 4 绑定的网桥。

(7) IP 接口向目的终端发送 IP 分组。三层交换机 S7 中与 VLAN 4 绑定的网桥在自己的转发表中检索到 MAC 地址为 MAC B 的转发项,确定输出端口是端口 S7.1。由于端口 S7.1 是主干端口(标记端口),因此从该端口输出的 MAC 帧携带 VLAN ID=4。从端口 S7.1 输出的 MAC 帧经过端口 S1.3 进入交换机 S1,由于端口 S1.3 是被 VLAN 1、VLAN 2、VLAN 4 和 VLAN 6 共享的主干端口且 MAC 帧携带 VLAN ID=4,因此该 MAC 帧被提交给与 VLAN 4 绑定的网桥。与 VLAN 4 绑定的网桥在自己的转发表中检索到 MAC 地址为 MAC B 的转发项,确定输出端口是端口 S1.1。由于端口 S1.1 是主干端口,因此从该端口输出的 MAC 帧携带 VLAN ID=4。从端口 S1.1 输出的 MAC 帧到达瘦 AP1,瘦 AP1 将其转换成无线局域网 MAC 帧,通过 WLAN 2 发送给终端 B。终端 B 从 MAC 帧中分离出 IP 分组,实现 IP 分组从终端 A 至终端 B 的传输过程。

值得强调的是三层交换机 S7 的作用。在终端 B 至终端 H 的 MAC 帧传输过程中,三层交换机 S7 完全等同于二层交换机,根据 MAC 帧携带的 VLAN ID 和 MAC 帧的目的 MAC 地址完成 MAC 帧从端口 1 至端口 3 的交换过程。在终端 A 至终端 B 的 IP 分组传输过程中,三层交换机 S7 既实现 IP 分组路由功能,又实现 MAC 帧转发功能。当 S7 通过端口 1 接收到 MAC 帧时,由于 MAC 帧的目的 MAC 地址是用于表明接收端是路由模块的特殊 MAC 地址,因此 S7 直接将 MAC 帧提交给路由模块。由路由模块从以表明接收端是路由模块的特殊 MAC 地址为目的 MAC 地址、VLAN ID＝2 的 MAC 帧中分离出 IP 分组,并且重新将 IP 分组封装成以 MAC B 为目的 MAC 地址、VLAN ID＝4 的 MAC 帧。由 S7 二层交换功能完成根据 MAC 帧携带的 VLAN ID 和 MAC 帧的目的 MAC 地址确定 MAC 帧输出端口并将 MAC 帧通过端口 1 转发出去的过程。

3.3.5 OSPF 建立路由表的过程

1. 直连路由项

根据表 3.12 所示的内容为各个 IP 接口分配 IP 地址和子网掩码后,分配给各个 VLAN 的网络地址如图 3.6 所示。三个三层交换机 S7、S8 和 S9 中自动生成的直连路由项如表 3.13～表 3.15 所示。三层交换机自动生成直连路由项后,可以实现直接连接的 VLAN 之间的通信过程,如三层交换机 S7 实现的 VLAN 2 和 VLAN 4 之间的通信过程。如果需要实现两个连接在不同三层交换机上的 VLAN 之间的通信过程,各个三层交换机需要通过路由协议建立用于指明通往没有与其直接连接的 VLAN 的传输路径的路由项。

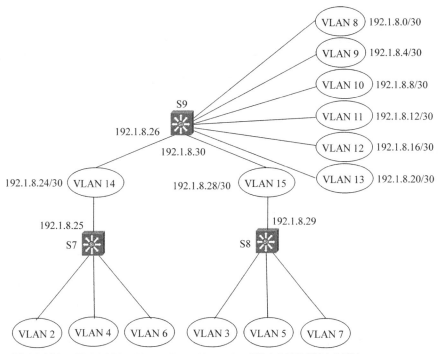

图 3.6 VLAN IP 地址分配结果

表 3.12 IP 接口分配的 IP 地址

设备名称	IP 接口	IP 地址	设备名称	IP 接口	IP 地址
S7	VLAN 2	192.1.2.254/24	S9	VLAN 8	192.1.8.2/30
S7	VLAN 4	192.1.4.254/24	S9	VLAN 9	192.1.8.6/30
S7	VLAN 6	192.1.6.254/24	S9	VLAN 10	192.1.8.10/30
S7	VLAN 14	192.1.8.25/30	S9	VLAN 11	192.1.8.14/30
S8	VLAN 3	192.1.3.254/24	S9	VLAN 12	192.1.8.18/30
S8	VLAN 5	192.1.5.254/24	S9	VLAN 13	192.1.8.22/30
S8	VLAN 7	192.1.7.254/24	S9	VLAN 14	192.1.8.26/30
S8	VLAN 15	192.1.8.29/30	S9	VLAN 15	192.1.8.30/30

表 3.13 三层交换机 S7 的直连路由项

目的网络	输出接口	下一跳	目的网络	输出接口	下一跳
192.1.2.0/24	VLAN 2	直接	192.1.6.0/24	VLAN 6	直接
192.1.4.0/24	VLAN 4	直接	192.1.8.24/30	VLAN 14	直接

表 3.14 三层交换机 S8 的直连路由项

目的网络	输出接口	下一跳	目的网络	输出接口	下一跳
192.1.3.0/24	VLAN 3	直接	192.1.7.0/24	VLAN 7	直接
192.1.5.0/24	VLAN 5	直接	192.1.8.28/30	VLAN 15	直接

表 3.15 三层交换机 S9 的直连路由项

目的网络	输出接口	下一跳	目的网络	输出接口	下一跳
192.1.8.0/30	VLAN 8	直接	192.1.8.16/30	VLAN 12	直接
192.1.8.4/30	VLAN 9	直接	192.1.8.20/30	VLAN 13	直接
192.1.8.8/30	VLAN 10	直接	192.1.8.24/30	VLAN 14	直接
192.1.8.12/30	VLAN 11	直接	192.1.8.28/30	VLAN 15	直接

2. OSPF 配置

OSPF 配置的内容:一是在各个三层交换机的 IP 接口上启动 OSPF 路由进程;二是为各个三层交换机的 IP 接口分配相同的区域标识符,表明所有三层交换机的 IP 接口属于同一个 OSPF 区域;三层交换机完成上述配置后,通过发现与其直接连接的网络(VLAN)和其他三层交换机的 IP 接口,建立自身链路状态。表 3.16 所示的三层交换机 S7 的链路状态,其内容包括直接连接的网络 192.1.2.0/24、192.1.4.0/24、192.1.6.0/24 和 IP 地址为 192.1.8.25 的 IP 接口。一般情况下,传输速率小于或等于 100Mb/s 的链路的链路代价采用默认值,端口通道及传输速率大于 100Mb/s 的链路的链路代价通过手动配置确定。

各个三层交换机建立自身链路状态后,通过泛洪链路状态通告(LSA)向其他三层交换

机发送自身链路状态,使得每一个三层交换机建立如表 3.16 所示的链路状态数据库,链路
状态数据库给出同一 OSPF 区域内所有 IP 接口连接的网络和相邻的其他 IP 接口。

表 3.16　链路状态数据库

S7 链路状态					
邻居	邻居接口 IP 地址	链路代价	邻居	邻居接口 IP 地址	链路代价
S9	192.1.8.26	1	192.1.4.0/24		1
192.1.2.0/24		1	192.1.6.0/24		1
S8 链路状态					
S9	192.1.8.30	1	192.1.5.0/24		1
192.1.3.0/24		1	192.1.7.0/24		1
S9 链路状态					
S7	192.1.8.25	1	192.1.8.8/30		1
S8	192.1.8.29	1	192.1.8.12/30		1
192.1.8.0/30		1	192.1.8.16/30		1
192.1.8.4/30		1	192.1.8.20/30		1

3. 最终路由表

每一个三层交换机根据表 3.16 所示的链路状态数据库,构建用于指明通往没有与其直
接连接的网络的传输路径的路由项,生成最终路由表。三层交换机 S7、S7 和 S9 的最终路
由表如表 3.17～表 3.19 所示。

表 3.17　三层交换机 S7 的路由表

目的网络	输出接口	下一跳	链路代价	目的网络	输出接口	下一跳	链路代价
192.1.2.0/24	VLAN 2	直接	0	192.1.8.0/30	VLAN 14	192.1.8.26	2
192.1.4.0/24	VLAN 4	直接	0	192.1.8.4/30	VLAN 14	192.1.8.26	2
192.1.6.0/24	VLAN 6	直接	0	192.1.8.8/30	VLAN 14	192.1.8.26	2
192.1.8.24/30	VLAN 14	直接	0	192.1.8.12/30	VLAN 14	192.1.8.26	2
192.1.3.0/24	VLAN 14	192.1.8.26	3	192.1.8.16/30	VLAN 14	192.1.8.26	2
192.1.5.0/24	VLAN 14	192.1.8.26	3	192.1.8.20/30	VLAN 14	192.1.8.26	2
192.1.7.0/24	VLAN 14	192.1.8.26	3	192.1.8.28/30	VLAN 14	192.1.8.26	2

4. 端到端传输过程

终端 A 分配如图 3.5 所示的 IP 地址、子网掩码和默认网关地址。如果各个 IP 接口分
配了表 3.12 所示的 IP 地址,Web 服务器只能分配 IP 地址、子网掩码和默认网关地址 192.
1.8.1/30 和 192.1.8.2。终端 A 如果向 Web 服务器发送数据,则它构建以 192.1.2.1 为源 IP

表 3.18 三层交换机 S8 的路由表

目的网络	输出接口	下一跳	链路代价	目的网络	输出接口	下一跳	链路代价
192.1.3.0/24	VLAN 3	直接	0	192.1.8.0/30	VLAN 15	192.1.8.30	2
192.1.5.0/24	VLAN 5	直接	0	192.1.8.4/30	VLAN 15	192.1.8.30	2
192.1.7.0/24	VLAN 7	直接	0	192.1.8.8/30	VLAN 15	192.1.8.30	2
192.1.8.28/30	VLAN 15	直接	0	192.1.8.12/30	VLAN 15	192.1.8.30	2
192.1.2.0/24	VLAN 15	192.1.8.30	3	192.1.8.16/30	VLAN 15	192.1.8.30	2
192.1.4.0/24	VLAN 15	192.1.8.30	3	192.1.8.20/30	VLAN 15	192.1.8.30	2
192.1.6.0/24	VLAN 15	192.1.8.30	3				

表 3.19 三层交换机 S9 的路由表

目的网络	输出接口	下一跳	链路代价	目的网络	输出接口	下一跳	链路代价
192.1.8.0/30	VLAN 8	直接	0	192.1.8.28/30	VLAN 15	直接	0
192.1.8.4/30	VLAN 9	直接	0	192.1.2.0/24	VLAN 14	192.1.8.25	2
192.1.8.8/30	VLAN 10	直接	0	192.1.4.0/24	VLAN 14	192.1.8.25	2
192.1.8.12/30	VLAN 11	直接	0	192.1.6.0/24	VLAN 14	192.1.8.25	2
192.1.8.16/30	VLAN 12	直接	0	192.1.3.0/24	VLAN 15	192.1.8.29	2
192.1.8.20/30	VLAN 13	直接	0	192.1.5.0/24	VLAN 15	192.1.8.29	2
192.1.8.24/30	VLAN 14	直接	0	192.1.7.0/24	VLAN 15	192.1.8.29	2

地址、以 192.1.8.1 为目的 IP 地址的 IP 分组,并且将该 IP 分组封装成以终端 A 的 MAC 地址为源 MAC 地址、以表明接收端是 S7 路由模块的特殊 MAC 地址为目的 MAC 地址的 MAC 帧,通过 VLAN 2 内交换路径将该 MAC 帧发送给 VLAN 2 对应的 IP 接口。S7 路由模块根据该 IP 分组的目的 IP 地址检索路由表,确定与路由项<192.1.8.0/30,VLAN 14,192.1.8.26>匹配,将该 IP 分组重新封装成以表明发送端是 S7 路由模块的特殊 MAC 地址为源 MAC 地址、以表明接收端是 S9 路由模块的特殊 MAC 地址为目的 MAC 地址的 MAC 帧,通过 VLAN 14 内的交换路径将该 MAC 帧发送给交换机 S9 中 VLAN 14 对应的 IP 接口。S9 路由模块根据该 IP 分组的目的 IP 地址检索路由表,确定与路由项<192.1.8.0/30,VLAN 8,直接>匹配,将该 IP 分组重新封装成以表明发送端是 S9 路由模块的特殊 MAC 地址为源 MAC 地址、以 Web 服务器的 MAC 地址为目的 MAC 地址的 MAC 帧,通过 VLAN 8 内的交换路径将 MAC 帧发送给 Web 服务器。

3.4 安全系统实现过程

安全系统实现过程涉及 DHCP 侦听信息库建立过程、安全路由实现过程和分组过滤器配置过程等。

3.4.1　启动接入交换机的 DHCP 侦听功能

1. 建立 DHCP 侦听信息库

校园网中所有移动终端和固定终端通过 DHCP 自动从 DHCP 服务器中获取网络信息,终端获取的网络信息如图 3.7 所示。为防御源 IP 地址欺骗攻击和 ARP 欺骗攻击,在接入交换机 S1、S2、S3、S4 和 S5 中启动 DHCP 侦听功能。启动 DHCP 侦听功能后,一旦终端通过 DHCP 自动获取如图 3.7 所示的网络信息,则接入交换机 S1、S2、S3、S4 和 S5 中建立分别如表 3.20～表 3.24 所示的 DHCP 侦听信息库。侦听信息库中为每一个连接到接入交换机的终端创建一项终端信息绑定项。

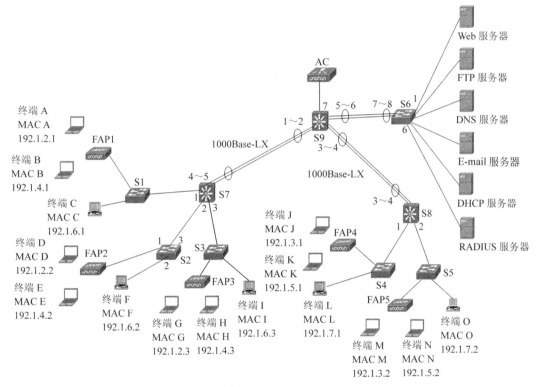

图 3.7　端口安全机制

表 3.20　交换机 S1 的 DHCP 侦听信息库

交换机端口	MAC 地址	IP 地址	VLAN
端口 1	MAC A	192.1.2.1	VLAN 2
端口 1	MAC B	192.1.4.1	VLAN 4
端口 2	MAC C	192.1.6.1	VLAN 6

表 3.21　交换机 S2 的 DHCP 侦听信息库

交换机端口	MAC 地址	IP 地址	VLAN
端口 1	MAC D	192.1.2.2	VLAN 2
端口 1	MAC E	192.1.4.2	VLAN 4
端口 2	MAC F	192.1.6.2	VLAN 6

2. 防御 ARP 欺骗攻击

图 3.7 中终端 G 实施 ARP 欺骗攻击的过程如下:终端 G 故意发送将 IP 地址 192.1.2.1 与 MAC 地址 MAC G 绑定的 ARP 请求报文,使得在 VLAN 2 中的其他终端的 ARP 缓冲

表 3.22　交换机 S3 的 DHCP 侦听信息库

交换机端口	MAC 地址	IP 地址	VLAN
端口 1	MAC G	192.1.2.3	VLAN 2
端口 1	MAC H	192.1.4.3	VLAN 4
端口 2	MAC I	192.1.6.3	VLAN 6

表 3.23　交换机 S4 的 DHCP 侦听信息库

交换机端口	MAC 地址	IP 地址	VLAN
端口 1	MAC J	192.1.3.1	VLAN 3
端口 1	MAC K	192.1.5.1	VLAN 5
端口 2	MAC L	192.1.7.1	VLAN 7

表 3.24　交换机 S5 的 DHCP 侦听信息库

交换机端口	MAC 地址	IP 地址	VLAN	交换机端口	MAC 地址	IP 地址	VLAN
端口 1	MAC M	192.1.3.2	VLAN 3	端口 2	MAC O	192.1.7.2	VLAN 7
端口 1	MAC N	192.1.5.2	VLAN 5				

区中建立 IP 地址 192.1.2.1 与 MAC 地址 MAC G 的绑定项。一旦这些终端向 IP 地址为 192.1.2.1 的终端 A 发送 MAC 帧，MAC 帧的目的 MAC 地址错误地设置为 MAC G，该 MAC 帧就被交换式以太网转发给终端 G。

在接入交换机通过 DHCP 侦听建立如表 3.20～表 3.24 所示的 DHCP 侦听信息库后，如果接入交换机 S3 通过端口 1 接收到终端 G 发送的将 IP 地址 192.1.2.1 与 MAC 地址 MAC G 绑定的 ARP 请求报文，它便在如表 3.22 所示的 DHCP 侦听信息库中检索交换机端口为端口 1、IP 地址为 192.1.2.1、MAC 地址为 MAC G 的终端信息绑定项。由于接入交换机 S3 在 DHCP 侦听信息库中检索不到对应项，因此终端 G 发送的用于实施 ARP 欺骗攻击的 ARP 请求报文将被接入交换机 S3 丢弃，无法到达 VLAN 2 中的其他终端。

3. 防御源 IP 地址欺骗攻击

图 3.7 中终端 G 实施源 IP 地址欺骗攻击的过程如下：终端 G 将发送的 IP 分组的源 IP 地址设置成终端 H 的 IP 地址，以此获得终端 H 的访问权限。但在接入交换机通过 DHCP 侦听建立如表 3.20～表 3.24 所示的 DHCP 侦听信息库后，如果接入交换机 S3 通过端口 1 接收源 MAC 地址为终端 G 的 MAC 地址 MAC G 的 MAC 帧，且该 MAC 帧封装的 IP 分组的源 IP 地址为 192.1.4.3，则它将在如表 3.22 所示的 DHCP 侦听信息库中检索 MAC 地址为 MAC G、IP 地址为 192.1.4.3 的终端信息绑定项。由于接入交换机 S3 在 DHCP 侦听信息库中检索不到对应项，它将丢弃该 MAC 帧，因此终端 G 发送的用于实施源 IP 地址欺骗攻击的 IP 分组将被接入交换机 S3 丢弃。

3.4.2　启动安全路由功能

OSPF 安全路由功能包括三部分：一是指定区域内使用的鉴别机制，这里采用 HMAC-MD5 作为计算消息鉴别码(Message Authentication Code，MAC)的算法；二是要求属于该区域的接口发送的路由消息必须携带 HMAC；三是在连接两个相邻三层交换机的 IP 接口上配置相同的密钥。这里连接相邻三层交换机 S7 和 S9 的 IP 接口分别是三层交换机 S7 中 VLAN 14 对应的 IP 接口和三层交换机 S9 中 VLAN 14 对应的 IP 接口，这两个 IP 接口配置相同密钥 1234567890。连接相邻三层交换机 S8 和 S9 的 IP 接口分别是三层交换机 S8 中 VLAN 15 对应的 IP 接口和三层交换机 S9 中 VLAN 15 对应的 IP 接口，这两个 IP 接口配置相同密钥 0987654321。

3.4.3 分组过滤器

1. 无状态分组过滤器的工作原理

无状态分组过滤器通过规则从 IP 分组流中鉴别出一组 IP 分组,然后对其实施规定的操作。

规则由一组属性值组成,如果某个 IP 分组携带的信息和构成规则的一组属性值匹配,则意味着该 IP 分组和该规则匹配。可对该 IP 分组实施相关操作,相关操作有正常转发和丢弃。

构成规则的属性值通常由下述字段组成。

- 源 IP 地址,用于匹配 IP 分组 IP 首部中的源 IP 地址字段值。
- 目的 IP 地址,用于匹配 IP 分组 IP 首部中的目的 IP 地址字段值。
- 源和目的端口号,用于匹配作为 IP 分组净荷的传输层报文首部中源和目的端口号字段值。
- 协议类型,用于匹配 IP 分组首部中的协议字段值。

一个过滤器可以由多个规则构成,IP 分组只有和当前规则不匹配时,才继续与后续规则进行匹配操作。如果与过滤器中的所有规则都不匹配,则对 IP 分组进行默认操作。IP 分组一旦和某个规则匹配,则对其实施相关操作,不再和其他规则进行匹配操作。因此,IP 分组和规则的匹配操作顺序直接影响该 IP 分组所匹配的规则,也因此确定了对该 IP 分组实施的操作。

无状态分组过滤器可以作用于端口的输入或输出方向,从外部进入无状态分组过滤器称为输入,离开无状态分组过滤器称为输出。如果作用于输入方向,每一个输入 IP 分组都和过滤器中的规则进行匹配操作,如果和某个规则匹配,则对其实施相关操作,如果实施的操作是丢弃,则不再对该 IP 分组进行后续的转发处理。如果过滤器作用于输出方向,则只有当该 IP 分组确定从该端口输出时,才将该 IP 分组和过滤器中的规则进行匹配操作。

2. 分组过滤器配置

校园网安全策略如下。

① 不允许学生移动终端访问 FTP 服务器,但允许访问其他服务器。

② 允许教师移动终端访问所有服务器。

③ 不允许固定终端访问 E-mail 服务器,但允许访问其他服务器。

根据校园网安全策略,在三层交换机 S7 VLAN 2 对应的 IP 接口的输入方向上配置以下分组过滤器。

① 协议＝IP,源 IP 地址＝192.1.2.0/24,目的 IP 地址＝192.1.8.5/32;丢弃。

② 协议＝IP,源 IP 地址＝192.1.2.0/24,目的 IP 地址＝0.0.0.0/0;正常转发。

在三层交换机 S8 VLAN 3 对应的 IP 接口的输入方向上配置以下分组过滤器。

① 协议＝IP,源 IP 地址＝192.1.3.0/24,目的 IP 地址＝192.1.8.5/32;丢弃。

② 协议＝IP,源 IP 地址＝192.1.3.0/24,目的 IP 地址＝0.0.0.0/0;正常转发。

在三层交换机 S7 VLAN 6 对应的 IP 接口的输入方向上配置以下分组过滤器。

① 协议＝IP,源 IP 地址＝192.1.6.0/24,目的 IP 地址＝192.1.8.13/32;丢弃。

② 协议＝IP,源 IP 地址＝192.1.6.0/24,目的 IP 地址＝0.0.0.0/0;正常转发。

在三层交换机 S8 VLAN 7 对应的 IP 接口的输入方向上配置以下分组过滤器。

① 协议＝IP,源 IP 地址＝192.1.7.0/24,目的 IP 地址＝192.1.8.13/32;丢弃。

② 协议＝IP,源 IP 地址＝192.1.7.0/24,目的 IP 地址＝0.0.0.0/0;正常转发。

三层交换机 S7 VLAN 2 对应的 IP 接口输入方向上配置的分组过滤器不允许连接在 VLAN 2 上的终端访问 FTP 服务器,但允许连接在 VLAN 2 上的终端访问其他服务器。

3.5 应用系统实现过程

在校园网应用中,需要用完全合格域名访问 Web 服务器、FTP 服务器和 E-mail 服务器,因此需要为这些服务器指定完全合格域名并在 DNS 服务器中配置相应的资源记录。由于需要由 DHCP 服务器完成学生移动终端、教师移动终端和教室固定终端的网络信息自动配置过程,因此需要完成 DHCP 服务器和相关 IP 接口的配置过程。

3.5.1 服务器的完全合格域名

配置 DNS 服务器资源记录前,需要为各个应用服务器指定完全合格域名,表 3.25 所示是为各个应用服务器指定的完全合格域名。

表 3.25　服务器的完全合格域名

服务器	IP 地址	完全合格域名	服务器	IP 地址	完全合格域名
Web 服务器	192.1.8.1	www.a.com	E-mail 服务器	192.1.8.13	mail.a.com
FTP 服务器	192.1.8.5	ftp.a.com			

3.5.2 DNS 服务器配置

DNS 服务器需要完成各个应用服务器完全合格域名的解析过程,因此需要配置如表 3.26 所示的资源记录。

表 3.26　DNS 服务器配置的资源记录

名称	类型	值	名称	类型	值
www.a.com	A	192.1.8.1	mail.a.com	A	192.1.8.13
ftp.a.com	A	192.1.8.5			

3.5.3 DHCP 服务器配置

我们需要在 DHCP 服务器中配置如表 3.27 所示的 VLAN 2、VLAN 3、VLAN 4、VLAN 5、VLAN 6 和 VLAN 7 对应的作用域,每一个作用域需要指定 IP 地址范围、子网掩码、默认网关地址和 DNS 服务器地址等。

为能够用一个 DHCP 服务器完成连接在 VLAN 2、VLAN 3、VLAN 4、VLAN 5、VLAN 6 和 VLAN 7 上的终端自动获取网络信息的过程,需要在这些 VLAN 对应的 IP 接口上启动 DHCP 中继功能并配置 DHCP 中继代理地址,即 DHCP 服务器的 IP 地址。

表 3.27　DHCP 服务器配置的作用域

作用域	IP 地址范围	子网掩码	默认网关地址	DNS 服务器地址
VLAN 2 对应的作用域	192.1.2.1～192.1.2.100	255.255.255.0	192.1.2.254	192.1.8.17
VLAN 3 对应的作用域	192.1.3.1～192.1.3.100	255.255.255.0	192.1.3.254	192.1.8.17
VLAN 4 对应的作用域	192.1.4.1～192.1.4.100	255.255.255.0	192.1.4.254	192.1.8.17
VLAN 5 对应的作用域	192.1.5.1～192.1.5.100	255.255.255.0	192.1.5.254	192.1.8.17
VLAN 6 对应的作用域	192.1.6.1～192.1.6.100	255.255.255.0	192.1.6.254	192.1.8.17
VLAN 7 对应的作用域	192.1.7.1～192.1.7.100	255.255.255.0	192.1.7.254	192.1.8.17

3.6　关键技术说明

校园网实施过程中涉及的关键技术包括链路聚合机制、CAPWAP、DHCP 侦听信息库建立机制和安全路由机制等。

3.6.1　链路聚合机制

1. 链路聚合的含义

假定图 3.8 中交换机 S8 和 S9 只有 1000Mb/s 端口,由于交换机之间不允许存在环路,因此不能简单地通过增加两台交换机之间的链路数量提高交换机之间的带宽。链路聚合(也称端口聚合)技术可以将多个端口聚合后作为单个端口使用。如图 3.8 所示,交换机 S8 和 S9 之间三条 1000Mb/s 链路通过链路聚合技术聚合在一起后,完全等同于一条 3000Mb/s 链路。为做到这一点,有如下要求。

图 3.8　链路聚合的含义

- 从聚合在一起的多个端口中的某个端口接收到的广播帧不会从聚合在一起的其他端口中转发出去。
- 其中一台交换机可以将传输给另一台交换机的流量均衡地分布到聚合在一起的多个端口连接的多条链路上。
- 聚合在一起的多个端口中的若干端口或端口连接的链路如果发生故障,只会影响交换机之间的带宽,不会影响两台交换机之间的连通性。

每一台交换机中聚合在一起的、作为单个端口使用的一组端口称为聚合组(也称端口通道)。由于每一台交换机允许同时存在多个不同的聚合组,因此需要用标识符标识不同的聚合组,这种用于标识聚合组的标识符称为聚合组标识符。互联两台交换机聚合组的一组链路称为链路聚合组,同样需要用链路聚合组标识符标识不同的链路聚合组。需要强调的是,聚合组只涉及单个交换机,聚合链路组涉及一组链路互联的两个交换机。当然,一组链路两端的设备除了交换机,还可以是路由器和终端。

2. 链路聚合方式

链路聚合方式有静态聚合和动态聚合两种。

静态聚合方式需要通过手动配置在两台交换机上创建聚合组并手动地将交换机端口分配给聚合组。两台交换机上分配给同一聚合组的端口必须具有相同属性(如相同传输速率、相同通信方式等),互联交换机的链路两端必须是属于同一聚合组的端口,并且链路两端的端口必须都是开通的端口。某台交换机分配给某个聚合组的端口不会监测链路另一端端口的属性和状态,因此一旦发生某条链路两端端口的属性和状态不一致的情况,可能丢失经过该链路传输的 MAC 帧。

动态聚合方式通过链路聚合控制协议(Link Aggregation Control Protocol,LACP)动态分配聚合组中的端口,通过交换 LACP 报文相互监测链路另一端端口的状态和属性。只有当 LACP 监测到链路两端端口具有相同属性和状态时,链路两端端口才被加入聚合组;当 LACP 监测到链路两端端口的属性和状态不一致时,链路两端端口将从聚合组中删除。

3.6.2 CAPWAP

1. CAPWAP 工作过程

瘦 AP 采用即插即用方式,加电后,要求能够自动通过 CAPWAP 与 AC 建立连接,由 AC 推送配置信息。这种情况下,CAPWAP 工作过程如图 3.9 所示,由四部分组成:一是获取网络信息,二是发现 AC,三是加入 AC,四是由 AC 推送配置信息。CAPWAP 消息都是成

图 3.9　CAPWAP 工作过程

对的,由请求消息和响应消息组成。

（1）获取网络信息

由于瘦 AP 采用即插即用方式,因此加电后需要通过 DHCP 服务器获取网络信息。为简单起见,由 AC 承担 DHCP 服务器的功能,为瘦 AP 分配网络信息。但 AC 的 DHCP 服务器功能只负责为所有瘦 AP 分配网络信息。

（2）发现 AC

由于瘦 AP 没有配置有关 AC 的信息,因此获取网络信息后,在 VLAN 内组播发现请求消息。AC 接收到发现请求消息后,如果可以为该瘦 AP 推送配置消息,则向瘦 AP 回送单播发现响应消息。如果同一 VLAN 上连接多个 AC,可能有多个 AC 向瘦 AP 发送发现响应消息,瘦 AP 接收到多个发现响应消息后,选择优先级最高的 AC 作为为其推送配置信息的 AC。

（3）加入 AC

瘦 AP 确定为其推送配置信息的 AC 后,向其发送加入请求消息,加入请求消息中给出瘦 AP 的 MAC 地址。配置 AC 时,通常需要指定允许加入的瘦 AP 的 MAC 地址列表(白名单),如果瘦 AP 给出的 MAC 地址在 AC 的白名单中,则 AC 向瘦 AP 发送加入响应消息。

（4）推送配置信息

瘦 AP 通过向 AC 发送配置状态请求消息向 AC 通报当前配置信息。AC 通过发送配置状态响应消息给出 AC 的配置信息。瘦 AP 根据 AC 给出的配置信息完成配置过程后,向 AC 发送改变状态事件请求消息。AC 接收到改变状态事件请求消息后,向瘦 AP 回送改变状态事件响应消息。完成上述消息传输过程后,成功建立控制隧道和数据隧道。为保持数据隧道,需要周期性交换 keepalive 消息。为保持控制隧道,需要周期性交换回声请求和回声响应消息。

成功建立控制隧道后,AC 可以向瘦 AP 发送配置更新请求消息,配置更新请求消息中给出 AC 的配置信息。瘦 AP 根据 AC 给出的配置信息完成配置过程后,向 AC 发送配置更新响应消息。

2. Split MAC 和 Local MAC

瘦 AP 可以工作在 Split MAC 和 Local MAC 模式下。

在 Split MAC 模式下,瘦 AP 只完成 beacon 帧和探测响应(probe response)帧的生成和发送过程。当瘦 AP 接收到无线局域网 MAC 帧时,将其封装成 CAPWAP 隧道报文,通过瘦 AP 与 AC 之间的数据隧道传输给 AC,由 AC 负责无线局域网 MAC 帧的转发过程。

在 Local MAC 模式下,AC 除了向瘦 AP 推送配置信息外,只负责移动终端的接入控制过程。由瘦 AP 完成无线局域网 MAC 帧的转发过程。

3.6.3　DHCP 侦听信息库建立机制

如果接入交换机从某个端口接收到一个 DHCP 发现或请求消息,则将该端口的端口号、封装 DHCP 发现或请求消息的 MAC 帧所属的 VLAN、DHCP 消息包含的 MAC 地址和 IP 地址(如果存在)记录在 DHCP 侦听信息库中。当接入交换机通过信任端口接收到 DHCP 提供或确认消息时,用 DHCP 消息中给出的 MAC 地址检索 DHCP 侦听信息库,找到对应项,用消息中给出的租用期和 IP 地址覆盖对应项中的租用期和 IP 地址。如图 3.10 所示,接入交换机 S1 通过端口 1 接收到终端 A 发送的、封装 DHCP 发现消息的 MAC 帧, MAC 帧携带 VLAN ID＝2,它在 DHCP 侦听信息库中创建一项,其中交换机端口为端口 1,VLAN 为 VLAN 2,MAC 地址为 DHCP 发现消息中的 MAC A。当接入交换机 S1 通过端口 3(端口 3 配置成信任端口)接收到 DHCP 服务器发送的 DHCP 提供消息时,用提供消息中的 MAC 地址 MAC A 检索 DHCP 侦听信息库,找到对应项,用提供消息中的 IP 地址 192.1.2.1 作为对应项中的 IP 地址。当接入交换机 S1 通过端口 1 接收到 DHCP 请求消息时,用请求消息中的 MAC 地址检索 DHCP 侦听信息库,用请求消息中的 IP 地址更新对应项中的 IP 地址。当接入交换机 S1 通过端口 3 接收到 DHCP 确认消息时,用确认消息中的 MAC 地址检索 DHCP 侦听信息库,用确认消息中的 IP 地址更新对应项中的 IP 地址。以此类推,建立最终的 DHCP 侦听信息库中 MAC 地址为 MAC A 的对应项中其他字段的值。

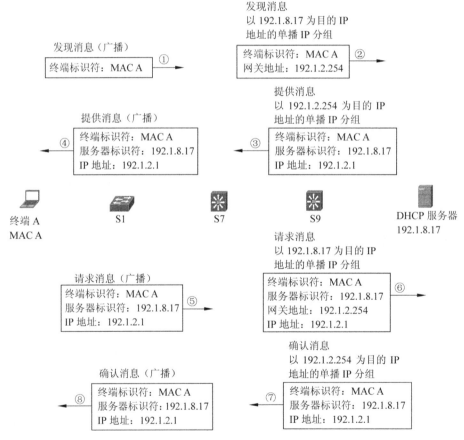

图 3.10　DHCP 侦听信息库建立过程

　　DHCP 侦听信息库中通过侦听 DHCP 消息建立的每一项称为动态项,当租用期到期时,该项将自动删除。如果终端所属的 VLAN 发生改变,或者终端的 MAC 地址和 IP 地址之间的绑定关系发生改变,则通过侦听 DHCP 消息及时更新动态项中的内容。除了动态项,可以为 DHCP 侦听信息库静态配置终端的 MAC 地址和 IP 地址对。静态项没有租用期限制,也不会根据侦听 DHCP 消息的结果动态更新。

3.6.4　安全路由机制

图 3.11 所示是终端 G 实施路由欺骗攻击的过程。如果终端 G 想截获连接在网络 192.
1.2.0/24 和网络 192.1.4.0/24 上的终端发送给连接在网络 192.1.5.0/24 上的终端的 IP 分
组,则发送一个以终端 G 的 IP 地址 192.1.2.3 为源 IP 地址、组播地址 224.0.0.5 为目的 IP
地址的 IP 分组,该 IP 分组封装的 LSA 伪造了一个终端 G 直接和网络 192.1.5.0/24 连接的
链路状态信息。三层交换机 S7 接收到该 LSA 后,由于三层交换机 S7 通过伪造的 LSA 计
算出的到达网络 192.1.5.0/24 的距离最短,因此将通往网络 192.1.5.0/24 传输路径的下一
跳路由器改为终端 G,如图 3.11 中 S7 错误路由表所示,并且导致三层交换机 S7 将所有连
接在网络 192.1.2.0/24 和网络 192.1.4.0/24 上的终端发送给连接在网络 192.1.5.0/24 上的
终端的 IP 分组错误地转发给终端 G。

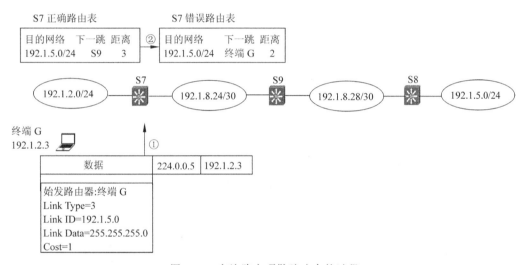

图 3.11　实施路由项欺骗攻击的过程

解决图 3.11 所示的路由项欺骗攻击的机制是源端路由器和路由项鉴别。路由器接收
到路由消息后,必须确认是合法路由器发送,且路由消息包含的 LSA 没有被篡改,然后才将
该路由消息包含的 LSA 加入链路状态数据库并根据链路状态数据库计算路由项。如
图 3.11 所示,鉴别机制需要在交换路由消息的相邻三层交换机中配置共享密钥 K,如三层
交换机 S7 和 S9 之间以及 S9 和 S8 之间。当某个三层交换机组播路由消息时,三层交换机
根据路由消息和密钥 K 生成基于密钥的报文摘要——散列消息鉴别码(Hashed Message
Authentication Code,HMAC)时,并且将 HMAC 附在路由消息后面一起组播给其他三层
交换机。当某个三层交换机接收到路由消息时,首先根据路由消息和密钥 K 计算基于密钥
的 HMAC,然后将计算结果和附在路由消息后面的 HAMC 比较。如果相同,表明发送者
和接收者具有相同密钥,且路由消息在传输过程中没有被篡改,三层交换机对路由消息进行
处理;否则,丢弃路由消息,整个过程如图 3.12 所示。

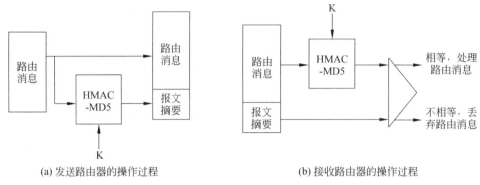

(a) 发送路由器的操作过程　　　　　　　　　　　　(b) 接收路由器的操作过程

图 3.12　源端路由器和路由项鉴别过程

习题

3.1　设置校园网核心层、汇聚层和接入层设备时需要考虑哪些情况？

3.2　如何确定交换机之间链路类型和链路带宽？

3.3　增加交换机之间链路带宽的机制有哪些？

3.4　校园网采用三层交换机的原因是什么？

3.5　确定 VLAN 范围的依据是什么？是否允许存在跨核心交换机的 VLAN，为什么？

3.6　如何建立三层交换机的直连路由项和动态路由项？简述建立表 3.19 所示的三层交换机 S9 路由表的过程。

3.7　接入交换机的安全机制有哪些？各有什么功能？

3.8　解决安全路由问题的核心技术是什么？

3.9　假定只允许学员访问 Web 服务器和 E-mail 服务器，重新设置分组过滤器。

3.10　如果办公楼 1、办公楼 2 和主楼都有需要接入校园网的终端，如何实现？假定办公楼和主楼的接入终端需要属于多个不同的 VLAN，如何实现？办公楼接入终端的 VLAN 划分过程和 VLAN 间路由过程与主楼接入终端的 VLAN 划分过程和 VLAN 间路由过程有何不同，为什么？

第4章 企业网设计方法和实现过程

企业网的设计目标是开放和安全,开放要求企业网能够与外部网络实现相互通信,安全要求对外部网络访问企业网的过程实施严格控制。因此,企业网是一个内部网络与外部网络界限分明且能够对内部网络与外部网络之间的通信过程实施严格控制的互联网络结构。

4.1 功能描述和设计要求

一个小型的企业网既要实现连接在内部网络上的内部终端之间的相互通信过程,又要控制内部终端与 Internet 和行业服务网之间的通信过程。

4.1.1 功能描述

目标是构建一个小型企业内部网络,实现一般的信息交换和网上办公功能。内部网络连接 Internet 和行业服务网,所有员工允许访问 Internet,但只允许业务员和管理层人员访问行业服务网。为了宣传和交换邮件的需要,允许连接在 Internet 上的终端访问企业内部网络的 Web 服务器,允许 Internet 上的其他 E-mail 服务器和内部网络的 E-mail 服务器交换邮件。

4.1.2 设计要求

1. 可靠性要求

通过采用虚拟路由冗余协议(Virtual Router Redundancy Protocol,VRRP)实现网关冗余,保证在发生默认网关失效的情况下,仍然能够维持内部网络各个子网之间以及内部网络与 Internet 和行业服务网之间的通信过程。

2. 服务要求

服务要求包括统一由 DHCP 服务器完成内部网络各个终端的网络信息配置过程,因此需要在单个 DHCP 服务器中创建多个作用域,每一个连接终端的 VLAN 对应一个作用域。

3. 地址分配要求

内部网络分配私有 IP 地址,通过静态 IP 地址方式接入 Internet 和行业服务网,内部网络 Web 服务器和 E-mail 服务器分配全球 IP 地址。

4. 安全要求

安全要求包括允许内部网络终端访问 Internet、内部网络 Web 服务器和 E-mail 服务器,允许内部网络业务员终端和管理层人员终端访问行业服务网,允许 Internet 终端访问内部网络 Web 服务器,允许 Internet 中的 E-mail 服务器访问内部网络 E-mail 服务器。除此之外,禁止其他信息交换过程。

4.2 逻辑设计

为满足小型企业网安全通信的要求,通常将企业网拓扑结构分为内部网络、非军事区(Demilitarized Zone,DMZ)和外部网络三个区域,由防火墙实施这三个区域之间的安全通信过程。

4.2.1 网络拓扑结构

企业网结构如图 4.1 所示,由内部网络、DMZ、Internet 和行业服务网组成,内部网络主要用于实现内部终端之间以及内部终端与路由器和防火墙之间互联。基于安全角度,内部网络中的终端与服务器对于其他网络中的用户是透明的,其他网络中的用户无法发起对内部网络中资源(包括内部终端和内部服务器)的访问过程。DMZ 是企业网向外发布信息及实现与外部网络之间信息交换的窗口,其他网络中的用户允许发起对 DMZ 中 Web 服务器的访问,DMZ 中的邮件服务器需要与其他网络中的邮件服务器交换信件。Internet 和行业服务网是外部网络。

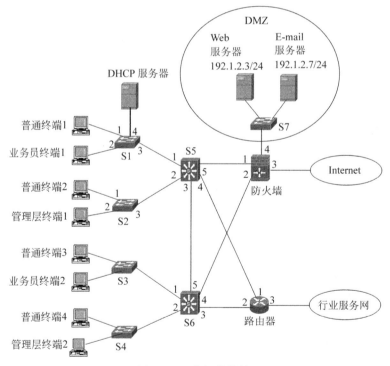

图 4.1 网络拓扑结构

1. 内部网络

交换机 S1~S6 构成内部网络,其中交换机 S1~S4 是二层交换机,交换机 S5 和 S6 是三层交换机。普通员工终端、业务员终端和管理层人员终端分别连接在 VLAN 2、VLAN 3 和 VLAN 4 上。交换机 S5 和 S6 构成这三个 VLAN 的冗余网关。内部网络通过路由器连接行业服务网,由路由器完成地址转换过程。内部网络通过防火墙分别连接 DMZ 和

Internet,DMZ 通过二层交换机 S7 连接企业对外公开的 Web 服务器和 E-mail 服务器。由防火墙实现安全要求中提出的访问控制策略。

内部终端之间以及内部终端与内部服务器之间可以相互通信,允许内部终端访问 DMZ 中的服务器和 Internet,允许指定内部终端访问行业服务网。由防火墙和路由器实现上述访问控制策略。

2. DMZ

DMZ 是企业网向外发布信息及实现与外部网络之间信息交换的窗口,因此允许内部终端读写 DMZ 中的 Web 服务器,此外只允许外部网络中的终端访问 DMZ 中的 Web 服务器。为实现内部终端与外部网络中的终端之间的邮件交换,允许 DMZ 中的邮件服务器与外部网络中的邮件服务器相互交换简单邮件传输协议(Simple Mail Transfer Protocol,SMTP)消息。同时,允许内部终端与 DMZ 中的邮件服务器相互交换 SMTP 消息和 POP3 (Post Office Protocol 3,邮局协议第 3 版)消息,但不允许外部网络中的终端访问 DMZ 中的邮件服务器。DMZ 中的 Web 服务器和邮件服务器配置全球 IP 地址。

3. 外部网络

Internet 和行业服务网是外部网络,外部网络中的终端和服务器分配全球 IP 地址。一般限制外部网络中的终端对内部网络资源的访问。内部网络分配的私有 IP 地址对外部网络中的终端是透明的,因此外部网络中的路由器不存在以内部网络私有 IP 地址为目的地址的路由项。外部网络中的路由器也无法路由以私有 IP 地址为目的 IP 地址的 IP 分组。

不过,允许内部终端访问外部网络中的资源,配置私有 IP 地址的内部终端通过 NAT 技术实现与外部网络中的终端和服务器之间的通信过程。

4.2.2　地址分配

1. 内部网络私有 IP 地址分配

(1) DHCP 服务器连接 VLAN 1

DHCP 服务器连接默认 VLAN(VLAN 1),VLAN 1 分配私有 IP 地址 192.168.1.0/24。DHCP 服务器分配 IP 地址 192.168.1.1、子网掩码 255.255.255.0 和默认网关地址 192.168.1.250。

(2) 内部终端分别连接 VLAN 2、VLAN 3 和 VLAN 4

普通员工终端连接 VLAN 2,业务员终端连接 VLAN 3,管理层人员终端连接 VLAN 4。VLAN 2 分配私有 IP 地址 192.169.2.0/24,VLAN 3 分配私有 IP 地址 192.168.3.0/24,VLAN 4 分配私有 IP 地址 192.168.4.0/24。内部网络终端通过 DHCP 自动从 DHCP 服务器获取网络信息。

(3) 三层交换机连接路由器和防火墙的 VLAN

三层交换机 S5 通过 VLAN 5 和 VLAN 6 分别连接防火墙和路由器,三层交换机 S6 通过 VLAN 7 和 VLAN 8 分别连接防火墙和路由器。VLAN 5 分配私有 IP 地址 192.169.5.0/24,VLAN 6 分配私有 IP 地址 192.168.6.0/24,VLAN 7 分配私有 IP 地址 192.168.7.0/24,VLAN 8 分配私有 IP 地址 192.168.8.0/24。

2. 全球 IP 地址分配

防火墙连接 Internet 的接口分配全球 IP 地址 192.1.1.1/30 和下一跳 IP 地址 192.1.1.

2/30。防火墙连接 DMZ 的接口分配全球 IP 地址 192.1.2.254/24,DMZ 分配全球 IP 地址 192.1.2.0/24。路由器连接行业服务网的接口分配全球 IP 地址 200.0.0.1/30 和下一跳 IP 地址 200.0.0.2/30,行业服务网的全球 IP 地址是 200.0.1.0/24。

4.3 数据通信网络实现过程

数据通信网络实现过程涉及 VLAN 划分、IP 接口定义、路由项创建、冗余网关设计、端口地址转换(Port Address Translation,PAT)实现和内部网络 DHCP 服务器配置等。

4.3.1 VLAN 划分

在各个交换机中创建 VLAN 并建立 VLAN 与端口之间的映射时,需要遵循以下两个准则:一是必须建立属于相同 VLAN 的端口之间的交换路径;二是因为需要三层交换机 S5 和 S6 作为 VLAN 1、VLAN 2、VLAN 3 和 VLAN 4 的冗余网关,所以需要分别在三层交换机 S5 和 S6 中定义 VLAN 1、VLAN 2、VLAN 3 和 VLAN 4 对应的 IP 接口。因此,必须建立每一个 IP 接口与所有属于该 IP 接口对应的 VLAN 的端口之间的交换路径。表 4.1~表 4.6 是根据上述准则在各个交换机中创建的 VLAN 以及 VLAN 与端口之间的映射。

表 4.1　交换机 S1 的 VLAN 与交换机端口映射表

VLAN	接入端口	主干端口
VLAN 1	端口 4	端口 3
VLAN 2	端口 1	端口 3
VLAN 3	端口 2	端口 3

表 4.2　交换机 S2 的 VLAN 与交换机端口映射表

VLAN	接入端口	主干端口
VLAN 2	端口 1	端口 3
VLAN 4	端口 2	端口 3

表 4.3　交换机 S3 的 VLAN 与交换机端口映射表

VLAN	接入端口	主干端口
VLAN 2	端口 1	端口 3
VLAN 3	端口 2	端口 3

表 4.4　交换机 S4 的 VLAN 与交换机端口映射表

VLAN	接入端口	主干端口
VLAN 2	端口 1	端口 3
VLAN 4	端口 2	端口 3

表 4.5　交换机 S5 的 VLAN 与交换机端口映射表

VLAN	接入端口	主干端口
VLAN 1		端口 1、端口 3
VLAN 2		端口 1、端口 2、端口 3
VLAN 3		端口 1、端口 3
VLAN 4		端口 2、端口 3
VLAN 5	端口 5	
VLAN 6	端口 4	

表 4.6　交换机 S6 的 VLAN 与交换机端口映射表

VLAN	接入端口	主干端口
VLAN 1		端口 5
VLAN 2		端口 1、端口 2、端口 5
VLAN 3		端口 1、端口 5
VLAN 4		端口 2、端口 5
VLAN 7	端口 4	
VLAN 8	端口 3	

4.3.2　IP 接口定义

下面分别在三层交换机 S5 和 S6 中定义 VLAN 1、VLAN 2、VLAN 3 和 VLAN 4 对应的 IP 接口。对于分别在三层交换机 S5 和 S6 定义的同一个 VLAN 对应的 IP 接口,分配网络号相同但主机号不同的 IP 地址。表 4.7 和表 4.8 分别给出三层交换机 S5 和 S6 中定义的 IP 接口以及为 IP 接口分配的 IP 地址。

表 4.7　三层交换机 S5 定义的 IP 接口

IP 接口对应的 VLAN	IP 地址/网络前缀长度
VLAN 1	192.168.1.254/24
VLAN 2	192.168.2.254/24
VLAN 3	192.168.3.254/24
VLAN 4	192.168.4.254/24
VLAN 5	192.168.5.1/24
VLAN 6	192.168.6.1/24

表 4.8　三层交换机 S6 定义的 IP 接口

IP 接口对应的 VLAN	IP 地址/网络前缀长度
VLAN 1	192.168.1.253/24
VLAN 2	192.168.2.253/24
VLAN 3	192.168.3.253/24
VLAN 4	192.168.4.253/24
VLAN 7	192.168.7.1/24
VLAN 8	192.168.8.1/24

4.3.3　冗余网关

作为 VRRP 路由器,三层交换机 S5 和 S6 分别定义 VLAN 1 对应的 IP 接口,且所有连接在 VLAN 1 上的终端或服务器都存在与这两个 IP 接口之间的交换路径,因此三层交换机 S5 和 S6 定义的 VLAN 1 对应的 IP 接口同时连接在 VLAN 1 上,使得三层交换机 S5 和 S6 构成一个虚拟路由器。如图 4.2(a)所示,192.168.1.250 是为虚拟路由器配置的虚拟 IP 地址,所有连接在 VLAN 1 上的终端或服务器以虚拟 IP 地址 192.168.1.250 作为默认网关地址。同样,如图 4.2(b)、图 4.2(c)和图 4.2(d)所示,三层交换机 S5 和 S6 构成 VLAN 2、VLAN 3 和 VLAN 4 的虚拟路由器,所有连接在 VLAN 2、VLAN 3 和 VLAN 4 上的终端以分配给虚拟路由器的虚拟 IP 地址 192.168.2.250、192.168.3.250 和 192.168.4.250 作为默

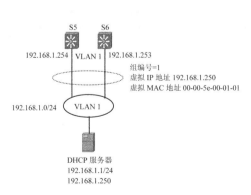

(a) VLAN 1 对应的 VRRP 工作环境

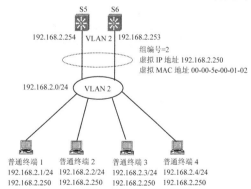

(b) VLAN 2 对应的 VRRP 工作环境

图 4.2　各个 VLAN 对应的 VRRP 工作环境

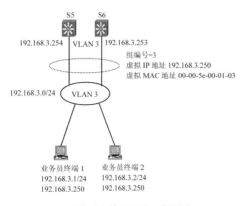

(c) VLAN 3 对应的 VRRP 工作环境

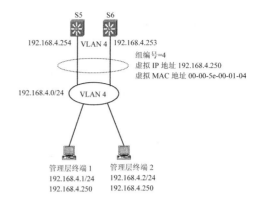

(d) VLAN 4 对应的 VRRP 工作环境

图 4.2　(续)

认网关地址。构成虚拟路由器的三层交换机 S5 和 S6 中只要有一个三层交换机能够正常工作,就可维持内部网络之间以及内部网络与外部网络之间的通信过程。

4.3.4　路由表

三层交换机 S5 和 S6 的路由表分别如表 4.9 和表 4.10 所示,主要包含两种类型的路由项:一是用于指明通往内部网络各个子网的传输路径的路由项;二是用于指明通往 Internet 和行业服务网的传输路径的路由项。前者都是直连路由项,后者是静态路由项。防火墙的路由表如表 4.11 所示,用默认路由项指明通往 Internet 的传输路径,用路由协议 RIP 自动生成用于指明通往没有与其直接相连的内部网络各个子网的传输路径的动态路由项。采用路由协议生成动态路由项的原因是:当三层交换机 S5 和 S6 其中一个发生故障时,防火墙自动将保持正常工作的三层交换机作为通往没有与其直接相连的内部网络各个子网的传输路径上的下一跳。路由器的路由表如表 4.12 所示,用静态路由项指明通往行业服务网的传输路径,用路由协议 RIP 生成的动态路由项指明通往没有与其直接相连的内部网络各个子网的传输路径。

表 4.9　三层交换机 S5 的路由表

类型	目的网络	输出接口	下一跳	距离
C	192.168.1.0/24	VLAN 1	直接	0
C	192.168.2.0/24	VLAN 2	直接	0
C	192.168.3.0/24	VLAN 3	直接	0
C	192.168.4.0/24	VLAN 4	直接	0
C	192.168.5.0/24	VLAN 5	直接	0
C	192.168.6.0/24	VLAN 6	直接	0
S	200.0.1.0/24	VLAN 6	192.168.6.2	
S	0.0.0.0/0	VLAN 5	192.168.5.2	

表 4.10　三层交换机 S6 的路由表

类型	目的网络	输出接口	下一跳	距离
C	192.168.1.0/24	VLAN 1	直接	0
C	192.168.2.0/24	VLAN 2	直接	0
C	192.168.3.0/24	VLAN 3	直接	0
C	192.168.4.0/24	VLAN 4	直接	0
C	192.168.7.0/24	VLAN 7	直接	0
C	192.168.8.0/24	VLAN 8	直接	0
S	200.0.1.0/24	VLAN 8	192.168.8.2	
S	0.0.0.0/0	VLAN 7	192.168.7.2	

表 4.11　防火墙的路由表

类型	目的网络	输出接口	下一跳	距离
C	192.1.2.0/24	接口 4	直接	0
C	192.168.5.0/24	接口 1	直接	0
C	192.168.7.0/24	接口 2	直接	0
S	0.0.0.0/0	接口 3	192.1.1.2	
R	192.168.1.0/24	接口 1	192.168.5.1	1
R	192.168.2.0/24	接口 1	192.168.5.1	1
R	192.168.3.0/24	接口 1	192.168.5.1	1
R	192.168.4.0/24	接口 1	192.168.5.1	1
R	192.168.6.0/24	接口 1	192.168.5.1	1
R	192.168.8.0/24	接口 2	192.168.7.1	1

表 4.12　路由器的路由表

类型	目的网络	输出接口	下一跳	距离
C	192.168.6.0/24	接口 1	直接	0
C	192.168.8.0/24	接口 2	直接	0
S	200.0.1.0/24	接口 3	200.0.0.2	
R	192.168.1.0/24	接口 2	192.168.8.1	1
R	192.168.2.0/24	接口 2	192.168.8.1	1
R	192.168.3.0/24	接口 2	192.168.8.1	1
R	192.168.4.0/24	接口 2	192.168.8.1	1
R	192.168.5.0/24	接口 1	192.168.6.1	1
R	192.168.7.0/24	接口 2	192.168.8.1	1

4.3.5　防火墙和路由器的 PAT 配置

内部网络终端访问 Internet 和行业服务网时,需要完成地址转换过程。这里采用的地址转换机制是 PAT。PAT 配置包括以下内容:实施 PAT 的 IP 分组的源 IP 地址范围、实施 PAT 的 IP 分组的内部网络接口、实施 PAT 的 IP 分组的外部网络接口和用于实施 PAT 的全球 IP 地址。表 4.13 所示的防火墙的 PAT 配置表示:如果从连接内部网络的接口(接口 1 或接口 2)接收到 IP 分组,IP 分组的源 IP 地址属于以下网络地址(192.168.2.0/24、192.168.3.0/24 和 192.168.4.0/24),且通过路由表中的路由项确定该 IP 分组的输出接口是连接外部网络的接口(接口 3),则对该 IP 分组实施 PAT。表 4.14 所示的路由器的 PAT 配置表示:如果从连接内部网络的接口(接口 1 或接口 2)接收到 IP 分组,IP 分组的源 IP 地址属于以下网络地址(192.168.3.0/24、和 192.168.4.0/24),且通过路由表中的路由项确定该 IP 分组的输出接口是连接外部网络的接口(接口 3),则对该 IP 分组实施 PAT。

对 IP 分组实施 PAT 的过程如下:用全球 IP 地址替换该 IP 分组的源 IP 地址,被替换的源 IP 地址称为本地 IP 地址。如果该 IP 分组封装的是 TCP 或 UDP 报文,则为 TCP 或 UDP 报文分配内部网络唯一的源端口号,该源端口号称为全局端口号。TCP 或 UDP 报文原有的源端口号称为本地端口号,用全局端口号替换本地端口号。建立本地 IP 地址、本地端口号与全球 IP 地址和全局端口号之间的映射,该映射作为地址转换表中的转换项。如果该 IP 分组封装的是 ICMP 报文,则为 ICMP 报文分配一个内部网络唯一的序号或标识符,该序号或标识符称为全局序号或全局标识符,ICMP 报文原有的序号或标识符称为本地序号或本地标识符。用全局序号或全局标识符替换本地序号或本地标识符,建立本地 IP 地址、本地序号或本地标识符与全球 IP 地址和全局序号或全局标识符之间的映射。

对于通过连接外部网络的接口接收到的、目的 IP 地址为全球 IP 地址的 IP 分组,如果该 IP 分组封装的是 TCP 或 UDP 报文,且报文的目的端口号等于某项地址转换项的全局端口号,则用地址转换项中的本地 IP 地址替换该 IP 分组的目的 IP 地址,用地址转换项中的本地端口号替换 TCP 或 UDP 报文中的目的端口号。如果该 IP 分组封装的是 ICMP 报文,且报文的序号或标识符等于某项地址转换项的全局序号或全局标识符,则用地址转换项中的本地 IP 地址替换该 IP 分组的目的 IP 地址,用地址转换项中的本地序号或本地标识符替换 ICMP 报文中的序号或标识符。

通过 PAT 实施过程发现,只有从连接内部网络的接口接收到的且从连接外部网络的接口输出的 IP 分组,才有可能因为实施 PAT 而创建地址转换项。对于通过连接外部网络的接口接收到的 IP 分组,只有与某项地址转换项匹配的情况下,才会实施 PAT。因此,只能由内部网络终端发起访问 Internet 和行业服务网的过程,不能由外部网络终端发起访问内部网络的过程。

表 4.13 防火墙的 PAT 配置

源 IP 地址范围	连接内部网络的接口	连接外部网络的接口	地址转换机制	全球 IP 地址
192.168.2.0/24	接口 1、接口 2	接口 3	PAT	192.1.1.1
192.168.3.0/24	接口 1、接口 2	接口 3	PAT	192.1.1.1
192.168.4.0/24	接口 1、接口 2	接口 3	PAT	192.1.1.1

表 4.14 路由器的 PAT 配置

源 IP 地址范围	连接内部网络的接口	连接外部网络的接口	地址转换机制	全球 IP 地址
192.168.3.0/24	接口 1、接口 2	接口 3	PAT	200.0.0.1
192.168.4.0/24	接口 1、接口 2	接口 3	PAT	200.0.0.1

4.3.6 DHCP 服务器配置的作用域

由于是由 DHCP 服务器完成普通终端、业务员终端和管理层人员终端的网络信息自动配置过程,因此需要在 DHCP 服务器中配置如表 4.15 所示的 VLAN 2、VLAN 3 和 VLAN 4 对应的作用域,每一个作用域需要指定 IP 地址范围、子网掩码、默认网关地址和 DNS 服务器地址等。这里的 DNS 服务器地址是 Internet 中某个域名服务器的 IP 地址,如 8.8.8.8。

为了能够用一个 DHCP 服务器完成连接在 VLAN 2、VLAN 3 和 VLAN 4 上的终端自动获取网络信息的过程,需要在这些 VLAN 对应的 IP 接口上启动 DHCP 中继功能并配置 DHCP 中继代理地址,即 DHCP 服务器的 IP 地址。

表 4.15 DHCP 服务器配置的作用域

作用域	IP 地址范围	子网掩码	默认网关地址	DNS 服务器地址
VLAN 2 对应的作用域	192.168.2.1～192.168.2.100	255.255.255.0	192.168.2.250	8.8.8.8
VLAN 3 对应的作用域	192.168.3.1～192.168.3.100	255.255.255.0	192.168.3.250	8.8.8.8
VLAN 4 对应的作用域	192.168.4.1～192.168.4.100	255.255.255.0	192.168.4.250	8.8.8.8

4.3.7 数据传输过程

1. 普通终端获取网络信息

连接在 VLAN 2 上的普通终端 1 通过 DHCP 从 DHCP 服务器自动获取如图 4.3 所示

的网络信息。其中默认网关地址 192.168.2.250 是虚拟路由器的虚拟 IP 地址。

2. 三层交换机 S5 成为虚拟路由器的主路由器

三层交换机 S5 和 S6 构成虚拟路由器,假定三层交换机 S5 是主路由器,三层交换机 S6 是备份路由器,三层交换机 S5 成为普通终端 1 的默认网关。

3. 普通终端 1 与 Internet 中 Web 服务器之间的数据传输过程

假定 Internet 中连接了一个 IP 地址为 192.1.4.1 的 Web 服务器,普通终端 1 与该 Web 服务器之间的数据传输过程如图 4.3 所示。普通终端 1 发送给 Web 服务器的 TCP 报文的源端口号是普通终端 1 随机选择的端口号 1234,目的端口号是 HTTP 协议对应的著名端口号 80。该 TCP 报文封装成以普通终端 1 的私有 IP 地址 192.168.2.1 为源 IP 地址、以 Web 服务器的全球 IP 地址 192.1.4.1 为目的 IP 地址的 IP 分组,普通终端 1 将该 IP 分组发送给默认网关三层交换机 S5。三层交换机 S5 检索路由表,发现与默认路由项匹配,将该 IP 分组转发给下一跳防火墙。防火墙接收到该 IP 分组后,一是确定该 IP 分组是通过连接内部网络的接口接收到的,二是通过检索路由表确定该 IP 分组的输出接口是连接外部网络的接口,三是确定该 IP 分组的源 IP 地址属于 CIDR 地址块 192.168.2.0/24(该 CIDR 地址块是要求实施 PAT 的网络地址之一)。对该 IP 分组实施 PAT 过程:选择一个全局端口号 2056,用全球 IP 地址取代该 IP 分组的源 IP 地址,用全局端口号取代该 IP 分组封装的 TCP 报文的源端口号。在地址转换表中创建一项地址转换项,其中本地 IP 地址是该 IP 分组的原有的源 IP 地址 192.168.2.1,本地端口号是该 IP 分组封装的 TCP 报文的原有的源端口号 1234,全球 IP 地址是 192.1.1.1、全局端口号是防火墙选择的全局端口号 2056,创建的地址转换项如图 4.3 所示。实施 PAT 转换后的 IP 分组经过 Internet 到达 Web 服务器。

Web 服务器回送给普通终端 1 的 IP 分组如图 4.3 所示,源 IP 地址是 Web 服务器的全球 IP 地址 192.1.4.1,目的 IP 地址是防火墙连接外部网络接口的全球 IP 地址 192.1.1.1。该 IP 分组封装的 TCP 报文的目的端口号是防火墙选择的全局端口号 2056。该 IP 分组经过 Internet 到达防火墙,防火墙确定该 IP 分组一是通过连接外部网络的接口接收到的,二是该 IP 分组的目的 IP 地址是连接外部网络的接口的全球 IP 地址。用该 IP 分组封装的 TCP 报文的目的端口号检索地址转换表,找到匹配的地址转换项,用地址转换项中的本地 IP 地

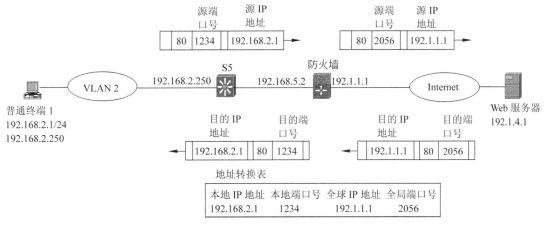

图 4.3　数据传输过程

址 192.168.2.1 取代该 IP 分组的目的 IP 地址,用地址转换项中的本地端口号 1234 取代该 IP 分组封装的 TCP 报文的目的端口号。然后,用该 IP 分组的目的 IP 地址检索路由表,找到匹配的路由项,将该 IP 分组转发给下一跳三层交换机 S5。三层交换机 S5 通过 VLAN 2 将该 IP 分组转发给普通终端 1。

4.4 安全系统实现过程

我们根据企业网安全要求制订安全策略。具体实施过程中,需要将企业网划分为多个区域,配置区域间的安全策略,采用基于会话的有状态分组过滤器技术对区域间 IP 分组传输过程实施控制。

4.4.1 防火墙安全策略配置

制订安全策略的目的是为了保证企业网的开放和安全。为实现开放,允许内部终端访问 Internet 中的 Web 服务器,允许内部终端与外部终端之间交换邮件,允许外部终端访问 DMZ 中的 Web 服务器。为实现安全,不允许外部终端直接与内部终端通信。为此,配置如下安全策略。

(1) 允许内部终端发起访问 Internet 中的 Web 服务器。

(2) 允许内部终端发起访问 DMZ 中的 Web 服务器。

(3) 允许内部终端通过 SMTP 和 POP3 发起访问 DMZ 中的邮件服务器。

(4) 允许 DMZ 中的邮件服务器通过 SMTP 发起访问外部网络中的邮件服务器。

(5) 允许外部网络中的终端以只读方式发起访问 DMZ 中的 Web 服务器。

(6) 允许外部网络中的邮件服务器通过 SMTP 发起访问 DMZ 中的邮件服务器。

4.4.2 定义区域和区域间安全策略

1. 定义区域

防火墙接口 1 和接口 2 构成信任区,防火墙接口 3 构成非信任区,防火墙接口 4 构成 DMZ。

2. 配置区域间安全策略时需要指定的信息

配置区域间安全策略时需要给出以下信息。

(1) 启动访问过程时的信息流动方向。例如配置允许信任区中的内部终端发起访问非信任区中的 Web 服务器的安全策略时,信息流动方向是信任区至非信任区。

(2) 允许启动信息交换过程的源终端地址范围和被动响应信息交换过程的目的终端地址范围。例如配置允许信任区中的终端发起访问非信任区中的 Web 服务器的安全策略时,由于任何内部网络终端都可发起访问 Internet 中的 Web 服务器的过程,因此源终端地址范围为 192.168.2.0/24、192.168.3.0 和 192.168.4.0/24,目的终端地址范围为任意。

(3) 以服务方式定义整个信息交换过程。例如配置允许信任区中的终端发起访问非信任区中的 Web 服务器的安全策略时,定义的服务是 HTTP,该服务表明只允许与由信任区中的内部终端发起的、以 HTTP 访问非信任区中的 Web 服务器相关的信息交换过程正常进行。

3. 区域间安全策略

防火墙配置的安全策略如下。

（1）从信任区到非信任区：源 IP 地址＝192.168.2.0/24、192.168.3.0/24、192.168.4.0/24，目的 IP 地址＝any，HTTP 服务。

（2）从信任区到 DMZ：源 IP 地址＝192.168.2.0/24、192.168.3.0/24、192.168.4.0/24，目的 IP 地址＝192.1.2.3/32，HTTP 服务。

（3）从信任区到 DMZ：源 IP 地址＝192.168.2.0/24、192.168.3.0/24、192.168.4.0/24，目的 IP 地址＝192.1.2.7/32，SMTP＋POP3 服务。

（4）从 DMZ 到非信任区：源 IP 地址＝192.1.2.7/32，目的 IP 地址＝any，SMTP 服务。

（5）从非信任区到 DMZ：源 IP 地址＝any，目的 IP 地址＝192.1.2.3/32，HTTP GET 服务。

（6）从非信任区到 DMZ：源 IP 地址＝any，目的 IP 地址＝192.1.2.7/32，SMTP 服务。

4.4.3　区域间安全策略的作用过程

1. 会话建立过程

信任区中普通终端 1 发起访问非信任区中 Web 服务器的过程是一次会话。它包括普通终端 1 与非信任区中 Web 服务器之间的 TCP 连接建立过程、HTTP 消息传输过程和 TCP 连接释放过程，如图 4.4 所示。这里假定非信任区中 Web 服务器的 IP 地址为 192.1.4.1。

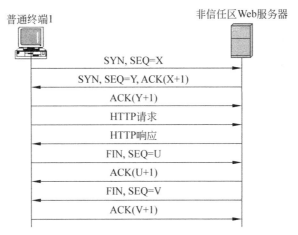

普通终端1　　　　　　　　　　　　　　非信任区Web服务器

SYN, SEQ=X

SYN, SEQ=Y, ACK(X+1)

ACK(Y+1)

HTTP请求

HTTP响应

FIN, SEQ=U

ACK(U+1)

FIN, SEQ=V

ACK(V+1)

图 4.4　基于会话的 HTTP 信息交换过程

在普通终端 1 与非信任区中 Web 服务器之间的 TCP 连接建立过程中，首先由普通终端 1 发出源 IP 地址＝192.168.2.1、目的 IP 地址＝192.1.4.1 的 IP 分组，该 IP 分组封装的是源端口号＝1234、目的端口号＝80，且 TCP 首部中标志位 SYN＝1、ACK＝0 的 TCP 连接建立请求报文，其中源端口号 1234 是普通终端 1 自行选择的，目的端口号 80 是 HTTP 对应的著名端口号。防火墙接收到该 TCP 连接建立请求报文后，只将满足以下条件的 TCP 报文确认为属于相同会话的 TCP 连接建立响应报文：源 IP 地址＝192.1.4.1、目的 IP 地址＝192.168.2.1 的 IP 分组，且封装的是源端口号＝80、目的端口号＝1234，TCP 首部中标志位 SYN=1、ACK=1 的 TCP 连接建立响应报文。防火墙接收到属于相同会话的 TCP 连接建立响应报文后,只将满足以下条件的 TCP 报文确认为属于相同会话的 TCP 连接建立确认报文:源 IP 地址=192.168.2.1、目的 IP 地址=192.1.4.1 的 IP 分组,且封装的是源端口号=1234、目的端口号=80,TCP 首部中标志位 SYN=0、ACK=1 的 TCP 连接建立确认报文。在防火墙依次接收到属于相同会话的 TCP 连接建立请求报文、TCP 连接建立响应报文和 TCP 连接建立确认报文后,会话状态转换为 TCP 连接建立。在成功建立 TCP 连接后,允许相互传输属于同一会话的封装 HTTP 请求和响应消息的 TCP 报文。普通终端 1 至非信任区中 Web 服务器方向,判断属于同一会话的 TCP 报文的标准是:源 IP 地址=192.168.2.1、目的 IP 地址=192.1.4.1 的 IP 分组,且封装的是源端口号=1234、目的端口号=80 的 TCP 报文。非信任区中 Web 服务器至普通终端 1 方向,判断属于同一会话的 TCP 报文的标准是:源 IP 地址=192.1.4.1、目的 IP 地址=192.168.2.1 的 IP 分组,且封装的是源端口号=80、目的端口号=1234 的 TCP 报文。会话建立过程中经过防火墙传输的 TCP 报文序列如表 4.16 所示。

表 4.16　防火墙基于会话的报文序列

报文类型	源 IP 地址	目的 IP 地址	源端口号	目的端口号	状态	服务对象
TCP 连接请求	192.168.2.1	192.1.4.1	1234	80	等待响应	HTTP
TCP 连接响应	192.1.4.1	192.168.2.1	80	1234	等待确认	HTTP
TCP 连接确认	192.168.2.1	192.1.4.1	1234	80	连接建立	HTTP
HTTP 请求	192.168.2.1	192.1.4.1	1234	80	连接建立	HTTP
HTTP 响应	192.1.4.1	192.168.2.1	80	1234	连接建立	HTTP
TCP 释放请求	192.168.2.1	192.1.4.1	1234	80	等待释放	HTTP
TCP 释放响应	192.1.4.1	192.168.2.1	80	1234	释放响应	HTTP
TCP 释放请求	192.1.4.1	192.168.2.1	80	1234	等待释放	HTTP
TCP 释放响应	192.168.2.1	192.1.4.1	1234	80	释放响应	HTTP

在释放 TCP 连接之前,会话一直处于建立状态,允许属于相同会话的 TCP 报文相互传输。通过释放 TCP 连接,删除已经建立的会话。

2. 会话本质

基于 TCP 连接的会话的本质是严格标识属于同一会话的两端之间传输的 TCP 报文序列。对于由普通终端 1 发起的访问非信任区中 Web 服务器建立的会话,属于相同会话的 TCP 报文序列如表 4.16 所示。严格标识属于同一会话的两端之间传输的 TCP 报文序列有着两重含义:一是严格的顺序,只有在一个方向传输请求报文后,相反方向才能传输该请求报文对应的响应报文;二是报文的多个字段值有着对应的匹配值,如普通终端 1 至非信任区中 Web 服务器方向的 TCP 报文必须是源 IP 地址=192.168.2.1、目的 IP 地址=192.1.4.1 的 IP 分组,且封装的是源端口号=1234、目的端口号=80 的 TCP 报文。非信任区中 Web 服务器至普通终端 1 方向的 TCP 报文必须是源 IP 地址=192.1.4.1、目的 IP 地址=192.168.2.1 的 IP 分组,且封装的是源端口号=80、目的端口号=1234 的 TCP 报文;三是可以深度检测 TCP 报文中净荷的内容。如果 TCP 连接是为传输 HTTP 消息建立的,可以通过深度检测 HTTP 消息中各个字段值的正确性以及请求消息和对应的响应消息之间的关联性,判断是否是与普通终端 1 访问非信任区中 Web 服务器的过程相关的 HTTP 消息。

3. 基于会话的有状态分组过滤过程

分组过滤的本质是根据区域间安全策略,从区域间传输的 IP 分组中精确分离出允许继续传输或需要丢弃的 IP 分组。基于会话的有状态分组过滤器,通过判断是否属于相同会话分离出允许继续传输或需要丢弃的 IP 分组。假定防火墙已经配置安全策略:从信任区到非信任区为源 IP 地址＝192.168.2.0/24、192.168.3.0/24、192.168.4.0/24,目的 IP 地址＝any,HTTP 服务。根据该安全策略,防火墙一开始只允许通过属于信任区的接口接收到的源 IP 地址属于 CIDR 地址 192.168.2.0/24、192.168.3.0/24 或 192.168.3.0/24,目的 IP 地址任意,且封装的是源端口号任意、目的端口号等于 80,标志位 SYN＝1、ACK＝0 的 TCP 报文的 IP 分组,通过属于非信任区的接口输出。对于普通终端 1 发起的访问 IP 地址为 192.1.4.1 的非信任区中 Web 服务器的过程,根据安全策略,允许普通终端 1 发送给非信任区中 Web 服务器的,且封装 TCP 连接建立请求报文的 IP 分组,从属于信任区的接口输入,从属于非信任区的接口输出。一旦完成该 IP 分组转发过程后,防火墙建立如表 4.16 所示的会话表。之后,只有符合会话表指定的顺序以及指定的 IP 分组首部各个字段值和 TCP 报文首部各个字段值的 IP 分组才允许被防火墙转发。也就是说,防火墙根据安全策略允许普通终端 1 发送给非信任区中 Web 服务器的,且封装 TCP 连接建立请求报文的 IP 分组从信任区转发给非信任区后,防火墙只允许在信任区和非信任区之间转发与普通终端 1 发起访问非信任区中 Web 服务器相关的 IP 分组。根据如表 4.16 所示的会话表,通过是否属于会话来精确分离出与普通终端 1 发起访问非信任区中 Web 服务器相关的 IP 分组。这是基于会话的有状态分组过滤器可以精确分离出与完成指定服务相关的一系列 IP 分组的原因。

习题

4.1　为什么企业网通常分为内部网络、DMZ 和外部网络三部分?

4.2　企业网中的内部网络采用私有 IP 地址的原因是什么? 有什么副作用?

4.3　为什么企业网地址转换过程通常采用动态 NAT,而不是动态 PAT?

4.4　有状态分组过滤器与无状态分组过滤器的本质区别是什么?

4.5　为什么企业网内部网络与外部网络之间采用有状态分组过滤器?

4.6　以全球 IP 地址池为目的地址的路由项为什么是静态路由项?

4.7　是否所有外部网络中的路由器都需要配置以全球 IP 地址池为目的地址的静态路由项? 如何解决?

4.8　如何保证内部网络中以私有 IP 地址为目的地址的路由项不扩散到外部网络的路由器中?

4.9　内部网络中的路由器如何生成用于指明指向通往外部网络的传输路径的路由项?

4.10　外部网络中的路由器能否用默认路由项给出通往内部网络的传输路径?

第 5 章　ISP 网络设计方法和实现过程

Internet 服务提供者(Internet Service Provider,ISP)网络设计涉及广域网技术和自治系统划分,因此 ISP 网络设计过程主要包括广域网实现路由器互联的过程与分层路由设计和实现过程。

5.1　ISP 网络结构

ISP 网络结构包含自治系统、广域网技术和分层路由结构等。由于 ISP 网络由多个自治系统组成,因此存在由内部网关协议创建的用于指明通往自治系统内各个网络的传输路径的内部路由项和由外部网关协议创建的用于指明通往其他自治系统中网络的传输路径的外部路由项。

5.1.1　自治系统

ISP 网络结构如图 5.1 所示,由 4 个自治系统组成。自治系统的详细介绍参见 2.3.5 节。

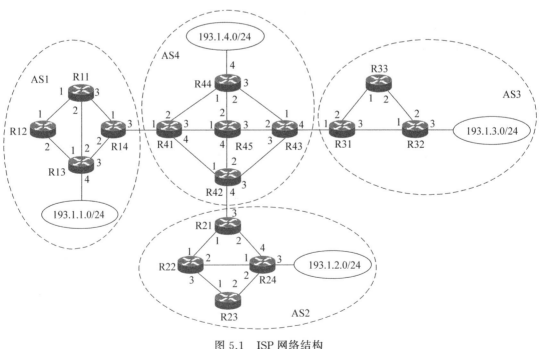

图 5.1　ISP 网络结构

在图 5.1 中,路由器 R14 和 R41 分别是自治系统 AS1 和自治系统 AS4 中的自治系统边界路由器,它们的功能是实现自治系统 AS1 和自治系统 AS4 的互联。一般情况下,需要路由器 R14 的接口 3 和路由器 R41 的接口 1 连接在同一个网络上,因此通过路由器 R14 和路由器 R41 因为配置接口 IP 地址和子网掩码而自动生成的直连路由项就可实现路由器 R14 和路由器 R41 之间的 IP 分组传输过程。

5.1.2　广域网技术

对于 ISP 网络,路由器之间的间隔可能很远,因此互联路由器的链路常采用远距离点对点链路。目前常见的远距离点对点链路有 ATM 网络提供的虚电路和 SDH 网络提供的物理链路。因此,需要通过 IP over ATM 或 IP over SDH 技术实现路由器之间的 IP 分组传输过程。

IP over ATM 需要实现以下三个功能:一是根据下一跳 IP 地址确定连接下一跳路由器的虚电路;二是需要将 IP 分组封装成 ATM 信元;三是通过路由器之间已经建立的 ATM 虚电路实现封装 IP 分组的 ATM 信元当前跳至下一跳的传输过程。

IP over SDH 需要实现以下四个功能:一是根据 IP 分组的输出接口确定连接下一跳路由器的点对点物理链路;二是通过 PPP 建立与下一跳路由器之间的 PPP 链路,其中包括相邻路由器的双向身份鉴别过程;三是需要将 IP 分组封装成 PPP 帧;四是通过与下一跳路由器之间的 PPP 链路实现 PPP 帧当前跳至下一跳的传输过程。

5.1.3　分层路由结构

每一个自治系统中的路由器通过两层路由协议创建用于指明通往其他自治系统中网络的传输路径的路由项,例如自治系统 AS1 中路由器 R12 创建用于指明通往自治系统 AS3 中网络 193.1.3.0/24 的传输路径的路由项的过程如下。

1. 内部网关协议创建自治系统内部路由项

每一个自治系统通过内部网关协议创建用于指明通往该自治系统内所有网络的传输路径的路由项,如自治系统 AS1 中路由器 R12 通过内部网关协议创建用于指明通往路由器 R14 接口 3 连接的网络(这里假定为 NET9)的传输路径的路由项<NET9,R11,3>,其中目的网络为路由器 R14 接口 3 连接的网络 NET9,下一跳路由器为 R11,距离为 3。同样,自治系统 AS4 中路由器 R41 通过内部网关协议创建用于指明通往路由器 R43 接口 4 连接的网络(这里假定为 NET11)的传输路径的路由项<NET11,R45,3>。自治系统 AS3 中路由器 R31 通过内部网关协议创建用于指明通往网络 193.1.3.0/24 的传输路径的路由项<193.1.3.0/24,R32,2>。

2. 自治系统边界路由器交换路由消息

通过配置确定 R43 为自治系统 AS4 中的边界路由器,R31 为自治系统 AS3 中的边界路由器,且 R43 和 R31 互为相邻路由器。R43 和 R31 之间通过外部网关协议交换路由消息。R31 发送给 R43 的路由消息中包含以下信息:目的网络 193.1.3.0/24、所在自治系统的自治系统号 AS3 和 R31 接口 1 的 IP 地址。需要指出的是,由于 R31 的接口 1 和 R43 的接口 4 连接在同一个网络上,因此 AS4 中路由器在建立通往 R43 接口 4 连接的网络的传输路径的同时,也建立了通往 R31 接口 1 的传输路径。一般情况下,R43 通过 BGP 将 R31 发送给它的有关目的网络 193.1.3.0/24 的路由消息转发给 R41。

同样,通过配置确定 R41 为自治系统 AS4 中的边界路由器,R14 为自治系统 AS1 中的边界路由器,且 R41 和 R14 互为相邻路由器。R41 和 R14 之间通过外部网关协议交换路由消息。R41 发送给 R14 的路由消息中包含以下信息:目的网络 193.1.3.0/24、通往目的网络传输路径经过的自治系统 AS3 和 AS4 以及 R41 接口 1 的 IP 地址。R14 通过内部网关协议将用于指明通往外部网络 193.1.3.0/24 的传输路径的路由项<类型=外部网络,目的网络=193.1.3.0/24,下一跳=R41 接口 1 的 IP 地址>扩散到 AS1 中的所有其他路由器。路由器 R12 通过内部网关协议建立的用于指明通往 R14 接口 3 连接的网络的传输路径的路由项<类型=内部网络,目的网络=NET9,下一跳=R11>和路由项<类型=外部网络,目的网络=193.1.3.0/24,下一跳=R41 接口 1 的 IP 地址(属于网络地址 NET9)>建立用于指明通往外部网络 193.1.3.0/24 的传输路径的路由项<类型=外部网络,目的网络=193.1.3.0/24,下一跳=R11>。同样,R41 或 R43 在 AS4 中通过内部网关协议扩散用于指明通往外部网络 193.1.3.0/24 的传输路径的路由项<类型=外部网络,目的网络=193.1.3.0/24,下一跳=R31 接口 1 的 IP 地址>,AS4 中的路由器通过内部网关协议建立的用于指明通往 R43 接口 4 连接的网络的传输路径的路由项和路由项<类型=外部网络,目的网络=193.1.3.0/24,下一跳=R31 接口 1 的 IP 地址>建立用于指明通往外部网络 193.1.3.0/24 的传输路径的路由项。

3. 通往外部网络的传输路径

在 AS1 中建立的 R12 通往外部网络 193.1.3.0/24 的传输路径为 R12→R11→R14→R41,该传输路径由路由器 R12、R11 和 R14 通过内部网关协议建立的通往 R14 接口 3 连接的网络 NET9 的传输路径和路由项<类型=外部网络,目的网络=193.1.3.0/24,下一跳=R41 接口 1 的 IP 地址>创建。

在 AS4 中建立的 R12 通往外部网络 193.1.3.0/24 的传输路径为 R41→R45→R43→R31,该传输路径由路由器 R41、R45 和 R43 通过内部网关协议建立的通往 R43 接口 4 连接的网络 NET11 的传输路径和路由项<类型=外部网络,目的网络=193.1.3.0/24,下一跳=R31 接口 1 的 IP 地址>创建。

在 AS3 中建立的 R12 通往外部网络 193.1.3.0/24 的传输路径为 R31→R32→网络 193.1.3.0/24,该传输路径由路由器 R31 和 R32 通过内部网关协议建立。

5.2 IP over ATM 和 IP over SDH

ATM 和 SDH 是两种广域网技术,ATM 是虚电路分组交换网络,SDH 是电路交换网络。随着路由器之间流量的增加,路由器之间物理链路的带宽日益成为瓶颈,这使得 SDH 成为实现路由器远距离互联的主流广域网技术。

5.2.1 SDH

1. 产生 SDH 的原因

通过分析 PSTN 可以发现,PSTN 实际上是由数字传输系统互联 PSTN 交换机而成的一个网络系统,如图 5.2 所示。当然,可以直接用一对点对点光纤(或优质同轴电缆)互联 PSTN 交换机,但这种互联方式比较复杂,如互联 N 台 PSTN 交换机需要 $N \times (N-1)/2$ 对光纤,因此互联 PSTN 交换机的 E 系列链路采用复用和交换技术。在图 5.3 中,需要用两条 E3 链路分别互联 PSTN 交换机 1 和 3 与 PSTN 交换机 2 和 4,但不需要单独铺设这两条 E3 链路,而是通过复用一条 E4 链路实现。PSTN 交换机 1 连接的复用/分离器需要将 E4 帧中某个位置的 E3 信号和连接 PSTN 交换机 1 的 E3 链路绑定在一起,同样 PSTN 交换机 3 连接的复用/分离器需要将 E4 帧中同一位置的 E3 信号和连接 PSTN 交换机 3 的 E3 链路绑定在一起。复用技术要求参与复用的 E 链路两端的终端设备位于同一物理区域,如图 5.3 中的 PSTN 交换机 1 和 2 与 PSTN 交换机 3 和 4。如果参与复用的 E 链路两端的终端设备位于不同的物理区域,例如图 5.4 中,连接 PSTN 交换机 3 的 E3 链路的另一端是 PSTN 交换机 7,连接 PSTN 交换机 4 的 E3 链路的另一端是 PSTN 交换机 5。虽然 PSTN 交换机 3 和 4 位于相同的物理区域,但 PSTN 交换机 5 和 7 位于不同的物理区域。这种情况下,如果要求将两条 E3 链路复用到同一条 E4 链路,则需要交叉连接交换设备实现不同 E4 链路之间 E3 信号的交换。这种交换过程和 PSTN 交换机的时隙交换过程相似,即从一条 E4 链路中分离出 E3 信号,然后将 E3 信号重新复用到另一条 E4 链路中,转接项用于指明 E3 信号在这两条 E4 链路中的对应关系。E4 链路由 4 个 E3 信号复用而成,每一个 E3 信号在 E4 帧中都有固定位置,这一点和每一个时隙在 E1 帧中有固定位置是一样的。转接项给出同一 E3 信号在不同 E4 帧中的位置关系,如转接项<1.1：3.1>表明端口 1 连接的 E4 链路中位置 1 的 E3 信号和端口 3 连接的 E4 链路中位置 1 的 E3 信号是对应的,即需要从端口 1 连接的 E4 链路中分离出位置 1 的 E3 信号,然后将其复用到端口 3 连接的 E4 链

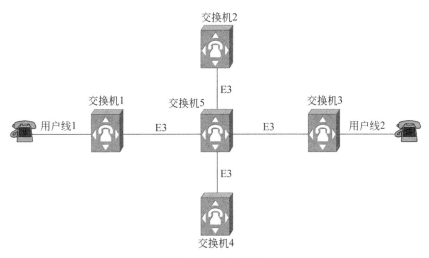

图 5.2　PSTN 结构

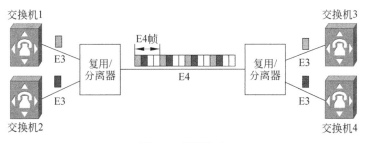

图 5.3　复用技术

路的位置 1 中,反之亦然。PSTN 交换机中的转接项在建立呼叫连接时生成,在释放呼叫连接时删除,而交叉连接交换设备中的转接项往往由人工静态配置。PSTN 交换机间通过复用和交换技术建立的 E3 链路是电路交换网络按需建立的点对点物理链路。

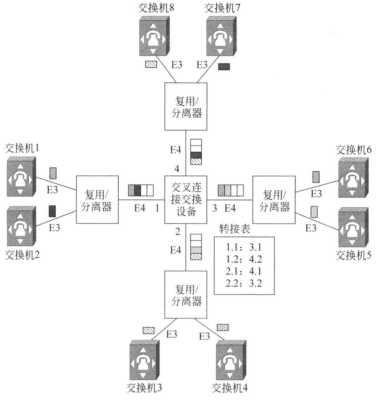

图 5.4　复用和交换技术

目前世界上常用的数字传输系统有两大系列: E 系列和 T 系列。中国和欧洲使用的是 E 系列,北美和日本使用的是 T 系列,这两个系列并不兼容。表 5.1 和表 5.2 分别给出 E 系列和 T 系列链路的传输速率与支持同时通信的语音路数。从中可以发现,不同系列数字传输系统之间不能直接相互通信,需要进行转换,这会对全球通信带来困扰。另外,从高次群

表 5.1　E 系列链路的传输速率和语音路数

速率类型	一次群(E1)	二次群(E2)	三次群(E3)	四次群(E4)	五次群(E5)
传输速率/(Mb/s)	2.048	8.448	34.368	139.264	565.148
语音路数	30	120	480	1920	7680

表 5.2　T 系列链路的传输速率和语音路数

速率类型	一次群(T1)	二次群(T2)	三次群(T3)	四次群(T4)
传输速率/(Mb/s)	1.544	6.312	44.736	274.176
语音路数	24	96	672	4032

帧中提取低次群信号的过程也十分困难,必须逐次分离。需要从 E4 帧中提取 E1 信号,首先需要分离出 E4 帧中的 4 个 E3 信号,然后从包含 E1 信号的 E3 帧中分离出 4 个 E2 信号,再从包含 E1 信号的 E2 帧中分离出该 E1 信号。为解决数字传输系统的不兼容问题,简化信号复用、分离和交换过程,需要提供一种标准的数字传输系统,这种标准的数字传输系统就是同步数字体系。

2. SDH 帧结构

既然同步数字体系是一种通用的数字传输系统,它的帧结构必须是非常灵活的,就像是一条滚装船必须能够同时搭乘旅客、汽车、货物甚至火车,而且应该比滚装船更加灵活。可以把 SDH 帧结构想象成具有这样一种功能的滚装船:如果只搭乘旅客,可以搭乘 5000 名旅客;如果只搭乘汽车,可以搭乘 500 辆汽车;如果只搭乘货物,可以搭乘 100t 货物;如果只搭乘火车,可以搭乘 10 节车厢,如果混装,按照 500 名旅客∶50 辆汽车∶10t 货物∶1 节车箱的比例,任意安排旅客、汽车、货物和火车的数量。

基于这样的思路,人们提出图 5.5 所示的 SDH 同步传送模块等级 1(Synchronous Transport Module level-1,STM-1)帧结构,SDH 每一帧的传输时间为 125μs,这完全是为了和 PSTN 中 8kHz 的采样频率相吻合。SDH STM-1 每一帧共有 $9 \times 270 = 2430$ 字节,这 2430 字节在传输时是逐字节、逐位传输,但在表示其帧结构时,将 2430 字节安排成 9 行,每行 270 列的矩阵格式。由于每 125μs 传输 2430 字节,因此可算出其传输速率 $= 2430 \times 8000 \times 8 = 155.52$Mb/s。155.52Mb/s 传输速率中包含 9 列开销字节,实际净荷传输速率 $= 261 \times 9 \times 8000 \times 8 = 150.336$Mb/s。净荷传输速率是实际为网络结点提供的数字传输速率,就像滚装船中真正用于搭乘旅客、汽车、货物和火车的空间,而开销字节数就像滚装船中一些服务设施所占用的空间。不同网络结点要求的传输速率是不同的,如 PSTN 交换机 X 要求 E2 传输速率(8.448Mb/s),而 PSTN 交换机 Y 要求 E3 传输速率(34.368Mb/s)。这就像多个用户同时通过某条滚装船运送物品时,不同用户有不同的运输要求,如用户 X 要求运送 20 辆汽车,而用户 Y 要求运送 2 节火车车厢。对滚装船而言,需要用一种方法将不同尺寸、不同类型的物品混装在一起;而且,为方便装卸,需要将滚装船的空间分隔成不同类型的标准子空间,以对应不同尺寸、不同类型的物品。当然,这种子空间的分隔可以动态改变。很显然,每一标准子空间的大小肯定不会和实际物品尺寸完全一致,应该是稍大于实际物品尺寸。我们将实际物品放入对应标准子空间的过程称为封装,将标准子空间尺寸称为封装

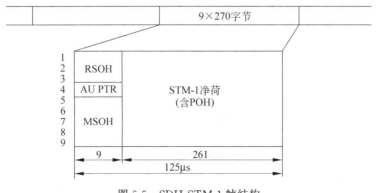

图 5.5　SDH STM-1 帧结构

空间尺寸。同样,当 SDH 汇聚不同传输速率要求的数字传输服务请求时,也需要将这些不同的传输速率要求封装成对应的标准子速率,这些标准子速率是实际的传输速率要求+作为开销的传输速率。因此,在图 5.5 中,当净荷传输速率用于提供 VC-4 标准子速率时,真正可以为网络结点提供数字传输服务的传输速率只有 $260 \times 9 \times 8000 \times 8 = 149.760$Mb/s。这个传输速率可以支持 E4 传输速率。但如果要求支持 E5 传输速率,就需要更高速的数字传输系统。实际上,155.52Mb/s 传输速率只是 SDH 的基本传输速率(STM-1),有点类似于 PSTN 中的 E1 传输速率。SDH 可以提供更高速的传输速率,这些高速传输速率必须是基本传输速率的整数倍。表 5.3 是目前 SDH 可以提供的传输速率。

表 5.3 SDH 信号结构

信号	速率/(Mb/s)	容量
STM-1,OC-3	155.520	1E4、84 T1 或 3 T3
STM-4,OC-12	622.080	4E4、336 T1 或 12 T3
STM-16,OC-48	2488.320	16E4、1344 T1 或 48 T3
STM-64,OC-192	9953.280	64E4、5376 T1 或 192 T3
STM-256,OC-768	39813.12	256E4、21504 T1 或 768 T3

SDH STM-1 的传输速率是由 STM-1 帧结构决定的,图 5.6 所示是支持 STM-4 传输速率的 STM-4 帧结构。STM-4 帧结构表明 STM-4 每 125μs 传输 $4 \times 270 \times 9 = 9720$ 字节,可算出其传输速率$= 4 \times 2430 \times 8000 \times 8 = 622.08$Mb/s。从图 5.6 中也可以看出,STM-4 的开销也是 STM-1 的 4 倍。通过 STM-4,不难推出支持 STM-N 的传输速率的 STM-N 帧结构。

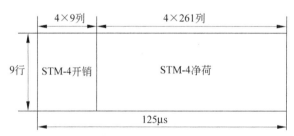

图 5.6 STM-4 帧结构

3. SDH 复用结构

SDH 作为标准的数字传输系统必须能够同时支持 E 系统和 T 系列信号结构。当然,STM-1 只能支持 E1、E2、E3、E4 和 T1、T2、T3,而 STM-4 可以支持 E5 和 T4。

SDH 复用过程就是将多个 E 系列或 T 系列信号复用成单一的 STM-1 或 STM-N 信号的过程。对于 STM-1 信号,根据它的传输速率,可以得出表 5.4 所对应的关系。

表 5.4 STM-1 信号能够支持的 E 系列和 T 系列信号

信号类型	E1	E3	E4	T1	T2	T3
数量	63	3	1	84	21	3

从表 5.4 中可以看出,目前能够复用为 STM-1 信号的 E 系列和 T 系列信号只能是 E1、E3、E4 和 T1、T2、T3。E2 由于在实际应用中并不常见,因此 SDH 目前不支持 E2 信号的复用。

表 5.4 列出的数量是将单个信号复用为 STM-1 信号时支持的信号数量,即可以将 63 个 E1 信号复用为一个 STM-1 信号。但实际应用中,往往是将多种信号复用成单一 STM-1 信号,图 5.7 给出了多种信号复用为 STM-1 信号的过程。从图 5.7 中可以看出,当多种信号复用成单一 STM-1 信号时,每一种信号的数量并不是任意分配的。当 T1 信号参与复用过程时,它的数量必须是 4 的整数倍,而当 E1 信号参与复用过程时,它的数量必须是 3 的整数倍。

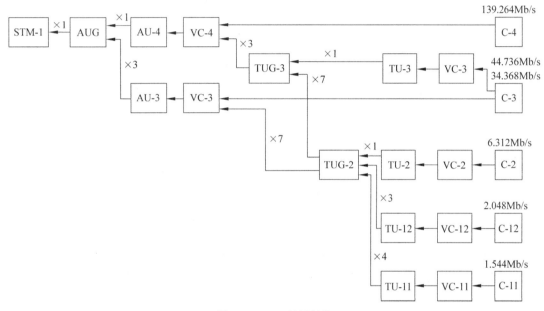

图 5.7 SDH 复用结构

在讨论滚装船装卸过程时也讲过,不可能在一个毫无分割的大空间内将人、汽车、货物及火车车厢堆放在一起,应该分别为人、货物、汽车、火车车厢分割出独立的子空间。一方面这种分割是动态的,另一方面这种分割是有基本单位的,如分隔出的旅客房间是 4 人间的。因此,旅客人数最好是 4 的倍数,否则就会造成浪费。对于汽车、货物、火车车厢也同样如此。

因此,当确定旅客、汽车、货物、火车车厢数量后,首先对滚装船进行空间分割(当然目前的滚装船是固定分割好的,但为了和 SDH 结构相一致,才要求它具有动态分割功能),然后再将旅客、汽车、货物、火车车厢装入对应的子空间。将多种信号复用为单一 STM-1 信号的过程也是相似的。

在 SDH 结构中,对应每一种信号的基本装载结构为容器(C),对应 T1、E1、T2、E3、T3、E4 的容器分别为 C11(T1)、C12(E1)、C2(T2)、C3(E3 和 T3)和 C4(E4)。容器应该有一定的伸缩性,因为不同设备的 T 系列或 E 系列信号存在一定的传输速率误差,它必须能够装载下误差范围内的对应信号。

虚容器（VC）由容器和通道开销（Path Over Head，POH）组成（VCn = Cn + VCn POH），通道开销的作用在于能够更方便地插入或取出信号。容器和 POH 对应图 5.5 中一定数量的字节数，字节数的多少决定了容器的传输速率和 POH 占用的带宽。

支路单元（TU）由低阶虚容器（VC-11、VC-12、VC-2、VC-3）和支路单元指针（TU-n PTR）组成（TU-n = VC-n + TU-n PTR），支路单元指针用于指出虚容器在图 5.5 所示矩阵中的位置。将虚容器变成支路单元的目的是为了更方便地存取对应信号，支路单元组（TUG）由若干支路单元组成。

管理单元（AU）由高阶虚容器（VC-n，n = 3，4）和管理单元指针（AU-n PTR）组成（AU-n = VC-n + AU-n PTR），管理单元组（AUG）由若干管理单元组成。

以滚装船为例，可以简单说明一下管理单元组、管理单元、支路单元组、支路单元、虚容器和容器之间的关系。一般情况下，将滚装船划分成若干层，每一层的面积相等，位置固定，如管理单元组。在每一层，为充分使用该层空间，将该层分隔成若干独立的子空间（管理单元），这些子空间用于装载对应的物品或旅客。不同类型的物品利用子空间的方式不同，如用于装载火车车厢的子空间，单个子空间只能装载一节火车车厢，类似 VC-3 或 VC-4 构成的 AU-3 或 AU-4。有的子空间可能需要进一步分割，如装载旅客的子空间可能需要进一步分成二等舱区、三等舱区（支路单元组），每一个舱区需要分割成多个房间（支路单元），每一个房间分成若干床位（虚容器），床的大小又要适应不同身高的旅客。床位和床的区别在于床位是指房间中用于固定存放床并使旅客能够方便上、下床的一个空间范围。滚装船如此组织空间的目的在于既有效地利用空间，又方便装卸货物（或上、下旅客）。同样，SDH 如此组织帧结构的目的也在于既要充分利用传输速率，又要方便信号的存取。

图 5.8 是基于 SDH 实现的 PSTN，它和图 5.2 所示的基于 E 系列数字传输系统实现的 PSTN 结构十分相似。PSTN 交换机间的 E3 链路首先被复用到 STM-N 帧中，传输给交叉连接交换设备，交叉连接交换设备通过转接表在各个 STM-N 帧间完成 VC-3（E3 信号的虚容器封装格式）交换。图 5.8 所示的转接项＜1.1VC-3；3.1VC-3＞表明将端口 1 连接的 STM-N 帧中位置 1 的 VC-3 交换到端口 3 连接的 STM-N 帧中位置 1 的 VC-3。同样，PSTN 交换机 6 连接的复用/分离器将 STM-N 帧中位置 1 的 VC-3 和连接 PSTN 交换机 6 的 E3 链路关联在一起。从 SDH 帧结构和复用过程中可以看出，SDH 一是解决了统一传输 E 系列和 T 系列信号的问题，二是解决了直接在 STM-N 帧中分插和交换任何次群 E 系列和 T 系列信号的问题。

5.2.2 ATM

1. 引出 ATM 的原因

目前，许多国家通常由不同的公司经营 PSTN 和 SDH，这种情况下，选择 PSTN 交换机间用于传输语音信号的数字信号结构显得十分重要。如果数字信号速率太低，而跨 PSTN 交换机呼叫很密集，则大量呼叫不能连接成功，影响用户通信。反之，如果数字信号速率太高，而跨 PSTN 交换机呼叫没有密集到充分利用数字信号传输能力的程度，则导致 PSTN 交换机间传输通路的带宽浪费，经营成本增大。选择合适的 PSTN 交换机间传输通路带宽的困难之处在于跨 PSTN 交换机的呼叫密度不是恒定的，而是变化的。

为提高互联 PSTN 交换机的 E 系列链路的传输效率，应该出另一种复用设备而不是由

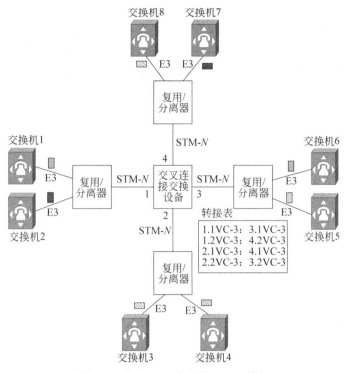

图 5.8　基于 SDH 实现的 PSTN 结构

PSTN 交换机直接占用 SDH 提供的 E3 链路传输带宽，PSTN 交换机和其他终端设备（如路由器）通过该复用设备共享 E3 链路传输带宽，当然，为保证用户的语音通信质量，语音信号优先占用 E3 链路传输带宽。图 5.9 所示是这种应用的结构图。

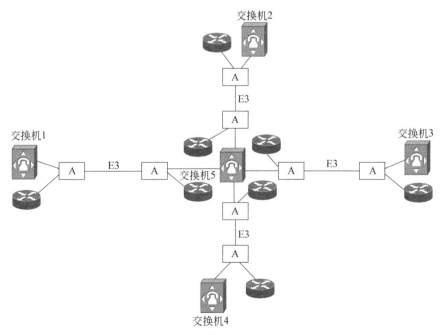

图 5.9　多种终端设备共享 E3 信号带宽的结构图

在图 5.9 中,标为 A 的复用设备之间是传输速率恒定的 E3 链路,而 PSTN 交换机和标为 A 的复用设备之间是速率变化的数字信号。正常情况下,标为 A 的复用设备的输入数字信号的速率之和不能大于 E3 信号传输速率,但如果标为 A 的复用设备具有缓冲器,能够临时将不能及时通过 E3 链路发送出去的数据存放起来,就允许短时间内输入数字信号的速率之和大于 E3 链路的速率。显然,每一条 E3 链路并没有固定分配带宽给两端的 PSTN 交换机或路由器,它们按需占用 E3 链路带宽。这种按需分配输出链路带宽的复用方式其实就是分组交换方式,因此,分组交换方式也称为统计复用方式。

读者此时应该想到,通过占用 SDH 固定带宽,为 PSTN 交换机和其他终端设备提供传输服务的网络就是 ATM 网络。

实际的 ATM 网络结构如图 5.10 所示。由 ATM 网络而非 SDH 实现 PSTN 交换机间通信的结构图如图 5.11 所示,图中网关的作用是实现 PSTN 和 ATM 互联。

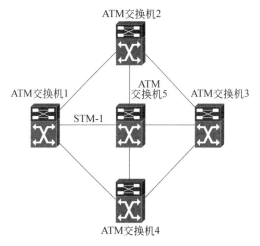

图 5.10　ATM 网络结构图

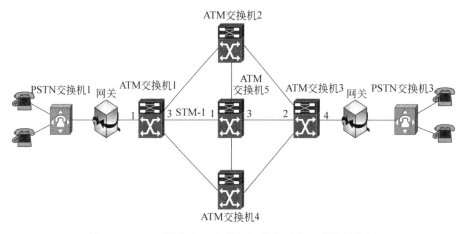

图 5.11　ATM 网络实现交换机间数字通信通路的结构图

2. 虚电路和信元交换

ATM 网络开始在源和目的终端设备之间传输数据(信元)之前,必须在源和目的终端设备之间建立虚电路。在建立虚电路过程中,创建转发表,转发表中给出输入链路和输出链路之间的对应关系(在 ATM 网络中用端口号标识该端口所连接的链路)及用于标识虚电路的虚电路标识符。在图 5.12 中,每一段虚电路(直接互联两个 ATM 交换机的链路为一段)的虚电路标识符是不同的,这主要因为当某个 ATM 交换机开始建立虚电路时,由它为该虚电路分配一个整个 ATM 网络中唯一的标识符是做不到的,因为它不知道该虚电路经过的其他交换机已经分配了哪些标识符。因此,它只能为直接和其相连的那一段分配一个标识符,使得每一段都有单独分配的标识符。在 ATM 网络中,标识虚电路的标识符由两部分组成:虚通道标识符(Virtual Path Identifier,VPI)和虚通路标识符(Virtual Channel Identifier,VCI)。ATM 网络中存在两种类型的虚电路,分别是永久虚电路和交换虚电路。永久虚电路由人工(或专用配置软件)进行配置,一旦配置完成,便永久存在。交换虚电路建立过程和 PSTN 建立呼叫连接的过程大致相同,也通过在源和目的终端设备之间交换信令消息完成交换虚电路的建立和释放过程。

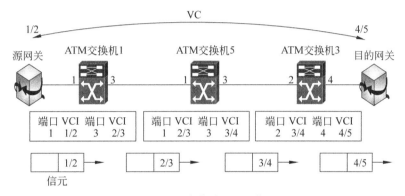

图 5.12　ATM 网络传输 ATM 信元的过程

对 ATM 交换机而言,STM-1 链路等同于传输速率为 149.760Mb/s(STM-$N = N \times$ 149.760Mb/s)的专用物理信道。ATM 信元的长度是固定的,为 53 字节,因此 ATM 交换机通过 STM-1 链路每秒可以传输的信元数 = $(149.760 \times 10^6)/(53 \times 8) \approx 353207$。在图 5.12 中,源网关将数据封装成虚电路标识符 VPI/VCI=1/2 的信元,并且通过连接 ATM 交换机 1 的 STM-1 链路发送给 ATM 交换机 1。ATM 交换机 1 转发 ATM 信元的过程如图 5.13 所示,从端口 1 接收到的 STM-1 信号中分离出该信元。根据信元的虚电路标识符 VPI/VCI=1/2 检索转发表,找到对应项,将该信元的虚电路标识符从 VPI/VCI=1/2 改为 VPI/VCI=2/3 并将虚电路标识符 VPI/VCI=2/3 的信元经过端口 3 所连的 STM-1 链路

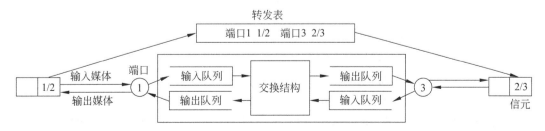

图 5.13　ATM 交换机转发 ATM 信元的过程

发送出去。该信元经过 ATM 交换机逐跳转发,最终到达目的网关。

5.2.3 IP over ATM

1. 网络结构

ATM 网络实现路由器互联的网络结构如图 5.14 所示,路由器 R1 和 R2 之间通过虚电路实现相互通信。每一跳路由器确定需要通过虚电路将 IP 分组传输给下一跳路由器时,需要通过 IP over ATM 技术实现 IP 分组当前跳至下一跳的传输过程。IP over ATM 技术需要解决三个问题:一是确定连接下一跳的虚电路的虚电路标识符;二是完成将 IP 分组封装成 ATM 信元的过程;三是封装 IP 分组的 ATM 信元经过 ATM 网络实现当前跳至下一跳的传输过程。

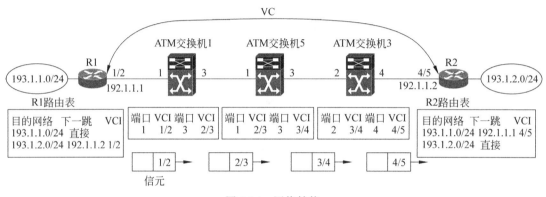

图 5.14 网络结构

如图 5.14 所示,路由器的路由表中针对某个特定目的网络的路由项直接给出连接下一跳的虚电路的虚电路标识符(VCI),因此当前跳可以通过路由项确定连接下一跳的虚电路的虚电路标识符。由于每一个 ATM 信元只能封装 48 字节净荷,一旦 IP 分组长度大于 48 字节,则需要进行分片操作。分片操作要求将 IP 分组中的数据分片,每一个分片后产生的数据片加上 IP 分组首部构成独立的 IP 分组,且该 IP 分组的长度小于 48 字节。IP 分组首部中固定部分的长度为 20 字节,如果存在可选项,IP 分组首部长度最大可以达到 60 字节,已经超出 ATM 信元的净荷长度。因此,对于只有 48 字节净荷长度的 ATM 信元,通过将 IP 分组中的数据分片且将分片后的数据片序列构成 IP 分组序列,以此保证每一个 IP 分组的总长小于 48 字节的方法是行不通的。因为这种方法在 IP 分组首部长度大于或等于 48 字节时是无法实施的。在 IP 分组首部长度小于 48 字节时,传输效率也非常低。

2. AAL 的作用

提出 ATM 网络的目的是希望在电路交换网络(SDH)上为各种应用提供分组交换(更确切地说是信元交换)服务,以提高 SDH 传输带宽的利用率。但各种应用产生的数据并不是 48 字节长度的数据块,而是各种形式的位流或字节流,如语音传输应用中每一路语音所产生的数字语音数据是每秒钟 8k 个时间间隔相等的字节流。在 IP 分组传输应用中,则是字节长度最大可达 64KB 的 IP 分组。因此,需要解决如何将这样的字节流封装成 ATM 信元,并且经过 ATM 网络传输后,又在另一端还原成同样的字节流的问题。ATM 网络通过适配层解决这一问题。图 5.15 所示的是增加 ATM 适配层(ATM Adaptation Layer,AAL)

后的 ATM 网络协议结构。

语音	MPEG4	...	IP 分组
AAL 1	AAL 2	...	AAL 5
ATM			
SDH			

图 5.15 ATM 协议结构

适配层对于不同应用有着不同的解决字节流传输和同步的方法,因此有了针对不同应用的适配层,如 ATM 适配层 1(AAL 1),ATM 适配层 2(AAL 2)等。

3. AAL 5

和传输 IP 分组对应的 ATM 适配层是 ATM 适配层 5(AAL 5),由 AAL 5 实现将 IP 分组分割成 48 字节长度的数据块,然后将这些数据块封装成 ATM 信元,经过 ATM 网络传输后重新还原成 IP 分组的功能。

AAL 5 的功能是把 IP 分组划分成多个 48 字节长度的数据块,然后在 ATM 网络的另一端再把这些 48 字节长度的数据块重新拼接成 IP 分组。需要解决的问题有:①如果 IP 分组长度不是 48 字节的整数倍,该怎么办?②ATM 网络的另一端如何辨认属于同一 IP 分组的 ATM 信元?因为同一源和目的端之间可能通过 ATM 网络连续传输多个 IP 分组,所以需要从一组 ATM 信元中划分出属于不同 IP 分组的信元。③如果某个 ATM 信元传输错误,接收端如何知晓?为了解决上述问题,AAL 5 先用汇聚子层(Convergence Sublayer,CS)将 IP 分组封装成 CS-PDU。

IP 分组封装成 CS-PDU 后的格式如图 5.16 所示,它包含一个 8 字节的尾部、用户数据字段和填充字段(PAD)。填充字段把最后一个 SAR_PDU 填充成 48 字节。CPCS_UU 字段用于在汇聚子层两端实体之间传输用户信息,公共部分指示符(CPI)目前并没有定义,这两个字段内容对经过 ATM 网络传输 IP 分组的过程没有影响。长度字段(L)给出用户数据字段长度。循环冗余检验(Cyclic Redundancy Check,CRC)字段负责对 CS_PDU 检错。

1~65536字节	0~47字节	1字节	1字节	2字节	4字节
用户数据	PAD	CPCS_UU	CPI	L	CRC

图 5.16 AAL 5 CS_PDU

图 5.16 所示的 AAL 5 CS_PDU 没有类型字段,这表明 AAL 5 CS_PDU 的用户数据字段只允许包含 IP 分组,或者和无线局域网一样,在将数据放入 AAL 5 CS_PDU 用户数据字段前用逻辑链路控制(Logical Link Control,LLC)层封装形式给出数据类型。显然,AAL 5 CS_PDU 不会只允许承载 IP 分组,因此,需要用 LLC 封装形式给出数据的类型。实际上,ATM 网络作为宽带综合业务数字网,不仅可以传输 IP 分组这样的网络层分组,还允许传输以太网 MAC 帧这样的链路层帧,因此 LLC 封装形式需要给出网络层分组类型和链路层帧类型。图 5.17 和图 5.18 分别给出 LLC 封装网络层分组和以太网 MAC 帧的形式。

LLC 层在这里只用于给出数据类型,因此在讨论 LLC 封装形式时,可以只把 LLC 层封装形式中前面若干字节的固定内容当作标识符,用于表明所封装的数据类型。

发送端通过拆装子层(Segmentation And Reassembly,SAR)将 CS_PDU 分割成 48 字

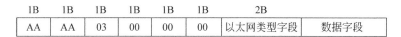

1B	1B	1B	1B	1B	1B	2B	
AA	AA	03	00	00	00	以太网类型字段	数据字段

图 5.17　LLC 封装网络层分组的形式

1B	1B	1B	1B	1B	1B	1B	1B	1B	1B	
AA	AA	03	00	80	C2	00	01	00	00	以太网MAC帧

图 5.18　LLC 封装以太网 MAC 帧的形式

节长度的 SAR_PDU,在每一个 SAR_PDU 中加上 5 字节的 ATM 信元首部后,构成 ATM 信元。分割过程如图 5.19 所示。

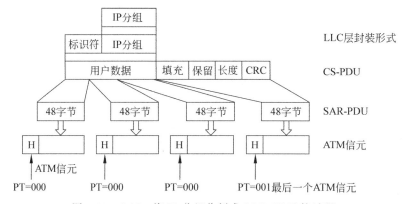

图 5.19　AAL5 将 IP 分组分割成 SAR_PDU 的过程

　　下面讨论 AAL 5 解决上述 3 个问题的过程。①先将 IP 分组封装成 LLC 层封装形式,然后在将 LLC 层封装形式封装成 CS_PDU 时,在用户数据字段后面加入填充字段,其目的就是使 CS_PDU 的长度成为 48 字节的倍数,但为了使接收端能够区分用户数据和填充数据,用长度字段给出用户数据的实际长度。②因为 ATM 虚电路能够保证 ATM 信元的按序传输,所以属于同一 IP 分组的 ATM 信元肯定是相邻的一组 ATM 信元,因此确定属于某个 IP 分组的一组信元中的第一个 ATM 信元和最后一个 ATM 信元的过程就是确定属于某个 IP 分组的一组信元的过程。从图 5.19 中可以看出,属于某个 IP 分组的最后一个 ATM 信元的首部的 PT 字段值为 001,而其他 ATM 信元的首部的 PT 字段值为 000,这就可以确定 PT=001 的 ATM 信元是当前 IP 分组的最后一个 ATM 信元,而紧随该 ATM 信元且 PT=000 的 ATM 信元是下一个 IP 分组的第一个 ATM 信元。因此这样可以把属于每一个 IP 分组的 ATM 信元鉴别出来,由接收端拆装子层再把属于每一个 IP 分组的 ATM 信元中的 SAR_PDU 拼装成 CS_PDU。③如果属于某个 IP 分组的 ATM 信元在传输过程中出错或丢失其中某个 ATM 信元,在接收端对重新拼装后的 CS_PDU 用 CRC 字段进行校验时,肯定会发现错误,因此可通过 CRC 字段发现 ATM 信元传输过程中发生的错误。

4. IP over ATM 的缺陷

　　引申出 ATM 网络的目的是解决专用物理信道的传输效率问题,使得路由器之间的虚电路可以和 PSTN 交换机之间的虚电路共享 SDH 提供的点对点物理信道,但随着 IP 网络的发展和多媒体应用的开发,路由器之间物理信道的传输能力逐渐成为网络的瓶颈,网络设计更多需要考虑如何提高路由器之间物理信道的传输能力,而不是传输效率。

由于路由器必须在通过 ATM 网络传输 IP 分组前将 IP 分组分割并封装成信元,而在接收端,路由器又必须重新把信元拼装成 IP 分组,因此这种分割和拼装(总称为拆装)处理会耗掉路由器大部分处理能力。当单个 STM-1 接口满负荷时,每秒需要处理 353207×2 个信元(输入、输出各 353207 信元);当路由器有多个 STM-N 接口($N = 1, 16, 64, 256$)时,已有的处理能力根本无法支撑这种拆装(SAR)处理,因此路由器的 ATM 接口数量和传输速率都受到路由器处理能力的限制。IP over ATM 的上述缺陷使得网络设计者逐渐放弃用 ATM 网络互联路由器的设计方法,而直接用 SDH 提供的点对点物理信道互联路由器。

5.2.4 IP over SDH

IP over SDH 直接用 SDH 提供的点对点物理信道互联路由器,路由器之间传输的 IP 分组封装成 PPP 帧后,经过 SDH 提供的点对点物理信道完成传输过程,PPP 帧直接作为 SDH 物理帧的净荷,由 SDH 实现物理信道一端至另一端的传输过程。

1. 网络结构

图 5.20(a)所示是 IP over SDH 的物理连接过程,通过静态配置 SDH,建立两个路由器之间的 STM-3 物理信道。ADM 完成将 PPP 帧插入 SDH 帧中该 STM-3 信号对应的净荷或从 SDH 帧中该 STM-3 信号对应的净荷中分离出 PPP 帧的功能。

图 5.20(b)所示是 IP over SDH 网络结构,路由器 R1 与 R2 之间通过等同于传输速率为 STM-3 的点对点物理链路实现互联。在 IP over SDH 中,SDH 的作用仅是提供两个路由器之间的点对点专用物理信道。

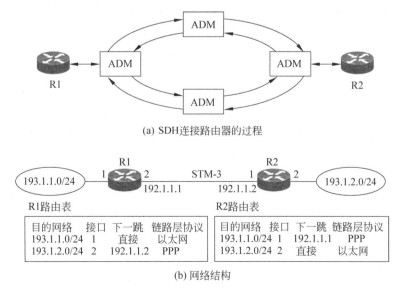

图 5.20 IP over SDH 网络结构

2. PPP

点对点协议(Point-to-Point Protocol,PPP)主要实现两个功能:一是将 IP 分组封装成适合通过点对点物理信道传输的帧格式;二是实现点对点物理信道互联的两个路由器之间的身份鉴别。

(1) PPP 帧结构

图 5.21 所示的是适合通过点对点物理信道传输的帧格式——PPP 帧结构,各字段功能如下。

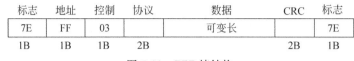

图 5.21　PPP 帧结构

- 帧开始标志和帧结束标志:1B,用于标识帧的开始和结束。
- 协议:2B,给出数据字段所包含的数据的类型。
- 数据:作为 PPP 帧的净荷字段,用于承载需要经过 PPP 帧传输的数据,如 IP 分组等上层协议数据单元。
- 帧检验序列:2B,即循环冗余校验码(CRC),用于检测 PPP 帧传输过程中发生的错误。
- 地址和控制字段为固定值,表示 PPP 帧传输过程中不需要用到这两个字段信息。

所有需要经过点对点物理链路传输的数据均须封装成 PPP 帧后,才能发送到点对点物理信道。

(2) 帧定界

如果直接在点对点物理链路上传输 IP 分组,将无法在连续的字节流中正确地区分出每一个 IP 分组的首、尾字节,因此需要将 IP 分组封装成 PPP 帧后,通过点对点物理信道完成传输过程。由此可以发现,PPP 帧结构的主要作用在于实现帧定界,即在经过物理信道传输的连续的字节流中区分出每一帧 PPP 帧并因此分离出每一个 IP 分组。

由 SDH 完成字节同步功能,因此链路层接收到是一组字节流,帧定界就是在一组字节流中确定每一帧的开始和结束字节。从图 5.21 中可以看出,PPP 用 7EH(十六进制值 7E)作为每一个 PPP 帧的开始和结束标志字节;也就是说,只要检测到值为 7EH 的字节,就标志当前 PPP 帧结束,下一个 PPP 帧开始。由于 7EH 已经作为帧的开始和结束标志,因此 PPP 帧中的其他字段不允许出现值为 7EH 的字节,在所有出现值为 7EH 字节的地方用其他值的字节代替。为了说明该字节是用来代替值为 7EH 的字节,而不是真正具有该值的数据字节,必须在替换字节前面插入一个转义符,用来表示紧跟转义符后面的字节是值为 7EH 的替代字节。在 PPP 帧结构定义中规定转义符的值为 7DH,这样一来,除标志字段外,所有其他字段中出现 7EH 和 7DH 的字节均须以 7DH+替代字节这样的字节组合代替。替代字节值和原字节值的关系如下:将原字节值的第六位求反(假定字节的最高位为第八位),即为替代字节的值,因此 7EH=7DH+5EH,7DH=7DH+5DH。

(3) 双向身份鉴别

属于不同自治系统的路由器之间需要相互鉴别对方身份,以防止非法路由器接入。每一个接入的路由器需要配置用户名和口令,同时配置用于鉴别允许接入的路由器身份的用户名和口令,判别对方路由器是否是授权路由器的依据是对方路由器是否拥有为某个授权路由器配置的用户名和口令。如图 5.22 所示,两个需要相互建立连接的路由器的用户名分别为 R1 和 R2,共享口令为 PASSR。对于路由器 R1 而言,只有确定对方路由器的用户名为 R2 且口令为 PASSR 时,才允许和它建立 PPP 链路并传输 PPP 帧,路由器 R2 也同样。目前常用的用于鉴别路由器身份的协议是挑战握手鉴别协议(Challenge Handshake Authentication Protocol,CHAP)。CHAP 鉴别路由器身份的过程如图 5.22 所示。由鉴别者 R2 向被鉴别者 R1 发送一个随机数 C1(该随机数被称为挑战),被鉴别者 R1 将随机数 C1 和口令串接在一起,对串接结果进行 MD5 运算,这里的 MD5 是报文摘要第 5 版 (Message Digest Version 5)。然后将用户名 R1 和 MD5 运算结果传输给鉴别者 R2,鉴别者 R2 同样将随机数 C1 和口令串接在一起,对串接结果进行 MD5 运算。如果运算结果和被鉴别者发送的 MD5 运算结果相同,表明被鉴别者拥有和鉴别者相同的口令,鉴别者向被鉴别者发送鉴别成功帧;否则,发送鉴别失败帧。在路由器 R2 完成对路由器 R1 的身份鉴别后,只有当路由器 R1 作为鉴别者确定被鉴别者路由器 R2 的用户名为 R2 且拥有与其相同的口令 PASSR 时,才成功建立两者之间的 PPP 链路并允许经过 PPP 链路相互传输 PPP 帧。

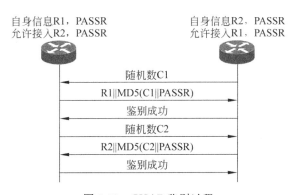

图 5.22　CHAP 鉴别过程

5.3　ISP 网络实现过程

图 5.1 中路由器建立完整路由表的过程分为以下几个步骤:①各个自治系统通过内部网关协议建立用于指明通往自治系统内所有网络的传输路径的路由项(称为内部路由项);②自治系统边界路由器之间通过外部网关协议交换各自通过内部网关协议建立的路由项;③自治系统边界路由器将通过外部网关协议获得的用于指明通往其他自治系统中网络的传输路径的路由项(称为外部路由项)扩散到自治系统内的所有其他路由器,扩散外部路由项的过程通过内部网关协议实现;④自治系统内的每一个路由器结合内部路由项和外部路由项建立用于指明通往所有网络的传输路径的路由项(完整路由表)。

5.3.1　基本配置

1. 路由器接口配置

四个自治系统中的路由器的接口配置如表 5.5~表 5.8 所示。值得指出的是,①由于路

由器之间用点对点物理信道互联,因此将只有两个有效 IP 地址的网络地址作为实现路由器
互联的网络的网络地址;②相邻的两个属于不同自治系统的自治系统边界路由器要求存在
连接在同一个网络上的接口,如 AS1 中路由器 R14 的接口 3 和 AS4 中路由器 R41 的接口 1
都连接在网络 193.1.9.0/30 上。为简化起见,路由协议只创建用于指明通往末端网络和互
联两个属于不同自治系统的自治系统边界路由器的网络的传输路径的路由项,末端网络是

<table>
<tr><td colspan="3">表 5.5　AS1 路由器的接口地址</td><td colspan="3">表 5.6　AS2 路由器的接口地址</td></tr>
<tr><td>路由器</td><td>接口</td><td>IP 地址和子网掩码</td><td>路由器</td><td>接口</td><td>IP 地址和子网掩码</td></tr>
<tr><td rowspan="3">R11</td><td>1</td><td>193.1.5.1/30</td><td rowspan="3">R21</td><td>1</td><td>193.1.6.1/30</td></tr>
<tr><td>2</td><td>193.1.5.5/30</td><td>2</td><td>193.1.6.5/30</td></tr>
<tr><td>3</td><td>193.1.5.9/30</td><td>3</td><td>193.1.10.1/30</td></tr>
<tr><td rowspan="2">R12</td><td>1</td><td>193.1.5.2/30</td><td rowspan="3">R22</td><td>1</td><td>193.1.6.2/30</td></tr>
<tr><td>2</td><td>193.1.5.13/30</td><td>2</td><td>193.1.6.9/30</td></tr>
<tr><td rowspan="4">R13</td><td>1</td><td>193.1.5.14/30</td><td>3</td><td>193.1.6.13/30</td></tr>
<tr><td>2</td><td>193.1.5.6/30</td><td rowspan="2">R23</td><td>1</td><td>193.1.6.14/30</td></tr>
<tr><td>3</td><td>193.1.5.17/30</td><td>2</td><td>193.1.6.17/30</td></tr>
<tr><td>4</td><td>193.1.1.254/24</td><td rowspan="4">R24</td><td>1</td><td>193.1.6.10/30</td></tr>
<tr><td rowspan="3">R14</td><td>1</td><td>193.1.5.10/30</td><td>2</td><td>193.1.6.18/30</td></tr>
<tr><td>2</td><td>193.1.5.18/30</td><td>3</td><td>193.1.2.254/24</td></tr>
<tr><td>3</td><td>193.1.9.1/30</td><td>4</td><td>193.1.6.6/30</td></tr>
</table>

表 5.7　AS3 路由器的接口地址

路由器	接口	IP 地址和子网掩码	路由器	接口	IP 地址和子网掩码
R31	1	193.1.11.1/30	R32	1	193.1.7.6/30
	2	193.1.7.1/30		2	193.1.7.9/30
	3	193.1.7.5/30		3	193.1.3.254/24
			R33	1	193.1.7.2/30
				2	193.1.7.10/30

表 5.8　AS4 路由器的接口地址

路由器	接口	IP 地址和子网掩码	路由器	接口	IP 地址和子网掩码
R41	1	193.1.9.2/30	R42	1	193.1.8.10/30
	2	193.1.8.1/30		2	193.1.8.13/30
	3	193.1.8.5/30		3	193.1.8.17/30
	4	193.1.8.9/30		4	193.1.10.2/30

续表

路由器	接口	IP 地址和子网掩码	路由器	接口	IP 地址和子网掩码
R43	1	193.1.8.21/30	R45	1	193.1.8.6/30
	2	193.1.8.25/30		2	193.1.8.30/30
	3	193.1.8.18/30		3	193.1.8.26/30
	4	193.1.11.2/30		4	193.1.8.14/30
R44	1	193.1.8.2/30			
	2	193.1.8.29/30			
	3	193.1.8.22/30			
	4	193.1.4.254/24			

指不是用于实现路由器互联的网络,如 AS1 中的网络 193.1.1.0/24。

2. 路由协议配置

(1) OSPF 配置

OSPF 配置包括:每一个自治系统需要分配不同的区域号;路由器所有接口连接的网络(包括互联自治系统边界路由器的网络)都需要参加 OSPF 创建动态路由项的过程,因此如果某个自治系统边界路由器与某个网络连接,则该自治系统边界路由器所在的自治系统将创建用于指明通往该网络的传输路径的路由项;指定自治系统边界路由器将通过 BGP 获得的用于指明通往其他自治系统中网络的传输路径的路由项(外部路由项)通过 OSPF 扩散到自治系统内的其他路由器。

(2) BGP 配置

BGP 配置包括:为每一个自治系统分配唯一的自治系统号;建立自治系统边界路由器之间的邻居关系,对于如图 5.1 所示的 ISP 网络结构,确定 R14 和 R41、R21 和 R42、R31 和 R43 为相邻自治系统边界路由器;指定自治系统边界路由器将通过 OSPF 获得的用于指明通往自治系统中所有网络的传输路径的路由项(内部路由项)通过 BGP 扩散到它的相邻自治系统边界路由器。

5.3.2　内部路由项

一旦完成路由器接口 IP 地址和子网掩码配置过程,路由器会自动创建直连路由项。完成 OSPF 配置后,路由器通过 OSPF 创建用于指明通往自治系统中没有与其直接连接的网络的传输路径的动态路由项,这两种路由项构成内部路由项。表 5.9~表 5.13 给出路由器

表 5.9　路由器 R12 的内部路由项

类型	目的网络	输出接口	下一跳
C	193.1.5.0/30	1	直接
C	193.1.5.12/30	2	直接
O	193.1.1.0/24	2	193.1.5.14
O	193.1.9.0/30	1	193.1.5.1

表 5.10　路由器 R14 的内部路由项

类型	目的网络	输出接口	下一跳
C	193.1.5.8/30	1	直接
C	193.1.5.16/30	2	直接
C	193.1.9.0/30	3	直接
O	193.1.1.0/24	2	193.1.5.17

R12、R14、R21、R31 和 R41 的内部路由项,为简化起见,内部路由项只包含直连路由项和用于指明通往末端网络和互联自治系统边界路由器的网络的传输路径的动态路由项。表中类型字段用 C 表示直连路由项,用 O 表示 OSPF 创建的动态路由项。

<table>
<tr><td colspan="4">表 5.11 路由器 R21 的内部路由项</td></tr>
<tr><td>类型</td><td>目的网络</td><td>输出接口</td><td>下一跳</td></tr>
<tr><td>C</td><td>193.1.6.0/30</td><td>1</td><td>直接</td></tr>
<tr><td>C</td><td>193.1.6.4/30</td><td>2</td><td>直接</td></tr>
<tr><td>C</td><td>193.1.10.0/30</td><td>3</td><td>直接</td></tr>
<tr><td>O</td><td>193.1.2.0/24</td><td>2</td><td>193.1.6.6</td></tr>
</table>

表 5.11 路由器 R21 的内部路由项

类型	目的网络	输出接口	下一跳
C	193.1.6.0/30	1	直接
C	193.1.6.4/30	2	直接
C	193.1.10.0/30	3	直接
O	193.1.2.0/24	2	193.1.6.6

表 5.12 路由器 R31 的内部路由项

类型	目的网络	输出接口	下一跳
C	193.1.11.0/30	1	直接
C	193.1.7.0/30	2	直接
C	193.1.7.4/30	3	直接
O	193.1.3.0/24	3	193.1.7.6

表 5.13 路由器 R41 的内部路由项

类型	目的网络	输出接口	下一跳	类型	目的网络	输出接口	下一跳
C	193.1.9.0/30	1	直接	O	193.1.4.0/24	2	193.1.8.2
C	193.1.8.0/30	2	直接	O	193.1.10.0/30	4	193.1.8.10
C	193.1.8.4/30	3	直接	O	193.1.11.0/30	3	193.1.8.6
C	193.1.8.8/30	4	直接				

5.3.3 外部路由项

下面以图 5.1 中 AS1 的自治系统边界路由器 R14 通过 BGP 获取用于指明通往其他自治系统中末端网络的传输路径的外部路由项为例,讨论 BGP 工作过程。

如图 5.23(a)所示,AS2 中的自治系统边界路由器 R21 通过内部网关协议获取的用于指明通往 AS2 中末端网络 193.1.2.0/24 的传输路径的路由项,通过 BGP 向其相邻路由器 R42 公告路径向量,其中目的网络为 193.1.2.0/24,下一跳地址是 R21 连接相邻路由器 R42 的接口(接口 3)的 IP 地址,经历的自治系统给出经过 R21 到达目的网络需要经历的自治系统序列。路由器 R42 接收到路由器 R21 公告的路径向量,建立如表 5.14 所示的用于指明通往 AS2 中末端网络 193.1.2.0/24 的传输路径的外部路由项,表中类型 B 表示该外部路由项通过 BGP 获得。通过同样的方式,路由器 R43 建立如表 5.15 所示的用于指明通往 AS3 中末端网络 193.1.3.0/24 的传输路径的外部路由项。

R42 和 R43 通过 OSPF 公告 LSA 时包括外部路由项对应的 LSA。当路由器 R41 接收到 R42 和 R43 公告的外部路由项对应的 LSA 后,建立如表 5.16 所示的外部路由项,类型 E 表示该路由项用于指明通往其他自治系统中网络的传输路径,下一跳地址用于指定 R41 所在自治系统通往目的网络所在自治系统的传输路径所经过的下一个自治系统,且 R41 通过内部网关协议建立的内部路由项中给出通往下一跳地址所属网络的传输路径。因此,下一跳地址是 R41 所在自治系统的自治系统边界路由器获取该路径向量时得到的下一跳地址。对于目的网络 193.1.2.0/24,下一跳地址是 R21 接口 3 的 IP 地址;对于 193.1.3.0/24,下一跳地址是 R31 接口 1 的 IP 地址。R41 通过内部网关协议建立的内部路由项中包含用于指明通往这两个 IP 地址所属网络的传输路径的路由项。

　　路由器 R41 结合外部路由项和内部网关协议建立的如表 5.14 所示的内部路由项生成如表 5.17 所示的用于指明通往末端网络 193.1.2.0/24、193.1.3.0/24 和 193.1.4.0/24 传输路径的内部路由项,目的网络 193.1.2.0/24 和 193.1.3.0/24 对应的内部路由项中的下一跳地址是路由器 R41 自治系统 AS4 内通往 IP 地址 193.1.10.1(外部路由项中目的网络 193.1.2.0/24 对应的下一跳地址)和 193.1.10.1(外部路由项中目的网络 193.1.3.0/24 对应的下一跳地址)所属网络 193.1.10.0/30 和 193.1.11.0/30 的传输路径上的下一跳地址。

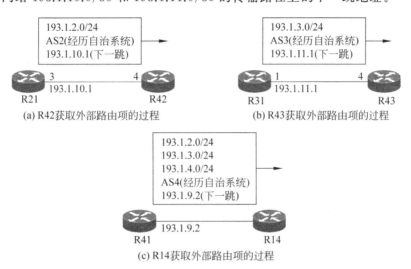

图 5.23　R14 获取完整外部路由项的过程

表 5.14　路由器 R42 的外部路由项

类型	目的网络	输出接口	下一跳	经历的自治系统
B	193.1.2.0/24	4	193.1.10.1	AS2

表 5.15　路由器 R43 的外部路由项

类型	目的网络	输出接口	下一跳	经历的自治系统
B	193.1.3.0/24	4	193.1.11.1	AS3

表 5.16　路由器 R41 的外部路由项

类型	目的网络	下一跳
E	193.1.2.0/24	193.1.10.1
E	193.1.3.0/24	193.1.11.1

表 5.17　路由器 R41 的内部路由项

类型	目的网络	输出接口	下一跳
O	193.1.2.0/24	4	193.1.8.10
O	193.1.3.0/23	3	193.1.8.6
O	193.1.4.0/24	2	193.1.8.2

5.3.4 完整路由表建立过程

如图 5.23(c)所示,AS4 中的自治系统边界路由器 R41 通过 BGP 向其相邻路由器 R14 公告路径向量,由于只讨论 R12 生成用于指明通往其他自治系统中末端网络传输路径的路由项的过程,因此目的网络只包含 193.1.2.0/24、193.1.3.0/24 和 193.1.4.0/24,下一跳地址是 R41 连接相邻路由器 R14 接口(接口 1)的 IP 地址。路由器 R14 接收到路由器 R41 公告的路径向量,建立如表 5.18 所示的用于指明通往末端网络 193.1.2.0/24、193.1.3.0/24 和 193.1.4.0/24 的传输路径的外部路由项。

R14 通过 OSPF 公告 LSA 时包括外部路由项对应的 LSA。当路由器 R12 接收到 R14 公告的外部路由项对应的 LSA 后,建立如表 5.19 所示的外部路由项,这些外部路由项的下一跳地址都是 R41 接口 1 的 IP 地址 193.1.9.2。

路由器 R12 结合外部路由项和内部网关协议建立的如表 5.9 所示的内部路由项生成如表 5.20 所示的完整路由表,完整路由表中包含用于指明通往自治系统 AS1 内末端网络 193.1.1.0/24 和其他自治系统中末端网络 193.1.2.0/24、193.1.3.0/24 和 193.1.4.0/24 的传输路径的路由项,目的网络 193.1.2.0/24、193.1.3.0/24 和 193.1.4.0/24 对应的路由项中的下一跳地址是路由器 R12 自治系统 AS1 内通往 IP 地址 193.1.9.2 所属网络 193.1.9.0/30 的传输路径上的下一跳地址。

表 5.18 路由器 R14 的外部路由项

类型	目的网络	输出接口	下一跳	经历的自治系统
B	193.1.2.0/24	3	193.1.9.2	AS4
B	193.1.3.0/24	3	193.1.9.2	AS4
B	193.1.4.0/24	3	193.1.9.2	AS4

表 5.19 路由器 R12 的外部路由项

类型	目的网络	下一跳
E	193.1.2.0/24	193.1.9.2
E	193.1.3.0/24	193.1.9.2
E	193.1.4.0/24	193.1.9.2

表 5.20 路由器 R12 的完整路由表

类型	目的网络	输出接口	下一跳	类型	目的网络	输出接口	下一跳
C	193.1.5.0/30	1	直接	O	193.1.2.0/24	1	193.1.5.1
C	193.1.5.12/30	2	直接	O	193.1.3.0/24	1	193.1.5.1
O	193.1.1.0/24	2	193.1.5.14	O	193.1.4.0/24	1	193.1.5.1
O	193.1.9.0/30	1	193.1.5.1				

5.3.5 端到端传输路径

路由器 R12 至末端网络 193.1.3.0/24 传输路径由三部分组成:一是 AS1 内传输路径 R12→R11→R14→网络 193.1.9.0/30,该传输路径是 AS1 内路由器根据目的网络为 193.1.3.0/24 的外部路由项的下一跳地址 193.1.9.2 和 AS1 内路由器通过内部网关协议建立的目的网络为 193.1.9.0/30 的内部路由项创建的;二是 AS4 内传输路径 R41→R45→R43→网络 193.1.11.0/30,该传输路径是 AS4 内路由器根据目的网络为 193.1.3.0/24 的外部路由项的下一跳地址 193.1.11.1 和 AS4 内路由器通过内部网关协议建立的目的网络为 193.1.11.0/30 的内部路由项创建的；三是 AS3 内传输路径 R31→R32→网络 193.1.3.0/24，该传输路径是 AS3 路由器通过内部网关协议建立的目的网络为 193.1.3.0/24 的内部路由项创建的。

习题

5.1　划分自治系统的原因是什么？

5.2　自治系统间路由协议有哪些特殊要求？

5.3　广域网有哪些特性？

5.4　提出 IP over ATM 的因素有哪些？

5.5　IP over ATM 如何实现路由器间 IP 分组传输？

5.6　为什么 IP over ATM 不适合路由器之间互联？

5.7　提出 IP over SDH 的因素有哪些？

5.8　IP over SDH 如何实现路由器间 IP 分组传输？

5.9　PPP 的作用是什么？

5.10　建立路由器间 PPP 链路时为什么需要双向身份鉴别？

5.11　BGP 对自治系统间相邻路由器有什么要求？

5.12　路径向量中下一跳地址设置有什么考虑？

5.13　BGP 如何建立自治系统间的传输路径？

5.14　自治系统内的路由器如何建立通往相邻自治系统的传输路径？

5.15　简述建立图 5.1 中 R12 至网络 193.1.3.0/24 传输路径的步骤。

第6章　接入网络设计方法和实现过程

Internet 接入技术是指一种用于建立终端与 Internet 之间的连接,实现终端 Internet 资源访问过程的技术。该技术经过拨号接入→非对称数字用户线路(Asymmetric Digital Subscriber Line,ADSL)接入→以太网接入→以太网无源光网络(Ethernet Passive Optical Network,EPON)接入的变化过程,且不同接入技术有着不同的数据传输速率。

6.1　Internet 接入概述

终端接入 Internet 并实现 Internet 资源访问过程的先决条件是能够实现终端与 Internet 资源之间的数据交换过程。为保证只允许授权终端接入 Internet,必须通过接入控制过程保证只有授权终端能够与 Internet 资源相互交换数据。

6.1.1　终端接入 Internet 需要解决的问题

终端和 Internet 必须完成相关配置后,才能实现终端与 Internet 资源之间的数据交换过程。为保证只允许授权终端访问 Internet 资源,必须对与授权终端访问 Internet 资源相关的配置过程进行控制。

1. 终端访问网络资源的基本条件

如图 6.1 所示,如果需要访问服务器中的资源,终端 A 必须完成以下操作过程。

图 6.1　终端访问 Internet 资源的过程

(1) 建立终端 A 与路由器之间的传输路径

终端 A 需要接入网络 1 且建立与路由器之间的传输路径,不同类型的网络有着不同的建立传输路径的过程。如果网络 1 是 PSTN,需要通过呼叫连接建立过程建立终端 A 与路由器之间的点对点语音信道。如果网络 1 是以太网,则需要建立终端 A 与路由器之间的交换路径。

(2) 终端 A 完成网络信息配置过程

建立终端 A 与路由器之间的传输路径后,终端 A 需要完成网络信息配置过程,如 IP 地址、子网掩码、默认网关地址等。终端 A 完成网络信息配置过程后,才能访问网络 2 中的服务器。

(3) 路由器的路由表中建立对应路由项

为实现终端 A 与服务器之间的 IP 分组传输过程,路由器中针对终端 A 的路由项必须将终端 A 的 IP 地址和路由器与终端 A 之间的传输路径绑定在一起。路由器能够将目的 IP 地址为终端 A 的 IP 地址的 IP 分组通过连接路由器与终端 A 之间的传输路径的接口转发出去,该接口可以是物理端口,也可以是逻辑接口。

2. 终端接入 Internet 的先决条件

如果将图 6.1 中的网络 2 作为 Internet,网络 1 作为接入网络,路由器改为接入控制设备,可得出如图 6.2 所示的实现终端 A 接入 Internet 的过程。但开始终端 A 接入 Internet 过程前,必须完成用户注册,只能由注册用户开始终端 A 接入 Internet 的过程。接入控制设备在确定启动终端 A 接入 Internet 过程的用户是注册用户的情况下,才允许终端 A 完成接入 Internet 的过程。接入控制设备确定用户是注册用户的过程称为用户身份鉴别过程。因此,终端 A 接入 Internet 的先决条件是由注册用户启动终端 A 接入 Internet 的过程,接入控制设备需要对启动终端 A 接入 Internet 过程的用户进行身份鉴别过程。

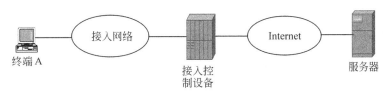

图 6.2　终端接入 Internet 的过程

由此得出,图 6.1 所示的终端访问网络资源过程和图 6.2 所示的终端接入 Internet 过程的最大不同在于以下两点。

- 终端接入 Internet 前,必须证明使用终端的用户是注册用户。
- 在确定使用终端的用户是注册用户的前提下,由接入控制设备对终端分配网络信息,建立将终端的 IP 地址和终端与接入控制设备之间的传输路径绑定在一起的路由项。

3. 路由器与接入控制设备的区别

图 6.2 中的接入控制设备首先是一个实现接入网络和 Internet 互联的路由器,但除了普通路由器的功能外,还具有以下接入控制功能。

- 鉴别终端 A 用户的身份。
- 为终端 A 动态分配 IP 地址。
- 建立将终端 A 的 IP 地址和终端 A 与接入控制设备之间的传输路径绑定在一起的路由项等。

4. 终端接入 Internet 的过程

由于接入 Internet 的过程中存在身份鉴别过程,因此终端 A 完成 Internet 接入过程的操作步骤与图 6.1 中的终端 A 完成访问网络资源过程的操作步骤有所区别。

(1)建立终端 A 与接入控制设备之间的传输路径

建立终端 A 与接入控制设备之间的传输路径后,才能进行终端 A 与接入控制设备之间的通信过程,后续操作步骤正常进行的前提是终端 A 与接入控制设备之间能够正常进行通信过程。不同的接入网络有着不同的建立终端 A 与接入控制设备之间的传输路径的过程,拨号接入、ADSL 接入、以太网接入和 EPON 接入的主要区别在于建立终端 A 与接入控制设备之间的传输路径的过程。在拨号接入方式下,通过终端 A 和接入控制设备之间的呼叫连接建立过程,建立终端 A 和接入控制设备之间的点对点语音信道。在以太网接入方式下,由以太网建立终端 A 和接入控制设备之间的交换路径。在 EPON 接入方式下,由以太网无源光网络建立终端 A 和接入控制设备之间的传输通路。

(2) 接入控制设备完成身份鉴别过程

接入控制设备必须能够确定启动终端 A 接入 Internet 过程的用户是否是注册用户,只有在确定用户是注册用户的前提下,才能进行后续操作步骤。

(3) 动态配置终端 A 的网络信息

接入控制设备完成用户身份鉴别过程,在确定启动终端 A 接入 Internet 过程的用户是注册用户的情况下,才能对终端 A 配置网络信息。因此,终端 A 是否允许接入 Internet(即配置的网络信息是否有效)取决于使用终端 A 的用户。接入控制设备确定使用终端 A 的用户是注册用户的情况下,维持配置给终端 A 的网络信息有效。一旦确定使用终端 A 的用户不是注册用户,接入控制设备将撤销配置给终端 A 的网络信息。因此,终端 A 的网络信息不是静态不变的。

(4) 动态创建终端 A 对应的路由项

接入控制设备为终端 A 配置 IP 地址后,必须创建用于将终端 A 的 IP 地址和接入控制设备与终端 A 之间的传输路径绑定在一起的路由项。由于终端 A 的 IP 地址不是静态不变的,因此该路由项也是动态的,在确定使用终端 A 的用户是注册用户的情况下,维持用于将终端 A 的 IP 地址和接入控制设备与终端 A 之间的传输路径绑定在一起的路由项。一旦确定使用终端 A 的用户不是注册用户,接入控制设备将撤销该路由项。

6.1.2　PPP 与接入控制过程

点对点协议既是基于点对点信道的链路层协议,又是接入控制协议。

1. PPP 作为接入控制协议的原因

(1) 拨号接入过程

早期的拨号接入过程如图 6.3 所示,终端 A 通过调制解调器连接用户线(俗称电话线),接入控制设备与 PSTN 连接,终端 A 和接入控制设备都分配电话号码(分别是 63636767 和 16300)。终端 A 通过呼叫连接建立过程建立与接入控制设备之间的点对点语音信道。

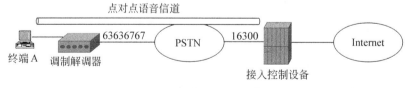

图 6.3　拨号接入过程

(2) 点对点语音信道与 PPP

接入控制设备在完成对终端 A 的接入控制过程中,需要与终端 A 交换信息,如终端 A 的用户身份信息、接入控制设备为终端 A 分配的网络信息(IP 地址、子网掩码等)等。因为终端 A 与接入控制设备之间的传输路径是点对点语音信道,所以需要将它们之间相互交换的信息封装成适合点对点语音信道传输的帧格式,PPP 帧就是适合点对点语音信道传输的帧格式。因此,接入控制设备需要与终端 A 相互传输 PPP 帧。

2. 与接入控制相关的协议

（1）PPP 帧结构

与接入控制过程相关的控制协议有鉴别协议、IP 控制协议等。鉴别协议用于鉴别用户身份，IP 控制协议用于为终端动态分配 IP 地址，这些协议对应的协议数据单元（Protocol Data Unit，PDU）成为 PPP 帧中信息字段的内容。PPP 帧中的协议字段值给出信息字段中 PDU 所属的协议。封装不同控制协议 PDU 的 PPP 帧格式如图 6.4 所示。

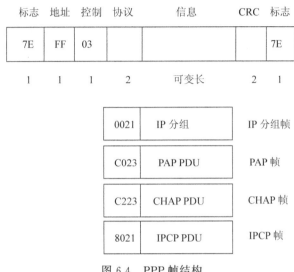

图 6.4　PPP 帧结构

（2）用户身份鉴别协议

完成注册后，ISP 为注册用户分配用户名和口令，因此确定某个用户是否是注册用户的过程就是判断用户能否提供有效的用户名和口令的过程。假定接入控制设备中有着注册用户信息库，注册用户信息库中存储了所有注册用户的用户名和口令，这种情况下，接入控制设备确定某个用户是否是注册用户的过程就是判断用户能否提供注册用户信息库中存储的用户名和口令的过程。

鉴别用户身份的协议有口令鉴别协议和挑战握手鉴别协议。PAP 完成用户身份鉴别的过程如图 6.5(a)所示，终端 A 向接入控制设备发送启动终端 A 接入 Internet 过程的用户输入的用户名和口令，接入控制设备接收到终端 A 发送的用户名和口令后，用该对用户名和口令检索注册用户信息库，如果该对用户名和口令与注册用户信息库中存储的某对用户名和口令相同，则确定启动终端 A 接入 Internet 过程的用户是注册用户，向终端 A 发送鉴别成功帧；否则，向终端 A 发送鉴别失败帧且终止终端 A 接入 Internet 过程。

PAP 直接用明文方式向接入控制设备发送用户名和口令，而口令是私密信息，一旦被其他人窃取，其他人可以冒充该用户接入 Internet，且访问 Internet 产生的费用由该用户承担。因此，泄露口令的后果是非常严重的。

CHAP 鉴别用户身份的过程如图 6.5(b)所示，可以避免终端 A 用明文方式向接入控制设备传输口令。图 6.5(b)中的 $F_{单}(x)$ 是一个单向函数，其特点是，根据 x 计算出 $F_{单}(x)$ 是容易的，但是根据现有计算能力，通过 $F_{单}(x)$ 反推出 x 是不可能的。接入控制设备为确定启动终端 A 接入 Internet 过程的用户是否是注册用户，向终端 A 发送一个随机数 C。该随机数有着以下特点:一是较长一段时间内产生两个相同的随机数的概率是很小的;二是根据已经产生的随机数推测下一个随机数是不可能的。当终端 A 接收到随机数 C 时,将随机数 C 与口令 P 串接为一个数 C‖P,然后将用户名和 $F_单$(C‖P)发送给接入控制设备。接入控制设备根据用户名找到对应的口令 P′,计算出 $F_单$(C‖P′)。如果接收到的 $F_单$(C‖P)等于 $F_单$(C‖P′),表明启动终端 A 接入 Internet 过程的用户输入的用户名和口令与注册用户信息库中某对用户名和口令相同,接入控制设备向终端 A 发送鉴别成功帧;否则,向终端 A 发送鉴别失败帧且终止终端 A 接入 Internet 过程。首先向终端 A 发送随机数 C 的目的是,即使每一次启动终端 A 接入 Internet 过程的用户是相同的,每一次鉴别过程中终端 A 发送给接入控制设备的单向函数值 $F_单$(C‖P)也是不同的,以避免其他人通过窃取单向函数值 $F_单$(C‖P)冒充该用户的情况发生。这里的单向函数 $F_单$()采用的是报文摘要算法 MD5,因此 $F_单$(C‖P)=MD5(C‖P)。

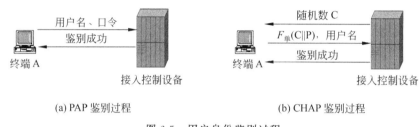

(a) PAP 鉴别过程   (b) CHAP 鉴别过程

图 6.5 用户身份鉴别过程

（3）IPCP

IP 控制协议(Internet Protocol Control Protocol,IPCP)的作用是为终端 A 动态分配 IP 地址等网络信息。接入控制设备通过 IPCP 为终端 A 动态分配网络信息的过程如图 6.6 所示。终端 A 向接入控制设备发送请求分配 IP 地址帧,接入控制设备如果允许为终端 A 分配网络信息,则从 IP 地址池中选择一个 IP 地址,将该 IP 地址和其他网络信息一起发送给终端 A。然后在路由表中创建一项用于将分配给终端 A 的 IP 地

图 6.6 动态分配 IP 地址过程

址和终端 A 与接入控制设备之间的语音信道绑定在一起的路由项。接入控制设备允许为终端 A 分配 IP 地址的前提是确定启动终端 A 接入 Internet 过程的用户是注册用户。

3. PPP 接入控制过程

终端 A 和接入控制设备都要运行 PPP,两端 PPP 相互作用完成接入控制过程。接入控制过程如图 6.7 所示,由五个阶段组成,分别是物理链路停止、PPP 链路建立、用户身份鉴别、网络层协议配置和终止 PPP 链路等。

（1）物理链路停止

物理链路停止状态表明没有建立终端 A 与接入控制设备之间的语音信道,终端 A 和接入控制设备在用户线上检测不到载波信号。无论处于何种阶段,一旦释放终端 A 与接入控制设备之间的语音信道或者终端 A 和接入控制设备无法通过用户线检测到载波信号,PPP 将终止操作过程,关闭终端 A 和接入控制设备之间建立的 PPP 链路。接入控制设备收回分配给终端 A 的 IP 地址,从路由表中删除对应路由项,PPP 重新回到物理链路停止状态。因

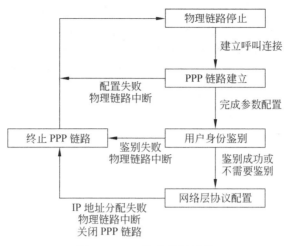

图 6.7　PPP 接入控制过程

此,物理链路停止状态是 PPP 的开始状态,也是 PPP 的结束状态。

（2）PPP 链路建立

当通过呼叫连接建立过程建立终端 A 与接入控制设备之间的点对点语音信道时,PPP 进入 PPP 链路建立阶段。PPP 链路建立过程是终端 A 与接入控制设备之间为完成用户身份鉴别和 IP 地址分配而进行的参数协商过程。一方面,在开始用户身份鉴别前,需要终端 A 和接入控制设备之间通过协商指定用于鉴别用户身份的鉴别协议。另一方面,双方在开始进行数据传输前,也必须通过协商约定一些参数,如是否采用压缩算法、PPP 帧的最大传输单元(Maximum Transmission Unit,MTU)等。因此,在建立终端 A 和接入控制设备之间的语音信道后,必须通过建立 PPP 链路完成双方的协商过程。PPP 用于建立 PPP 链路的协议是链路控制协议(LCP),建立 PPP 链路时双方交换的是 LCP 帧。

在 PPP 链路建立阶段,只要发生以下情况,PPP 将回到物理链路停止状态:一是终端 A 和接入控制设备无法通过用户线检测到载波信号;二是终端 A 与接入控制设备之间参数协商失败。

（3）用户身份鉴别

成功建立 PPP 链路后,进入用户身份鉴别阶段。接入控制设备通过如图 6.5 所示的用户身份鉴别过程确定启动终端 A 接入 Internet 过程的用户是否是注册用户,如果是注册用户,则完成身份鉴别过程。PPP 用户身份鉴别阶段是可选的,如果建立 PPP 链路时选择不进行用户身份鉴别过程,则建立 PPP 链路后,直接进入网络层协议配置阶段。

在用户身份鉴别阶段,只要发生以下情况之一,PPP 进入终止 PPP 链路阶段:一是终端 A 和接入控制设备无法通过用户线检测到载波信号;二是接入控制设备确定启动终端 A 接入 Internet 过程的用户不是注册用户。

（4）网络层协议配置

一旦确定启动终端 A 接入 Internet 过程的用户是注册用户,就进入网络层协议配置阶段。由于用户通过 PSTN 访问 Internet 是动态的,因此 ISP 也采用动态分配 IP 地址的方法。在网络层协议配置阶段,由接入控制设备为终端 A 临时分配一个全球 IP 地址,接入控制设备在为终端 A 分配 IP 地址后,必须在路由表中增添一项路由项,将该 IP 地址和终端 A 与接入控制设备之间的语音信道绑定在一起。终端 A 可以利用该 IP 地址访问 Internet。在终端 A 结束 Internet 访问后,接入控制设备收回原先分配给终端 A 的 IP 地址并在路由表中删除相关路由项,收回的全球 IP 地址可以再次分配给其他终端。接入控制设备通过 IPCP 为终端 A 动态分配 IP 地址的过程如图 6.6 所示。

在网络层协议配置阶段,只要发生以下情况之一,PPP 进入终止 PPP 链路阶段:一是终端 A 和接入控制设备无法通过用户线检测到载波信号;二是为终端 A 分配 IP 地址失败;三是终端 A 或接入控制设备发起关闭 PPP 链路过程。

(5) 终止 PPP 链路

在终止 PPP 链路阶段,终端 A 与接入控制设备释放建立 PPP 链路时分配的资源,PPP 回到物理链路停止状态。

4. 终端 A 接入 Internet 的实例

(1) 完成注册过程

用户向 ISP 完成注册过程,获取用户名和口令(例如用户名 AAA,口令 BBB)。接入控制设备的注册用户信息库中添加用户名和口令: AAA 和 BBB(如图 6.8 所示)。

(2) 终端 A 启动拨号连接程序

终端 A 通过调制解调器与用户线相连,用户线分配电话号码,如图 6.8 所示的 63636767;同时接入控制设备与 PSTN 相连,分配电话号码,如图 6.8 所示的 16300。终端 A 启动拨号连接程序,弹出如图 6.9 所示的拨号连接程序界面,输入接入控制设备的电话号码 16300 以及用户名 AAA 和口令 BBB。单击“拨号”按钮,拨号连接程序与接入控制设备一起完成以下步骤:一是建立终端 A 与接入控制设备之间的点对点语音信道;二是接入控制设备完成用户身份鉴别过程,确定启动终端 A 接入 Internet 过程的用户是注册用户;三是由接入控制设备为终端 A 分配 IP 地址 192.1.1.1/32,并且在路由表中创建一项将 IP 地址 192.1.1.1/32 和终端 A 与接入控制设备之间的点对点语音信道绑定在一起的路由项。图 6.8 中的 V1.1 是接入控制设备连接终端 A 与接入控制设备之间的点对点语音信道的端口号,IP 地址 192.1.1.1/32 是接入控制设备 IP 地址池中的 IP 地址。终端 A 通过拨号连接程序成功接入 Internet 后,接入控制设备中的路由表如图 6.8 所示,终端 A 可以开始

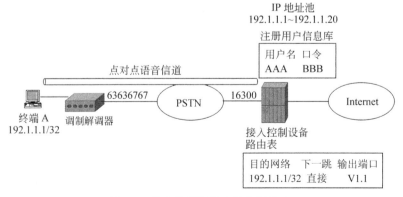

图 6.8　接入控制设备中的控制信息

Internet 访问过程。

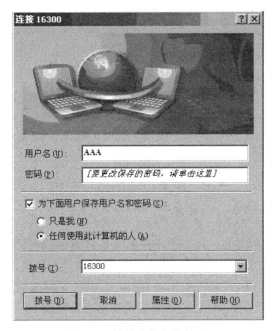

图 6.9　拨号连接程序界面

6.1.3　统一鉴别方式与 RADIUS

根据授权用户信息配置方式可以将鉴别方式分为本地鉴别方式和统一鉴别方式。本地鉴别方式如图 6.8 所示,接入控制设备为鉴别用户身份需要本地配置授权用户信息(用户名和口令),只有用户提供的鉴别信息与本地配置的某个授权用户的信息一致(相同用户名和口令),该用户才被允许接入 Internet。本地鉴别方式的优点是配置简单,不需要其他与接入控制有关的设备,但也有以下缺点:一是某个用户如果需要通过多种不同的接入控制设备接入 Internet,需要在这些接入控制设备中重复配置该用户的信息,例如某个用户需要通过图 6.10 中的以太网和 ADSL 接入 Internet,则需要在接入控制设备 1 和接入控制设备 2 中重复配置该用户的信息;二是接入用户信息需要分散到多个不同的接入控制设备,无法对接入用户集中管理。

对于如图 6.10 所示的 ISP 接入网络结构,实际的接入控制过程一般采用统一鉴别方式。这种鉴别方式下,授权用户信息统一配置在鉴别服务器中,当用户向接入控制设备提供鉴别信息时,接入控制设备只是作为中继设备向鉴别服务器转发用户提供的鉴别信息。由鉴别服务器根据统一配置的授权用户信息完成对该用户的身份鉴别。

统一鉴别过程如图 6.11 所示。由于接入控制设备与鉴别服务器之间是公共数据传输网络,接入控制设备与鉴别服务器之间相互交换的又是比较私密的用户鉴别信息,因此一是需要对用户鉴别信息加密,二是需要相互鉴别对方身份。为实现这一功能,为每一对接入控制设备和鉴别服务器配置共享密钥,该共享密钥只有这一对接入控制设备和鉴别服务器知道。在接入控制设备中配置鉴别服务器的 IP 地址,并且将该鉴别服务器标识信息与该共享密钥关联在一起。在鉴别服务器中配置接入控制设备的设备名和 IP 地址,并且将这些设备

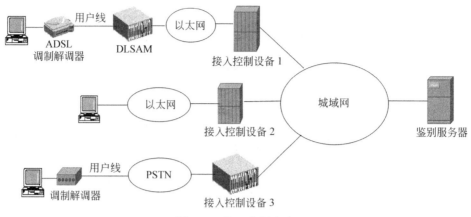

图 6.10   统一鉴别方式

标识信息与该共享密钥关联在一起。接入控制设备向鉴别服务器通过 RADIUS 报文转发用户鉴别信息时,用明文方式给出设备名,用共享密钥和对称密钥加密算法加密用户鉴别信息。当鉴别服务器接收到 RADIUS 报文时,用该 RADIUS 报文的源 IP 地址和报文中明文方式给出的设备名检索设备标识信息,如果与某项设备标识信息匹配,则用该项设备标识信息关联的共享密钥解密用户鉴别信息。一旦解密成功,接入控制设备的身份得到确认。由于只有与该共享密钥关联的鉴别服务器才能解密用户鉴别信息,因此一旦解密用户鉴别信息成功,鉴别服务器的身份也得到确认。因此,在鉴别服务器回送给接入控制设备的鉴别结果中,一是同样需要用共享密钥加密一些信息,二是必须在鉴别结果中包含证明其已经成功解密用户鉴别信息的证据。对于如图 6.10 所示的 ISP 接入网络结构,需要单独为<接入控制设备 1,鉴别服务器>、<接入控制设备 2,鉴别服务器>和<接入控制设备 3,鉴别服务器>分配共享密钥,在鉴别服务器中分别将这三个不同的共享密钥与这三个接入控制设备的设备名和 IP 地址关联在一起。

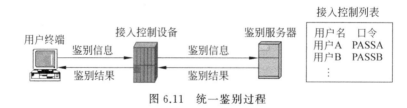

图 6.11   统一鉴别过程

6.2   以太网和 ADSL 接入技术

以太网接入和非对称数字用户线路接入首先需要建立终端与 Internet 之间的连接,然后通过接入控制过程保证只有授权终端能够访问 Internet 资源。

6.2.1   通过以太网接入 Internet 的过程

这指的是,通过基于以太网的点对点协议(PPP over Ethernet,PPPoE)建立基于以太网的终端与接入控制设备之间具有点对点信道特性的虚拟点对点链路,终端与接入控制设备之间可以通过虚拟点对点链路实现 PPP 帧传输过程,并因此使得终端和接入控制设备可以通过 PPP 完成接入控制过程。

1. 以太网作为接入网需要解决的问题

(1) 如何获取对方的 MAC 地址

以太网作为接入网的网络结构如图 6.12 所示,终端 A 连接以太网,其 MAC 地址为 MAC A。接入控制设备的其中一个端口连接以太网,其 MAC 地址为 MAC R。终端 A 与接入控制设备之间交换的信息需要封装成 MAC 帧。为实现终端 A 与接入控制设备之间的 MAC 帧传输过程,一是必须建立终端 A 与接入控制设备之间的交换路径;二是终端 A 和接入控制设备必须相互获取对方的 MAC 地址。

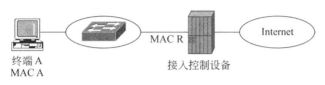

终端 A
MAC A

MAC R

接入控制设备

Internet

图 6.12　以太网作为接入网

问题是当终端 A 接入以太网时,它如何获取接入控制设备连接以太网的端口的 MAC 地址。

(2) 如何完成接入控制过程

在建立终端 A 与接入控制设备之间的交换路径并相互获取对方的 MAC 地址后,接入控制设备与终端 A 之间同样需要完成身份鉴别、IP 地址分配等接入控制过程。为完成身份鉴别和 IP 地址分配过程,终端 A 与接入控制设备之间需要传输鉴别协议对应的 PDU 和 IPCP 对应的 PDU,并且完成与图 6.7 所示相似的接入控制过程。图 6.7 所示的接入控制过程是由 PPP 完成的,图 6.4 给出将鉴别协议对应的 PDU 和 IPCP 对应的 PDU 封装成 PPP 帧的过程。因此,简单的方法是终端 A 和接入控制设备执行 PPP,相互之间完成如图 6.7 所示的接入控制过程。但 PPP 是基于 PSTN 的,如何执行基于以太网的 PPP?

2. PPPoE

连接在以太网上的终端 A 与接入控制设备通过执行 PPP 完成如图 6.7 所示的接入控制过程的前提是,终端 A 与接入控制设备之间能够相互传输 PPP 帧。为实现终端 A 与接入控制设备之间的 PPP 帧传输过程,一是需要实现终端 A 与接入控制设备之间的 MAC 帧传输过程,二是能够将封装鉴别协议对应的 PDU 和 IPCP 对应的 PDU 的 PPP 帧封装成 MAC 帧。PPPoE 就用于实现这两个功能。

(1) PPPoE 发现过程

终端 A 通过 PSTN 接入 Internet 时,已经获取接入控制设备的电话号码,因此可以通过呼叫连接建立过程建立终端 A 与接入控制设备之间的点对点语音信道。但终端 A 接入以太网时,它无法事先获取接入控制设备连接以太网端口的 MAC 地址,而终端 A 与接入控制设备之间传输 MAC 帧的前提是相互获取对方的 MAC 地址,因此必须有一种使得终端 A 与接入控制设备之间能够相互获取 MAC 地址的机制。PPPoE 发现过程就是这种机制。

PPPoE 发现过程如图 6.13 所示,终端 A 启动 PPPoE 后,广播一个发现启动报文,用于寻找接入控制设备。发现启动报文封装成以终端 A 的 MAC 地址 MAC A 为源地址、全 1

广播地址为目的地址的 MAC 帧。由于是广播帧,因此连接在以太网中的所有其他结点都能接收到发现启动报文。接收到发现启动报文的结点中只有配置成接入控制设备且端口支持 PPPoE 的结点才回送发现提供报文。发现提供报文封装成以接入控制设备连接以太网端口的 MAC 地址 MAC R 为源地址、终端 A 的 MAC 地址 MAC A 为目的地址的单播帧,该 MAC 帧中包含有关接入控制设备的一些信息。如果以太网中存在多个这样的接入控制设备,则终端 A 可能接收到多个来自不同接入控制设备的发现提供报文。终端 A 选择其中一个接入控制设备作为建立 PPP 会话的接入控制设备,向其发送发现请求报文。发现请求报文封装成以终端 A 的 MAC 地址为源地址、以终端 A 选择的接入控制设备的 MAC 地址为目的地址的单播帧。接入控制设备接收到发现请求报文,为该 PPP 会话分配 PPP 会话标识符,向终端 A 回送会话确认报文,会话确认报文封装成以接入控制设备连接以太网端口的 MAC 地址为源地址、终端 A 的 MAC 地址为目的地址的单播帧。终端 A 接收到会话确认报文,表明已成功建立 PPP 会话。终端 A 和接入控制设备用 PPP 会话两端的 MAC 地址和 PPP 会话标识符唯一标识该 PPP 会话。

图 6.13　PPPoE 发现过程

(2) PPP 会话和会话标识符的作用

终端 A 和接入控制设备通过 PPPoE 发现过程完成以下功能:一是通过在以太网交换机的转发表中建立与终端 A 的 MAC 地址 MAC A 和接入控制设备连接以太网端口的 MAC 地址 MAC R 关联的转发项,以此在以太网中建立终端 A 与接入控制设备之间的交换路径;二是终端 A 与接入控制设备之间相互获取 MAC 地址;三是接入控制设备创建以两端 MAC 地址和 PPP 会话标识符唯一标识的 PPP 会话。

终端 A 与接入控制设备之间的交换路径用于实现 MAC 帧终端 A 与接入控制设备之间的传输过程,它们之间相互获取对方的 MAC 地址是封装传输给对方的 MAC 帧的基础。PPP 会话和 PPP 会话标识符的作用是什么?

接入控制设备为终端 A 动态分配 IP 地址后,必须在路由表中创建用于将终端 A 的 IP 地址和终端 A 与接入控制设备之间的传输路径绑定在一起的路由项。对于终端 A 直接连接在以太网的情况,可以用终端 A 和接入控制设备的 MAC 地址唯一标识终端 A 与接入控制设备之间的交换路径;但也存在多个终端通过集中接入设备接入以太网,再通过以太网接入 Internet 的情况,如图 6.14 所示。

集中接入设备有一个用于连接以太网的端口,该端口分配 MAC 地址,如图 6.14 所示的 MAC M;同时有着若干个连接点对点线路的端口,每一个端口可以通过点对点线路连接一个终端。这种情况下,终端与接入控制设备之间的传输路径由终端与集中接入设备之间的点对点线路和集中接入设备与接入控制设备之间的交换路径组成,多个终端与接入控制

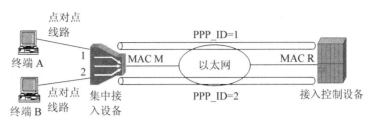

图 6.14　集中接入方式

设备之间的多条传输路径共享集中接入设备与接入控制设备之间的交换路径。为标识每一个终端与接入控制设备之间传输的数据,可在集中接入设备与接入控制设备之间的交换路径上创建多条虚电路,每一条虚电路对应每一个终端与接入控制设备之间的传输路径。每一条虚电路分配唯一的虚电路标识符,通过虚电路传输的数据携带该虚电路的标识符。PPP 会话就是在交换路径上创建的虚电路,PPP 会话标识符就是虚电路标识符。如图 6.14 所示,为分别建立终端 A、终端 B 与接入控制设备之间的传输路径,集中接入设备与接入控制设备之间创建两个 PPP 会话,这两个 PPP 会话有着相同的两端 MAC 地址,但分别有着唯一的 PPP 会话标识符。PPP_ID=1 的 PPP 会话对应终端 A 与接入控制设备之间的传输路径,PPP_ID=2 的 PPP 会话对应终端 B 与接入控制设备之间的传输路径。因此,终端 A 与接入控制设备之间的传输路径由终端 A 与集中接入设备之间的点对点线路和集中接入设备与接入控制设备之间 PPP_ID=1 的 PPP 会话组成。接入控制设备一旦为终端 A 分配 IP 地址,则在路由表中创建一项将终端 A 的 IP 地址与 PPP_ID=1 的 PPP 会话绑定在一起的路由项。

（3）PPP 会话传输 PPP 帧的机制

对于 PPP 会话两端的设备,PPP 会话等同于点对点虚电路,由 PPP 会话两端设备的 MAC 地址和 PPP 会话标识符唯一标识。如图 6.15 所示,终端 A 与接入控制设备之间的 PPP 会话由两端设备的 MAC 地址 MAC A 和 MAC R 及 PPP 会话标识符 PPP_ID 唯一标识。终端 A 与接入控制设备之间为完成接入控制过程需要传输的 PPP 帧（例如用于建立 PPP 链路的 LCP 帧、用于鉴别用户身份的 PAP 或 CHAP 帧、用于为终端 A 分配 IP 地址的 IPCP 帧）及用于传输 IP 分组的 IP 分组帧先被封装成如图 6.16 所示的基于以太网的隧道格式（或称 PPP 会话格式）,然后通过 PPP 会话进行传输。

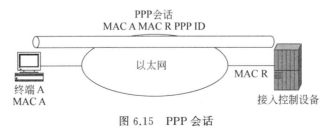

图 6.15　PPP 会话

MAC 帧的类型字段值需要表明该 MAC 帧是 PPP 会话格式,紧随类型字段的是有关 PPP 会话的参数,其中最重要的参数是 PPP_ID,用 PPP_ID 绑定 PPP 帧的传输路径与 PPP 帧的发送端和接收端。紧随 PPP 会话参数的是 PPP 帧,PPP 会话格式只包含 PPP 帧的协

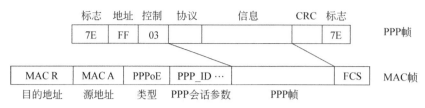

图 6.16　PPP 帧封装成 MAC 帧的过程

议和信息字段。由于源 MAC 地址是终端 A 的 MAC 地址 MAC A,目的 MAC 地址是接入控制设备连接以太网端口的 MAC 地址 MAC R,因此图 6.16 所示的 PPP 会话格式是用于封装终端 A 传输给接入控制设备的 PPP 帧的 PPP 会话格式。

3. 终端 A 通过以太网接入 Internet 的实例

终端 A 和接入控制设备与以太网相连,用户向 ISP 完成注册过程,获取用户名 AAA 和口令 BBB。ISP 在接入控制设备的注册用户信息库中添加用户名和口令 AAA 和 BBB,如图 6.17 所示。终端 A 启动宽带连接程序,弹出如图 6.18 所示的宽带连接程序界面。输入

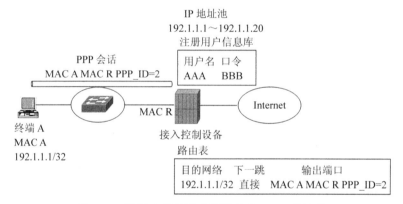

图 6.17　终端 A 通过以太网接入 Internet 的过程

图 6.18　宽带连接程序界面

用户名 AAA 和口令 BBB,单击"连接"按钮,宽带连接程序与接入控制设备一起完成以下步骤:一是建立终端 A 与接入控制设备之间的 PPP 会话,用终端 A 的 MAC 地址 MAC A、接入控制设备连接以太网端口的 MAC 地址 MAC R 和 PPP_ID=2 唯一标识该 PPP 会话;二是终端 A 与接入控制设备之间通过相互传输 PPP 帧完成接入控制过程,PPP 帧封装成如图 6.16 所示的 PPP 会话格式,经过终端 A 与接入控制设备之间建立的 PPP 会话完成 PPP 会话格式终端 A 与接入控制设备之间的传输过程。在完成接入控制过程中,接入控制设备与终端 A 之间完成用户身份鉴别过程,确定启动终端 A 接入 Internet 过程的用户是注册用户。由接入控制设备为终端 A 分配 IP 地址 192.1.1.1/32,并且在路由表中创建一项将 IP 地址 192.1.1.1/32 和终端 A 与接入控制设备之间的 PPP 会话绑定在一起的路由项。

6.2.2　通过 ADSL 接入 Internet 的过程

随着语音通信网络的普及,一般用户家庭中都已铺设 PSTN 用户线,这也是早期通过拨号连接程序建立终端与接入控制设备之间点对点语音信道的原因。但终端与接入控制设备之间通过点对点语音信道传输数据有着诸多限制:一是受带宽的限制,点对点语音信道的数据传输速率较低;二是在终端访问 Internet 期间,需要一直维持与接入控制设备之间的点对点语音信道,对 PSTN 造成沉重负担。因此,需要一种可以通过已经铺设到家庭的 PSTN 用户线实现 Internet 接入,但又能解决拨号连接方式终端数据传输速率低和长期维持终端与接入控制设备之间点对点语音信道问题的 Internet 接入技术,ADSL 就是这样一种 Internet 接入技术。

1. 网络结构

终端通过 ADSL 接入 Internet 的网络结构如图 6.19 所示,家庭中的关键设备是 ADSL 调制解调器,ADSL 调制解调器有两个端口:一个是以太网端口,用于连接以太网或是直接连接终端;另一个是用户线端口,用于连接 PSTN 用户线。电信公司进入用户家庭的 PSTN 用户线连接到语音分离器,从语音分离器输出两对用户线——一对连接 ADSL 调制解调器的用户线端口,另一对连接话机。

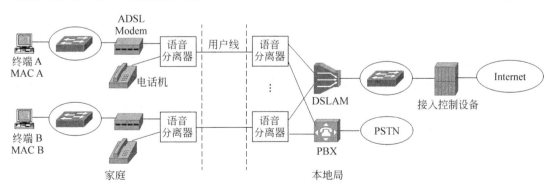

图 6.19　ADSL 接入 Internet 的网络结构

本地局的关键设备是数字用户线接入复用器(Digital Subscriber Line Access Multiplexer,DSLAM),DSLAM 有着多个用户线端口和一个以太网端口。本地局每一条铺设到用户家庭的用户线连接到语音分离器,从语音分离器输出两对用户线——一对连接 DSLAM 的用户线端口,另一对连接本地局的用户级交换机(Private Branch Exchange,PBX)。多条铺设到用户家庭的用户线经过语音分离器后,连接到 DSLAM 的多个用户线端口。用户家庭中语音分离器输出的连接 ADSL 调制解调器的用户线对应本地局语音分离器输出的连接 DSLAM 的用户线,而用户家庭中语音分离器输出的连接电话机的用户线对应本地局语音分离器输出的连接 PBX 的用户线。DSLAM 的以太网端口与接入控制设备的以太网端口连接到同一个以太网上。

2. 传输路径

（1）用户线频分复用过程

为了在一对由铜质双绞线构成的用户线上实现全双工数据通信,并且允许用户在一对用户线上同时进行语音和数据通信,ADSL 将用户线的带宽分成了 3 部分:低频部分(0～4kHz)用于传输语音信号,中间部分带宽（30～140kHz）用于上行传输,最高部分带宽（150kHz～1.2MHz)用于下行传输,带宽分配如图 6.20 所示。

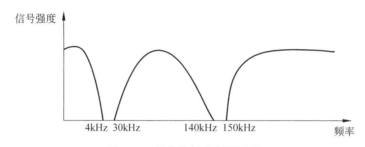

图 6.20　用户线频分复用过程

用户线上的每一段频段等于一条信道,将用户线带宽分为三段频段等于在用户线上复用了三条信道,如图 6.21 所示。30～140kHz 频段对应的信道作为 ADSL 调制解调器向 DSLAM 传输数据的上行信道,150kHz～1.2MHz 频段对应的信道作为 DSLAM 向 ADSL 调制解调器传输数据的下行信道,0～4kHz 频段对应的信道作为互联话机和本地局 PBX 的信道。因此,语音信号与数据信号可以同时通过用户线传输,且 ADSL 调制解调

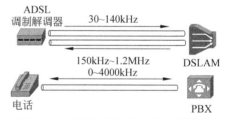

图 6.21　复用在用户线上的三条信道

器与 DSLAM 之间存在双向数据信道,只是 ADSL 调制解调器至 DSLAM 上行信道的带宽小于 DSLAM 至 ADSL 调制解调器下行信道的带宽,使得上行信道的数据传输速率小于下行信道的数据传输速率,这也是将这种数字用户线称为非对称数字用户线的原因。非对称就是指上行信道和下行信道的数据传输速率不同。

从图 6.19 所示的连接方式中可以看出,语音分离器其实是一个滤波器,将用户线带宽 0～1.2MHz 分为两段频段:一段是 0～4kHz 频段,且使得连接话机端口只输出该频段内的信号;另一段是 30kHz～1.2MHz 频段,且使得连接 ADSL 调制解调器的端口只输出该频段内的信号。这样做的目的是避免语音信号与数据信号相互干扰。

（2）ADSL 调制解调器、DSLAM 和数据传输路径

终端 A 与接入控制设备之间的传输路径如图 6.22 所示,分为三段:一段是终端 A 与

ADSL 调制解调器之间的交换路径;一段是 ADSL 调制解调器与 DSLAM 之间的双向点对点信道;还有一段是 DSLAM 与接入控制设备之间的交换路径。

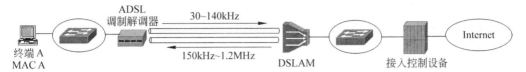

图 6.22　终端 A 与接入控制设备之间的传输路径

ADSL 调制解调器和 DSLAM 是一种桥接设备,用于实现以太网交换路径与点对点双向信道之间的互联。为实现互联功能,ADSL 调制解调器和 DSLAM 的物理层需要具备以下功能。

- 连接以太网的端口能够实现二进制位流和基带信号之间的相互转换。
- 连接用户线的端口能够实现二进制位流和指定频段内模拟信号之间的相互转换。

ADSL 调制解调器和 DSLAM 的链路层需要具备以下功能。

- 终端 A 与接入控制设备之间传输的数据需要封装成以终端 A 的 MAC 地址和接入控制设备连接以太网端口的 MAC 地址为源和目的 MAC 地址的 MAC 帧。
- ADSL 调制解调器和 DSLAM 能够将通过以太网端口接收到的 MAC 帧转换成适合双向点对点信道传输的帧格式后从用户线端口输出;或者相反,将通过用户线端口接收到的帧格式转换成 MAC 帧后从以太网端口输出。

对于终端 A 与接入控制设备,ADSL 调制解调器和 DSLAM 是不可见的,因此从终端 A 和接入控制设备的角度出发,终端 A 与接入控制设备之间的传输路径是通过以太网建立的交换路径,ADSL 接入过程与以太网接入过程相同(如图 6.23 所示)。

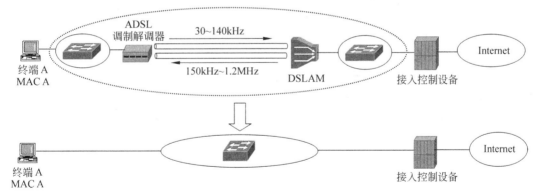

图 6.23　终端 A 与接入控制设备之间的传输路径

6.3　EPON 接入技术

随着光纤通信技术的发展,无源光网络(Passive Optical Network,PON)得到广泛应用。PON 可以支持多种链路层协议,由于以太网是目前最广泛应用的局域网技术,因此以太网与 PON 结合的以太网无源光网络(Ethernet Passive Optical Network,EPON)成为目前普遍使用的接入技术。EPON 物理层采用 PON 技术,链路层采用以太网协议。

6.3.1　EPON 结构和主要构件

1. EPON 结构

以太网无源光网络(EPON)结构如图 6.24 所示,由局侧的光线路终端(Optical Line Terminal,OLT)、用户侧的光网络单元(Optical Network Unit,ONU)和光分配网络(Optical Distribution Network,ODN)组成,为单纤双向系统。OLT 至 ONU 传输通路是点对多点传输通路,OLT 以广播方式向 ONU 发送数据。ONU 至 OLT 传输通路是点对点传输通路,通过时分复用技术建立各个 ONU 至 OLT 的传输通路。单根光纤通过波分复用(Wavelength Division Multiplexing,WDM)技术建立上行和下行信道。

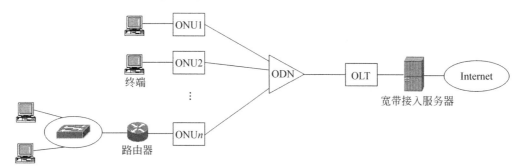

图 6.24　EPON 结构

OLT 广播方式向 ONU 传输数据的过程如图 6.25(a)所示,每一个接入 EPON 的 ONU 分配唯一的逻辑链路标识符(Logical Link Identifier,LLID),发送给 ONU 的帧携带 LLID。虽然每一个 ONU 都接收到 OLT 广播的帧,但每一个 ONU 只接收携带的 LLID 与分配给自己的 LLID 相同的帧。

为保证不发生冲突,每一个 ONU 只允许在分配给它的时隙发送数据,分配给不同 ONU 的时隙不允许重叠。由于不同距离有着不同的光信号传播时延,因此为 ONU 分配时隙时,必须考虑每一个 ONU 与 OLT 之间的距离。

光分配网络采用无源器件,因此无论是方便性还是可靠性都比其他的有源接入网络要好。

2. 主要设备功能

OLT 是 EPON 的核心设备,具有以下功能。

- 控制 ONU 接入。
- 为每一个 ONU 分配唯一的 LLID。
- 为每一个 ONU 动态分配时隙。
- 以广播方式向 ONU 传输数据。

ONU 具有以下功能。

- 发起注册过程。
- 接收 OLT 广播的数据。
- 根据 OLT 分配的时隙发送数据。

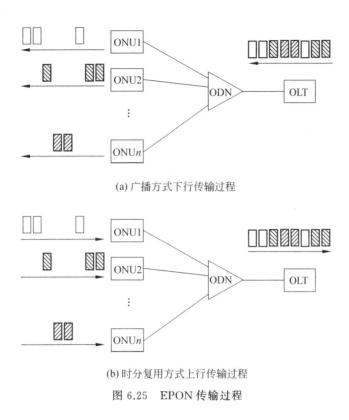

(a) 广播方式下行传输过程

(b) 时分复用方式上行传输过程

图 6.25 EPON 传输过程

· 缓存发送给 OLT 的数据。

3. EPON 的本质含义

终端或局域网接入 Internet 的最后一公里就是用于实现终端或路由器与宽带接入服务器相连的接入网络,接入网络已经经历 PSTN→ADSL→以太网的发展过程。随着光纤的广泛应用,光纤接入网络逐渐成为主流接入网络技术,由于 PON 具有传输距离远、传输速率高、建设和维护成本低等优势,因此得到广泛应用。PON 是承载网络,可以支持多种不同的链路层协议,EPON 是以太网与 PON 的结合,物理层采用 PON 技术,链路层采用以太网协议,因此,对于如图 6.26 所示的终端、路由器和宽带接入服务器,PON 是透明的,它们之间等同于通过以太网相连;即对于通过 EPON 接入 Internet 的终端和路由器,其接入控制过程与通过以太网接入 Internet 的接入控制过程相同。

6.3.2 工作原理

ONU 与 OLT 之间通过多点控制协议(Multi Point Control Protocol,MPCP)实现注册过程和时隙分配过程。MPCP 引入 5 种控制消息,分别是 GATE、REGISTER REQ、REGISTER、REGISTER ACK 和 REPORT。GATE 消息通过指定起始时间和持续发送时间(时间窗口)为 ONU 分配时隙。REGISTER REQ 消息用于 ONU 向 OLT 发起注册过程。REGISTER 消息用于 OLT 向 ONU 指明已经完成注册过程。REGISTER ACK 消息用于 ONU 向 OLT 通报已经接收到 OLT 发送的 REGISTER 消息并对 OLT 注册过程予以确认。REPORT 消息用于 ONU 向 OLT 通报状态,主要状态信息是 ONU 等待发送的字节数。

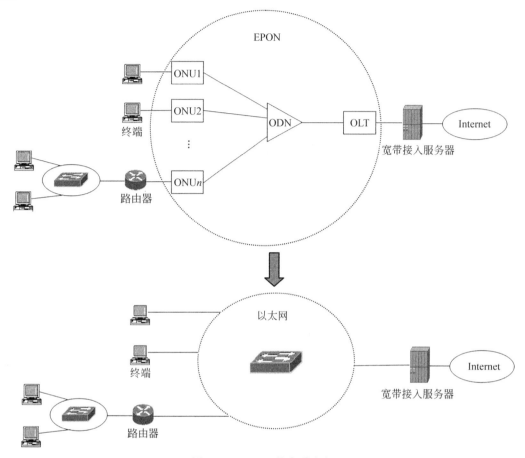

图 6.26　EPON 的本质含义

1. 自动发现过程

ONU 必须完成注册过程后才能由 OLT 分配时隙，并且通过 OLT 分配的时隙完成数据的上行传输过程。ONU 通过如图 6.27 所示的自动发现过程完成注册过程。每一个 ONU 发送上行数据前，必须接收到 OLT 发送给它的 GATE 消息，该 GATE 消息指定 ONU 发送上行数据的起始时间和授权持续发送数据的时间间隔。对于请求注册的 ONU，OLT 不可能向它发送授权发送上行数据的单播 GATE 消息。为保证请求注册的 ONU 有机会向 OLT 发送注册请求消息，OLT 定时广播一个 GATE 消息并在该广播 GATE 消息中指定一个发现窗口。请求注册的 ONU 必须在发现窗口内向 OLT 发送注册请求消息。为防止多个 ONU 同时发送注册请求消息，每一个接收到广播 GATE 消息且请求注册的 ONU 随机延迟一段时间后向 OLT 发送注册请求消息。OLT 接收到某个 ONU 发送的注册请求消息后，为其分配一个 LLID 并建立该 ONU 的 MAC 地址与分配的 LLID 之间的绑定。然后，向该 ONU 发送注册消息。此时，OLT 可以通过向 ONU 发送单播 GATE 消息为该 ONU 发送上行数据分配时隙，该 ONU 接收到单播 GATE 消息后，通过指定时隙向 OLT 发送注册确认消息，完成注册过程。

虽然每一个请求注册的 ONU 接收到广播 GATE 消息后会随机延迟一段时间再发送

注册请求消息,但仍然存在多个请求注册的 ONU 发送的注册请求消息发送冲突的可能。这种情况下,由于 OLT 没有接收到正确的注册请求消息,因此无法继续进行如图 6.27 所示的自动发现过程,请求注册的 ONU 需要等待下一个发送窗口的到来。

2. 测距过程

由于不同 ONU 与 OLT 之间的距离不同,为避免多个 ONU 之间发生冲突,OLT 为每一个 ONU 分配时隙时,必须考虑光信号 ONU 至 OLT 的传播时延。图 6.28 是 OLT 测试与 ONU 之间距离的过程。

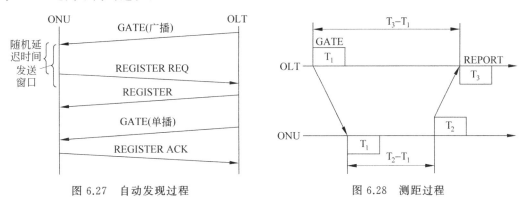

图 6.27　自动发现过程　　　　　　图 6.28　测距过程

OLT 和每一个 ONU 都维持一个本地计时器,本地计时器每 16ns 增 1,因此本地计时器的精度是很高的。如图 6.28 所示,OLT 向指定 ONU 发送 GATE 消息时,携带 OLT 本地计时器值 T1。ONU 接收到 OLT 发送给它的 GATE 消息后,将本地计时器值置为 T1。ONU 在本地计时器值为 T2 时向 OLT 发送 REPORT 消息并在 REPORT 消息中携带本地计时器值 T2,如果 OLT 在本地计时器值为 T3 时接收到 ONU 发送的 REPORT 消息,则 OLT 测出与该 ONU 之间的往返时延 RTT＝(T3－T1)－(T2－T1)＝T3－T2。

如果 OLT 希望在时间 T 接收到某个 ONU 发送的数据,则在发送给该 ONU 的 GATE 消息中将起始时间设为 T－RTT,其中 RTT 是 OLT 与 ONU 之间的往返时延。该 ONU 在本地计时器值等于起始时间(T－RTT)时开始发送数据,它发送的数据在 OLT 本地计时器值为 T 时到达 OLT。OLT 为不同 ONU 分配的时隙不能重叠,分配给每一个 ONU 的时隙由起始时间 T 和时间间隔 ΔT 确定。

3. 上行数据传输及带宽分配过程

ONU 上行数据传输过程如图 6.29 所示,首先 OLT 需要测出与每一个 ONU 之间的往返时延 RTT,如图中 ONU1、ONU2 和 ONU3 对应的往返时延 120、170 和 200。每一个 ONU 需要向 OLT 传输数据时,通过 REPORT 消息给出请求传输的字节数,如图中 ONU1、ONU2 和 ONU3 对应的初始字节数 6000、3200 和 2200。OLT 为每一个 ONU 分配所需的时隙,如果带宽允许,为每一个 ONU 分配的时隙允许该 ONU 完成数据传输过程。因此,如果 OLT 为 ONU1 分配时隙 $T_1 \sim T_1 + \Delta T_1$,则 ΔT_1 必须大于 ONU1 传输 6000B 数据所需的时间。如果为 ONU2 分配时隙 $T_2 \sim T_2 + \Delta T_2$,则一是 ΔT_2 必须大于 ONU2 传输 3200B 数据所需的时间,二是 T_2 必须大于 $T_1 + \Delta T_1$。

每一个 ONU 在完成当前上行数据传输过程后,立即通过向 OLT 发送 REPORT 消息给出下一次请求上行传输的字节数。

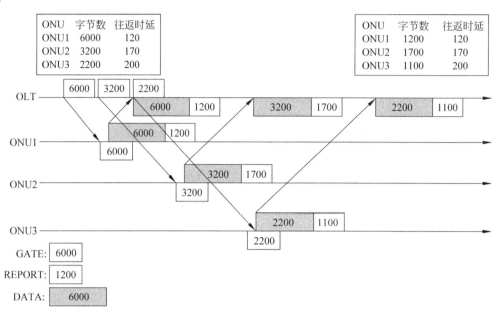

图 6.29　上行数据传输过程

为验证 ONU 是否在线,即使某个 ONU 不需要进行上行数据传输过程,OLT 也需要与该 ONU 定期完成 GATE 消息与 REPORT 消息的交换过程。

6.3.3　终端接入过程

1. ONU 注册过程

EPON 接入过程如图 6.30 所示,每一个 ONU 设备首先需要通过 MPCP 完成注册过程,注册过程如图 6.27 所示。完成注册过程后,ONU 可以向 OLT 转发终端发送的 MAC 帧,但只能在 OLT 分配给它的时隙内发送数据。OLT 分配时隙过程如图 6.29 所示。

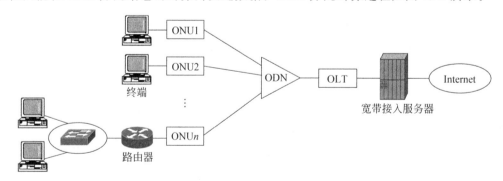

图 6.30　EPON 接入过程

2. 终端接入控制过程

对于图 6.30 中的终端和路由器而言,EPON 是透明的。图 6.30 所示的 EPON 接入过程等同于图 6.12 所示的以太网接入过程,终端和路由器通过 PPPoE 建立与宽带接入服务器之间的 PPP 会话,由宽带接入服务器通过 PPP 完成对终端和路由器的身份鉴别、IP 地址分配等接入控制功能。在实际实现过程中，OLT 设备可以兼具宽带接入服务器的功能。

3. MAC 帧传输过程

图 6.30 中的终端和路由器通过 PPPoE 发现过程获取宽带接入服务器的 MAC 地址后，它们发送给宽带接入服务器的数据（包括 IP 分组和 PPP 帧）封装成以终端或路由器的 MAC 地址为源 MAC 地址、宽带接入服务器的 MAC 地址为目的 MAC 地址的 MAC 帧，该 MAC 帧到达 ONU 后，一是需要转换成如图 6.31 所示的适合在 ONU 与 OLT 之间传输的 MAC 帧格式（该 MAC 帧格式将原来作为前导码和帧定界符的 4 个字节用作 LLID 起始定界符（Start of LLID Delimiter，SLD）、LLID 和用于对 3～7 字节检错的 CRC8，SLD 的值为十六进制 d5），二是需要在 ONU 中排队等候，直到 OLT 通过 GATE 消息为该 ONU 分配时隙。

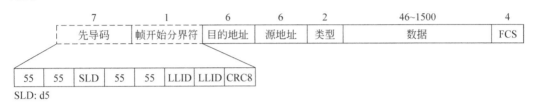

图 6.31　MAC 帧格式转换过程

宽带接入服务器发送给终端和路由器的数据（包括 IP 分组和 PPP 帧）封装成以宽带接入服务器的 MAC 地址为源 MAC 地址、终端或路由器的 MAC 地址为目的 MAC 地址的 MAC 帧。该 MAC 帧到达 OLT 后，一是需要转换成如图 6.31 所示的适合在 ONU 与 OLT 之间传输的 MAC 帧格式，二是需要 OLT 根据带宽分配算法将其插入下行数据流中。

6.4　家庭局域网接入方式与无线路由器

目前家庭不仅是需要将单台 PC 接入 Internet，而是需要将家庭中的 PC、笔记本计算机和智能手机等同时接入 Internet。因此，需要将家庭中的 PC、笔记本计算机和智能手机等构成一个扩展服务集，用无线路由器实现扩展服务集与 Internet 互联。

6.4.1　家庭局域网接入方式

家庭局域网接入方式中的关键设备是无线路由器。对于家庭局域网中的终端，无线路由器是默认网关，这些终端发送给 Internet 的 IP 分组首先传输给无线路由器，由无线路由器转发给 Internet。对于 Internet 中的路由器，无线路由器等同于连接在 Internet 上的一个终端。家庭局域网及家庭局域网分配的私有 IP 地址对 Internet 中的终端和路由器是透明的，因此当无线路由器将家庭局域网中的终端发送给 Internet 的 IP 分组转发给 Internet 时，需要将该 IP 分组的源 IP 地址转换成无线路由器连接 Internet 接口的全球 IP 地址。当 Internet 中的终端向家庭局域网中的终端发送 IP 分组时，这些 IP 分组以无线路由器连接 Internet 接口的全球 IP 地址为目的 IP 地址。

1. ADSL 家庭局域网接入方式

ADSL 家庭局域网接入方式如图 6.32 所示，铺设到家庭的用户线连接到语音分离器。

语音分离器输出两对用户线,一对连接电话机,另一对连接 ADSL 调制解调器的用户线端口。双绞线缆用于互联无线路由器的 Internet 端口(也称 WAN 端口)和 ADSL 调制解调器的以太网端口。无线路由器有若干交换机端口,安装以太网卡的终端可以直接连接到无线路由器的交换机端口。安装无线网卡的移动终端可以通过无线信道连接到无线路由器。

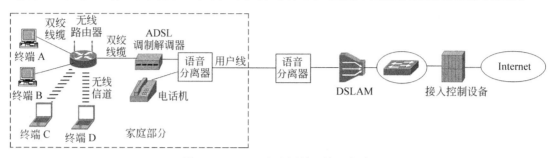

图 6.32 ADSL 家庭局域网接入方式

2. 以太网家庭局域网接入方式

以太网家庭局域网接入方式如图 6.33 所示,铺设到家庭的双绞线缆直接连接无线路由器的 WAN 端口(也称 Internet 端口)。安装以太网卡的终端可以直接连接到无线路由器的交换机端口。安装无线网卡的移动终端可以通过无线信道连接到无线路由器。

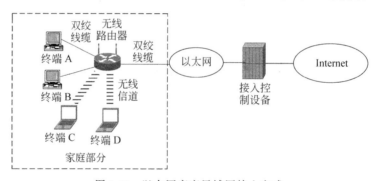

图 6.33 以太网家庭局域网接入方式

3. EPON 家庭局域网接入方式

EPON 家庭局域网接入方式如图 6.34 所示,光纤铺设到家,由 ISP 提供 ONU 设备并完

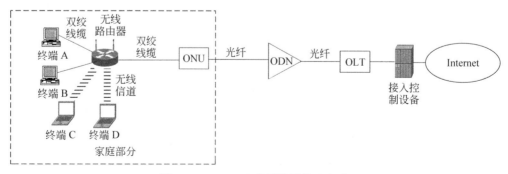

图 6.34 EPON 家庭局域网接入方式

成光纤与 ONU 设备之间的连接过程。ONU 设备一端连接光纤,另一端连接双绞线缆。通过双绞线缆实现无线路由器的 WAN 端口(也称 Internet 端口)和 ONU 双绞线缆端口之间的连接。对于无线路由器,图 6.34 所示的接入 Internet 方式与图 6.33 所示的接入 Internet 方式是等同的。安装以太网卡的终端可以直接连接到无线路由器的交换机端口。安装无线网卡的移动终端可以通过无线信道连接到无线路由器。

6.4.2　无线路由器

1. 无线路由器介绍

　　无线路由器功能的示意图如图 6.35 所示,其内部由三个功能模块组成:一是多端口交换机,使得外部存在若干交换机端口,终端可以通过双绞线缆连接到这些交换机端口;二是 AP,使得移动终端可以通过无线信道连接到其上;三是路由器,该路由器有着一个用于连接 Internet 的 WAN 端口和一个用于连接家庭局域网的 LAN 端口。WAN 端口是外部可见的,LAN 端口是外部不可见的。家庭局域网包含一个无线局域网和一个以太网,内部用 AP 实现这两个网络互联。因此,家庭局域网中的终端和移动终端之间可以相互通

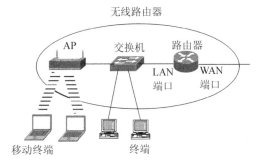

图 6.35　无线路由器功能的示意图

信。路由器实现家庭局域网与 Internet 互联,家庭局域网中的移动终端和终端可以通过路由器访问 Internet。

　　值得强调的是,无线路由器中的路由器只是实现 IP 分组在家庭局域网与 Internet 之间的转发过程,且在转发过程中实现家庭局域网配置的私有 IP 地址与无线路由器 WAN 端口配置的全球 IP 地址之间的网络地址转换过程。无线路由器中的路由器与普通的实现多种不同类型网络互连的路由器相比,无论性能还是功能,都是有所区别的。

2. 扩展无线通信距离

　　无线路由器内置 AP 的电磁波传播范围是有限的,如果家庭范围较大且不易布线,则可以采用如图 6.36 所示的 AP-Repeater 模式。在图 6.36 中,终端 A 和终端 B 在无线路由器内置 AP 的电磁波传播范围内,且建立与无线路由器内置 AP 之间的关联。终端 E 和终端 F 不在无线路由器内置 AP 的电磁波传播范围内,且无法通过双绞线缆连接到无线路由器的交换机端口上。为实现终端 E 和终端 F 通过无线路由器接入 Internet 的目的,在无线路由器内置 AP 的电磁波传播范围内放置一个 AP1,使得终端 E 和终端 F 在 AP1 的电磁波传播范围内并建立与 AP1 之间的关联。建立无线路由器内置 AP 与 AP1 之间的无线链路,用无线路由器内置 AP 和 AP1 的 MAC 地址唯一标识该无线链路。

　　完成上述过程后,终端 E、终端 F 接入以 AP1 的 MAC 地址为 BSSID 的 BSS,终端 A、终端 B 接入以无线路由器内置 AP 的 MAC 地址为 BSSID 的 BSS,这两个 BSS 和 AP1 与无线路由器内置 AP 之间的无线链路共享同一无线信道。

　　终端 E 至无线路由器的数据帧传输过程如图 6.37 所示。该数据帧的源 MAC 地址是终端 E 的 MAC 地址,目的 MAC 地址是无线路由器 LAN 端口的 MAC 地址。终端 E 由于

与 AP1 建立关联,因此首先将数据帧传输给 AP1。在该数据帧中,终端 E 的 MAC 地址既是源 MAC 地址,又是发送端地址,AP1 的 MAC 地址是接收端地址,无线路由器 LAN 端口的 MAC 地址是目的 MAC 地址。终端 E 与 AP1 之间完成确认应答过程。AP1 与无线路由器内置 AP 之间通过无线链路连接,AP1 通过该无线链路将数据帧传输给无线路由器。在该数据帧中,终端 E 的 MAC 地址是源 MAC 地址,AP1 的 MAC 地址是发送端地址,无线路由器内置 AP 的 MAC 地址是接收端地址,无线路由器 LAN 端口的 MAC 地址是目的 MAC 地址。AP1 与无线路由器之间完成确认应答过程。

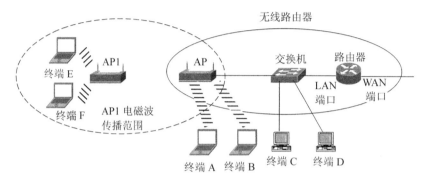

图 6.36　AP-Repeater 模式

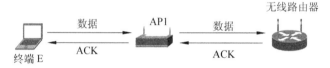

图 6.37　终端 E 至无线路由器的数据帧传输过程

3. 两种接入 Internet 的方式

无线路由器通常有三种接入 Internet 的方式,分别是 DHCP 自动配置方式、静态 IP 地址方式和 PPPoE 方式。这里主要讨论静态 IP 地址方式和 PPPoE 方式。

（1）静态 IP 地址方式

在静态 IP 地址方式下,无线路由器的 WAN 端口手动配置 IP 地址、子网掩码和默认网关地址。如图 6.38 所示,无线路由器的 WAN 端口和路由器以太网接口连接到同一个以太

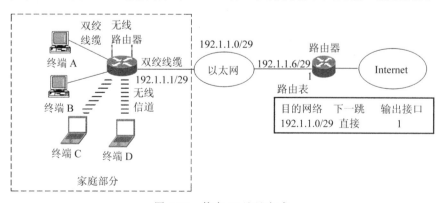

图 6.38　静态 IP 地址方式

网,路由器以太网接口分配的 IP 地址和子网掩码决定了该接口连接的以太网的网络地址。由于路由器以太网接口配置 IP 地址 192.1.1.6 和子网掩码 255.255.255.248(29 位网络前缀),因此,以太网的网络地址为 192.1.1.0/29,无线路由器 WAN 端口配置属于网络地址 192.1.1.0/29 的 IP 地址(如图 6.38 所示的 192.1.1.1/29),并将路由器以太网接口的 IP 地址 192.1.1.6 作为默认网关地址。

路由器以太网接口配置 IP 地址和子网掩码 192.1.1.6/29 后,在路由表中自动生成一项直连路由项。路由项的目的 IP 地址为 192.1.1.0/29,下一跳为直接,输出接口为以太网接口(标号为 1 的路由器接口)。

值得强调的是,在静态 IP 地址方式下,路由器不对无线路由器的身份进行鉴别,无线路由器只要配置正确的 IP 地址、子网掩码和默认网关地址就可连接到 Internet。

(2) PPPoE 方式

在 PPPoE 方式下,接入控制设备需要对无线路由器进行身份鉴别,因此无线路由器需要配置 ISP 提供的有效用户名和口令。接入控制设备需要创建注册用户信息库和 IP 地址池,在完成对无线路由器身份鉴别后,从 IP 地址池中选择一个 IP 地址作为分配给无线路由器 WAN 端口的 IP 地址,同时在路由表中创建一项将分配给无线路由器 WAN 端口的 IP 地址和无线路由器 WAN 端口与接入控制设备以太网端口之间的 PPP 会话绑定在一起的路由项。

如图 6.39 所示,接入控制设备为无线路由器 WAN 端口分配的 IP 地址是 192.1.1.1/32,用无线路由器 WAN 端口的 MAC 地址 MAC W、接入控制设备以太网端口的 MAC 地址 MAC R 和 PPP 会话标识符 PPP_ID=3 唯一标识无线路由器 WAN 端口与接入控制设备以太网端口之间的 PPP 会话。接入控制设备用路由项<192.1.1.1/32,直接,MAC W MAC R PPP_ID=3>将 IP 地址 192.1.1.1/32 和路由器 WAN 端口与接入控制设备以太网端口之间的 PPP 会话绑定在一起。路由项中的输出端口是一个连接会话标识符是 MAC W、MAC R 和 PPP_ID=3 的 PPP 会话的逻辑端口。接入控制设备的以太网端口可以连接多个 PPP 会话,因此同一物理端口上存在多个连接不同 PPP 会话的逻辑端口。

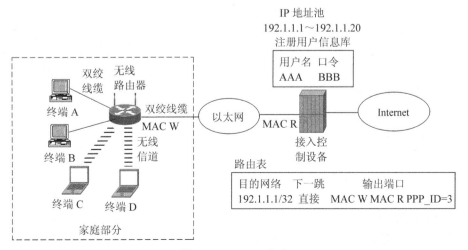

图 6.39　PPPoE 方式

需要指出的是,在以太网和 EPON 终端接入方式与以太网和 EPON 家庭局域网接入方式下,终端和无线路由器均可采用静态 IP 地址和 PPPoE 方式;在 ADSL 终端接入方式和 ADSL 家庭局域网接入方式下,终端和无线路由器一般只能采用 PPPoE 方式。

4. 私有 IP 地址和 PAT

(1) 私有 IP 地址

全球 IP 地址是稀缺资源,因此家庭局域网接入 Internet 时,不可能由 ISP 为该家庭局域网分配一个网络地址。对于如图 6.38 和图 6.39 所示的家庭局域网接入 Internet 的过程,ISP 只对无线路由器的 WAN 端口分配一个全球 IP 地址,家庭局域网中的所有终端只能通过该全球 IP 地址访问 Internet。同样,Internet 中的终端发送给家庭局域网的 IP 分组都以无线路由器 WAN 端口的全球 IP 地址为目的 IP 地址。

家庭局域网中的每一个终端都需要分配 IP 地址,这些 IP 地址是私有 IP 地址。私有 IP 地址是 IETF 留给内部网络使用的一些特殊 IP 地址,Internet 不使用这些 IP 地址。为了区分,我们将 Internet 使用的 IP 地址称为全球 IP 地址。互联网工程任务组(Internet Engineering Task Force,IETF)推荐了三组不在全球 IP 地址范围内的 IP 地址作为内部网络的私有 IP 地址,这三组 IP 地址如下所示。

- 10.0.0.0/8
- 172.16.0.0/12
- 192.168.0.0/16

可以在上述私有 IP 地址范围中选择任何一组 IP 地址作为家庭局域网使用的 IP 地址。在图 6.40 中,选择私有 IP 地址 192.168.1.0/24 作为家庭局域网使用的 IP 地址。

(2) PAT 过程

由于 Internet 不使用私有 IP 地址,因此以私有 IP 地址为源和目的 IP 地址的 IP 分组不能进入 Internet。但当图 6.40 中的终端 A 向 Web 服务器发送数据时,数据被封装成以终端 A 的私有 IP 地址为源 IP 地址、Web 服务器的全球 IP 地址为目的 IP 地址的 IP 分组。由于 Internet 不使用私有 IP 地址,因此该 IP 分组进入 Internet 前,必须由无线路由器用 WAN 端口的全球 IP 地址替换该 IP 分组的源 IP 地址。当 Web 服务器向终端 A 发送数据时,数据被封装成以 Web 服务器的全球 IP 地址为源 IP 地址、无线路由器 WAN 端口的全球 IP 地址为目的 IP 地址的 IP 分组。为了将该 IP 分组正确送达终端 A,该 IP 分组进入家庭局域网时,无线路由器需要用终端 A 的私有 IP 地址替换该 IP 分组的目的 IP 地址。上述由无线路由器完成的 IP 地址替换过程称为端口地址转换(Port Address Translation,PAT)。无线路由器实现 PAT 的过程如图 6.40 所示。

家庭局域网中的终端(包括终端和移动终端)可以通过无线路由器中的 DHCP 服务器自动获取网络配置信息,网络配置信息包括属于网络地址 192.168.1.0/24 的 IP 地址和子网掩码以及默认网关地址,默认网关地址是无线路由器 LAN 端口的私有 IP 地址。图 6.40 给出终端 A 和终端 B 获取的网络配置信息。

PAT 只允许由家庭局域网中的终端发起访问 Internet 中资源的过程,这样的过程称为一次会话。首先由家庭局域网中的终端向 Internet 中的服务器发送一个服务请求,Internet 中的服务器回送一个服务响应。为了将 Internet 中服务器回送的以无线路由器 WAN 端口的全球 IP 地址为目的 IP 地址的服务响应正确送达家庭局域网中的终端,无线路由器在将

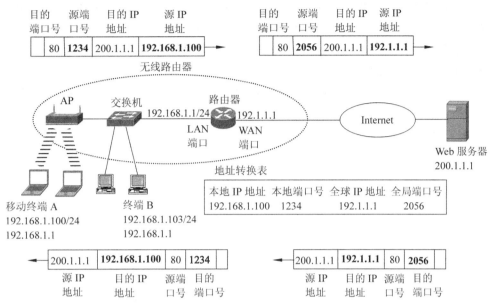

图 6.40　PAT 过程

家庭局域网中的终端发送给 Internet 的服务请求的源 IP 地址改为无线路由器 WAN 端口的全球 IP 地址时,在服务请求中嵌入一个唯一的标识符,在无线路由器的地址转换表中创建一项用于将该标识符与终端的私有 IP 地址绑定在一起的地址转换项。Internet 中服务器回送的服务响应中携带该标识符,无线路由器根据服务响应携带的标识符确定该服务响应目的终端的私有 IP 地址。

目前能够实现 PAT 的 IP 分组通常是封装 TCP 或 UDP 报文的 IP 分组和封装 ICMP 报文的 IP 分组。对于封装 TCP 或 UDP 报文的 IP 分组,在家庭局域网至 Internet 传输过程中,由无线路由器分配一个全局唯一的端口号(全局端口号),然后用全局端口号替换 TCP 或 UDP 报文的原始源端口号(本地端口号),用无线路由器 WAN 端口的全球 IP 地址替换该 IP 分组的原始源 IP 地址(本地 IP 地址),通过创建地址转换项建立该 IP 分组原始源 IP 地址(本地 IP 地址)、TCP 或 UDO 报文原始源端口号(本地端口号)与全局端口号、全球 IP 地址之间的关联。对于封装 ICMP 报文的 IP 分组,在家庭局域网至 Internet 传输过程中,由无线路由器分配一个全局唯一的序号或标识符(全局序号或全局标识符),然后用全局序号或全局标识符替换 ICMP 报文的原始序号或原始标识符(本地序号或本地标识符),用无线路由器 WAN 端口的全球 IP 地址替换该 IP 分组的原始源 IP 地址(本地 IP 地址),通过创建地址转换项建立该 IP 分组原始源 IP 地址(本地 IP 地址)、ICMP 报文原始序号或原始标识符(本地序号或本地标识符)与全局序号或全局标识符、全球 IP 地址之间的关联。

封装作为响应的 TCP 或 UDP 报文的 IP 分组,在 Internet 至家庭局域网传输过程中,全球 IP 地址作为该 IP 分组的目的 IP 地址,全局端口号作为 TCP 或 UDP 报文的目的端口号,无线路由器用 TCP 或 UDP 报文的目的端口号检索地址转换表,用匹配的地址转换项的原始源 IP 地址(本地 IP 地址)替换该 IP 分组的目的 IP 地址,用匹配的地址转换项的原始源端口号(本地端口号)替换 TCP 或 UDP 报文的目的端口号。封装作为响应的 ICMP 报文的 IP 分组,在 Internet 至家庭局域网传输过程中,全球 IP 地址作为该 IP 分组的目的 IP 地址,全局序号或全局标识符作为 ICMP 报文的序号或标识符,无线路由器用 ICMP 报文的序号或标识符检索地址转换表,用匹配的地址转换项的原始源 IP 地址(本地 IP 地址)替换该 IP 分组的目的 IP 地址,用匹配的地址转换项的原始序号或原始标识符(本地序号或本地标识符)替换 ICMP 报文的序号或标识符。

下面以图 6.40 中的终端 A 访问 Web 服务器过程为例,讨论无线路由器 PAT 过程。终端 A 发送给 Web 服务器的 TCP 报文的源端口号是终端 A 随机选择的端口号 1234,目的端口号是 HTTP 对应的端口号 80,该 TCP 报文被封装成以终端 A 的私有 IP 地址 192.168.1.100 为源 IP 地址、以 Web 服务器的全球 IP 地址 200.1.1.1 为目的 IP 地址的 IP 分组。无线路由器将该 IP 分组转发到 Internet 时,为 TCP 报文分配全局唯一的端口号 2056,用该全局端口号 2056 替换 TCP 报文的原始源端口号 1234,原始源端口号称为本地端口号;用无线路由器 WAN 端口的全球 IP 地址 192.1.1.1 替换该 IP 分组的原始源 IP 地址 192.168.1.100,原始源 IP 地址称为本地 IP 地址。同时创建一项用于建立本地 IP 地址 192.168.1.100、本地端口号 1234 与全球 IP 地址 192.1.1.1、全局端口号 2056 之间关联的地址转换项,如图 6.40 所示。完成 PAT 转换后的 IP 分组通过 Internet 到达 Web 服务器。

Web 服务器发送给终端 A 的 TCP 报文的源端口号是 80,目的端口号是 2056,该 TCP 报文封装成源 IP 地址是 Web 服务器的全球 IP 地址 200.1.1.1、目的 IP 地址是无线路由器 WAN 端口的全球 IP 地址 192.1.1.1 的 IP 分组。当无线路由器接收到该 IP 分组,用 TCP 报文的目的端口号 2056 检索转发表,找到全局端口号等于 2056 的地址转换项,用该地址转换项的本地 IP 地址 192.168.1.100 替换 IP 分组的目的 IP 地址 192.1.1.1,用该地址转换项的本地端口号 1234 替换 TCP 报文的目的端口号 2056。完成 PAT 转换后的 IP 分组通过家庭局域网到达终端 A。

在终端 A 向 Web 服务器传输封装 TCP 报文的 IP 分组时,由无线路由器创建用于建立本地 IP 地址、本地端口号与全球 IP 地址、全局端口号之间关联的地址转换项。只有在建立地址转换项后,无线路由器才能将以全局端口号为 TCP 报文的目的端口号、以无线路由器 WAN 端口的全球 IP 地址为目的 IP 地址的 IP 分组转发给终端 A。这也是只允许由家庭局域网中的终端发起访问 Internet 资源的过程,不允许 Internet 中的终端发起访问家庭局域网中资源的过程的原因。

5. 无线路由器配置实例

在配置无线路由器前,终端需要接入无线路由器的以太网端口。如果无线路由器 LAN 端口的默认 IP 地址是 192.168.1.1/24(不同无线路由器的该 IP 地址可能不同,请参阅无线路由器手册),则通过配置本地连接属性,将终端以太网卡关联的 IP 地址设置为与 192.168.1.1/24 有着相同网络地址的 IP 地址,如 192.168.1.2/24。我们对无线路由器主要配置两方面内容,一是配置宽带连接,二是配置无线网络属性。DHCP 服务器和 NAT 功能默认状态下是启动的。

(1)进入无线路由器配置界面

为终端手动设置 IP 地址后,启动浏览器,在地址栏中输入无线路由器 LAN 端口的默认 IP 地址 192.68.1.1,弹出如图 6.41 所示的无线路由器用户身份鉴别界面。输入无线路由器手册提供的用户名和密码,单击"确定"按钮,弹出无线路由器配置界面。

图 6.41　无线路由器用户身份鉴别界面

（2）配置宽带连接

TP-LINK 无线路由器的宽带连接配置界面如图 6.42 所示，主要完成以下配置过程。

① WAN 端口连接类型选择 PPPoE。

② 上网账号输入注册时 ISP 提供的账号。

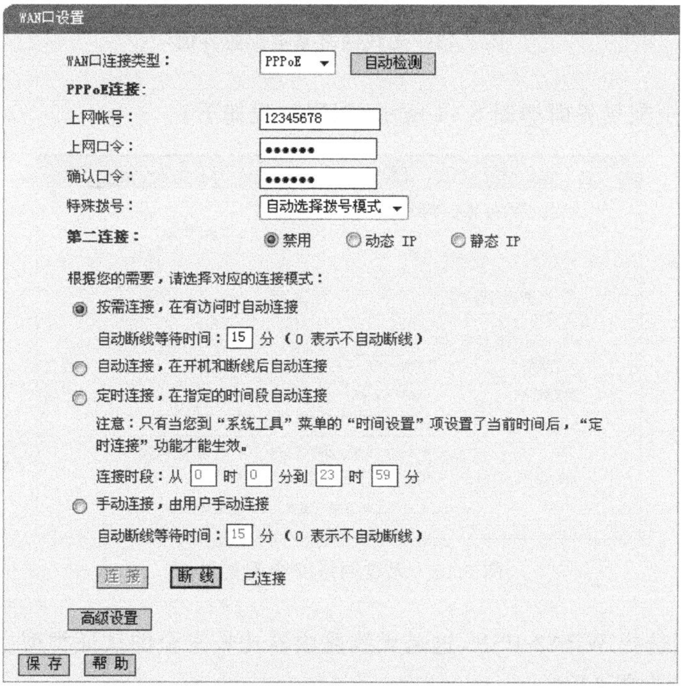

图 6.42　配置宽带连接

③ 上网口令和确认口令输入注册时 ISP 提供的口令。

④ 单选"按需连接,在有访问时自动连接"选项。

⑤ 单击下面的"保存"按钮。

（3）配置无线网络

无线网络配置过程分为基本配置和安全配置两部分。

基本配置界面如图 6.43 所示,配置过程如下。

① SSID 号是无线网络的 SSID,这里该无线路由器固定为 Chinaunicom。

② 信道是 BSS 使用的信道号,这里选择自动,表明由无线路由器自动选择其他 BSS 未使用的信道。

③ 模式是 BSS 支持的物理层标准,这里选择 11bgn mixed,表明无线路由器同时支持 802.11/b/g/n 标准的无线终端。

④ 完成配置后,单击"保存"按钮。

图 6.43　无线网络基本配置界面

无线网络安全配置界面如图 6.44 所示,配置过程如下。

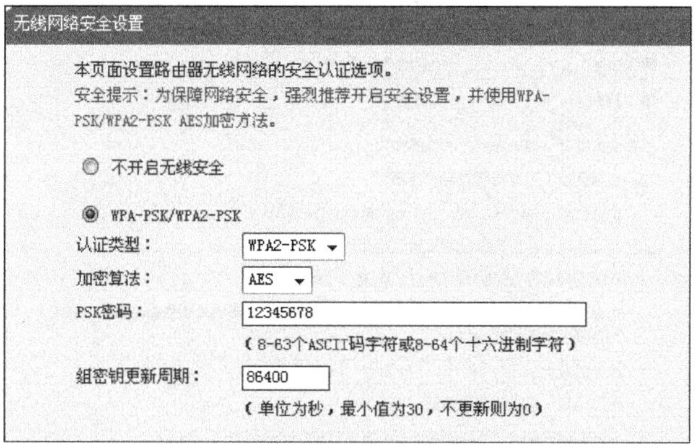

图 6.44　无线网络安全配置界面

① 认证类型选择 WPA2-PSK,这是无线路由器比较安全的认证类型。

② 加密算法选择 AES。

③ PSK 密码输入自己设定的密码。

④ 完成配置后,单击"保存"按钮。

其他无线终端需要加入该 BSS 时,检索到的无线网络名是基本配置时设定的 SSID(这里为 Chinaunicom),输入的密钥是安全配置时设定的密码(这里为 12345678)。

完成上述配置后,用户可以检查无线路由器运行状态。一旦 WAN 端口成功连接,如图 6.45 所示,家庭局域网中的终端可以开始访问 Internet。当然,无线终端必须与无线路由器建立无线连接后,才允许访问 Internet。

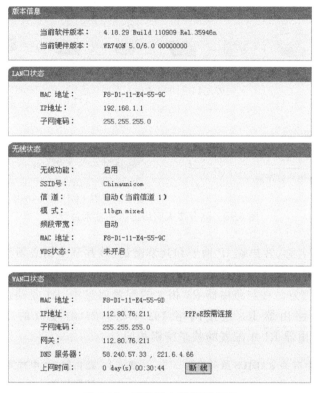

图 6.45 无线路由器运行状态

6.5 综合接入网络实例

综合接入网络的结构如图 6.46 所示,路由器 R1、R3 和 R5 兼做接入控制设备,RADIUS 服务器为鉴别服务器,由鉴别服务器统一鉴别用户身份。

在鉴别服务器中统一配置授权用户信息:用户名和口令(例如<aaa1,bbb1>,其中 aaa1 是用户名,bbb1 是口令)。

接入控制设备鉴别用户身份的方式分为本地鉴别方式和统一鉴别方式,必须将 PPP Internet 接入控制过程中采用的鉴别方式定义为统一鉴别方式。同时,需要在作为接入控制设备的路由器 R1、R3 和 R5 中配置 RADIUS 服务器的 IP 地址和只在该路由器与 RADIUS 服务器之间作用的共享密钥。路由器 R1、R3 和 R5 中有关 RADIUS 服务器的配置信息分别如表 6.1~表 6.3 所示,表 6.1 中的共享密钥只是路由器 R1 与 RADIUS 服务器之间的共享密钥。在 RADIUS 服务器中为每一个接入控制设备(RADIUS 中称为网络接入

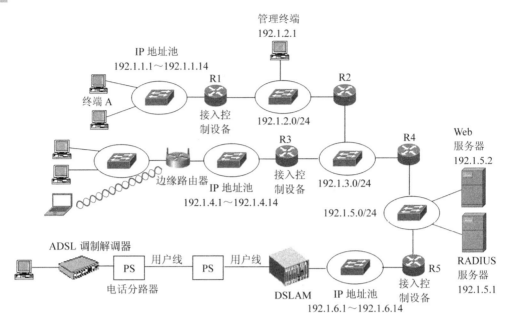

图 6.46　综合接入网络的统一鉴别过程

服务器)配置客户端名称、客户端 IP 地址和共享密钥,该共享密钥必须与该接入控制设备中配置的共享密钥相同。RADIUS 服务器的配置信息如表 6.4 所示,需要分别为路由器 R1、R3 和 R5 配置相关信息。在与路由器 R1 相关的配置信息中,R1 是路由器 R1 的客户端名称,192.1.2.254 是路由器 R1 连接网络 192.1.2.0/24 的接口的 IP 地址,共享密钥 R11234567890 与路由器 R1 中配置的共享密钥相同。

表 6.1　路由器 R1 中有关 RADIUS 服务器的配置信息

RADIUS 服务器的 IP 地址	共享密钥
192.1.5.1	R11234567890

表 6.2　路由器 R3 中有关 RADIUS 服务器的配置信息

RADIUS 服务器的 IP 地址	共享密钥
192.1.5.1	R31234567890

表 6.3　路由器 R5 中有关 RADIUS 服务器的配置信息

RADIUS 服务器的 IP 地址	共享密钥
192.1.5.1	R51234567890

表 6.4　RADIUS 服务器的配置信息

客户端名称	客户端 IP 地址	共享密钥
R1	192.1.2.254	R11234567890
R3	192.1.3.254	R31234567890
R5	192.1.5.254	R51234567890

　　用户终端启动 PPPoE 连接程序,输入用户名和口令。首先通过 PPPoE 建立用户终端与接入控制设备之间的 PPP 会话,然后通过 PPP 在 PPP 会话基础上建立 PPP 链路。用户终端和接入控制设备之间建立 PPP 链路后,如果接入控制设备配置的接入用户鉴别机制为 CHAP,则向用户终端发送随机数 C。用户计算出 MD5(C∥口令)后,连同明文方式的用户名一起发送给接入控制设备。由于接入控制设备配置的鉴别方式为统一鉴别方式,因此它

将这些信息连同随机数 C 和接入控制设备名一起封装成 RADIUS 报文,并且将 RADIUS 报文发送给 RADIUS 服务器。

RADIUS 服务器首先根据接入控制设备名和 RADIUS 报文的源 IP 地址确定网络接入服务器(Network Access Server,NAS),然后通过共享密钥解密出用户终端发送的鉴别信息。根据用户名确定口令,根据口令重新计算 MD5(C‖口令)。如果计算结果与用户发送的鉴别信息相同,则向接入控制设备发送允许接入报文,接入控制设备向用户终端发送鉴别成功报文。完整的统一鉴别过程如图 6.47 所示。

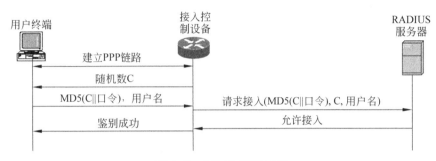

图 6.47　CHAP 鉴别过程

完成鉴别过程后,接入控制设备进行 IP 地址分配和路由项建立过程。

采用图 6.46 所示的统一鉴别方式,无须改变作为接入控制设备的路由器 R1、R3 和 R5 的配置,就可实现注册用户在不同接入网络之间的漫游。

习题

6.1　简述 PSTN、ADSL 和以太网接入技术的特点。

6.2　拨号上网时,Windows 的连接程序完成了哪些功能?

6.3　简述接入控制设备的功能。

6.4　一个用户完成拨号接入需要哪些步骤? 每一步完成什么功能? 使用什么协议?

6.5　4kHz 的载波信号能够达到 33.6kb/s 数据传输速率的原因是什么?

6.6　同样通过用户线接入 Internet,为什么 ADSL 可以达到如此高的下行传输速率(1～2Mb/s)?

6.7　用户通过 PSTN 和 ADSL 技术接入 Internet 都需要运行连接程序,这两种连接程序的功能有何异同?

6.8　一个用户完成 ADSL 接入需要哪些步骤? 每一步完成什么功能? 使用什么协议?

6.9　基于点对点物理链路的链路层协议的基本功能有哪些? PPP 如何实现这些功能?

6.10　Internet 接入为什么需要用户身份鉴别和 IP 地址分配功能? PPP 如何完成这些功能?

6.11　PPPoE 的功能是什么? 用户终端使用 PPPoE 的理由是什么?

6.12　PPP 是基于点对点物理链路的链路层协议,为什么会用于 ADSL 和以太网这样并不存在点对点物理链路的接入过程? PPP 在这些应用环境中? 需要解决什么问题?

6.13　当家庭局域网通过无线路由器接入 Internet 时,家庭局域网内的终端的 IP 地址如何分配? 家庭局域网内的终端如何实现对 Internet 的访问?

6.14 以太网和 ADSL 技术都被称为宽带接入技术,它们各有什么特点?

6.15 一个用户完成以太网接入需要哪些步骤? 每一步完成什么功能? 使用什么协议?

6.16 EPON 接入和以太网接入之间的本质区别是什么?

6.17 本地鉴别方式与统一鉴别方式的接入网络实施过程有什么不同?

第7章 虚拟专用网络设计方法和实现过程

一个企业可能有多个通过 Internet 实现互联的内部网络,出差在外的企业员工和企业的合作者也需要通过连接在 Internet 上的终端实现对内部网络资源的访问过程。这种情况下,物理上分散的内部网络之间,终端和内部网络之间传输的数据都要经过 Internet。这就需要一种保证多个通过 Internet 实现互联的内部网络之间、连接在 Internet 上的终端和内部网络之间传输的信息的保密性和完整性的技术,虚拟专用网络(Virtual Private Network,VPN)就是这样一种技术。

7.1 VPN 概述

如果将一个由多个通过 Internet 实现互联的内部网络组成的企业网转变成虚拟专用网络,则意味着不同内部网络中分配私有 IP 地址的终端之间可以相互通信,且能够保证不同内部网络之间经过 Internet 传输的信息的保密性和完整性。

7.1.1 企业网和远程接入

1. 企业网

(1) 企业网结构

一个企业可能有多个分布在不同地区的部门,每一个部门有独立的局域网,企业网就是一种将分布在不同地区的多个局域网互联在一起的互联网,如图 7.1 所示。由于多个局域网分布在不同的地区,且不同地区之间可能相隔甚远,因此,如图 7.1 所示的企业网是建立在同步数字体系(Synchronous Digital Hierarchy,SDH)之上的,该企业网实现了局域网互联。

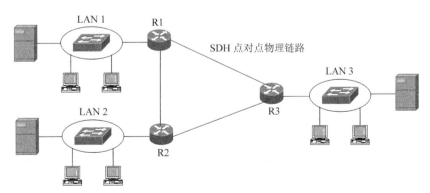

图 7.1 企业网结构

(2) 企业网的特点

图 7.1 所示的企业网具有以下特点:一是企业拥有企业网的全部资源,包括实现路由

器远距离互联的 SDH 点对点物理链路的带宽;二是由公共通信服务提供商(如电信)提供 SDH 点对点物理链路;三是企业网是一个相对封闭的网络,外人较难嗅探和截获企业网中传输的信息。

(3) 专用网络的缺陷

如图 7.1 所示的企业网,无论网络基础设施还是网络中的信息资源都属于单个组织,并且由该组织对网络实施管理。我们通常将具有这样特点的网络称为专用网络。

专用网络有以下缺陷:一是实现成本高,远距离 SDH 点对点物理链路的购买和租用费用都很高;二是实现难度大,如果互联路由器的 SDH 点对点物理链路的两端不属于同一个公共通信服务提供商(如一端在上海,另一端在纽约),则公共通信服务提供商之间的协商过程是一个漫长、复杂的过程;三是不容易扩展,在企业网中增加或删除一个局域网需要增加或减少实现路由器互联的 SDH 点对点物理链路;四是灵活性差,由于 SDH 点对点物理链路的带宽是固定的,当随着业务的变化需要调整 SDH 点对点物理链路带宽时,完成 SDH 点对点物理链路带宽的调整过程会是一件困难的事情。

2. 远程接入

(1) 实现远程接入过程的网络结构

远程接入过程是指一个与内部网络相隔甚远的终端接入内部网络并访问内部网络资源的过程。例如一个出差在外的员工,通过远程接入过程,可以在外地下载内部网络服务器中的资源。实现远程接入过程的网络结构如图 7.2 所示,路由器 R 的一端连接内部网络,另一端连接公共交换电话网(PSTN),远程终端通过调制解调器连接 PSTN。路由器 R 一方面实现 PSTN 与内部网络之间的互联,另一方面实现对远程终端的接入控制过程。远程终端通过呼叫连接建立过程建立与路由器 R 之间的点对点语音信道,由路由器 R 完成对远程用户的身份鉴别过程,同时为远程终端分配内部网络使用的 IP 地址,并且在路由器 R 的路由表中创建一项将分配给远程终端的 IP 地址和路由器 R 与远程终端之间的点对点语音信道绑定在一起的路由项。

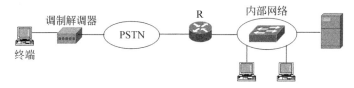

图 7.2　实现远程接入的网络结构

(2) 实现远程接入过程的网络结构的特点

在如图 7.2 所示的实现远程接入过程的网络结构中,PSTN 作为连接远程终端和路由器 R 的传输网络。由于 PSTN 的普及性和通过呼叫连接建立过程动态建立点对点语音信道的特性,使得远程终端可以随时随地连接到 PSTN,也可以按需建立与路由器 R 之间的语音信道。

(3) 实现远程接入过程的网络结构的缺陷

如图 7.2 所示的实现远程接入过程的网络结构存在以下缺陷:一是当远程终端与内部网络相隔甚远时,在远程终端与内部网络之间的语音信道存在期间,需要一直支付话费;二是由于数据通信的间隙性和突发性,语音信道的利用率并不高;三是语音信道的数据传输速率受到严格限制。

7.1.2　VPN 的定义和需要解决的问题

1. 互联网实现互联的网络结构

图 7.1 所示的专用网络和图 7.2 所示的实现远程接入过程的网络结构有着自身缺陷,因此,随着互联网的普及和互联网主干链路带宽的提高,可以用互联网实现分布在不同地区的多个局域网之间的互联,如图 7.3 所示;也可以用互联网实现远程终端与路由器 R 之间的互联,如图 7.4 所示。在图 7.3 中,企业局域网使用私有 IP 地址,互联网使用全球 IP 地址,边界路由器 R1、R2 和 R3 连接局域网的接口分配私有 IP 地址,连接互联网的接口分配全球 IP 地址。在图 7.4 中,内部网络使用私有 IP 地址,路由器 R 连接内部网络的接口分配私有 IP 地址,连接互联网的接口分配全球 IP 地址。终端连接到互联网后,分配全球 IP 地址。终端为了能够像内部网络中的其他终端一样访问内部网络中的资源,在访问内部网络过程中需要使用私有 IP 地址。

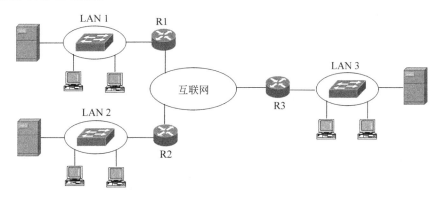

图 7.3　互联网实现局域网之间互联

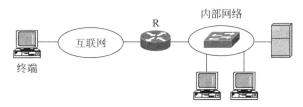

图 7.4　互联网实现远程终端与路由器之间互联

2. 互联网实现互联的网络结构的特点

(1) 接入方便

随着互联网的普及,无论是企业的局域网还是终端,都可以很方便地接入互联网。

(2) 费用低廉

终端接入互联网的费用和企业局域网接入互联网的费用越来越便宜,通过互联网实现远程通信的成本越来越低。

(3) 传输速率不是固定的

企业局域网之间的数据传输速率不是固定的,与当时互联网的流量分布模式有关。但随着互联网主干链路带宽的提高,可以将企业局域网之间的数据传输速率维持在较高水平。终端与内部网络之间的数据传输速率也不是固定的,但可以将终端与内部网络之间的数据传输速率维持在远高于语音信道的水平。

(4) 通过互联网完成数据传输过程

企业局域网之间通过互联网完成的数据传输过程与通过 SDH 点对点物理链路完成的数据传输过程是不同的。终端与内部网络之间通过互联网完成的数据传输过程与通过语音信道完成的数据传输过程也是不同的。

(5) 私有 IP 地址和全球 IP 地址

企业局域网和内部网络使用私有 IP 地址,远程终端访问内部网络时,也需要使用私有 IP 地址。互联网使用全球 IP 地址,它无法路由以私有 IP 地址为目的 IP 地址的 IP 分组。

3. 互联网实现互联的网络结构需要解决的问题

对于如图 7.3 所示的通过互联网实现局域网之间互联的企业网和如图 7.4 所示的通过互联网实现终端与内部网络之间互联的远程接入过程,需要解决以下问题。

(1) 私有 IP 地址

属于内部网络的各个局域网分配私有 IP 地址,但互联网不能路由以私有 IP 地址为目的 IP 地址的 IP 分组。因此,不同局域网之间传输的 IP 分组在局域网内传输时的格式、源和目的 IP 地址与在互联网内传输时的格式、源和目的 IP 地址是不同的,需要由互联企业局域网和互联网的路由器完成两种格式之间以及私有 IP 地址与全球 IP 地址之间的转换过程。

(2) 保密性和完整性

黑客不容易嗅探和截获经过语音信道和 SDH 点对点物理链路传输的数据,因此专用网络的信息保密性和完整性是有保证的。但黑客很容易嗅探和截获经过互联网传输的数据,因此需要通过加密和报文摘要算法保证经过互联网传输的信息的保密性和完整性。

(3) 双向身份鉴别

专用网络静态建立 SDH 点对点物理链路过程时,已经完成 SDH 点对点物理链路两端的身份鉴别过程。但通过互联网完成企业局域网之间数据传输过程时,必须完成两端之间的双向身份鉴别过程,需要相互确定对方是将企业局域网连接到互联网的边界路由器。

(4) 服务质量

语音信道与 SDH 点对点物理链路提供固定的数据传输速率,但互联网提供的数据传输速率不是固定的,与互联网当时的信息流模式有关。因此,为保证企业局域网之间的数据传输性能,需要互联网为企业局域网之间传输的数据提供服务质量保证。

4. VPN 的定义和实现机制

VPN 是一种通过 Internet 实现企业局域网之间互联和远程终端与内部网络之间互联,但又使其具有专用网络所具有的安全性的技术。它解决私有 IP 地址、数据传输保密性和完整性、双向身份鉴别等问题的机制如下。

(1) 隧道

隧道是基于互联网建立的、具有语音信道和 SDH 点对点物理链路传输特性的传输通路,以私有 IP 地址为源和目的 IP 地址的 IP 分组能够从隧道一端传输到隧道另一端。隧道使得互联网对丁企业局域网、远程终端与内部网络是透明的。

隧道一端需要将经过隧道传输的协议数据单元(PDU)封装成适合互联网传输的、以隧道两端全球 IP 地址为源和目的 IP 地址的 IP 分组,这种 IP 分组称为隧道报文。隧道另一端需要从隧道报文中分离出经过隧道传输的 PDU。需要经过隧道传输的 PDU 可以是以私有 IP 地址为源和目的 IP 地址的 IP 分组,也可以是链路层帧(如 PPP 帧)。

(2) 双向身份鉴别

可以完成隧道两端之间的双向身份鉴别过程,以此保证隧道两端都是将企业局域网接入互联网的边界路由器;或者一端是远程终端,另一端是将内部网络接入互联网的边界路由器。

(3) 保密性和完整性

通过加密和报文摘要算法保证经过隧道传输的信息的保密性和完整性。

7.1.3　VPN 分类

1. 第三层隧道和 IPSec

如图 7.5(a)所示,边界路由器之间通过隧道实现企业局域网之间以私有 IP 地址为源和目的 IP 地址的 IP 分组的传输过程。由于 IP 分组是第三层 PDU,因此将如图 7.5(a)所示的隧道称为第三层隧道。

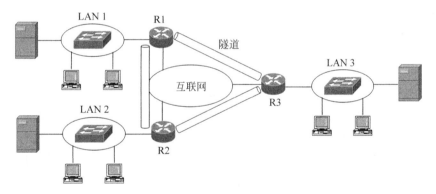

(a) 隧道实现企业局域网之间互联

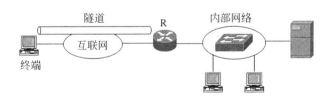

(b) 隧道实现远程终端与内部网络之间互联

图 7.5　VPN 与隧道

由于隧道是基于互联网的,因此经过隧道传输的以私有 IP 地址为源和目的 IP 地址的 IP 分组最终需要封装成以隧道两端的全球 IP 地址为源和目的 IP 地址的 IP 分组格式。如果建立隧道两端之间的安全关联,一是可以完成隧道两端之间的双向身份鉴别过程,二是可以实现经过安全关联传输的以隧道两端的全球 IP 地址为源和目的 IP 地址的 IP 分组的保密性和完整性。因此,第三层隧道和 IPSec 是实现如图 7.5(a)所示的 VPN 的关键,我们也将如图 7.5(a)所示的 VPN 归类为第三层隧道+IPSec VPN。

2. 第二层隧道和 IPSec

对于如图 7.5(b)所示的 VPN,远程终端为了接入互联网需要分配全球 IP 地址,但在访问内部网络过程中,需要分配内部网络使用的私有 IP 地址,该私有 IP 地址由边界路由器 R 负责分配。路由器 R 通过接入控制过程完成对远程终端的身份鉴别过程和私有 IP 地址分配过程。常用的接入控制协议是 PPP,因此路由器 R 完成对远程终端的接入控制过程中,需要与远程终端交换 PPP 帧。远程终端与路由器 R 之间通过隧道实现 PPP 帧的传输过程。由于 PPP 帧是第二层 PDU,因此将远程终端与路由器 R 之间用于实现 PPP 帧传输过程的隧道称为第二层隧道。

由于隧道是基于互联网的,因此经过隧道传输的 PPP 帧最终需要封装成以隧道两端的全球 IP 地址为源和目的 IP 地址的 IP 分组格式。如果建立隧道两端之间的安全关联,一是可以完成隧道两端之间的双向身份鉴别过程,二是可以实现经过安全关联传输的以隧道两端的全球 IP 地址为源和目的 IP 地址的 IP 分组的保密性和完整性。因此,第二层隧道和 IPSec 是实现如图 7.5(b)所示的 VPN 的关键,这也是将如图 7.5(b)所示的 VPN 归类为第二层隧道+IPSec VPN 的原因。

3. SSL VPN

在如图 7.5(b)所示的 VPN 中,远程终端分配内部网络使用的私有 IP 地址后才能访问内部网络。以私有 IP 地址为源和目的 IP 地址的 IP 分组封装成 PPP 帧,远程终端与路由器 R 之间通过第二层隧道实现 PPP 帧的传输过程。IPSec 用于实现第二层隧道两端之间的双向身份鉴别过程,以保证经过第二层隧道传输的数据的保密性和完整性。

安全套接字层(Secure Socket Layer,SSL)VPN 也是一种实现远程终端访问内部网络资源的技术,但与第二层隧道+IPSec 不同。如图 7.6(a)所示,SSL VPN 的核心设备是 SSL VPN 网关,SSL VPN 网关一端连接互联网,另一端连接内部网络。远程终端分配全球 IP 地址,通过互联网访问 SSL VPN 网关。为实现远程终端与 SSL VPN 网关之间的双向身份鉴别,保证远程终端与 SSL VPN 网关之间传输的数据的保密性和完整性,远程终端通过基于安全套接字层的超文本传输协议(Hyper Text Transfer Protocol over Secure Socket Layer,HTTPS)访问 SSL VPN 网关。因此,SSL VPN 网关本身是一个支持 HTTPS 访问方式的 Web 服务器。与普通的 Web 服务器不同,SSL VPN 网关作为中继设备,可以将远程终端访问内部网络资源的请求消息转发给内部网络中的服务器;同时接收内部网络服务器发送的响应消息,并且将响应消息通过远程终端和 SSL VPN 网关之间建立的 SSL/传输层安全(Transport Layer Security,TLS)连接转发给远程终端。

SSL VPN 网关可以基于用户设置内部网络资源的访问权限。用户访问内部网络资源前,需要完成登录过程。SSL VPN 网关通过登录过程完成用户身份鉴别过程,基于该用户生成门户网页,门户网页中列出授权该用户访问的资源列表。

与第二层隧道+IPSec 相比,SSL VPN 一是不需要为远程终端分配内部网络使用的私有 IP 地址,二是远程终端直接可以通过浏览器访问内部网络资源,三是可以基于用户设置内部网络资源的访问权限。但由于远程终端与 SSL VPN 网关之间只能传输 HTTP 消息,因此远程终端访问内部网络资源的请求消息和内部网络服务器回送的响应消息都需要转换

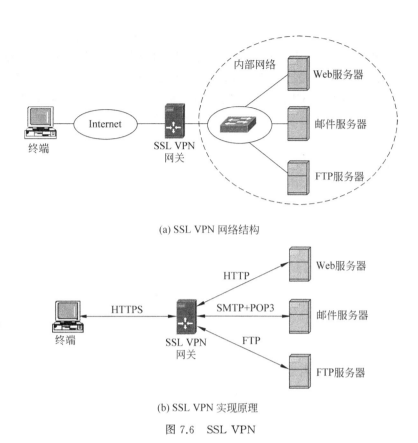

(a) SSL VPN 网络结构

(b) SSL VPN 实现原理

图 7.6　SSL VPN

成 HTTP 消息格式。

4. BGP/MPLS IP VPN

BGP/MPLS IP VPN 如图 7.7 所示,分别属于 VPN A 和 VPN B 的 4 个站点可以是物理上分散的企业局域网,分配私有 IP 地址。多协议标签交换(Multiprotocol Label Switching,MPLS)骨干网是公共网络,分配全球 IP 地址。为实现属于相同 VPN 的两个站点之间的通信过程,需要建立 PE 之间的标签交换路径(Label Switched Path,LSP)。以私有 IP 地址为源和目的 IP 地址的 IP 分组封装成 MPLS 报文后,经过 LSP 实现 PE 之间的传

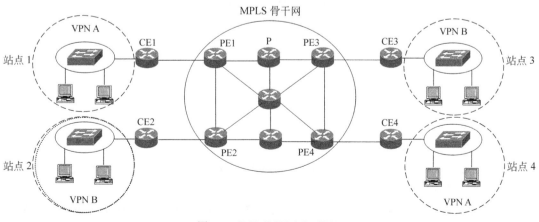

图 7.7　BGP/MPLS IP VPN

输过程。LSP 属于隧道,属于不同 VPN 的站点和为这些站点分配的私有 IP 地址对于 LSP 是透明的。属于相同 VPN 的不同站点需要分配不同的网络地址;属于不同 VPN 的两个站点可以分配相同的网络地址,因为不同 VPN 之间是相互隔离的。对于属于 VPN A 的站点 1 和站点 4 之间的通信过程,CE1 能够确定将目的地是站点 4 的 IP 分组转发给 PE1,PE1 能够确定通往站点 4 的传输路径上的下一跳是 PE4,并因此确定通过 PE1 至 PE4 的 LSP 实现该 IP 分组从 PE1 至 PF4 的传输过程。PE 之间通过 BGP 确定通往属于相同 VPN 的其他站点的传输路径上的下一跳。

用户网络边缘设备(Customer Edge,CE)用于实现属于某个 VPN 的站点与 MPLS 骨干网中的服务提供商网络边缘设备(Provider Edge,PE)之间的连接。P 是服务提供商网络骨干设备,VPN 和为属于 VPN 的各个站点分配的私有 IP 地址对于 P 都是透明的。

7.2 第三层隧道和 IPSec

假设一个企业网由多个通过 Internet 实现互联的内部网络组成,内部网络中的终端分配私有 IP 地址。这种情况下,实现属于不同内部网络的终端之间的通信过程需要解决以下两个问题:一是以内部网络私有 IP 地址为源和目的 IP 地址的 IP 分组如何经过 Internet 完成从一个内部网络至另一个内部网络的传输过程;二是如何保证经过 Internet 传输的信息的保密性和完整性。第三层隧道用于解决第一个问题,IPSec 用于解决第二个问题。

7.2.1 VPN 结构

1. 内部网络和边界路由器

如图 7.8(a)所示,企业有三个分布在不同地方的内部网络,这些内部网络分别分配私有 IP 地址 192.168.1.0/24、192.168.2.0/24 和 192.168.3.0/24。每一个内部网络通过边界路由器连接到 Internet。边界路由器的一个接口连接内部网络,分配内部网络使用的私有 IP 地址;另一个接口连接 Internet,分配全球 IP 地址。图 7.8(a)中的路由器 R1、R2 和 R3 分别是将三个内部网络连接到 Internet 的边界路由器。

2. 建立第三层隧道

边界路由器之间建立第三层隧道,隧道两端分别是边界路由器连接 Internet 的接口,因此隧道可以用边界路由器连接 Internet 的接口的全球 IP 地址标识。图 7.8(b)所示的实现边界路由器 R1 和 R2 连接 Internet 的接口之间互联的隧道 1 可以用边界路由器 R1 和 R2 连接 Internet 的接口的全球 IP 地址 192.1.1.1 和 192.1.2.1 唯一标识。图 7.8(b)中创建了三条隧道,这三条隧道可以分别用隧道两端的全球 IP 地址唯一标识。

- 隧道 1: 192.1.1.1 和 192.1.2.1。
- 隧道 2: 192.1.1.1 和 192.1.3.1。
- 隧道 3: 192.1.2.1 和 192.1.3.1。

创建三条隧道的目的是使得内部网络两两之间都直接用隧道互联,以此减少内部网络之间传输路径的距离。

边界路由器用于实现内部网络之间互联时,第三层隧道等同于实现边界路由器互联的点对点链路。因此,第三层隧道两端还需要分配网络地址相同的私有 IP 地址,如隧道 1 两

端分配的私有 IP 地址 192.168.4.1 和 192.168.4.2。对于边界路由器 R1,私有 IP 地址为
192.168.4.2 的隧道 1 的另一端是通往内部网络 192.168.2.0/24 的传输路径上的下一跳。

3. 边界路由器的路由表

图 7.8(a)中的边界路由器 R1、R2 和 R3 承担两部分功能:一是实现企业网三个内部网
络之间的互联;二是实现内部网络与 Internet 互联。从内部网络的角度看,边界路由器 R1、
R2 和 R3 的作用就是通过第三层隧道实现内部网络之间的互联,第三层隧道等同于点对点
物理链路。从 Internet 的角度看,边界路由器 R1、R2 和 R3 的作用是实现和 Internet 互联,
并且通过 Internet 建立边界路由器 R1、R2 和 R3 之间的 IP 分组传输路径。因此,VPN 存
在两层 IP 分组传输路径:一层是如图 7.8(b)所示的内部网络之间的 IP 分组传输路径,在

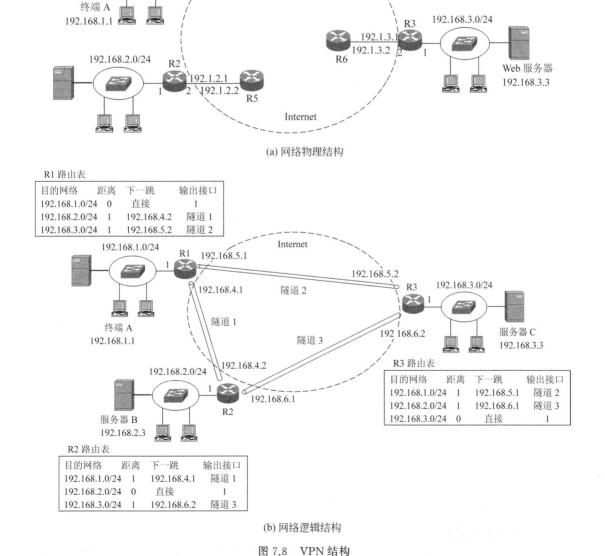

(a) 网络物理结构

(b) 网络逻辑结构

图 7.8　VPN 结构

这层传输路径中,Internet 的功能被定义为实现边界路由器 R1、R2 和 R3 之间 IP 分组传输过程的第三层隧道;另一层是 Internet 中边界路由器 R1、R2 和 R3 之间的 IP 分组传输路径,如图 7.8(a)所示的边界路由器 R1 的全球 IP 地址为 192.1.1.1 的接口与边界路由器 R2 的全球 IP 地址为 192.1.2.1 的接口之间的 IP 分组传输路径。这一层传输路径是实现第三层隧道的基础,但对内部网络中的终端是透明的。

由于具有双重功能,因此边界路由器中也存在两种路由项:一种是用于指明通往内部网络的传输路径的路由项,如图 7.8(b)中的路由表所示;另一种是用于指明通往第三层隧道另一端的传输路径的路由项。包含这两种路由项的边界路由器的路由表分别如表 7.1～表 7.3 所示。

表 7.1 边界路由器 R1 的路由表

目的网络地址	子网掩码	输出接口	下一跳路由器
192.168.1.0	255.255.255.0	1	直接
192.168.2.0	255.255.255.0	隧道 1	192.168.4.2
192.168.3.0	255.255.255.0	隧道 2	192.168.5.2
192.1.2.1	255.255.255.255	2	192.1.1.2
192.1.3.1	255.255.255.255	2	192.1.1.2

表 7.2 边界路由器 R2 的路由表

目的网络地址	子网掩码	输出接口	下一跳路由器
192.168.1.0	255.255.255.0	隧道 1	192.168.4.1
192.168.2.0	255.255.255.0	1	直接
192.168.3.0	255.255.255.0	隧道 3	192.168.6.2
192.1.1.1	255.255.255.255	2	192.1.2.2
192.1.3.1	255.255.255.255	2	192.1.2.2

表 7.3 边界路由器 R3 的路由表

目的网络地址	子网掩码	输出接口	下一跳路由器
192.168.1.0	255.255.255.0	隧道 2	192.168.5.1
192.168.2.0	255.255.255.0	隧道 3	192.168.6.1
192.168.3.0	255.255.255.0	1	直接
192.1.1.1	255.255.255.255	2	192.1.3.2
192.1.2.1	255.255.255.255	2	192.1.3.2

7.2.2 内部网络之间的 IP 分组传输过程

1. 隧道封装格式

如果图 7.8 中的终端 A 需要向服务器 B 传输数据,则数据封装成以终端 A 的私有 IP

地址 192.168.1.1 为源 IP 地址、以服务器 B 的私有 IP 地址 192.168.2.3 为目的 IP 地址的 IP 分组。终端 A 至服务器 B 的 IP 分组传输路径经过隧道 1。隧道 1 建立在 Internet 中,由于 Internet 中的路由器无法路由以私有 IP 地址为目的 IP 地址的 IP 分组,因此它无法直接传输该 IP 分组。

为此,隧道 1 将该 IP 分组封装成通用路由封装(Generic Routing Encapsulation,GRE) 格式,然后将 GRE 格式作为净荷封装成以边界路由器 R1 连接 Internet 的接口的全球 IP 地址 192.1.1.1 为源 IP 地址、以边界路由器 R2 连接 Internet 的接口的全球 IP 地址 192.1.2.1 为目的 IP 地址的 IP 分组。由于该 IP 分组的净荷是另一个 IP 分组的 GRE 格式,因此将这种 IP 分组称为隧道报文。隧道报文的 IP 分组首部的协议类型字段值是 47。将以终端 A 的私有 IP 地址 192.168.1.1 为源 IP 地址、以服务器 B 的私有 IP 地址 192.168.2.3 为目的 IP 地址的 IP 分组封装成以边界路由器 R1 连接 Internet 的接口的全球 IP 地址 192.1.1.1 为源 IP 地址、以边界路由器 R2 连接 Internet 的接口的全球 IP 地址 192.1.2.1 为目的 IP 地址的隧道报文的过程,如图 7.9 所示。Internet 能够完成如图 7.9 所示的隧道报文从边界路由器 R1 连接 Internet 的接口至边界路由器 R2 连接 Internet 的接口的传输过程。

图 7.9 隧道报文

2. IP 分组传输过程

终端 A 需要向服务器 B 传输数据时,由于终端 A 与服务器 B 位于不同的内部网络,且终端 A 配置的默认网关地址是边界路由器 R1 连接内部网络的接口的私有 IP 地址,因此它将 IP 分组传输给边界路由器 R1。边界路由器 R1 根据该 IP 分组的目的 IP 地址 192.168.2. 3 查找如表 7.1 所示的路由表,找到匹配的路由项<192.168.2.0/24,隧道 1>,根据定义隧道 1 时确定的隧道 1 两端的全球 IP 地址,将 IP 分组封装成如图 7.9 所示的隧道报文。

为确定该隧道报文 Internet 中的传输路径,根据隧道报文的目的 IP 地址 192.1.2.1 查找如表 7.1 所示的路由表,找到匹配的路由项<192.1.2.1/32,192.1.1.2>,将该隧道报文转发给 Internet 中的路由器 R4,由 Internet 完成该隧道报文边界路由器 R1 连接 Internet 的接口至边界路由器 R2 连接 Internet 的接口的传输过程。

当边界路由器 R2 接收到该隧道报文时,由于隧道报文的目的 IP 地址是边界路由器 R2 连接 Internet 的接口的全球 IP 地址,且协议字段值 47 表明该隧道报文封装了一个 GRE 格式的 IP 分组,因此边界路由器 R2 从该隧道报文中分离出以终端 A 的私有 IP 地址 192.168. 1.1 为源 IP 地址、以服务器 B 的私有 IP 地址 192.168.2.3 为目的 IP 地址的 IP 分组,根据该 IP 分组的目的 IP 地址 192.168.2.3 查找如表 7.2 所示的路由表,找到匹配的路由项<192. 168.2.0/24,直接>,将该 IP 分组转发给边界路由器 R2 直接连接的内部网络中的服务器 B。这样就完成终端 A 至服务器 B 的 IP 分组传输过程。

值得强调的是,终端 A 至服务器 B 的 IP 分组传输路径由三段路径组成,分别是终端 A→边界路由器 R1、边界路由器 R1→边界路由器 R2 和边界路由器 R2→服务器 B。其中终端 A→边界路由器 R1 和边界路由器 R2→服务器 B 这两段路径是内部网络中的传输路径,可以直接传输以终端 A 的私有 IP 地址 192.168.1.1 为源 IP 地址、以服务器 B 的私有 IP 地址 192.168.2.3 为目的 IP 地址的 IP 分组。边界路由器 R1→边界路由器 R2 这一段传输路径是 Internet 中的传输路径,IP 分组必须封装成以边界路由器 R1 连接 Internet 的接口的全球 IP 地址 192.1.1.1 为源 IP 地址、以边界路由器 R2 连接 Internet 的接口的全球 IP 地址 192.1.2.1 为目的 IP 地址的隧道报文。边界路由器 R1 完成隧道报文封装过程,边界路由器 R2 完成隧道报文解封过程。

7.2.3 第三层隧道 IPSec 和安全传输过程

1. 隧道两端需要配置的信息

建立安全关联分为两个阶段:一是建立安全传输通道(建立安全传输通道时需要完成双向身份鉴别过程,协商安全传输信息时采用的加密算法和报文摘要算法以及密钥生成机制);二是建立安全关联(建立安全关联时需要约定安全协议(ESP 或 AH)、加密算法和报文摘要算法)。最后通过定义 IP 分组类型,确定经过安全关联传输的 IP 分组。

(1) 安全传输通道相关的信息

* 身份鉴别机制:证书＋私钥。
* 加密算法:3DES。
* 报文摘要算法:MD5。
* 密钥分发协议:Diffie-Hellman,选择组号为 2 的参数。

(2) 安全关联相关的信息

* 安全协议:ESP。
* 加密算法:AES。
* 消息鉴别码(Message Authentication Code,MAC)算法:HMAC-MD5-96。

(3) IP 分组分类标准

对于边界路由器 R1:

* 源 IP 地址:192.1.1.1。
* 目的 IP 地址:192.1.2.1。
* 协议:GRE。

对于边界路由器 R2:

* 源 IP 地址:192.1.2.1。
* 目的 IP 地址:192.1.1.1。
* 协议类型:GRE。

2. 安全关联建立过程

下面以建立如图 7.10 所示的边界路由器 R1 至边界路由器 R2 的安全关联为例讨论安全关联建立过程。边界路由器 R1 和边界路由器 R2 需要拥有用于证明自己的标识符与公钥之间绑定关系的证书,且证书能够被对方验证。

Internet 密钥交换协议(Internet Key Exchange Protocol,IKE)建立边界路由器 R1 至

边界路由器 R2 安全关联的过程如图 7.11 所示,第一次交互过程中双方约定安全传输通道使用的加密算法 3DES 和报文摘要算法 MD5,同时完成用于生成密钥种子 KS 的随机数 YA 和 YB 的交换过程。

第二次交互过程中双方约定安全关联使用的安全协议 ESP 以及 ESP 使用的加密算法 AES 和 MAC 算法 HMAC-MD5-96,同时通过证书和数字签名完成双方身份鉴别过程。双方传输的信息是用 3DES 加密算法和通过密钥种子 KS 推导出的密钥 K 加密后的密文。

成功建立安全关联后,边界路由器 R1 将 IP 分组分类标准与该安全关联绑定,所有符合 IP 分组分类标准的 IP 分组通过该安全关联进行传输。IP 分组分类标准与该安全关联之间的绑定如图 7.12 所示。

图 7.10　安全关联的发送端和接收端

3DES,MD5,YA,NA

3DES,MD5,YB,NB,证书请求

E_K(ESP,AES,HAMC-MD5,IDR1,IDR2,证书,证书请求,数字签名)

E_K(ESP,AES,HAMC-MD5,SPI=1234,IDR1,IDR2,证书,数字签名)

图 7.11　IKE 建立安全关联的过程

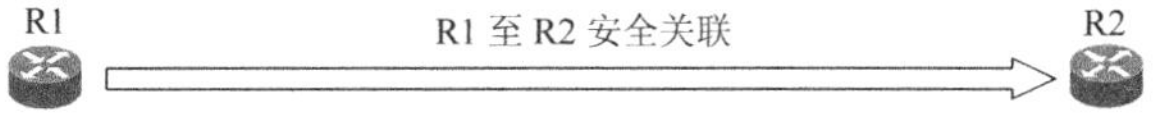

IP 分组分类标准	安全关联标识符	安全关联参数	安全关联标识符	安全关联参数
协议类型=GRE 源 IP 地址=192.1.1.1/32 目的 IP 地址=192.1.2.1/32	SPI=1234 目的 IP 地址=192.1.2.1 安全协议标识符=ESP	加密算法=AES 加密密钥 K1=7654321 MAC 算法=HMAC-MD5-96 MAC 密钥 K2=1234567	SPI=1234 目的 IP 地址=192.1.2.1 安全协议标识符=ESP	加密算法=AES 加密密钥 K1=7654321 MAC 算法=HMAC-MD5-96 MAC 密钥 K2=1234567

图 7.12　R1 至 R2 安全关联

3. 经过安全关联传输隧道报文的过程

下面以图 7.8 中的终端 A 向服务器 B 传输数据为例讨论经过安全关联安全传输数据的过程。

（1）边界路由器 R1 的操作过程

图 7.8 中的终端 A 向服务器 B 传输数据时，数据被封装成以终端 A 的私有 IP 地址 192.168.1.1 为源 IP 地址、以服务器 B 的私有 IP 地址 192.168.2.3 为目的 IP 地址的 IP 分组。该 IP 分组到达边界路由器 R1 时，被边界路由器 R1 封装成如图 7.9 所示的以边界路由器 R1 连接 Internet 的接口的全球 IP 地址 192.1.1.1 为源 IP 地址、以边界路由器 R2 连接 Internet 的接口的全球 IP 地址 192.1.2.1 为目的 IP 地址的隧道报文。

当边界路由器 R1 通过连接 Internet 的接口输出该隧道报文时，确定该隧道报文匹配如图 7.12 所示的边界路由器 R1 中的 IP 分组分类标准，即源 IP 地址＝192.1.1.1、目的 IP 地址＝192.1.2.1、协议类型字段值＝47(IP 分组净荷为 GRE)。边界路由器 R1 根据与该 IP 分组分类标准绑定的安全关联封装该隧道报文，封装过程如图 7.13 所示。该隧道报文作为 ESP 报文的净荷，ESP 首部中的 SPI 字段值为 1234，ESP 尾部中的下一个首部字段值为 4，表示 ESP 报文净荷是一个完整的 IP 分组(隧道报文)。用加密算法 AES 和加密密钥 K1 对由 ESP 报文净荷和 ESP 尾部组成的明文进行加密运算，产生密文。用 HAMC-MD5 和 MAC 密钥 K2 对由 ESP 首部和密文构成的报文进行计算，产生 ESP 报文的鉴别数据(ESP MAC)。外层 IP 首部的源 IP 地址是路由器 R1 连接 Internet 的接口的全球 IP 地址(即隧道 1 边界路由器 R1 一端的 IP 地址)，目的 IP 地址是路由器 R2 连接 Internet 的接口的全球 IP 地址(即隧道 1 边界路由器 R2 一端的 IP 地址)。协议类型字段值为 50，表示 IP 分组净

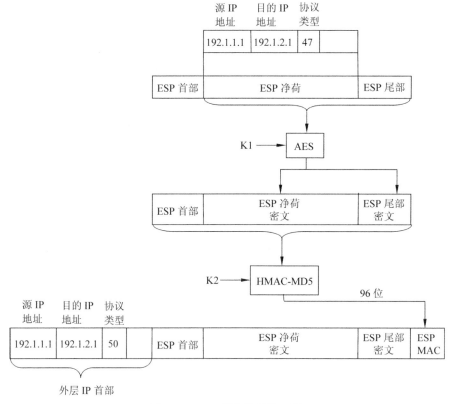

图 7.13　ESP 报文的封装过程

荷是 ESP 报文。该 IP 分组经过 Internet 完成路由器 R1 连接 Internet 的接口至路由器 R2
连接 Internet 的接口的传输过程。

（2）边界路由器 R2 的操作过程

当边界路由器 R2 接收到该 IP 分组时，由于 IP 分组的目的 IP 地址是边界路由器 R2
连接 Internet 的接口的 IP 地址，且协议类型字段值为 50（IP 分组净荷是 ESP 报文），因此它
用目的 IP 地址 192.1.2.1、安全协议 ESP 和 SPI 字段值 1234 匹配安全关联，匹配的安全关
联所指定的安全参数如图 7.12 所示。用 HAMC-MD5 和 MAC 密钥 K2 对由 ESP 首部和
密文构成的报文进行计算并将计算结果与 ESP 鉴别数据进行比较，如果相等，进行后续处
理，否则丢弃该 IP 分组。

用加密算法 AES 和加密密钥 K1 对密文进行解密运算，产生由 ESP 报文净荷和 ESP
尾部组成的明文。从作为 ESP 报文净荷的隧道报文中分离出以终端 A 的私有 IP 地址 192.
168.1.1 为源 IP 地址、以服务器 B 的私有 IP 地址 192.168.2.3 为目的 IP 地址的 IP 分组，完
成该 IP 分组的转发过程。

建立安全关联时，完成隧道两端之间的双向身份鉴别过程。经过安全关联完成数据传
输过程时，实现经过隧道传输的数据的保密性和完整性。

7.3　第二层隧道和 IPSec

如果通过 Internet 实现远程终端和内部网络之间的互联，则首先需要在远程终端和内
部网络边界路由器之间建立基于 Internet 的虚拟点对点链路，然后由内部网络边界路由器
通过 PPP 完成对远程终端的接入控制过程。第二层隧道就是基于 Internet 的虚拟点对点
链路，可以通过远程终端和内部网络边界路由器之间的第二层隧道完成 PPP 帧在远程终端
和内部网络边界路由器之间的传输过程。

由于第二层隧道经过 Internet，因此需要通过 IPSec 实现经过 Internet 传输的信息的保
密性和完整性。

7.3.1　远程接入过程

1. 传统的拨号接入过程

传统的远程终端接入内部网络的过程如图 7.14 所示，远程终端与接入控制设备之间通
过 PSTN 连接，需要为远程终端和接入控制设备连接 PSTN 的接口分配电话号码。远程终
端首先通过呼叫连接建立过程建立与接入控制设备之间的点对点语音信道，然后两者通过
运行 PPP 完成以下操作过程。

① 建立基于点对点语音信道的 PPP 链路。

② 接入控制设备完成对远程终端的身份鉴别过程。

③ 接入控制设备为远程终端分配私有 IP 地址并创建一项将该私有 IP 地址与远程终
端和接入控制设备之间点对点语音信道绑定在一起的动态路由项。

远程终端可以用接入控制设备分配给它的私有 IP 地址完成对内部网络的访问过程。
在远程终端访问内部网络的过程中，一直维持远程终端与接入控制设备之间的点对点语音
信道。

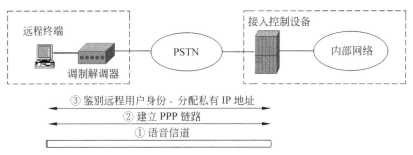

图 7.14   通过 PSTN 远程接入内部网络的过程

2. 第二层隧道接入过程

远程终端通过第二层隧道接入内部网络的过程如图 7.15 所示,远程终端与接入控制设备之间通过互联网连接,需要为远程终端和接入控制设备连接 Internet 的接口分配全球 IP 地址。远程终端与接入控制设备之间需要建立可以传输 PPP 帧的第二层隧道。它们之间建立基于 Internet 的用于传输 PPP 帧的第二层隧道后,通过运行 PPP 完成以下操作过程。

① 建立基于第二层隧道的 PPP 链路。

② 接入控制设备完成对远程终端的身份鉴别过程。

③ 接入控制设备为远程终端分配私有 IP 地址并创建一项将该私有 IP 地址和远程终端与接入控制设备之间的第二层隧道绑定在一起的动态路由项。

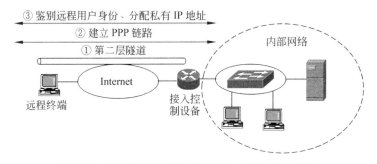

图 7.15   通过第二层隧道远程接入内部网络的过程

3. 两种接入过程的区别

传统的拨号接入过程需要通过呼叫连接建立过程建立远程终端与接入控制设备之间的点对点语音信道,远程终端与接入控制设备之间通过点对点语音信道完成 PPP 帧的传输过程。远程终端与接入控制设备独占点对点语音信道。

第二层隧道接入过程需要在远程终端与接入控制设备之间建立基于 Internet 的用于传输 PPP 帧的第二层隧道,远程终端与接入控制设备之间通过第二层隧道完成 PPP 帧的传输过程。第二层隧道经过的传输通路是共享的,黑客能够嗅探和截获经过第二层隧道传输的数据。因此,第二层隧道接入过程与传统的拨号接入过程的本质区别在于:一是用基于 Internet 的第二层隧道取代点对点语音信道;二是需要有保障经过第二层隧道传输的数据的保密性和完整性的机制。

7.3.2 PPP 帧封装过程

1. 封装过程

可以直接通过远程终端与接入控制设备之间的点对点语音信道完成构成 PPP 帧的字节流的传输过程。但第二层隧道是基于 Internet 的传输通路,因此 PPP 帧通过第二层隧道传输前,必须封装成以第二层隧道两端的全球 IP 地址为源和目的 IP 地址的 IP 分组。远程终端通过第二层隧道接入内部网络的过程如图 7.16 所示,PPP 帧封装过程如图 7.17 所示。

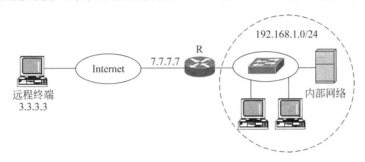

图 7.16　网络结构

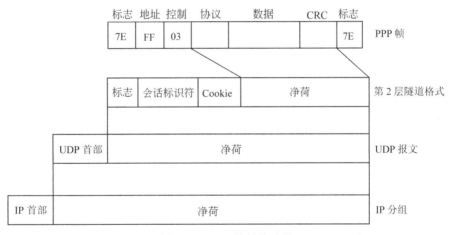

图 7.17　PPP 帧封装过程

PPP 帧中的协议类型字段、数据字段和循环冗余校验(Cyclic Redundancy Check,CRC)字段作为第二层隧道格式的净荷。第二层隧道格式作为 UDP 报文的净荷,UDP 首部中的目的端口号固定为 1701,即用端口号 1701 表明 UDP 报文中的净荷是第二层隧道格式。UDP 报文最终封装成以远程终端和接入控制设备连接 Internet 的接口的全球 IP 地址为源和目的 IP 地址的 IP 分组。经过基于 Internet 的第二层隧道传输的是该 IP 分组。

如果远程终端和接入控制设备连接 Internet 的接口分配的全球 IP 地址如图 7.16 所示,则远程终端传输给接入控制设备的 PPP 帧最终封装成以远程终端的全球 IP 地址 3.3.3.3 为源 IP 地址、以接入控制设备连接 Internet 的接口的全球 IP 地址 7.7.7.7 为目的 IP 地址的 IP 分组。

2. 第二层隧道格式中各个字段的含义

第二层隧道格式中各个字段的含义如下：

- 标志：8 位，目前只定义 1 位标志位 T。当该位标志位置 1 时，表明该第二层隧道格式是控制消息；当该位标志位置 0 时，表明该第二层隧道格式是数据消息。封装 PPP 帧的第二层隧道格式是数据消息，因此 T 标志位置 0。

- 会话标识符：32 位，唯一标识第二层隧道。会话标识符具有本地意义，接收端通过第二层隧道格式中的会话标识符确定传输数据的第二层隧道。

- Cookie：32 位或 64 位，是会话标识符的补充，也用于标识传输数据的第二层隧道。Cookie 有着比会话标识符更强的随机性，因此除非攻击者能够截获经过第二层隧道传输的数据，否则很难伪造用于在特定第二层隧道中传输的第二层隧道格式。Cookie 同样具有本地意义，接收端通过第二层隧道格式中的 Cookie 确定传输数据的第二层隧道。

7.3.3 L2TP

1. 发起建立第二层隧道方式

发起建立第二层隧道方式可以分为终端发起建立第二层隧道方式和 Internet 服务提供商(ISP)接入控制设备发起建立第二层隧道方式两种。终端发起建立第二层隧道方式如图 7.18(a)所示，前提是远程终端已经连接到 Internet 上且已经分配全球 IP 地址。

ISP 接入控制设备发起建立第二层隧道方式如图 7.18(b)所示，终端通过接入网络与 ISP 接入控制设备相连，接入网络可以是 PSTN、非对称数字用户线路(ADSL)、以太网和 EPON 等。ISP 接入控制设备通过 Internet 与接入控制设备相连，ISP 接入控制设备和接入控制设备连接 Internet 的接口分配全球 IP 地址。当终端发起远程接入过程且 ISP 接入控制设备确定终端需要接入内部网络时，终端、ISP 接入控制设备和接入控制设备一起完成以下操作过程。

① 建立终端与 ISP 接入控制设备之间的传输通路，不同接入网络有着不同类型的传输通路，如 PSTN 对应的点对点语音信道、以太网对应的 PPP 会话等。

② ISP 接入控制设备发起建立与接入控制设备之间的第二层隧道，且将终端与 ISP 接入控制设备之间的传输通路和 ISP 接入控制设备与接入控制设备之间的第二层隧道交接在一起，为终端提供一条直接连接接入控制设备的虚拟点对点链路。终端与接入控制设备之间可以通过虚拟点对点链路传输 PPP 帧。

③ 终端和接入控制设备通过运行 PPP，建立基于终端与接入控制设备之间虚拟点对点链路的 PPP 链路。

④ 接入控制设备完成对终端的身份鉴别过程。

⑤ 接入控制设备为终端分配私有 IP 地址，创建一项将该私有 IP 地址和终端与接入控制设备之间的虚拟点对点链路绑定在一起的路由项。

2. LAC 和 LNS

第二层隧道用于传输链路层帧，其功能等同于物理层链路，因此我们也把第二层隧道称为虚拟线路。第二层隧道协议(Layer Two Tunneling Protocol，L2TP)是一种动态建立基于 Internet 的第二层隧道或虚拟线路的信令协议，目前常见的是第 3 版的第二层隧道协议，

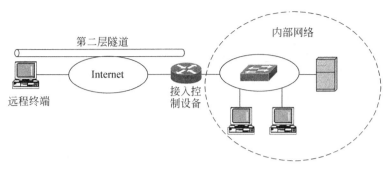

(a) 终端发起建立第二层隧道方式

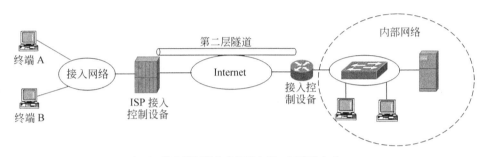

(b) ISP 接入控制设备发起建立第二层隧道方式

图 7.18　发起建立第二层隧道方式

简写为 L2TPv3。

　　如图 7.18(b)所示的 ISP 接入控制设备发起建立第二层隧道方式中,终端 A 和终端 B 可以同时建立与接入控制设备之间的虚拟点对点链路,如图 7.19 所示。终端与接入控制设备之间的虚拟点对点链路由两段传输通路组成:一段是接入网络中终端与 ISP 接入控制设备之间的传输通路;另一段是 ISP 接入控制设备与接入控制设备之间的第二层隧道。由 ISP 接入控制设备完成这两段传输通路之间的交接。终端 A 和终端 B 与接入控制设备之间的两条虚拟点对点链路对应接入网络中的两条传输通路。由于有着不同的端设备,因此可以由两端设备的标识符区分这两条传输通路,如用两端的电话号码区分两条不同的语音信道,用两端设备的 MAC 地址区分两条不同的交换路径。终端 A 和终端 B 与接入控制设备之间的两条虚拟点对点链路对应 ISP 接入控制设备与接入控制设备之间的两条第二层隧道。由于这两条第二层隧道的两端设备是相同的,因此需要用不同的会话标识符和 Cookie 区分它们。

　　由于允许多个远程终端同时通过接入网络建立与 ISP 接入控制设备之间的传输通路,并且通过 ISP 接入控制设备接入内部网络,因此我们将 ISP 接入控制设备称为 L2TP 接入集中器(L2TP Access Concentrator,LAC)。内部网络连接 Internet 的接入控制设备对需要接入内部网络的远程终端而言,就是控制远程终端接入内部网络的接入控制设备,因此我们将接入控制设备称为 L2TP 网络服务器(L2TP Network Server,LNS)。因而,L2TP 是一种动态建立基于 Internet 的 LAC 与 LNS 之间的第二层隧道或虚拟线路的信令协议。

　　对于终端发起建立第二层隧道方式,终端自身就是 LAC。

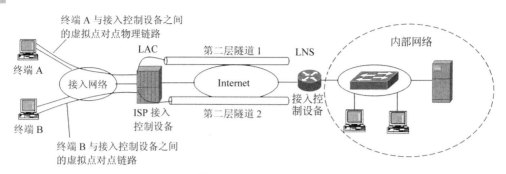

图 7.19   LAC 和 LNS

3. L2TP 建立第二层隧道的过程

虽然第二层隧道的功能等同于点对点物理链路,但由于它是基于 Internet 的,由 Internet 保证第二层隧道两端之间的 IP 分组传输路径,因此建立第二层隧道的过程和建立语音信道这样的点对点物理链路的过程不同。它不存在建立实际的第二层隧道两端之间传输路径的过程,而只是一个在第二层隧道两端之间协商第二层隧道的类型并分配会话标识符和 Cookie 的过程。

(1) L2TPv3 控制消息格式

由于建立第二层隧道所需的控制消息封装成 IP 分组后经过 Internet 进行传输,而 Internet 本身只能提供尽力而为的服务,因此无法保证控制消息在第二层隧道两端之间的正确传输。TCP 提供了基于 Internet 实现可靠传输的机制,因此 L2TPv3 在经过 Internet 传输控制消息的过程中借鉴了 TCP 的确认应答和重传机制。这样,建立第二层隧道过程分为两个阶段:第 1 个阶段是建立控制连接,第 2 个阶段是通过控制连接实现用于建立第二层隧道的控制消息的可靠传输并因此完成第二层隧道的建立过程。只需要一个控制连接建立过程就可实现多个第二层隧道的建立过程,多个第二层隧道建立过程中涉及的控制消息通过同一个控制连接实现可靠传输。因此,控制连接建立过程有点类似于 TCP 连接建立过程,但在控制连接建立过程中可以实现控制连接两端之间的双向身份鉴别和其他参数的协商过程,这是 TCP 连接所无法实现的。

图 7.20 所示是 L2TPv3 控制消息格式和将 L2TPv3 控制消息封装成 IP 分组的过程,IP 分组首部中的源和目的 IP 地址是控制连接两端的全球 IP 地址。

* T、L 和 S 标志位必须置1。T 标志位置1表明是控制消息,L 标志位置1表明长度字段有效,S 标志位置1表明发送和接收序号字段有效。
* 版本字段给出 L2TP 的版本号,这里是 3,表明是 L2TPv3。
* 长度字段给出从 T 标志位起到控制消息结束所包含的字节数。
* 控制连接标识符(Control Connection Identifier,CID)用于接收端确定传输控制消息的控制连接,它具有本地意义。
* 发送序号(NS)和接收序号(NR)的含义和 TCP 首部中的序号和确认序号相同,用于确认应答和重传机制。
* 属性值对(Attribute Value Pair,AVP)用于传输建立控制连接或第二层隧道所需的参数。

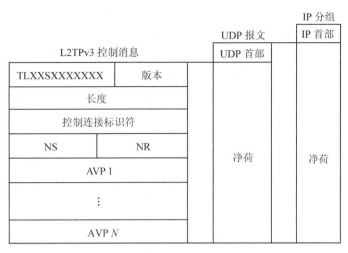

图 7.20　L2TPv3 控制消息格式

（2）控制连接建立过程

控制连接建立过程如图 7.21 所示。通过发送启动控制连接请求（Start Control Connection Request，SCCRQ）消息开始控制连接建立过程，由于控制连接尚未建立，因此该消息的控制连接标识符为 0，发送和接收序号的初值为 0。发送 SCCRQ 消息的 LAC 必须为该控制连接分配本地控制连接标识符（ACID＝123），本地控制连接标识符通过 AVP 给出，它是 LAC 唯一标识该控制连接的标识符。以后，通过该控制连接发送给 LAC 的控制消息必须以该本地控制连接标识符为控制连接标识符。因此，当 LNS 同意建立控制连接并向 LAC 发送启动控制连接响应（Start Control Connection Reply，SCCRP）消息时，其中的控制连接标识符必须是 LAC 分配的本地控制连接标识符 123。LNS 同样需要在 SCCRP 中分配本地控制连接标识符（ACID＝456）。在 LNS 分配本地控制连接标识符后，LAC 发送给 LNS 的所有控制消息都以该本地控制连接标识符为控制连接标识符。LAC 在接收到表明 LNS 同意建立控制连接的 SCCRP 后，通过向 LNS 发送启动控制连接建立（Start Control Connection Connected，SCCCN）消息完成控制连接建立过程。LAC 和 LNS 对接收到的任何控制消息必须回送确认应答。和 TCP 一样，确认应答可以捎带在发送给对方的控制消息中（如 SCCRP 和 SCCCN 消息），也可发送专门的确认应答消息（如最后的 ACK 消息）。

建立控制连接过程除了双方协商产生控制连接标识符外，还需要协商产生双方共同支持的虚拟线路类型。虚拟线路类型是指虚拟线路支持的链路层帧格式，如 PPP 帧和 MAC 帧等，因此就有了对应的点对点虚拟线路和以太网虚拟线路。LAC 必须在 SCCRQ 的虚拟线路类型列表中列出它支持的所有虚拟线路类型。如果 LNS 支持的虚拟线路类型和 LAC 在 SCCRQ 的虚拟线路类型列表中列出的虚拟线路类型之间存在交集，就将交集作为 LNS 发送给 LAC 的 SCCRP 中的虚拟线路类型列表，否则控制连接建立失败。

建立控制连接过程需要完成的另一个功能是双向身份鉴别，LAC 发送给 LNS 的 SCCRQ 中携带标识 LAC 的主机名和报文摘要，报文摘要＝HAMC-MD5 或 HMAC-SHA-1（控制消息），计算基于密钥的报文摘要所需的共享密钥通过配置给出。为防止攻击者伪造

181

控制消息的报文摘要,LAC 发送 SCCRQ 时还需要携带随机数 SN,SN 也通过 AVP 给出。
LNS 发送给 LAC 的 SCCRP 和 LAC 发送给 LNS 的 SCCCN 中的报文摘要＝HMAC-MD5
或 HMAC-SHA-1(SN ‖ RN ‖ 控制消息),其中 SN 是 LAC 产生的随机数,RN 是 LNS 产生
的随机数,使得攻击者难以伪造报文摘要。LAC 和 LNS 接收到对方发送的控制消息后都
重新计算报文摘要,并且将计算结果和控制消息携带的报文摘要比较,如果相等,表明发送
端身份合法且控制消息传输过程中未被篡改。由于虚拟线路基于 Internet,而 IPSec 协议能
够对通过 Internet 传输的 IP 分组提供更高的安全性,因此在由 IPSec 保障虚拟线路的安全
性的情况下,L2TPv3 的源端身份鉴别和数据完整性检测功能可以去掉。

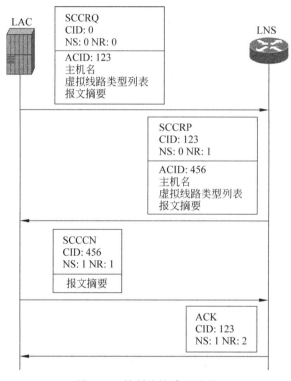

图 7.21　控制连接建立过程

（3）第二层隧道建立过程

建立第二层隧道的过程就是双方协商产生会话标识符和确定第二层隧道的虚拟线路类
型的过程,如图 7.22 所示,由 LAC 发送入呼叫请求(Incoming Call Request,ICRQ)消息开
始第二层隧道的建立过程。ICRQ 中通过 AVP 给出 LAC 分配的本地会话标识符(ALSID
＝678)和指定的虚拟线路类型(PPP 虚拟线路),表示以后所有通过虚拟线路发送给 LAC
的数据均须先封装成 PPP 帧格式,然后再将 PPP 帧封装成如图 7.17 所示的第二层隧道格
式,其中会话标识符必须为 LAC 分配的本地会话标识符 678。为更好地防止重放攻击,可
以用会话标识符和 Cookie 一起唯一标识某个会话。这种情况下,LAC 不但需要分配本地
会话标识符,还需要分配本地 Cookie。由于 Cookie 不是必需的,因此图 7.22 中没有列出。
LNS 接收到 LAC 发送的 ICRQ 后,如果支持 ICRQ 中列出的虚拟线路类型且同意建立虚
拟线路,则向 LAC 发送入呼叫响应(Incoming Call Reply,ICRP)消息。ICRP 中同样通过

AVP 给出 LNS 分配的本地会话标识符(ALSID=789)和虚拟线路类型(PPP 虚拟线路),表示以后所有通过虚拟线路发送给 LNS 的数据均须先封装成 PPP 帧格式,然后再将 PPP 帧封装成如图 7.17 所示的第二层隧道格式,其中会话标识符必须为 LNS 分配的本地会话标识符 789。ICRP 中用远端会话标识符(ARSID=678)给出 LAC 分配的本地会话标识符,以此验证 LNS 是否正确接收了 LAC 发送的 ICRQ。LAC 接收到 LNS 发送的 ICRP 后,如果 ICRP 中的远端会话标识符和虚拟线路类型与本地分配的会话标识符和本地指定的虚拟线路类型相同,则通过发送入呼叫建立(Incoming Call Connected,ICCN)消息表示第二层隧道成功建立。为了让 LNS 验证 LAC 是否正确接收到 LNS 发送的 ICRP,ICCN 中分别通过本地和远端会话标识符给出 LAC 分配的本地会话标识符和 LNS 分配的本地会话标识符。和控制连接建立过程一样,由于没有控制消息可以捎带 LNS 对 ICCN 的确认应答,因此用专门的 ACK 作为 ICCN 的确认应答。

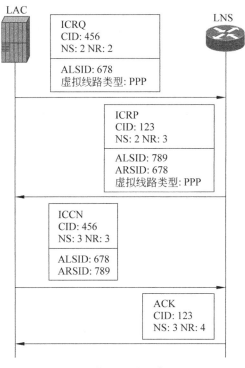

图 7.22　第二层隧道建立过程

4. 经过第二层隧道传输 PPP 帧的过程

(1) L2TPv3 数据消息格式

L2TPv3 数据消息格式如图 7.23 所示。T 标志位为 0,表示是 L2TPv3 数据消息;版本字段为 3,表示是 L2TPv3;会话标识符是创建第二层隧道时数据接收端分配的本地会话标识符。如果创建第二层隧道时两端约定 Cookie,则紧随会话标识符的是 Cookie。

(2) LAC 向 LNS 传输 PPP 帧的过程

对应如图 7.16 所示的网络结构,如果采用终端发起建立第二层隧道方式,则远程终端是 LAC,路由器 R 是 LNS,远程终端通过第二层隧道向路由器 R 传输 PPP 帧的过程就是

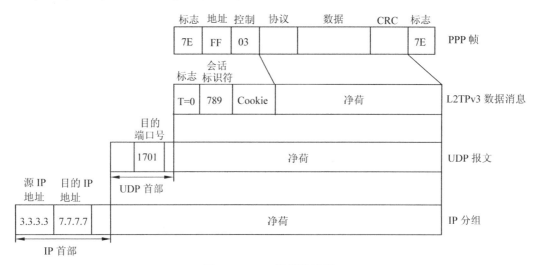

LAC 向 LNS 传输 PPP 帧的过程。

如图 7.22 所示,建立远程终端与路由器 R 之间的第二层隧道时,路由器 R 分配的本地会话标识符是 789。因此,远程终端将传输给路由器 R 的 PPP 帧封装成 L2TPv3 数据消息时,标志位 T=0,以此表明是 L2TPv3 数据消息,会话标识符是路由器 R 的本地会话标识符789。如果建立远程终端与路由器 R 之间的第二层隧道时双方约定了 Cookie,则 L2TPv3数据消息中还需要携带路由器 R 指定的 Cookie。如图 7.24 所示,PPP 帧中的协议、数据和CRC 字段值成为 L2TPv3 数据消息的净荷。L2TPv3 数据消息封装成目的端口号为 1701的 UDP 报文。UDP 报文封装成以远程终端的全球 IP 地址 3.3.3.3 为源 IP 地址、以路由器R 连接 Internet 接口的全球 IP 地址 7.7.7.7 为目的 IP 地址的 IP 分组。该 IP 分组经过Internet 到达路由器 R。路由器 R 分离出 UDP 报文后,根据目的端口号 1701 确定 L2TPv3进程。L2TPv3 进程根据 L2TPv3 数据消息中的会话标识符 789 确定传输该 PPP 帧的第二层隧道是远程终端与路由器 R 之间的第二层隧道。路由器 R 的 PPP 进程因此确定传输PPP 帧的第二层隧道和 PPP 帧的发送端。

图 7.24 PPP 帧封装过程

7.3.4　VPN 接入控制过程

1. 路由器 R 的配置信息

路由器 R 为了实现远程终端 VPN 接入过程，需要在注册用户库中配置用户名、口令和鉴别机制，如图 7.25 所示。路由器 R 通过指定鉴别机制完成对远程终端用户的身份鉴别过程。远程终端用户在身份鉴别过程中必须提供注册用户库中包含的有效用户名和密码。

为了给远程终端分配用于访问内部网络资源的本地 IP 地址，需要在路由器 R 中定义本地 IP 地址池。本地 IP 地址池中给出用于分配给远程终端的本地 IP 地址范围，如图 7.25 所示。

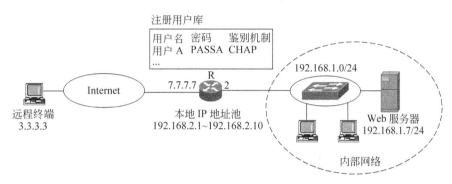

图 7.25　路由器 R 的配置信息

2. 远程终端 VPN 接入内部网络的过程

远程终端启动 VPN 接入过程前，需要创建 VPN 连接，如图 7.26 所示是 Windows 创建 VPN 连接过程中输入 LNS(路由器 R)IP 地址的界面。创建 VPN 连接后，可以通过启动 VPN 连接开始远程终端接入内部网络过程。如图 7.27 所示是启动 VPN 连接的界面，用户名和密码必须是 LNS 注册用户库包含的有效用户名和密码，如用户 A 和 PASSA。

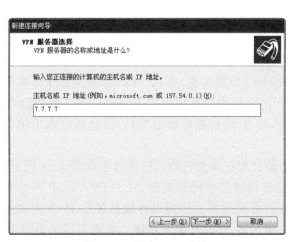

图 7.26　创建 VPN 连接

图 7.27　启动 VPN 连接

启动 VPN 连接后,远程终端与路由器 R 一起完成以下操作。

① 建立远程终端与路由器 R 之间的第二层隧道。

② 远程终端与路由器 R 之间建立基于第二层隧道的 PPP 链路。

③ 路由器 R 完成对远程终端用户的身份鉴别过程。

④ 路由器 R 在本地 IP 地址池中选择一个未使用的本地 IP 地址(如 192.168.2.1),将其分配给远程终端,并且在路由表中创建一项将该本地 IP 地址和远程终端与路由器 R 之间的第二层隧道绑定在一起的路由项。

完成上述操作后,路由器 R 的路由表如表 7.4 所示。第 2 项路由项是将分配给远程终端的本地 IP 地址 192.168.2.1 和远程终端与路由器 R 之间的第二层隧道绑定在一起的路由项。路由项中用本地会话标识符 789 和远程会话标识符 678 唯一标识远程终端与路由器 R 之间的第二层隧道。

表 7.4 路由器 R 的路由表

目的网络	下一跳	输出接口	
192.168.1.0/24	直接	2	
192.168.2.1/32	直接	本地会话标识符	远程会话标识符
		789	678

3. 远程终端访问内部网络的过程

当远程终端访问内部网络中的 Web 服务器时,它构建以远程终端本地 IP 地址 192.168.2.1 为源 IP 地址、以内部网络 Web 服务器本地 IP 地址 192.168.1.7 为目的 IP 地址的 IP 分组。由于远程终端与路由器 R 之间已经建立 PPP 链路,因此该 IP 分组封装成 PPP 帧。由于远程终端与路由器 R 之间的 PPP 链路是基于远程终端与路由器 R 之间的第二层隧道建立的,因此 PPP 帧被封装成 L2TPv3 数据消息。L2TPv3 数据消息封装成目的端口号为 1701 的 UDP 报文。UDP 报文封装成以远程终端全球 IP 地址 3.3.3.3 为源 IP 地址、以路由器 R 连接 Internet 的接口的全球 IP 地址 7.7.7.7 为目的 IP 地址的 IP 分组,封装过程如图 7.28 所示。为了区分,将以本地 IP 地址为源和目的 IP 地址的 IP 分组称为内层 IP 分组,我们将以全球 IP 地址为源和目的 IP 地址的 IP 分组称为外层 IP 分组。

外层 IP 分组经过 Internet 到达路由器 R,路由器 R 的 L2TPv3 进程从外层 IP 分组中分离出 UDP 报文,从 UDP 报文中分离出 L2TPv3 数据消息,从 L2TPv3 数据消息中分离出 PPP 帧,将其提交给 PPP 进程。PPP 进程从 PPP 帧中分离出内层 IP 分组,将其提交给 IP 进程,IP 进程根据路由表和内层 IP 分组的目的 IP 地址确定输出接口,通过指定输出接口输出内层 IP 分组。

内层 IP 分组远程终端至 Web 服务器传输过程中涉及的协议转换过程如图 7.29 所示。对于远程终端而言,物理层和链路层由远程终端连接的网络决定。L2TPv3、UDP 和外层 IP 实现建立第二层隧道并将 PPP 帧封装成适合经过第二层隧道传输的外层 IP 分组的功能。PPP 实现远程接入控制和将内层 IP 分组封装成 PPP 帧的功能。远程终端的内层 IP 实现构建用于访问内部网络的内层 IP 分组并确定远程终端与路由器 R 之间的第二层隧道为输出链路的功能。路由器 R 的内层 IP 完成内层 IP 分组的转发过程。

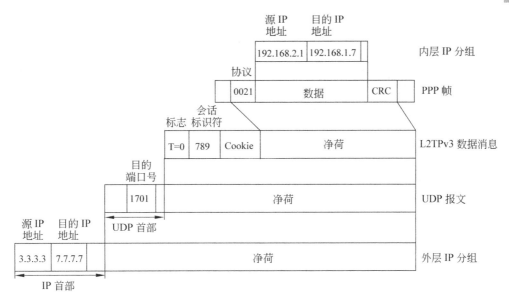

图 7.28 内层 IP 分组封装过程

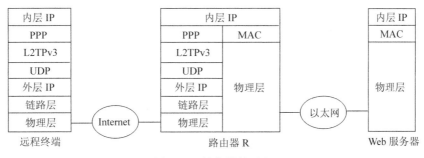

图 7.29 协议转换过程

7.3.5 第二层隧道 IPSec 和安全传输过程

1. 建立安全关联

第二层隧道两端之间实现安全传输的前提是建立两端之间双向安全关联。如果采用 IKE 动态建立安全关联的方法,第二层隧道两端需要配置与建立安全传输通道和安全关联相关的信息,这些信息包括安全传输通道采用的加密算法、报文摘要算法和密钥生成机制等以及安全关联使用的安全协议(ESP 或 AH)、加密算法和 MAC 算法等。

如果采用人工配置安全关联的方法,需要针对每一个安全关联人工配置安全协议(ESP 或 AH)、SPI、加密算法、MAC 算法、加密密钥、MAC 密钥等。图 7.30 所示是成功建立远程终端至路由器 R 的安全关联后远程终端和路由器 R 中与安全关联相关的参数。相关参数表明远程终端至路由器 R 的安全关联采用安全协议 ESP,ESP 采用传输模式。

2. 远程终端至路由器 R 的安全传输过程

当远程终端需要访问内部网络中的 Web 服务器时,构建以远程终端的本地 IP 地址为源 IP 地址、以 Web 服务器的本地 IP 地址为目的 IP 地址的内层 IP 分组,确定远程终端与

IP 分组分类标准	安全关联标识符	安全关联参数	安全关联标识符	安全关联参数
协议类型=UDP 源 IP 地址=3.3.3.3/32 目的 IP 地址=7.7.7.7/32 目的端口号=1701	SPI=1234 目的 IP 地址=7.7.7.7 安全协议标识符=ESP	加密算法=AES 加密密钥 K1=7654321 MAC 算法=HMAC-MD5-96 MAC 密钥 K2=1234567	SPI=1234 目的 IP 地址=7.7.7.7 安全协议标识符=ESP	加密算法=AES 加密密钥 K1=7654321 MAC 算法=HMAC-MD5-96 MAC 密钥 K2=1234567

图 7.30　远程终端至路由器 R 安全关联

路由器 R 之间的第二层隧道为输出链路,将内层 IP 分组封装成以远程终端的全球 IP 地址为源 IP 地址、以路由器 R 连接 Internet 的接口的全球 IP 地址为目的 IP 地址的外层 IP 分组,封装过程如图 7.28 所示。由于外层 IP 分组符合图 7.30 所示的 IP 分组分类标准,因此确定外层 IP 分组通过如图 7.30 所示的远程终端至路由器 R 的安全关联实施安全传输。根据安全关联指定的参数,将外层 IP 分组封装成 ESP 报文,封装过程如图 7.31 所示。

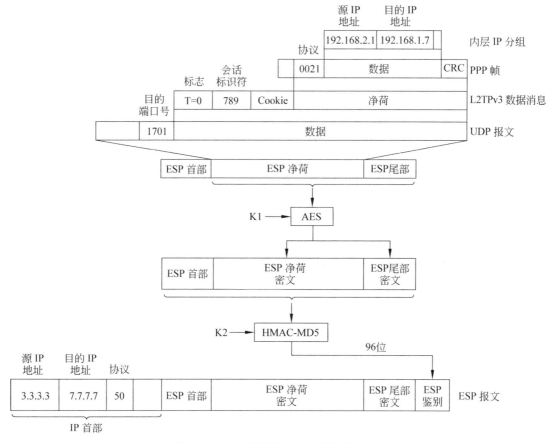

图 7.31　封装传输模式 ESP 报文的过程

封装成 ESP 报文后,IP 首部中的协议字段值改为 50,表明 IP 分组净荷是 ESP 报文;ESP 首部中的下一个首部字段值为 17,表明 ESP 报文净荷是 UDP 报文。另外,SPI 为 1234。

当路由器 R 接收到该 ESP 报文时,根据 IP 分组首部中的协议字段值 50 确定是 ESP 报文,根据 SPI＝1234、目的 IP 地址＝7.7.7.7 和安全协议＝ESP 检索安全关联数据库 (Security Association Database,SAD),找到如图 7.30 所示的匹配的安全关联,根据匹配的安全关联的参数还原出如图 7.28 所示的外层 IP 分组。至此,完成外层 IP 分组远程终端至路由器 R 的安全传输过程。

7.3.6　Cisco Easy VPN

1. Cisco Easy VPN 解决的问题

如果采用 IKE 动态建立远程终端与内部网络 LNS 之间的双向安全关联的方法,远程终端需要配置与建立安全传输通道和安全关联相关的信息,这些信息包括安全传输通道采用的加密算法、报文摘要算法和密钥生成机制等,以及安全关联使用的安全协议(ESP 或 AH)、加密算法和 MAC 算法等。

如果采用人工配置远程终端与内部网络 LNS 之间的双向安全关联的方法,则远程终端需要针对每一个安全关联人工配置安全协议(ESP 或 AH)、SPI、加密算法、MAC 算法、加密密钥、MAC 密钥等。

由于要求所有远程终端用户具备上述参数配置能力是不现实的,同时让内部网络 LNS 配置的参数与所有要求远程接入内部网络的远程终端配置的参数一致是难以做到的,因此通过建立远程终端与内部网络 LNS 之间的双向安全关联实现远程终端与内部网络 LNS 之间的安全传输变得不可行。

Cisco Easy VPN 解决上述问题的方法是只需要在内部网络 LNS 上配置与建立安全关联相关的参数。当远程用户启动接入内部网络过程且内部网络 LNS 确定该远程用户是注册用户后,内部网络 LNS 一方面完成该远程终端的接入控制过程,另一方面向该远程终端推送与建立安全关联相关的参数。该远程终端接收到内部网络 LNS 推送的与建立安全关联相关的参数后,完成远程终端与内部网络 LNS 之间的双向安全关联建立过程。

2. Cisco Easy VPN 实现思路

Cisco Easy VPN 实现远程终端接入内部网络的思路与 IPSec＋第二层隧道不同,远程终端与内部网络连接 Internet 的路由器之间不是通过第二层隧道协议建立第二层隧道,而是建立第三层隧道。远程终端与内部网络 LNS 之间的双向安全关联采用隧道模式。Cisco Easy VPN 以上述方式实现远程终端接入内部网络过程需要解决以下问题。

(1) 路由器动态获取第三层隧道另一端的全球 IP 地址

配置第三层隧道需要配置隧道两端的全球 IP 地址。对于如图 7.32 所示的 Cisco Easy VPN 实现过程,远程终端与路由器 R 之间的第三层隧道不是固定存在的,而是远程终端接入内部网络时动态创建的。因此,路由器 R 在远程终端发起接入内部网络过程后,获取远程终端的全球 IP 地址,从而创建与远程终端之间的第三层隧道。

(2) 远程终端动态分配内部网络本地 IP 地址

如果远程终端与路由器 R 之间通过 PPP 完成接入控制过程,则由路由器 R 通过鉴别协议完成对远程用户的身份鉴别过程,通过 IP 控制协议完成对远程终端内部网络本地 IP 地址的分配过程,并且在路由表中建立一项将远程终端本地 IP 地址和远程终端与路由器 R

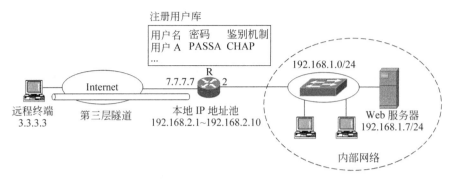

图 7.32   Cisco Easy VPN 实现过程

之间的 PPP 链路绑定在一起的路由项。

在 Cisco Easy VPN 实现过程中,同样需要完成对远程用户的身份鉴别过程以及对远程终端的内部网络本地 IP 地址的分配过程,并且在路由器 R 的路由表中创建一项将远程终端本地 IP 地址和远程终端与路由器 R 之间的第三层隧道绑定在一起的路由项。

(3)建立安全关联

建立第三层隧道两端之间的安全关联时,为简化远程终端配置过程,只需要在路由器 R 的一端配置与建立 IKE 关联和安全关联相关的参数,由路由器 R 向远程终端推送相关参数。建立安全关联过程分为两个阶段:第一阶段是建立安全传输通道,即 IKE 安全关联;第二阶段是建立 IPSec 安全关联。在第一阶段和第二阶段之间插入鉴别远程终端用户身份,为远程终端分配本地 IP 地址和其他网络信息,以及在路由器 R 的路由表中创建一项将远程终端的本地 IP 地址和远程终端与路由器 R 之间的第三层隧道绑定在一起的路由项的过程。

3. Cisco Easy VPN 接入过程

(1)路由器 R 配置的参数

① 安全传输通道相关的信息。

• 身份鉴别机制:共享密钥。

• 加密算法:3DES。

• 报文摘要算法:SHA-1。

• 密钥分发协议:Diffie-Hellman,选择组号为 2 的参数。

• 共享密钥:PSK。

② 安全关联相关的信息

• 安全协议:ESP 隧道模式。

• 加密算法:AES。

• MAC 算法:HMAC-MD5-96。

③ 注册用户信息。

在路由器 R 中创建如图 7.32 所示的本地注册用户库,注册用户库中存储注册用户的用户名、密码和鉴别机制。

④ 本地 IP 地址池。

定义本地 IP 地址池,如图 7.32 所示的本地 IP 地址池 192.168.2.1～192.168.2.10。

(2) Cisco Easy VPN 工作过程

Cisco Easy VPN 工作过程如图 7.33 所示,分为三个阶段。

图 7.33　Cisco Easy VPN 工作过程

第一阶段是建立安全传输通道,即 IKE 安全关联。该阶段的任务是双方协商安全传输通道使用的加密算法、报文摘要算法,完成双向身份鉴别过程和 Diffie-Hellman 参数交换过程。为实现双向身份鉴别,路由器 R 将远程终端分组,每一组分配唯一的组标识符和共享密钥。远程终端证明身份的方法是提供所属组的组标识符并证明拥有该组的共享密钥。该阶段由远程终端发起,远程终端向路由器 R 提供组标识符、随机数 NC1 和 Diffie-Hellman参数 YC。路由器 R 生成 Diffie-Hellman 参数 YR 和随机数 NR1,根据 Diffie-Hellman 参数 YR 和 YC 计算出密钥种子 KS。它根据密钥种子 KS、共享密钥 PSK、随机数 NC1 和NR1 计算出加密密钥 K。然后向远程终端发送安全传输通道使用的加密算法 3DES、报文摘要算法 SHA-1、随机数 NR1 和远程终端提供的随机数 NC1 以及用于证明路由器 R 身份的鉴别信息 $AUTH_R=SHA\text{-}1(PSK\parallel NC1\parallel NR1)$。如果远程终端认可路由器 R 指定的加密算法 3DES 和报文摘要算法 SHA-1,则向路由器 R 发送远程终端确认的加密算法 3DES、报文摘要算法 SHA-1 和用于证明远程终端身份的鉴别信息 $AUTH_C=SHA\text{-}1(PSK\parallel$ 组标识符 $\parallel NC1\parallel NR1)$。

第二阶段的任务是由路由器 R 完成对远程用户的身份鉴别过程并向远程终端推送网络信息,同时在路由表中创建用于指明通往远程终端的传输路径的路由项。由路由器 R 发起鉴别远程终端用户身份的过程。路由器 R 向远程终端发送挑战 Challenge,远程终端向路由器 R 提供用户名用户 A 和 MD5(Challenge∥PASSA),其中 PASSA 是分配给用户名为用户 A 的注册用户的密码。路由器 R 完成对远程用户的身份鉴别过程后,向远程终端推送网络信息(如本地 IP 地址、域名服务器地址等),并且在路由表中创建一项将远程终端的本地 IP 地址和远程终端与路由器 R 之间的第三层隧道绑定在一起的路由项。完成该路由项创建过程后的路由器 R 的路由表如表 7.5 所示。

表 7.5   路由器 R 的路由表

目的网络	下一跳	输出接口	
192.168.1.0/24	直接	2	
192.168.2.1/32	直接	本地全球 IP 地址	远端全球 IP 地址
		7.7.7.7	3.3.3.3

第三阶段的任务是由路由器 R 向远程终端推送与安全关联相关的参数,建立路由器 R 与远程终端之间的安全关联。图 7.33 所示是建立远程终端至路由器 R 安全关联的过程。路由器 R 需要向远程终端推送与安全关联相关的参数,如 SPI=1234、安全协议=ESP 隧道模式、加密算法＝AES、MAC 算法－HMAC-MD5 等,同时提供路由器 R 产生的随机数 NR2。路由器 R 根据建立 IKE 关联时约定的报文摘要算法 SHA-1 计算出报文摘要,然后根据约定的加密算法 3DES 和生成的密钥 K 对路由器 R 推送的与安全关联相关的参数、随机数 NR2 和报文摘要 SHA-1(SPI ‖ ESP ‖ AES ‖ HMAC-MD5 ‖ NR2)(图 7.33 中用 SHA-1()表示)进行加密运算,生成密文并将密文发送远程终端。远程终端如果认可路由器 R 推送的与安全关联相关的参数,则向路由器 R 发送远程终端最终认可的与安全关联相关的参数,远程终端同样以密文方式向路由器 R 发送与安全关联相关的参数、路由器 R 产生的随机数 NR2、远程终端产生的随机数 NC2 及根据这些信息计算出的报文摘要 SHA-1(SPI ‖ ESP ‖ AES ‖ HMAC-MD5 ‖ NR2 ‖ NC2)。路由器 R 和远程终端根据建立 IKE 安全关联时计算出的密钥种子 KS、共享密钥 PSK 以及随机数 NR2 和 NC2 计算出 IPSec 安全关联使用的加密密钥和 MAC 密钥。

4. ESP 报文封装过程

远程终端成功建立与路由器 R 之间的 IPSec 安全关联后,可以访问内部网络 Web 服务器,使用路由器 R 推送给它的内部网络本地 IP 地址,如图 7.33 所示的路由器 R 在本地 IP 地址池中选择的 IP 地址 192.168.2.1。远程终端发送给内部网络 Web 服务器的数据封装成以远程终端内部网络本地 IP 地址 192.168.2.1 为源 IP 地址、内部网络 Web 服务器本地 IP 地址 192.168.1.7 为目的 IP 地址的内层 IP 分组。内层 IP 分组在远程终端至路由器 R 的传输过程中封装成 ESP 报文,ESP 报文首部中的下一个首部字段值为 4,表明 ESP 报文净荷为内层 IP 分组。完成加密和消息鉴别码运算过程后的 ESP 报文被封装成 UDP 报文,用端口号 4500 表明 UDP 报文净荷是 ESP 报文。UDP 报文封装成以远程终端全球 IP 地址 3.3.3.3 为源 IP 地址、以路由器 R 连接 Internet 接口的全球 IP 地址 7.7.7.7 为目的 IP 地址的外层 IP 分组,整个封装过程如图 7.34 所示。

外层 IP 分组经过远程终端与路由器 R 之间的 Internet 到达路由器 R,由路由器 R 分离出内层 IP 分组,经过内部网络将内层 IP 分组转发给 Web 服务器,实现内层 IP 分组从远程终端至内部网络 Web 服务器的传输过程。

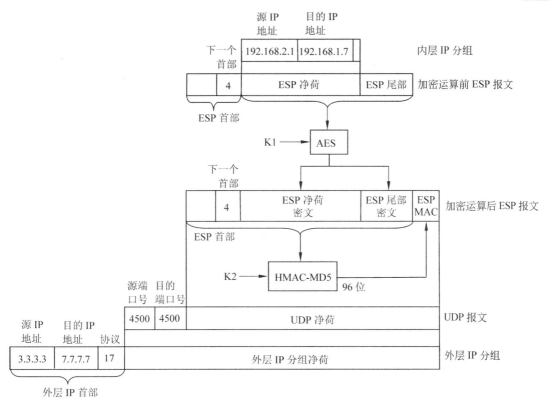

图 7.34 ESP 报文封装过程

7.4 SSL VPN

如果通过 Internet 实现远程终端和内部网络之间的互联,则可以通过 SSL VPN 解决远程终端访问内部网络资源的问题。SSL VPN 的核心是 SSL VPN 网关,远程终端可以通过浏览器和 HTTPS 实现与 SSL VPN 网关之间的通信过程。SSL VPN 网关通过对应的应用层协议完成对内部网络资源的访问过程,它完成将远程终端发送的资源访问请求转换成对应的应用层消息并将内部网络服务器发送的资源访问响应转换成 HTTPS 消息的过程。

7.4.1 第二层隧道和 IPSec 的缺陷

1. VPN 对远程终端的访问权限没有限制

无论是 IP Sec＋第二层隧道还是 Cisco Easy VPN,远程终端成功接入内部网络后,生成如图 7.35 所示的 VPN 结构。远程终端和内部网络中的其他终端一样,可以通过分配给它的内部网络本地 IP 地址与内部网络中的其他终端和服务器进行通信。由于远程终端通过 Internet 接入内部网络,因此对它访问内部网络资源的权限应该有所限制,但如图 7.35 所示的 VPN 结构本身无法对远程终端访问内部网络资源的权限进行限制。

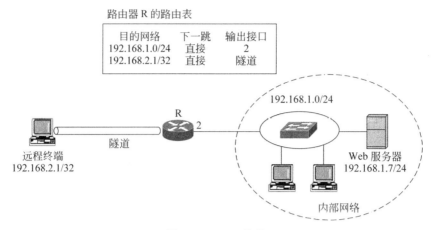

图 7.35　VPN 结构

2. 家庭局域网中的终端无法访问其他内部网络

家庭局域网中的终端和其他内部网络之间的关系如图 7.36 所示。由于家庭局域网中的终端没有直接连接在 Internet 上和分配全球 IP 地址,因此无法直接建立与路由器 R 之间的隧道,因而无法访问内部网络。

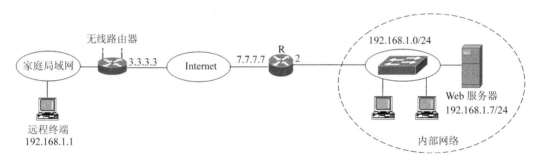

图 7.36　家庭局域网和内部网络

3. 需要专用客户端

无论是 IPSec+第二层隧道还是 Cisco Easy VPN,远程终端都要安装专用客户端。在 IPSec+第二层隧道情况下,远程终端还需要通过客户端配置与建立安全关联有关的参数。用户只有具备一定的专业知识,才能完成专用客户端的使用和配置过程。而大多数普通用户通常不具备完成专用客户端使用和配置过程所需的专业知识。

4. 远程终端可以发现内部网络拓扑结构

无论是 IPSec+第二层隧道还是 Cisco Easy VPN,内部网络对于远程终端都不是透明的。远程终端可以获取内部网络的拓扑结构,这不利于内部网络的安全。

5. 无法实现基于用户授权

远程接入内部网络的用户类型是多种多样的,有出差在外的企业员工,有企业合作者,还有企业产品的用户等。不同类型的用户应该具有不同的访问内部网络资源的权限,即需要基于用户授权,但如图 7.35 所示的 VPN 结构本身无法实现基于用户授权。

7.4.2　SSL VPN 实现原理

1. SSL VPN 结构

SSL VPN 结构如图 7.37(a)所示,核心设备是 SSL VPN 网关,它一端连接 Internet,分配全球 IP 地址;另一端连接内部网络,分配内部网络本地 IP 地址。与其他实现内部网络和 Internet 互联的路由器不同,SSL VPN 网关对于远程终端等同于连接在 Internet 上的 Web 服务器,远程终端可以用与访问其他连接在 Internet 上的 Web 服务器一样的方式登录 SSL VPN 网关。为实现数据远程终端与 SSL VPN 之间的安全传输,可采用应用层安全协议 HTTPS。

SSL VPN 网关通过连接内部网络的接口建立与内部网络各个服务器之间的传输通路,通过相应的应用层协议完成访问内部网络中各个服务器的过程。远程终端对内部网络资源的访问请求封装成 HTTPS 消息后,传输给 SSL VPN 网关。SSL VPN 网关从 HTTPS 消息中分离出远程终端的资源访问请求,确定需要访问的内部网络服务器,通过相应的应用层协议完成对该服务器的访问过程。然后将该服务器的访问结果封装成 HTTPS 消息后,传输给远程终端。如图 7.37(b)所示,SSL VPN 网关统一用 HTTPS 实现与远程终端之间的数据传输过程,用不同的应用层协议实现对内部网络中各个服务器的访问过程,因此需要完成 HTTPS 消息格式与相应的应用层消息格式之间的相互转换过程。

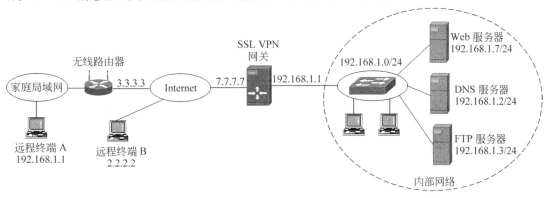

(a) 物理结构

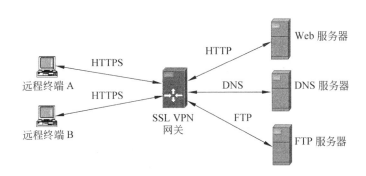

(b) 逻辑结构

图 7.37　SSL VPN 结构

值得强调的是,远程终端通过 SSL VPN 网关实现对内部网络资源的访问过程,内部网络对远程终端是不可见的。

由于所有远程终端统一用 HTTPS 访问 SSL VPN 网关,因此它们可以通过浏览器实现对 SSL VPN 网关的访问过程。

2. SSL VPN 实现过程

SSL VPN 实现过程如图 7.38 所示。下面以远程终端访问内部网络 FTP 服务器为例,讨论 SSL VPN 实现过程中包含的步骤。

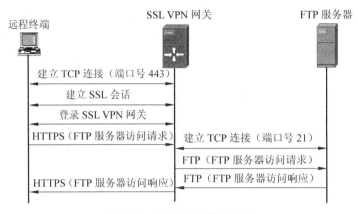

图 7.38　SSL VPN 实现过程

(1) 建立远程终端与 SSL VPN 网关之间的 TCP 连接

登录 SSL VPN 网关时,需要在浏览器地址栏中输入 SSL VPN 网关的全球 IP 地址或者是互联网中的完全合格域名。远程终端在获取 SSL VPN 网关连接 Internet 的接口的全球 IP 地址后,发起建立与 SSL VPN 网关之间的 TCP 连接。该 TCP 连接 SSL VPN 网关一端的端口号是 443,表明经过该 TCP 连接传输的是 SSL/TLS 消息。

除了直接连接在 Internet 上的远程终端 B 可以发起建立与 SSL VPN 网关之间的 TCP 连接的过程,连接在家庭局域网中的远程终端 A 也可以发起建立与 SSL VPN 网关之间的 TCP 连接的过程,只是需要由无线路由器通过端口地址转换(Port Address Translation, PAT)完成远程终端 A 家庭局域网私有 IP 地址与无线路由器连接 Internet 的接口的全球 IP 地址之间的相互转换过程。

(2) 建立远程终端与 SSL VPN 网关之间的 SSL 会话

建立远程终端与 SSL VPN 网关之间的 TCP 连接后,远程终端可以发起建立与 SSL VPN 网关之间的 SSL 会话。在建立远程终端与 SSL VPN 网关之间的 SSL 会话的过程中完成以下操作。

- 远程终端完成对 SSL VPN 网关的身份鉴别过程。
- 远程终端与 SSL VPN 网关之间约定加密算法和 MAC 算法。
- 远程终端与 SSL VPN 网关之间生成一致的加密密钥、MAC 密钥。

(3) 远程终端登录 SSL VPN 网关

建立远程终端与 SSL VPN 网关之间的 SSL 会话后,SSL VPN 网关出现用户登录界面,需要用户输入用户名和密码。用户输入有效用户名和密码后,才允许进行访问内部网络资源的操作。同时,远程终端与 SSL VPN 网关之间传输的数据都被封装成 TLS 记录协议报文。

（4）远程终端向 SSL VPN 网关发送 FTP 服务器访问请求

远程终端如果要访问内部网络资源,需要给出唯一标识内部网络资源的统一资源定位器（Uniform Resource Locator,URL）,例如访问内部网络 FTP 服务器中文件 abc 的 URL＝ftp://ftp.a.com/abc。该 URL 封装成 HTTPS 消息后,将被发送给 SSL VPN 网关。

（5）SSL VPN 网关完成 FTP 服务器访问过程

SSL VPN 网关接收到 URL＝ftp://ftp.a.com/abc 后,根据域名 ftp.a.com,通过内部网络的 DNS 解析出 FTP 服务器的内部网络本地 IP 地址,建立与 FTP 服务器之间的 TCP 连接。该 TCP 连接 FTP 服务器一端的端口号是 21,表明经过该 TCP 连接传输的是 FTP 消息。SSL VPN 网关与 FTP 服务器之间通过交换 FTP 消息完成文件 abc 的读取过程。

（6）SSL VPN 网关向远程终端发送 FTP 服务器访问响应

SSL VPN 网关将文件 abc 封装成 HTTPS 消息后,发送给远程终端。

3. 基于用户授权

SSL VPN 网关可以实现基于用户授权,为每一个注册用户建立授权访问的资源列表。当接收到某个注册用户提交的 URL 后,首先判别授权该用户访问的资源列表中是否包含该 URL 指定的资源。只有确定该 URL 指定的资源是授权该用户访问的资源后,才进行后续的资源访问过程。

7.5　BGP/MPLS IP VPN

BGP/MPLS IP VPN 用于实现 MPLS 骨干网互联的分配私有 IP 地址的企业局域网之间的通信过程。实现思路如下:一是通过标签分发协议（Label Distribution Protocol,LDP）建立 PE 之间的 LSP;二是 PE 之间通过多协议边界网关协议（Multiprotocol Extensions for BGP-4,MBGP）建立用于指明通往各个分配私有 IP 地址的企业局域网的传输路径的路由项;三是经过 LSP 传输以私有 IP 地址为源和目的 IP 地址的 IP 分组时,该 IP 分组对于 LSP 是透明的。

7.5.1　端口 IP 地址和路由表

如图 7.39 所示,各个站点分配私有 IP 地址,CE 用于实现站点与 PE 之间的连接,因此 CE 各个端口分配私有 IP 地址。PE 用于连接 CE 的端口分配私有 IP 地址,PE 其他端口分配全球 IP 地址。P 的各个端口分配全球 IP 地址。

各个 PE 与 CE 之间通过 RIP 生成用于指明通往站点内各个子网的传输路径的路由项。各个 PE 与 P 之间通过 OSPF 生成用于指明通往 MPLS 骨干网中各个子网的传输路径的路由项。这里,为各个 PE 的 Loopback 接口分配全球 IP 地址,因此 OSPF 生成的主要是用于指明通往各个 PE 的 Loopback 接口的传输路径的路由项。

1. 端口 IP 地址分配

CE1 和 CE4 各个端口配置的 IP 地址和子网掩码分别如表 7.6 和表 7.7 所示,CE2 各个端口配置的 IP 地址与 CE1 相同,CE3 各个端口配置的 IP 地址与 CE4 相同。CE 各个端口

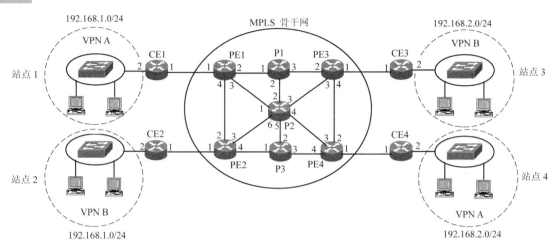

图 7.39　BGP/MPLS IP VPN 结构

配置私有 IP 地址。

所有 PE 和 P 各个端口配置的 IP 地址和子网掩码如表 7.8～表 7.14 所示,各个 PE 连

表 7.6　CE1 端口的 IP 地址配置

端口	IP 地址	子网掩码
1	192.168.3.1	255.255.255.0
2	192.168.1.254	255.255.255.0

表 7.7　CE4 端口的 IP 地址配置

端口	IP 地址	子网掩码
1	192.168.4.1	255.255.255.0
2	192.168.2.254	255.255.255.0

表 7.8　PE1 端口的 IP 地址配置

端口	IP 地址	子网掩码
1	192.168.3.2	255.255.255.0
2	192.1.2.1	255.255.255.252
3	192.1.2.5	255.255.255.252
4	192.1.2.9	255.255.255.252
Loopback	192.1.1.1	255.255.255.255

表 7.9　PE2 端口的 IP 地址配置

端口	IP 地址	子网掩码
1	192.168.3.2	255.255.255.0
2	192.1.2.10	255.255.255.252
3	192.1.2.13	255.255.255.252
4	192.1.2.17	255.255.255.252
Loopback	192.2.1.1	255.255.255.255

表 7.10　PE3 端口的 IP 地址配置

端口	IP 地址	子网掩码
1	192.168.4.2	255.255.255.0
2	192.1.2.21	255.255.255.252
3	192.1.2.25	255.255.255.252
4	192.1.2.29	255.255.255.252
Loopback	192.3.1.1	255.255.255.255

表 7.11　PE4 端口的 IP 地址配置

端口	IP 地址	子网掩码
1	192.168.4.2	255.255.255.0
2	192.1.2.30	255.255.255.252
3	192.1.2.33	255.255.255.252
4	192.1.2.37	255.255.255.252
Loopback	192.4.1.1	255.255.255.255

表 7.12　P1 端口的 IP 地址配置

端口	IP 地址	子网掩码
1	192.1.2.2	255.255.255.252
2	192.1.2.41	255.255.255.252
3	192.1.2.22	255.255.255.252

表 7.13　P2 端口的 IP 地址配置

端口	IP 地址	子网掩码
1	192.1.2.6	255.255.255.252
2	192.1.2.42	255.255.255.252
3	192.1.2.26	255.255.255.252
4	192.1.2.34	255.255.255.252
5	192.1.2.45	255.255.255.252
6	192.1.2.14	255.255.255.252

表 7.14　P3 端口的 IP 地址配置

端口	IP 地址	子网掩码
1	192.1.2.18	255.255.255.252
2	192.1.2.46	255.255.255.252
3	192.1.2.38	255.255.255.252

接 CE 的端口配置私有 IP 地址,其他端口配置全球 IP 地址。P 的各个端口配置全球 IP 地址。这里为各个 PE 的 Loopback 接口分配全球 IP 地址,各个 PE Loopback 接口的全球 IP 地址成为 PE 之间 LSP 两端的全球 IP 地址,LSP 等同于隧道。

2. 企业局域网路由表

分布在各个站点的企业局域网分配私有 IP 地址,各个 CE 和 PE 中通过 RIP 生成用于指明通往分布在各个站点中的企业局域网的传输路径的路由项。CE1 和 CE4 的路由表分别如表 7.15 和表 7.16 所示,PE1 和 PE4 的路由表分别如表 7.17 和表 7.18 所示,类型 C 表示是直连路由项,类型 R 表示是 RIP 生成的动态路由项。这些路由表中包含用于指明通往属于 VPN A 的各个子网的传输路径的路由项。CE2 的路由表与 CE1 相同,CE3 的路由表与 CE4 相同,PE2 和企业局域网关联的路由表与 PE1 相同,PE3 和企业局域网关联的路由表与 PE4 相同。不过,CE2、CE3、PE2 和 PE3 的路由表中包含用于指明通往属于 VPN B 的各个子网的传输路径的路由项。属于 VPN A 的各个子网与属于 VPN B 的各个子网可以分配相同的私有网络地址。

表 7.15　CE1 路由表

类型	目的网络	输出接口	下一跳
C	192.168.1.0/24	2	直接
C	192.168.3.0/24	1	直接

表 7.16　CE4 路由表

类型	目的网络	输出接口	下一跳
C	192.168.2.0/24	2	直接
C	192.168.4.0/24	1	直接

表 7.17　PE1 路由表

类型	目的网络	输出接口	下一跳
C	192.168.3.0/24	1	直接
R	192.168.1.0/24	1	192.168.3.1

表 7.18　PE4 路由表

类型	目的网络	输出接口	下一跳
C	192.168.4.0/24	1	直接
R	192.168.2.0/24	1	192.168.4.1

3. MPLS 骨干网路由表

MPLS 骨干网中各个 PE 和 P 的路由表如表 7.19～表 7.25 所示,类型 C 表示是直连路由项,类型 O 表示是 OSPF 生成的动态路由项。这些路由表给出用于指明通往各个 PE Loopback 接口的传输路径的路由项。在 BGP/MPLS IP VPN 中,MPLS 骨干网用于提供实现属于同一 VPN 的各个站点之间互联的 LSP,各个 PE 的 Loopback 接口通常是这些 LSP 的两端。

表 7.19　PE1 路由表

类型	目的网络	输出接口	下一跳
C	192.1.1.1/32	Loopback	直接
O	192.2.1.1/32	4	192.1.2.10
O	192.3.1.1/32	2	192.1.2.2
O	192.4.1.1/32	3	192.1.2.6

表 7.20　PE2 路由表

类型	目的网络	输出接口	下一跳
O	192.1.1.1/32	2	192.1.2.9
C	192.2.1.1/32	Loopback	直接
O	192.3.1.1/32	3	192.1.2.14
O	192.4.1.1/32	4	192.1.2.18

表 7.21　PE3 路由表

类型	目的网络	输出接口	下一跳
O	192.1.1.1/32	2	192.1.2.22
O	192.2.1.1/32	3	192.1.2.26
C	192.3.1.1/32	Loopback	直接
O	192.4.1.1/32	4	192.1.2.30

表 7.22　PE4 路由表

类型	目的网络	输出接口	下一跳
O	192.1.1.1/32	3	192.1.2.34
O	192.2.1.1/32	4	192.1.2.38
O	192.3.1.1/32	2	192.1.2.29
C	192.4.1.1/32	Loopback	直接

表 7.23　P1 路由表

类型	目的网络	输出接口	下一跳
O	192.1.1.1/32	1	192.1.2.1
O	192.2.1.1/32	1	192.1.2.1
O	192.3.1.1/32	3	192.1.2.21
O	192.4.1.1/32	3	192.1.2.21

表 7.24　P2 路由表

类型	目的网络	输出接口	下一跳
O	192.1.1.1/32	1	192.1.2.5
O	192.2.1.1/32	6	192.1.2.13
O	192.3.1.1/32	3	192.1.2.25
O	192.4.1.1/32	4	192.1.2.33

表 7.25　P3 路由表

类型	目的网络	输出接口	下一跳	类型	目的网络	输出接口	下一跳
O	192.1.1.1/32	1	192.1.2.17	O	192.3.1.1/32	3	192.1.2.37
O	192.2.1.1/32	1	192.1.2.17	O	192.4.1.1/32	3	192.1.2.37

7.5.2　LDP 和 LSP 建立过程

1. MPLS 操作过程

MPLS 骨干网中的 PE 和 P 因为支持 MPLS,所以被称为标签交换路由器(Label Switching Router,LSR)。MPLS 通过标签发布协议(LDP)建立标签交换路径(LSP)。LSP

是单向路径,即从入结点(ingress)到出结点(egress)。入结点将 IP 分组映射到某个转发等价类(Forwarding Equivalent Class,FEC),FEC 是一组有着相同属性并可以通过同一条 LSP 传输的 IP 分组。在图 7.40 中,对于目的 IP 地址为 192.4.1.1 的 IP 分组,可以通过 PE1 至 PE4 的 LSP 进行传输。因此,FEC 是目的 IP 地址为 192.4.1.1/32 的 IP 分组,用 192.4.1. 1/32 表示唯一的 IP 地址 192.4.1.1。

　　LSP 是在 IP 传输路径基础上构建的标签交换路径,类似于虚电路分组交换网络中的虚电路。构建 LSP 的目的是使得 LSP 中的 LSR 可以根据 MPLS 报文的输入接口和输入标签确定该 MPLS 报文的输出接口和输出标签,并且因此完成 MPLS 报文的转发过程。MPLS 报文格式如图 7.41 所示,在 IP 分组基础上增加了 MPLS 标签。增加的 MPLS 标签可以是单个标签,如图 7.41(a)所示;也可以是一个由多个 MPLS 标签构成的标签栈,如图 7.41(b)所示。外层 MPLS 标签是栈顶标签,内层 MPLS 标签是栈底标签。LSR 根据栈顶标签完成 MPLS 报文转发过程,但可以通过 PUSH 和 POP 操作改变标签栈中的栈顶标签。

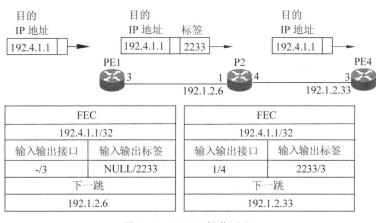

图 7.40　MPLS 操作过程

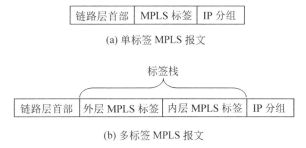

(a) 单标签 MPLS 报文

(b) 多标签 MPLS 报文

图 7.41　MPLS 报文格式

　　建立入结点至出结点 LSP 的过程就是在 LSP 经过的各个 LSR 中建立 MPLS 转发项的过程。对应每一条 LSP 存在一项 MPLS 转发项,转发项中建立 MPLS 标签与 LSP 之间的映射。通过建立输入接口与输出接口之间的关联指定 LSP。由于 MPLS 报文经过不同 LSR 之间链路时有着不同的 MPLS 标签,因此通过输入 MPLS 标签和输出 MPLS 标签建立 MPLS 标签与 LSP 之间的映射。由于经过 LSR 之间链路传输 MPLS 报文时,需要将

MPLS 报文封装成该链路对应的链路层帧格式,因此如果链路层首部中需要给出下一跳 LSR 的链路层地址,则需要根据下一跳 LSR 的 IP 地址完成链路层地址解析过程。因而,MPLS 转发项中还需要给出下一跳的 IP 地址,如图 7.40 所示。

在图 7.40 中,PE1 至 PE4 的传输路径是 PE1 接口 3→P2 接口 1→P2 接口 4→PE4 接口 3,因此 PE1 和 P2 的 MPLS 转发项如图 7.40 所示。MPLS 报文经过 PE1 至 P2 这一段链路传输时的标签是 2233,MPLS 报文经过 P2 至 PE4 这一段链路传输时的标签是 3。3 是特殊标签,要求 LSR 对值为 3 的栈顶标签完成 POP 操作。因此,经 P2 转发后,经过 P2 至 PE4 这一段链路传输的是普通 IP 分组。

在 PE1 和 P2 已经建立如图 7.40 所示的 MPLS 转发项的情况下,如果 PE1 接收到目的 IP 地址为 192.4.1.1 的 IP 分组,用该 IP 分组的目的 IP 地址检索 MPLS 转发表,则发现与 192.4.1.1/32 的 FEC 匹配。与 192.4.1.1/32 的 FEC 匹配的转发项指定的输出标签为 2233,输出接口为接口 3。通过 PUSH 操作将标签 2233 作为 MPLS 报文的栈顶标签,然后将该 MPLS 报文封装成接口 3 连接的传输网络对应的链路层帧格式,并且通过接口 3 输出该链路层帧。当 P2 通过接口 1 接收到该 MPLS 报文时,用接收该 MPLS 报文的接口 1 和 MPLS 报文的栈顶标签 2233 检索 MPLS 转发表,发现接口 1 和标签 2233 与某项转发项的输入接口和输入标签匹配,用该转发项的输出标签 3 替换该 MPLS 报文的栈顶标签。由于标签 3 是特殊标签,P2 通过 POP 操作弹出栈顶标签 3,然后将目的 IP 地址为 192.4.1.1 的 IP 分组封装成接口 4 连接的传输网络对应的链路层帧格式,并且通过接口 4 输出该链路层帧。当 PE4 接收到该 IP 分组时,根据该 IP 分组的目的 IP 地址和路由表,将其转发给 Loopback 接口。

2. LDP 建立 LSP 的过程

LDP 基于已经建立的 MPLS 骨干网中各个路由器的路由表建立 PE 之间的 LSP。要完成两个 PE 之间的 LSP 建立过程,一是需要在该 LSP 经过的所有 LSR 中通过建立输入接口与输出接口之间的关联指定 LSP 对应的传输路径;二是通过分配输入输出标签建立标签与 LSP 对应的传输路径之间的关联。LDP 建立 LSP 的过程分为 LDP 会话建立过程和 LSP 建立过程两个阶段。

(1) 相邻 LSR 之间建立会话

相邻两个 LSR 交换 LDP 消息前,需要建立 LDP 会话。相邻 LSR 建立 LDP 会话的过程如图 7.42 所示。LSR 通过接口发送 Hello 消息,Hello 消息被封装成 UDP 报文,UDP 报文被封装成目的 IP 地址为组播地址 224.0.0.2 的 IP 分组。该 IP 分组在 LSR 某个接口连接的链路上组播,到达有接口连接该链路上的所有相邻 LSR。相邻 LSR 以同样方式组播 Hello 消息。Hello 消息中包含 LSR 的传输地址,这里的传输地址就是发送 Hello 消息的 LSR 的标识符(LSR-ID)。如果该 LSR 存在 Loopback 接口,则 Loopback 接口中最大的 IP 地址作为该 LSR 的标识符;否则 LSR 物理接口中最大的 IP 地址作为该 LSR 的标识符。相互交换 Hello 消息后,传输地址较大的 LSR 作为主 LSR,发起 LDP 会话建立过程。主 LSR 发起建立与相邻 LSR 之间的 TCP

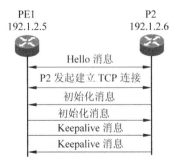

图 7.42 LDP 会话建立过程

连接,通过 TCP 连接发送初始化消息,初始化消息中包含主 LSR 建立 LDP 会话需要协商的一些参数。如果相邻 LSR 接受主 LSR 的参数,则向主 LSR 发送初始化消息和 Keepalive 消息。相邻 LSR 发送的初始化消息中同样包含相邻 LSR 建立 LDP 会话需要协商的一些参数。如果主 LSR 接受相邻 LSR 的参数,则向相邻 LSR 发送 Keepalive 消息,成功建立两个相邻 LSR 之间的 LDP 会话。以后,两个相邻 LSR 之间通过定期发送 Keepalive 消息维持已经建立的 LDP 会话。

(2) LSP 建立过程

LSP 是单向的,由入结点至出结点。每一条 LSP 绑定一个 FEC,FEC 是一组可以通过同一条 LSP 完成入结点至出结点传输过程的 IP 分组。通常用 CIDR 地址块指定一组目的地址属于该 CIDR 地址块的 IP 分组。建立 LSP 的过程就是在 LSP 经过的各个 LSR 中建立该 LSP 对应的 MPLS 转发项的过程。MPLS 转发项完成以下两个功能:一是通过建立输入接口与输出接口之间的关联指定该 LSP 对应的传输路径;二是建立 MPLS 标签与 LSP 对应的传输路径之间的关联。由于 MPLS 标签是逐段分配的,因此需要建立输入标签和输出标签与 LSP 对应的传输路径之间的关联。

针对 FEC 192.4.1.1/32,LDP 建立 PE1 至 PE4 的 LSP 的过程如图 7.43 所示。由下游 LSR 负责标签分配和发布,采用的是有序标签分配方式和按需标签发布方式。有序标签分配方式是指,只有在出结点为指定 FEC 对应的 LSP 分配标签且向其上游结点发布标签后,出结点的上游结点才能分配标签并向它的上游结点发布标签,直到入结点的下游结点分配标签并向入结点发布标签。按需标签发布方式是指,只有在接收到上游结点发送的标签请求消息后,当前结点才能分配标签并向其上游结点发布标签。

PE1 MPLS 转发表	
FEC	
192.4.1.1/32	
输入输出接口	输入输出标签
-/3	NULL/2233

P2 MPLS 转发表	
FEC	
192.4.1.1/32	
输入输出接口	输入输出标签
1/4	2233/3

PE4 MPLS 转发表	
FEC	
192.4.1.1/32	
输入输出接口	输入输出标签
3/-	3/NULL

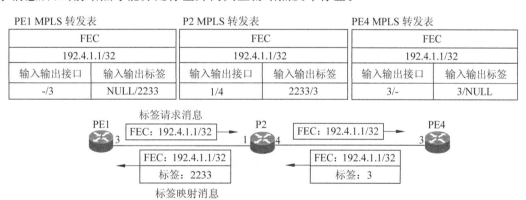

图 7.43　LDP 建立 PE1 至 PE4 的 LSP 的过程

对于 FEC 192.4.1.1/32,PE1 通过查找如表 7.19 所示的路由表发现,通往 192.4.1.1/32 传输路径的下一跳是 P2,输出接口是接口 3。它向 P2 发送标签请求消息,标签请求消息中给出 FEC 192.4.1.1/32。P2 通过接口 1 接收到 PE1 发送的标签请求消息,通过查找如表 7.24 所示的路由表,发现通往 192.4.1.1/32 传输路径的下一跳是 PE4,输出接口是接口 4。它向 PE4 发送标签请求消息,标签请求消息中给出 FEC 192.4.1.1/32。PE4 通过接口 3 接收到 P2 发送的标签请求消息,由于 192.4.1.1/32 是自己 Loopback 接口的 IP 地址,因此确定自己是 FEC 192.4.1.1/32 对应的 LSP 的出结点,分配标签 3,并且通过接口 3 向其上游结点 P2 发送标签映射消息,标签映射消息中给出 FEC 192.4.1.1/32 及为该 FEC 对应的

LSP 分配的标签 3。PE4 同时在 MPLS 转发表中创建一个转发项,转发项中的输入接口为 3、输入标签为 3。P2 通过接口 4 接收到 PE4 发送的标签映射消息,创建一个 MPLS 转发项,转发项的输出接口为 4、输出标签为 3。P2 为 FEC 192.4.1.1/32 对应的 LSP 分配标签 2233,并且通过接口 1 向其上游结点 PE1 发送标签映射消息,标签映射消息中给出 FEC 192.4.1.1/32 及为该 FEC 对应的 LSP 分配的标签 2233。同时,将接口 1 作为转发项的输入接口和将 2233 作为转发项的输入标签。PE1 通过接口 3 接收到 P2 发送的标签映射消息,创建一个 MPLS 转发项,转发项的输出接口为 3、输出标签为 2233。由于 PE1 一直没有接收过 FEC 192.4.1.1/32 对应的标签请求消息,因此不再为 FEC 192.4.1.1/32 对应的 LSP 分配标签。需要说明的是,标签 3 是一个特殊标签,当某个 MPLS 报文的栈顶标签为 3 时,LSR 将弹出栈顶标签。

LSP 是单向的,如果需要建立 PE1 与 PE4 之间的双向 LSP,LDP 需要针对 FEC 192.1.1.1/32 建立 PE4 至 PE1 的 LSP。建立过程如图 7.44 所示。

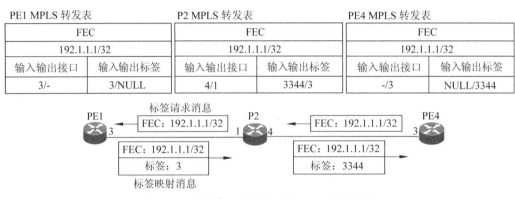

图 7.44   LDP 建立 PE4 至 PE1 的 LSP 的过程

7.5.3   MBGP

1. MBGP 工作思路

如图 7.45 所示,CE1 和 PE1 之间通过 RIP 已经建立用于指明通往站点 1 中属于 VPN A 的各个子网的传输路径的路由项。CE4 和 PE4 之间通过 RIP 已经建立用于指明通往站点 4 中属于 VPN A 的各个子网的传输路径的路由项。为实现属于 VPN A 的不同站点之间的通信过程,PE1 和 CE1 中需要建立用于指明通往站点 4 中属于 VPN A 的各个子网的传输路径的路由项。PE4 和 CE4 中需要建立用于指明通往站点 1 中属于 VPN A 的各个子网的传输路径的路由项。

为了在 PE1 中建立用于指明通往站点 4 中属于 VPN A 的各个子网的传输路径的路由项,在 PE4 中建立用于指明通往站点 1 中属于 VPN A 的各个子网的传输路径的路由项,要建立 PE1 和 PE4 之间的内部边界网关协议(Internal Border Gateway Protocol,IBGP)邻居关系。PE1 将通过 RIP 建立的用于指明通往站点 1 中属于 VPN A 的各个子网的传输路径的路由项发布给 PE4。对于 PE4,这些路由项的下一跳是 PE1 Loopback 接口的 IP 地址 192.1.1.1。PE4 将通过 RIP 建立的用于指明通往站点 4 中属于 VPN A 的各个子网的传输路径的路由项发布给 PE1。对于 PE1,这些路由项的下一跳是 PE4 Loopback 接口的 IP 地

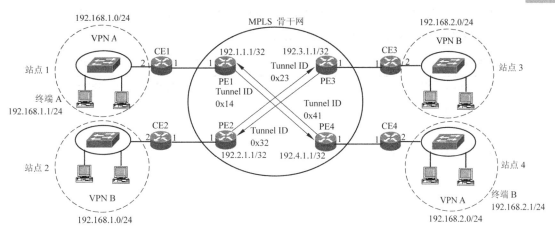

图 7.45　VPN 结构

址 192.4.1.1。对于 PE1，通过 PE1 至 PE4 的 LSP 实现当前跳至下一跳的传输过程。对于 PE4，通过 PE4 至 PE1 的 LSP 实现当前跳至下一跳的传输过程。PE1 为 PE1 至 PE4 的 LSP 分配 Tunnel ID 0x14，PE4 为 PE4 至 PE1 的 LSP 分配 Tunnel ID 0x41。

PE1 通过 BGP 建立用于指明通往站点 4 中属于 VPN A 的各个子网的传输路径的路由项后，通过 RIP 发布给 CE1。PE4 通过 BGP 建立用于指明通往站点 1 中属于 VPN A 的各个子网的传输路径的路由项后，通过 RIP 发布给 CE4。

PE2、PE3、CE2 和 CE3 建立用于指明通往属于 VPN B 的各个子网的传输路径的路由项的过程与上述过程相似。PE2 为 PE2 至 PE3 的 LSP 分配 Tunnel ID 0x23，PE3 为 PE3 至 PE2 的 LSP 分配 Tunnel ID 0x32。

2. MBGP 基本配置

（1）IBGP 邻居关系

建立 PE1 与 PE4 之间以及 PE2 与 PE3 之间的 IBGP 邻居关系，分别将 192.1.1.1、192.2.1.1、192.3.1.1 和 192.4.1.1 作为 PE1、PE2、PE3 和 PE4 的传输地址。同时将各个 PE 的 Loopback 接口作为连接接口，使得 Loopback 接口的 IP 地址成为该 PE 发布的路由项的下一跳地址。

（2）VPN 实例相关参数

为各个 PE 配置 VPN 实例，PE 的 VPN 实例主要有以下两个功能：一是建立用于指明通往 VPN 内各个子网的传输路径的路由项；二是实现属于相同 VPN 的各个站点之间的数据传输过程。每一个 VPN 实例都配置 VPN 实例名。由于 VPN 实例对应 PE 连接的每一个站点，而站点可以属于多个不同的 VPN，属于不同 VPN 的子网允许配置相同的私有网络地址，因此为解决地址重叠问题，需要为每一个 VPN 实例配置路由标识符（Route Distinguisher，RD），发布的路由项中用"RD：目的网络地址"形式构成唯一的 VPN-IPv4 地址。为控制每一个 VPN 实例对应的路由表中的路由项，需要为每一个 VPN 实例配置输出目标（Export Target）和输入目标（Import Target）。某个 VPN 实例发布路由项时，携带该 VPN 实例的输出目标，对等 VPN 实例只有在路由项关联的输出目标与自己的输入目标相同的情况下，才会将这些路由项添加到自己的路由表中。由于每一个 PE 可以配置多个

VPN 实例,因此用标签唯一标识每一个 VPN 实例。PE1、PE2、PE3 和 PE4 配置的与 VPN
实例相关的参数分别如表 7.26～表 7.29 所示。

表 7.26　PE1 VPN 实例相关参数

VPN 实例名	路由标识符	输出目标	输入目标	标签
VPN A	100:1	1144:1	1144:1	111

表 7.27　PE4 VPN 实例相关参数

VPN 实例名	路由标识符	输出目标	输入目标	标签
VPN A	100:4	1144:1	1144:1	444

表 7.28　PE2 VPN 实例相关参数

VPN 实例名	路由标识符	输出目标	输入目标	标签
VPN B	100:2	2233:1	2233:1	222

表 7.29　PE3 VPN 实例相关参数

VPN 实例名	路由标识符	输出目标	输入目标	标签
VPN B	100:3	2233:1	2233:1	333

3. MBGP 工作过程

PE1 与 PE4 之间建立 IBGP 邻居关系后,PE1 向 PE4 发布通过 RIP 获取的用于指明通
往站点 1 中属于 VPN A 的各个子网的传输路径的路由项,这些路由项如图 7.46(a)所示,
下一跳地址是 PE1 Loopback 接口的 IP 地址 192.1.1.1。发布的路由项中携带 PE1 为 VPN
实例分配的输出目标 1144:1。路由项中的目的网络地址是"RD:目的网络地址"格式的
VPN-IPv4 地址,如 100:1:192.168.1.0/24,其中 100:1 是 PE1 配置的 RD。另外,路由项中
还携带 PE1 为 VPN 实例分配的标签 111。PE4 接收到 PE1 发布的路由项后,如果满足以
下两个条件(一是存在 PE4 与路由项中的下一跳地址 192.1.1.1 之间的 LSP,二是路由项携
带的输出目标 1144:1 与 PE4 为 VPN 实例配置的输入目标相同),则将这些路由项添加到
VPN 实例对应的路由表中。对应路由项中给出 PE4 为 FEC 192.1.1.1/32 对应的 LSP 分配
的 Tunnel ID 0x41 和标识 PE1 VPN 实例的标签 111,如表 7.31 所示。PE1 接收到 PE4 发
布的路由项后,完成相似的操作过程,添加 PE4 发布的路由项后的 PE1 VPN 实例对应的路
由表如表 7.30 所示。PE2 和 PE3 相互发布路由项的过程如图 7.46(b)所示。添加对方发
布的路由项后的 PE2 和 PE3 VPN 实例对应的路由表分别如表 7.32 和表 7.33 所示。

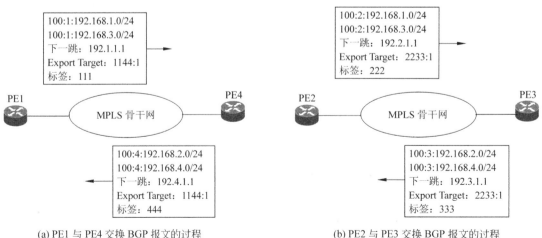

(a) PE1 与 PE4 交换 BGP 报文的过程　　　　(b) PE2 与 PE3 交换 BGP 报文的过程

图 7.46　IBGP 邻居之间交换 BGP 报文的过程

表 7.30 PE1VPN 实例对应的路由表

类型	目的网络	输出接口	下一跳	Tunnel ID	标签
C	192.168.3.0/24	1	—	—	
R	192.168.1.0/24	1	192.168.3.1	—	
B	192.168.2.0/24	—	192.4.1.1	0x14	444
B	192.168.4.0/24	—	192.4.1.1	0x14	444

表 7.31 PE4 VPN 实例对应的路由表

类型	目的网络	输出接口	下一跳	Tunnel ID	标签
C	192.168.4.0/24	1	—	—	
R	192.168.2.0/24	1	192.168.4.1	—	
B	192.168.1.0/24	—	192.1.1.1	0x41	111
B	192.168.3.0/24	—	192.1.1.1	0x41	111

表 7.32 PE2 VPN 实例对应的路由表

类型	目的网络	输出接口	下一跳	Tunnel ID	标签
C	192.168.3.0/24	1	—	—	
R	192.168.1.0/24	1	192.168.3.1	—	
B	192.168.2.0/24	—	192.3.1.1	0x23	333
B	192.168.4.0/24	—	192.3.1.1	0x23	333

表 7.33 PE3 VPN 实例对应的路由表

类型	目的网络	输出接口	下一跳	Tunnel ID	标签
C	192.168.4.0/24	1	—	—	
R	192.168.2.0/24	1	192.168.4.1	—	
B	192.168.1.0/24	—	192.2.1.1	0x32	222
B	192.168.3.0/24	—	192.2.1.1	0x32	222

PE1 通过 RIP 向 CE1 发布通过 MBGP 获取的用于指明通往站点 4 中属于 VPN A 的各个子网的传输路径的路由项,CE1 最终建立的路由表如表 7.34 所示。同样,PE4 通过 RIP 向 CE4 发布通过 MBGP 获取的用于指明通往站点 1 中属于 VPN A 的各个子网的传输路径的路由项,CE4 最终建立的路由表如表 7.35 所示。CE2 最终建立的路由表与 CE1 最终建立的路由表相同。CE3 最终建立的路由表与 CE4 最终建立的路由表相同。

7.5.4 VPN 各站点之间的数据传输过程

连接在站点 1 上的终端 A 与连接在站点 4 上的终端 B 之间可以相互通信的前提有三个:一是 MPLS 骨干网中各个 PE 和 P 之间已经通过 OSPF 建立用于指明通往 MPLS 骨干

表 7.34　CE1 路由表

类型	目的网络	输出接口	下一跳
C	192.168.1.0/24	2	直接
C	192.168.3.0/24	1	直接
R	192.168.2.0/24	1	192.168.3.2
R	192.168.4.0/24	1	192.168.3.2

表 7.35　CE4 路由表

类型	目的网络	输出接口	下一跳
C	192.168.2.0/24	2	直接
C	192.168.4.0/24	1	直接
R	192.168.1.0/24	1	192.168.4.2
R	192.168.3.0/24	1	192.168.4.2

网中各个子网的传输路径的路由项,已经实现 MPLS 骨干网中各个 PE 和 P 之间的通信过程;二是 MPLS 骨干网中各个 PE 之间已经通过 LDP 建立 LSP(PE1 至 PE4 的 LSP 如图 7.43 所示);三是各个 CE 和 PE 中已经建立用于指明通往 VPN 中各个子网的传输路径的路由项。

终端 A 至终端 B 的数据传输过程如图 7.47 所示,终端 A 构建以终端 A 的私有 IP 地址 192.168.1.1 为源 IP 地址、以终端 B 的私有 IP 地址 192.168.2.1 为目的 IP 地址的 IP 分组,将该 IP 分组发送给默认网关 CE1。CE1 根据表 7.34 所示的路由表和该 IP 分组的目的 IP 地址 192.168.2.1 找到下一跳,将该 IP 分组转发给 PE1。PE1 根据接收该 IP 分组的接口确定 VPN 实例,根据 VPN 实例对应的路由表和该 IP 分组的目的 IP 地址 192.168.2.1 确定路由项。路由项中指明,该 IP 分组经过 Tunnel ID 为 0x14 的 PE1 至 PE4 的 LSP 到达下一跳,标识下一跳 VPN 实例的标签是 444。PE1 将该 IP 分组封装成 MPLS 报文,标签 444 成为栈底标签。根据 PE1 中 FEC 192.4.1.1 对应的 MPLS 转发项,确定输出接口 3 和输出标签 2233,将输出标签 2233 作为栈顶标签。PE1 将 MPLS 报文转发给 P2,P2 通过接口 1 接收到 MPLS 报文,根据输入接口 1 和输入标签 2233 确定 MPLS 转发项,转发项中的输出接口为 4,输出标签为 3。由于标签 3 是特殊标签,表示弹出 MPLS 报文的栈顶标签,因此 P2 将保留栈底标签 444 的 MPLS 报文转发给 PE4。PE4 根据 MPLS 报文的栈底标签 444 确定 VPN 实例,根据 VPN 实例对应的如表 7.31 所示的路由表和目的 IP 地址 192.168.2.1 确定下一跳 CE4。PE4 将弹出栈底标签后的 IP 分组转发给 CE4,由 CE4 将该 IP 分组转发给终端 B,完成 IP 分组终端 A 至终端 B 的传输过程。

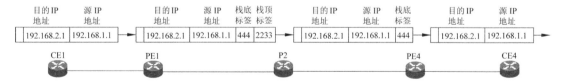

图 7.47　终端 A 至终端 B 的数据传输过程

需要强调的是,终端 A 至终端 B 的 IP 分组经过 PE1 至 PE4 LSP 传输时,作为 IP 分组源和目的 IP 地址的私有 IP 地址对 LSP 是透明的。LSP 经过的 LSR 根据 MPLS 报文中的栈顶标签和 MPLS 报文的输入接口确定 MPLS 转发项,根据 MPLS 转发项给出的输出接口和输出标签转发 MPLS 报文。这也是 LSP 作为 MPLS 骨干网中 PE 之间隧道的本质含义。

习题

7.1　简述将企业网设计成专用网所带来的问题。

7.2　简述专用网安全方面的优势。

7.3　简述远程终端远程接入内部网络的过程。

7.4　简述实现远程接入过程的网络结构的缺陷。

7.5　简述 VPN 的含义和需要解决的问题。

7.6　目前常用 VPN 种类有哪些？各适用于什么样的应用环境？

7.7　实现互联网互联的两个分配私有 IP 地址的内部网络之间的通信过程，可以有两种方法：一种是 VPN 采用的隧道，另一种是 NAT。比较这两种方法的优缺点。

7.8　比较第二层隧道＋IPSec 与 SSL VPN 的优缺点。

7.9　在第三层隧道＋IPSec VPN 中，第三层隧道和 IPSec 各有什么功能？

7.10　在第二层隧道＋IPSec VPN 中，第二层隧道和 IPSec 各有什么功能？

7.11　简述隧道通过 Internet 传输以私有 IP 地址为源和目的 IP 地址的 IP 分组的原理。

7.12　第三层隧道＋IPSec VPN 如图 7.48 所示，给出能够实现终端 A 和终端 C 之间相互通信的路由器 R1、R2 的配置（包括路由表和隧道）和隧道报文封装过程。

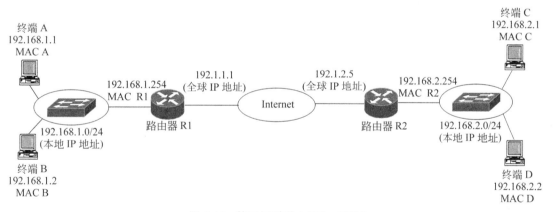

图 7.48　第三层隧道＋IPSec VPN

7.13　第三层隧道＋IPSec VPN 如图 7.48 所示，给出能够实现终端 A 和终端 C 之间安全通信的路由器 R1、R2 的配置（包括安全关联相关参数、IP 分组分类标准等）和 ESP 报文封装过程。

7.14　简述传统的拨号接入过程与第二层隧道接入过程之间的本质区别。

7.15　简述第二层隧道接入过程需要解决的问题。

7.16　为什么称第二层隧道为虚拟线路？

7.17　某网络结构如图 7.49 所示，企业内部网络分配本地 IP 地址，远程接入用户如何通过 VPN 像企业内部网络中的本地终端一样访问企业内部网络资源？给出实现这一功能所要求的配置信息和远程接入用户访问内部网络资源的过程。

7.18　SSL VPN 网关的作用是什么？

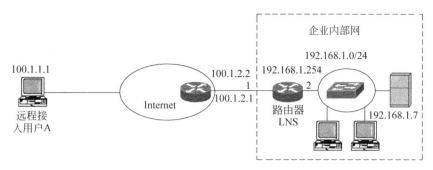

图 7.49　某网络结构

7.19　某网络结构如图 7.50 所示,要求对终端访问服务器(Web 服务器和 FTP 服务器)的过程实施统一控制,访问对象能够精确到文件。在网络中增加必需的设备并给出与实施统一访问控制有关的配置信息。

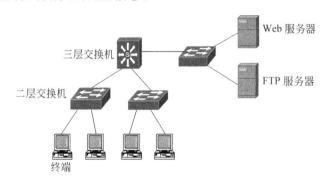

图 7.50　某网络结构

7.20　BGP/MPLS IP VPN 结构如图 7.51 所示,给出实现站点 1 与站点 4、站点 2 和站点 3 中各个子网之间通信过程的每一个步骤。

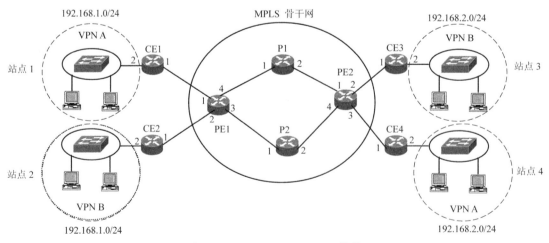

图 7.51　BGP/MPLS IP VPN 结构

第 8 章　IPv6 网络设计和实现过程

以 IPv4 为基础的 Internet 在过去十多年间得到了飞速发展,但由于其规模和应用方式发生了巨大的变化,因此它开始面临各种各样的问题,IPv4 的局限性开始显现。虽然人们提出了多种用于弥补 IPv4 缺陷的方法,但这些方法只能治标不能治本。为适应 Internet 的飞速发展,人们提出一种新的用于实现网络互联的协议,它就是 IPv6。

8.1　IPv4 的缺陷

由于设计 IPv4 时无法想象到 Internet 的发展情况,因此针对目前的 Internet 规模和应用方式,IPv4 开始显现出多种固有缺陷。

8.1.1　地址短缺问题

IPv4 用 32 位二进制数表示 IP 地址。虽说 32 位二进制数能够提供四十多亿个 IP 地址,可满足全世界近 2/3 人口的上网需求,但由于以下原因,实际能够使用的地址空间远没有那么多。

- IPv4 地址的分层结构导致大量地址空间被浪费,虽然无分类编址(CIDR)极大地缓解了这一问题,但浪费地址空间的现象依然存在。
- 保留的 E 类地址和用作组播的 D 类地址占用了近 12% 的地址空间。
- 一些无法分配给网络终端的特殊地址(如主机号全 0 或全 1 的 IP 地址)占用了近 2% 的地址空间。

因此,随着 Internet 规模的不断扩大,地址短缺问题日益突出。目前普遍用于解决地址短缺问题的方法是网络地址转换技术。正是无分类编址和 NAT 技术的出现,使得 IPv4 的地址短缺问题得到缓解,有一部分人甚至认为 IPv4 的地址短缺问题已经得到解决,这也是 IPv6 在很长一段时间内得不到重视且在未来很长一段时间内 Internet 仍然以 IPv4 为主的主要原因。但 NAT 也带来一些问题:一是破坏了 IP 的端到端通信模型,使得对等通信的双向会话变得困难;同时由于隐藏了源终端地址,使得一些需要在应用层协议数据单元中给出源终端地址的应用难以实现。二是边界路由器需要记录大量的地址转换信息,这不仅对边界路由器的性能提出了更高要求,而且还影响网络性能。三是由于类似 IPSec 这样的端到端安全功能不容许在传输过程中改变 IP 首部内容,因此 NAT 使类似 IPSec 这样的端到端安全功能变得难以实现。四是 NAT 都是针对会话绑定地址映射,因此一旦采用 NAT,必须先创建会话,这就将无连接的 IP 分组传输过程转变成面向连接的传输过程。因而,虽然无分类编址和 NAT 技术极大地缓解了 IPv4 的地址短缺问题,使人们有更充分的时间部署 IPv6,但它们只是权宜之计,不是解决 IPv4 地址短缺问题的根本方法。

随着无线通信技术和智能手机的发展,互联网转变为移动互联网,大量智能手机成为移动互联网终端。由于大量移动用户成为 Internet 用户,因此地址短缺问题成为亟待解决的紧迫问题。随着计算机技术和通信技术的发展,物联网应用日益普及,大量具有监测和控制功能的智能物体需要接入 Internet,地址短缺问题更是迫在眉睫。

8.1.2　复杂的分组首部

一方面,分组首部结构影响路由器转发分组的速率,目前通信链路的传输速率越来越高,10Gb/s 的同步数字体系和以太网正成为主流广域网和局域网技术,这种情况下,路由器实现线速转发越来越困难,路由器正日益成为网络性能的瓶颈。为提高路由器转发速率,要求减少路由器转发分组所必须进行的操作,如差错检验等。传统 IPv4 首部中有一个首部检验和字段,路由器通过该字段检验 IPv4 分组首部在传输过程中发生的错误。由于 IPv4 分组每经过一跳路由器都会改变首部中的 TTL 字段值,导致每一跳路由器都需要重新计算 IPv4 首部检验和字段值,增加了路由器转发 IPv4 分组所进行的操作。另一方面,随着通信技术的发展,通信链路的传输可靠性越来越高,传输出错的概率越来越小,而且链路层和传输层的差错控制机制足以检验出传输出错的分组,在网际层进行差错检验的必要性越来越小。随着网络终端的处理能力越来越高,目前的趋势是尽量将处理功能转移到网络终端,以此简化路由器的转发处理,提高路由器转发分组的速率。

因此,IPv4 复杂的首部结构及与此对应的转发处理要求极大地限制了路由器转发 IPv4 分组的速率,也与目前尽量将处理功能转移到网络终端的趋势相悖。

8.1.3　QoS 实现困难

可以说 IPv4 的成功已经远远超出设计者的预期。但随着统一网络的设想逐步得到实现,IPv4 尽力而为服务的缺陷也日益显现。虽然人们尽了很大的努力弥补这一缺陷,但 IPv4 对分类服务的先天不足仍然严重制约了类似 VOIP、IPTV 等实时应用的开展。由于 IPv4 首部中没有用于标识流的流标签字段,路由器需要更多的处理能力对流分类并在流分类的基础上提供分类服务。这一方面加重了路由器的处理负担,影响路由器转发速率;另一方面也同样与目前尽量将处理功能转移到网络终端的趋势相悖。

8.1.4　安全机制先天不足

IPv4 的设计目的是尽量方便进程间的通信过程,因此并没有较多考虑安全问题。但随着电子商务活动的日益频繁,信息资源的安全性越来越重要,需要总体上对网络安全进行设计,而不是像软件补丁似地头痛医头、脚痛医脚。

IPv4 的以上种种不足表明,确实需要根据目前 Internet 的规模和应用方式,提出一种新的网际协议。它就是 IPv6,我们也称之为下一代 IP。

8.2　IPv6 首部结构

设计 IPv6 首部结构时需要尽量避免 IPv4 存在的缺陷,因此 IPv6 首部中通过扩展地址字段位数解决地址短缺问题,通过设置流标签字段简化 QoS 实施过程,通过删除增加路由器转发 IP 分组操作步骤的字段提高路由器转发 IP 分组的速率。

8.2.1　IPv6 基本首部

IPv6 基本首部如图 8.1(a)所示。与图 8.1(b)的 IPv4 基本首部相比,它去掉了和分片有关的字段以及首部校验和字段,增加了流标签字段。

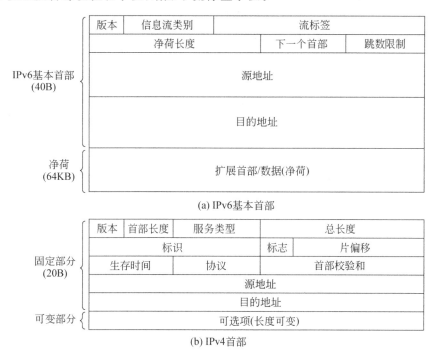

图 8.1　IPv6 基本首部和 IPv4 首部

1. 基本首部格式

IPv6 基本首部各字段的含义以及与 IPv4 首部固定部分的不同如下。

(1) 版本:4b。给出 IP 的版本号,IPv6 的版本号为 6。由于 IPv6 和 IPv4 的版本字段位于 IP 分组的同一位置,因此可用该字段值区分 IP 分组所属的 IP 版本。

(2) 信息流类别:8b。该字段给出 IP 分组对应的服务类别,其作用和 IPv4 的服务类型字段相同。在采用区分服务(Differentiated Service,DiffServ)时,IPv6 的信息流类别字段和 IPv4 的服务类型字段值都是区分服务码点(Differentiated Services Code Point,DSCP),用 DSCP 标识该 IP 分组的服务类别。

(3) 流标签:20b,流是指一组具有相同的发送和接收进程的 IP 分组。分类服务有两大类:一类是区分服务,另一类是综合服务(Integrated Service,IntServ)。

区分服务定义若干服务类别,路由器为不同的服务类别设置不同的服务质量。当转发某个 IP 分组时,根据 IP 分组的服务类别字段值确定该 IP 分组所属的类别并提供对应的服务质量。这种分类服务只能提供有限的服务类别,相同服务类别的 IP 分组具有相同的服务质量。当多个有着相同服务类别的 IP 分组在路由器中等待转发时,路由器按照先进先出的原则进行处理。综合服务是将属于特定会话的一组 IP 分组作为流并为每一种流设置对应的服务质量。例如两个 IP 电话之间的一次通话过程所涉及的 IP 分组就是一种流,路由器需要为该流预留带宽,以此保证两个 IP 电话之间的通话质量。区分服务是将信息流划分成有限的若干类并为不同类别的信息流分配不同的服务质量,是宏观控制。

综合服务是将信息流细分成流并为每一种流设置相应的服务质量,是微观控制。路由器实施区分服务比较容易,但实施综合服务比较困难。实施综合服务时首先需要确定 IP 分组所属的流。由于流是属于特定会话的一组 IP 分组,因此需要根据 IP 分组的源和目的 IP 地址、源和目的端口号,甚至应用层 PDU 中特定位置的值来确定 IP 分组所属的流。这个过程比较复杂,会对路由器转发 IP 分组的速率产生严重影响。因此,一旦要求路由器实施综合服务,就需要牺牲转发速率。

实际上,源终端在创建会话后能够确定属于该会话的 IP 分组,因此可以由源终端完成 IP 分组的流分类工作并对属于特定流的 IP 分组分配唯一的流标签。路由器只需要根据 IP 分组的源 IP 地址和流标签就可确定 IP 分组所属的流并提供该流对应的服务质量,这样就减少了路由器分类 IP 分组的处理负担,也符合目前尽量将处理功能转移到网络终端的趋势。因此,IPv6 首部中增加的流标签字段对路由器实施综合服务有莫大的帮助。

(4) 净荷长度:16b。给出 IPv6 分组净荷的字节数。

(5) 下一个首部:8b。IPv6 取消了可选项,增加了扩展首部,但扩展首部作为净荷的一部分出现在净荷字段中。这样,扩展首部的长度只受净荷字段长度的限制,而不像 IPv4,将可选项的总长度限制在 40B。当存在扩展首部时,用下一个首部给出扩展首部类型;当没有扩展首部时,该字段等同于 IPv4 的协议字段,用于指明净荷所属的协议。

(6) 跳数限制:8b。给出 IP 分组允许经过的路由器数。IP 分组每经过一跳路由器,该字段值减 1,当该字段值减为 0 时,如果 IP 分组仍未到达目的终端,路由器将丢弃该 IP 分组,以此避免 IP 分组在网络中无休止地漂荡。IPv4 对应的是生存字段,它可以给出 IP 分组允许在网络中生存的时间,但实际上路由器都将该字段作为跳数限制字段使用,因此 IPv6 只是使该字段名符其实。

(7) 源地址和目的地址:128b。源地址和目的地址字段的含义与 IPv4 相同,但 IPv6 的地址字段的长度是 128b,是 IPv4 的 4 倍。IPv6 彻底解决了 IPv4 面临的地址短缺问题。

2. IPv6 基本首部没有但 IPv4 首部固定部分包含的字段

IPv6 的首部长度是固定的,就是基本首部的长度,扩展首部属于净荷的一部分,因此它不需要首部长度字段。

对于 IPv4 分组,由于每经过一跳路由器都会改变 TTL 字段值,因此每一跳路由器都需要重新计算首部检验和字段值,这将严重影响路由器的转发速率。而且,无论是链路层还是传输层都有差错控制功能,在目前通信链路的可靠性有所保证的前提下,在网际层重复差错控制功能的必要性不高。因此,IPv6 去掉首部检验和字段。

在 IPv4 中,当 IP 分组的长度超过输出链路的最大传输单元(Maximum Transmission Unit,MTU)时,由路由器负责将 IP 分组分片。因此,在 IPv4 首部固定部分中给出了和分片有关的字段。在 IPv6 中,源终端可以通过协议获得源终端至目的终端传输路径所经过链路的最小 MTU 并以此确定是否需要将 IP 分组分片。在需要分片的情况下,由源终端完成分片功能,中间路由器是不涉及和分片有关的操作的,因此将和分片有关的字段放在分片扩展首部中。

8.2.2　IPv6 扩展首部

1. 扩展首部的组织方式

IPv4 首部如果包含了可选项,则中间经过的每一跳路由器都需要对可选项进行处理,增加了路由器的处理负担,降低了路由器转发 IPv4 分组的速率。IPv6 除了逐跳选项扩展首部外,中间路由器将扩展首部作为分组净荷对待,不对其作任何处理,以此简化路由器转发 IP 分组所进行的操作,提高路由器的转发速率。IPv6 目前定义的扩展首部有逐跳选项、路由、分片、鉴别、封装安全净荷、目的端选项这六种。当 IPv6 分组包含多个扩展首部时,扩展首部按照以上顺序出现,上层协议数据单元(PDU)总是放在最后面。图 8.2 所示是上层 PDU 为 TCP 报文时 IPv6 分组的格式。

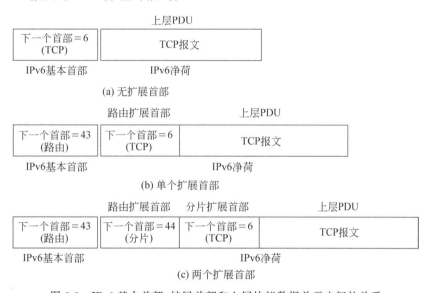

图 8.2　IPv6 基本首部、扩展首部和上层协议数据单元之间的关系

图 8.2(a)所示的 IPv6 分组没有扩展首部,净荷字段中只包含上层协议数据单元(TCP 报文)。因此,基本首部中的下一个首部字段值给出上层协议类型 6,指明上层协议为 TCP。图 8.2(b)所示的 IPv6 分组中包含单个扩展首部,净荷字段中首先出现的是路由扩展首部,而基本首部中的下一个首部字段值给出扩展首部的类型。扩展首部中的下一个首部字段值给出上层协议类型。图 8.2(c)所示的 IPv6 分组中包含两个扩展首部,依次在净荷字段中出现的是路由和分片扩展首部。基本首部中的下一个首部字段值给出第 1 个扩展首部的类型(路由),路由扩展首部中的下一个首部字段值给出第 2 个扩展首部的类型(分片),分片扩展首部中的下一个首部字段值给出上层协议类型(TCP)。当净荷字段中包含两个以上的扩展首部时,由前一个扩展首部中的下一个首部字段值给出下一个扩展首部的类型,最后一个扩展首部的下一个首部字段值给出上层协议类型。

2. 扩展首部的应用实例

下面通过分片扩展首部的应用说明 IPv6 简化路由器转发操作的过程。分片扩展首部格式如图 8.3 所示。它的各个字段的含义和 IPv4 首部中与分片有关的字段的含义相同,片偏移给出当前数据片在原始数据中的位置。标识符用来唯一标识分片数据后产生的数据片序列,接收端通过标识符鉴别出因为分片数据而产生的一组数据片。M 标志位用来标识最后一个数据片(M=0)。图 8.4 所示是一个互联网结构图,链路上标出的数字是链路 MTU。对于 IPv4 分组,由路由器根据输出链路 MTU 和 IPv4 分组的总长确定是否对 IP 分组分片,并且在需要分片的情况下完成分片操作。对于 IPv6 分组,由源终端通过路径 MTU 发现协议找出源终端至目的终端传输路径所经过链路的最小 MTU(该 MTU 称为路径 MTU),并且由源终端完成分片操作,通过分片扩展首部给出各个数据片的片偏移及标识符。目的终端通过分片扩展首部中给出的信息重新将各个数据片拼接成原始 IPv6 分组,整个操作过程如图 8.4 所示。

下一个首部	保留	片偏移	保留	M
标识符				

图 8.3 分片扩展首部

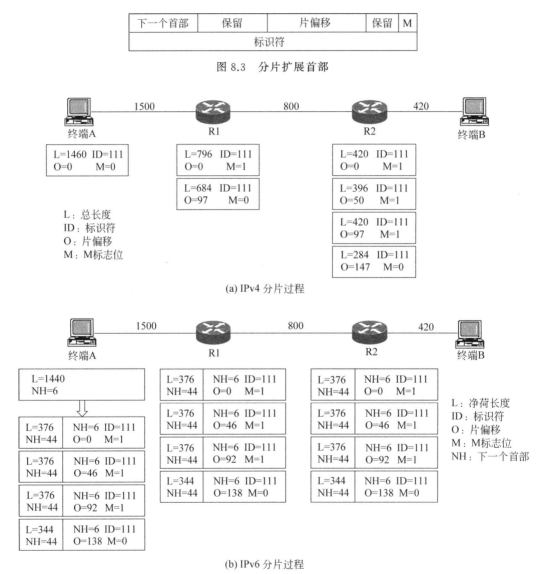

(a) IPv4 分片过程

(b) IPv6 分片过程

图 8.4 IPv4 和 IPv6 分片过程

值得强调的是,IPv4 由路由器负责分片操作,而且可能由多个路由器对同一 IP 分组反复进行分片操作,如图 8.4(a)所示,这将严重影响路由器的转发速率。在 IPv6 中,改由源终端完成分片操作。源终端首先通过路径 MTU 发现协议获取源终端至目的终端传输路径所经过链路的最小 MTU,然后对净荷进行分片。通常情况下,除最后一个数据片,其他数据片长度的分配原则是:必须是 8 的倍数,且加上 IPv6 首部和分片扩展首部后尽量接近路径 MTU。假定路径 $MTU=M$,净荷长度$=L$,将净荷分成 N 个数据片,则 $L+N\times48{\leqslant}M\times N$。48B 包括 40B IPv6 首部和 8B 分片扩展首部。在本例中,$M=420B$,$L=1440B$,根据 $1440+N\times48{\leqslant}420\times N$,得出 $N{\geqslant}1440/(420-48)=3.87$,$N$ 取满足上述等式的最小整数 4。前 3 个数据片长度应该是满足小于或等于$(420-48)$且是 8 的倍数的最大值,这里是 368B,加上 8B 的分片扩展首部后,得出净荷长度$=376B$。最后一个数据片的长度是 $1440-3\times368=336B$,得出净荷长度$=344B$。4 个数据片的片偏移分别是 0、368/8=46、736/8=92 和 1104/8=138。值得说明的是,在每个会话存在期间,源终端和目的终端之间都有大量 IP 分组传输。因此,源终端先通过路径 MTU 发现协议获取源终端至目的终端传输路径所经过链路的最小 MTU 是值得的,否则对每一个 IP 分组都进行如图 8.4(a)所示的分片操作会对路由器的转发速率造成巨大影响。

8.3　IPv6 地址结构

开发 IPv6 的主要原因是为解决 IPv4 的地址短缺问题,因此 IPv6 的地址字段长度是 IPv4 的 4 倍,即 128b。有人计算过,2^{128} 的 IPv6 地址空间可以为地球表面每平方米的面积提供 8.65×10^{23} 个不同的 IPv6 地址,这么多的 IPv6 地址可以为地球上的每一粒沙子分配唯一的 IPv6 地址。如此巨大的地址空间为使用 IPv6 地址提供了非常大的灵活性。

8.3.1　IPv6 地址表示方式

1. 基本表示方式

基本表示方式是将 128b 以 16 位为单位分段,每一段用 4 位十六进制数表示,各段用冒号分隔。下面是几个用基本表示方式表示的 IPv6 地址。

2001:0000:0000:0410:0000:0000:0001:45FF

0000:0000:0000:0000:0001:0765:0000:7627

2. 压缩表示方式

基本表示方式中可能出现很多 0,甚至可能整段都是 0,为简化地址表示,可以将不必要的 0 去掉。不必要的 0 是指去掉后不会导致错误理解段中 16 位二进制数的那些 0,例如 0410 可以压缩成 410,但不能压缩成 41 或 041。上述用基本表示方式表示的 IPv6 地址可以压缩成如下表示方式。

2001:0:0:410:0:0:1:45FF

0:0:0:0:1:765:0:7627

用压缩表示方式表示的 IPv6 地址仍然可能出现相邻若干段都是 0 的情况,为进一步缩短地址表示方式表示的 IPv6 地址,可用一对冒号::表示连续的一串 0。当然,一个 IPv6 地址只能出现一个::。这种用::表示连续的一串 0 的压缩表示方式就是 0 压缩表示方式,如下是用 0 压缩表示方式表示上述地址的结果。

2001::410:0:0:1:45FF

::1:765:0:7627

2001:0:0:410:0:0:1:45FF 也可表示成 2001:0:0:410::1:45FF,但不能表示成 2001::410::1:45FF,因为后一种表示无法确定每一个::表示几个相邻的 0。

3. 特殊地址

(1) 内嵌 IPv4 地址的 IPv6 地址

这种地址是为解决 IPv4 和 IPv6 共存时期配置不同版本的 IP 地址的终端之间通信问题而设置的。128b 的地址中包含 32b 的 IPv4 地址,32b 的 IPv4 地址仍然采用 IPv4 的地址表示方式,以 8 位为单位分段,每一段用对应的十进制值表示,段之间用点分隔。地址的其他部分采用 IPv6 的地址表示方式。以下是常用的两种内嵌 IPv4 地址的 IPv6 地址的表示方式。这两种地址的使用方式将在后面章节中讨论。

0000:0000:0000:0000:0000:FFFF:192.167.12.16 或是::FFFF:192.167.12.16

0000:0000:0000:0000:FFFF:0000:192.167.12.16 或是::FFFF:0:192.167.12.16

(2) 环回地址

::1 是 IPv6 的环回地址,等同于 IPv4 的 127.X.X.X。

(3) 未确定地址

全 0 地址(表示成::)作为未确定地址,当某个没有分配有效 IPv6 地址的终端需要发送 IPv6 分组时,可作为 IPv6 分组的源地址。该地址不能作为 IPv6 分组的目的地址。

4. 地址前缀

IPv6 采用无分类编址方式,将地址分成前缀部分和主机号部分,用"IPv6 地址/前缀长度"表示方式表示地址前缀。

IPv6 地址必须是采用基本表示方式或 0 压缩表示方式表示的完整地址,前缀长度是一个 0~128 的整数,给出 IPv6 地址的高位中作为前缀的位数。下述是正确的前缀表示方式。

::FE80:0:0:0/68

::1:765:0:7627/60

2001:0000:0000:0410:0000:0000:0001:45FF/64

8.3.2 IPv6 地址分类

IPv6 地址分为单播、组播和任播三种类型。

- 单播地址:唯一标识某个接口。以该种类型地址为目的地址的 IP 分组,到达目的地址标识的唯一接口。
- 组播地址:标识一组接口,而且大部分情况下,这组接口分属于不同的结点(终端或路由器)。以该种类型地址为目的地址的 IP 分组,到达所有由目的地址标识的接口。
- 任播地址:标识一组接口,而且大部分情况下,这组接口分属于不同的结点(终端或路由器)。以该种类型地址为目的地址的 IP 分组,到达由目的地址标识的一组接口中的其中一个接口,该接口往往是这一组接口中距离源终端最近的那个接口。

1. 单播地址

(1) 链路本地地址

这里的链路不是指物理线路,它指的是实现连接在同一网络上的两个结点之间通信过程的传输网络,如以太网。链路本地地址指的是在同一传输网络内作用的 IP 地址,它的作用有两个:一是用于实现同一传输网络内两个结点之间的网际层通信过程;二是用于标识连接在同一传输网络上的接口并用该 IP 地址解析接口的链路层地址。一旦某个接口被定义为 IPv6 接口,该接口就自动生成链路本地地址。链路本地地址格式如图 8.5 所示。

10b	54b	64b
1111111010	0	接口标识符

图 8.5　链路本地地址结构

链路本地地址的高 64b 是固定不变的,低 64b 是接口标识符。接口标识符用于在传输网络内唯一标识某个连接在该传输网络上的接口。存在两种常用的导出接口标识符的方法:一种由接口的链路层地址导出;另一种是随机生成的 64 位随机数。

① MAC 地址导出接口标识符的过程。

不同类型的传输网络导出接口标识符的过程不同,下面是通过以太网的 MAC 地址导出接口标识符的过程。

48 位 MAC 地址由 24 位的公司标识符和 24 位的扩展标识符组成,公司标识符由 IEEE 负责分配。公司标识符最高字节的第 0 位是 I/G(单播地址/组地址)位,该位为 0,表明是单播地址;该位为 1,表明是组地址。第 1 位是 G/L(全局地址/本地地址)位,该位为 0,表明是全局地址;该位为 1,表明是本地地址。一般情况下,MAC 地址都是全局地址,G/L 位为 0。MAC 地址导出接口标识符的过程如图 8.6 所示,首先将 MAC 地址的 G/L 位置 1,然后在公司标识符和扩展标识符之间插入十六进制值为 FFFE 的 16 位二进制数。

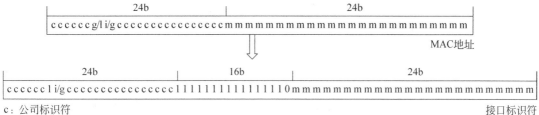

图 8.6　MAC 地址导出接口标识符的过程

假定 MAC 地址为 0012:3400:ABCD,根据 MAC 地址求出接口标识符的过程如下。

由此得出 MAC 地址 0012:3400:ABCD 对应的接口标识符为 0212:34FF:FE00:ABCD。因而得出 MAC 地址 0012:3400:ABCD 对应的链路本地地址为 FE80:0000:0000:0000:0212:34FF:FE00:ABCD 或为 FE80::212:34FF:FE00:ABCD。

图 8.7 所示是终端自动根据 MAC 地址生成链路本地地址的过程,图中快速以太网接口的 MAC 地址(MAC Address)是 0006.2A8E.13DA,根据该 MAC 地址自动导出的链路本地地址(Link Local Address)是 FE80::206:2AFF:FE8E:13DA。

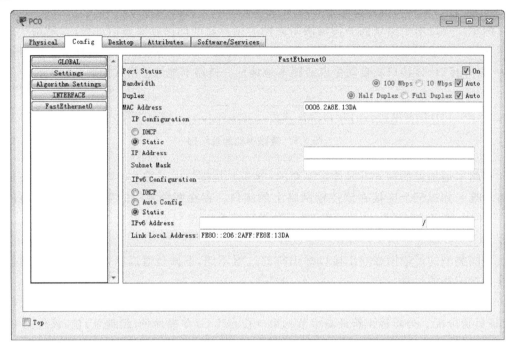

图 8.7 终端自动根据 MAC 地址生成链路本地地址的过程

② 随机生成 64 位随机数。

也可以用随机生成的 64 位随机数作为接口标识符。如图 8.8 所示是 Windows 7 自动生成的链路本地地址。以太网适配器的 MAC 地址(物理地址)是 6C-62-6D-A1-BA-C4。自动生成的链路本地地址(本地链接 IPv6 地址)是 fe80::153b:4ac6:84eafb36,其中 153b:4ac6:84eafb36 是随机生成的 64 位随机数。

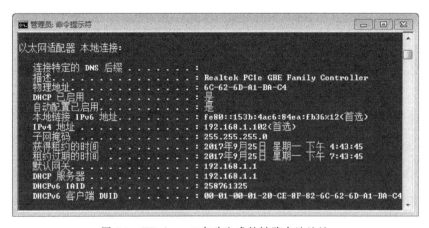

图 8.8 Windows 7 自动生成的链路本地地址

(2) 站点本地地址

站点本地地址类似于 IPv4 的本地地址(或称为私有地址),它不是全球地址,只能在内部网络内使用。和链路本地地址不同,它可以用于标识内部网络内连接在不同子网上的接口。因此,除了接口标识符字段外,还有子网标识符字段,用子网标识符字段标识接口所连接的子网。站点本地地址不能自动生成,需要配置。在手动配置站点本地地址时,接口标识符和链路本地地址的接口标识符一样,既可通过接口的链路层地址导出,也可手动配置一个子网内唯一的标识符作为接口标识符。站点本地地址格式如图 8.9 所示。

10b	38b	16b	64b
1111111011	0	子网标识符	接口标识符

图 8.9　站点本地地址结构

（3）可聚合全球单播地址

可聚合全球单播地址格式如图 8.10 所示,它将地址分成三级,分别是全球路由前缀、子网标识符和接口标识符。全球路由前缀用于 Internet 主干网中路由器为 IPv6 分组选择传输路径,因此分配全球路由前缀时,要求尽可能将高 N 位相同的全球路由前缀分配给同一物理区域,如将高 5 位相同的全球路由前缀分配给亚洲,而将高 8 位相同的全球路由前缀分配给中国。当然,高 8 位中的最高 5 位和分配给亚洲的全球路由前缀的高 5 位相同,以此最大可能地聚合路由项。原则上,除了已经分配的 IPv6 地址空间外,其余的地址空间都可分配作为可聚合全球单播地址,但目前已经指定作为可聚合全球单播地址的是最高 3 位为001 的 IPv6 地址空间。子网标识符用于标识划分某个公司或组织的内部网络所产生的子网。接口标识符用来确定连接在某个子网上的接口。需要说明的是,上述地址结构只是在全球范围内分配 IPv6 地址时有用,在转发 IPv6 分组时,路由项中的地址只有两部分(网络前缀和主机号),并没有如图 8.10 所示的地址结构。在全球范围内分配 IPv6 地址时采用如图 8.10 所示的地址结构和尽可能将高 N 位相同的全球路由前缀分配给同一物理区域的目的是,尽可能地聚合路由项,减少路由表中路由项的数目,提高转发速率。图 8.11 给出了尽可能聚合路由项的全球路由前缀分配过程。

48b	16b	64b
全球路由前缀	子网标识符	接口标识符

图 8.10　可聚合全球单播地址结构

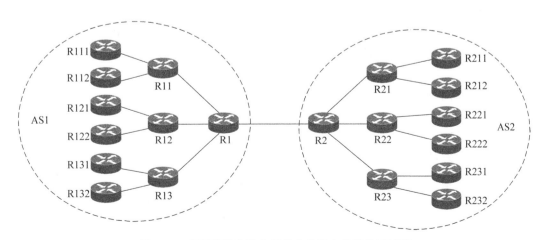

图 8.11　尽可能聚合路由项的全球路由前缀分配过程

对于如图 8.11 所示的网络结构,为 AS1 和 AS2 分别分配高 5 位相同的全球路由前缀,如 00100 和 00101。为 AS1 中 R11、R12 和 R13 连接的三个分支分别分配高 8 位相同的全球路由前缀,如 00100000、00100001 和 00100010。为 R111 等路由器连接的分支分别分配高 12 位相同的全球路由前缀,如 001000000000。其他路由器连接的分支依此分配,可以得出表 8.1 所示的地址分配结构。

表 8.1　地址结构

路由器	全球路由前缀			子网标识符	接口标识符	路由器	全球路由前缀			子网标识符	接口标识符
R111	00100	000	0000	X	X;X;X;X	R211	00101	000	0000	X	X;X;X;X
R112	00100	000	0001	X	X;X;X;X	R212	00101	000	0001	X	X;X;X;X
R121	00100	001	0000	X	X;X;X;X	R221	00101	001	0000	X	X;X;X;X
R122	00100	001	0001	X	X;X;X;X	R222	00101	001	0001	X	X;X;X;X
R131	00100	010	0000	X	X;X;X;X	R231	00101	010	0000	X	X;X;X;X
R132	00100	010	0001	X	X;X;X;X	R232	00101	010	0001	X	X;X;X;X

根据表 8.1 给出的地址结构,可以得出如表 8.2 所示的路由器 R1 用于指明通往图 8.11 中所有网络的传输路径的路由项。

表 8.2　路由器 R1 的路由表

目的网络	下一跳	备注	目的网络	下一跳	备注
2800::/5	R2	指向 AS2 的路由项	2100::/8	R12	指向 R12 连接的分支的路由项
2000::/8	R11	指向 R11 连接的分支的路由项	2200::/8	R13	指向 R13 连接的分支的路由项

从表 8.2 中可以看出,由于为每一个分支所连接的网络分配了高 N 位相同的全球路由前缀,因此只需要一项路由项就可以指出通往某个分支所连接的所有网络的传输路径。

2. 组播地址

组播地址格式如图 8.12 所示,高 8 位固定为十六进制值 FF,4 位标志位中的前 3 位固定为 0。最后一位如果为 0,表示是由 Internet 号码指派管理局(Internet Assigned Numbers Authority,IANA)永久分配的组播地址。这些组播地址有特定用途,因而也被称为著名组播地址。最后一位如果为 1,表示是非永久分配的组播地址(临时的组播地址)。范围字段中正常使用的值如下。

- 2:链路本地范围
- 5:站点本地范围
- 8:组织本地范围
- E:全球范围

8b	4b	4b	80b	32b
11111111	标志	范围	0	组标识符

图 8.12　组播地址结构

链路本地范围是指组播只能在单个传输网络范围内进行。站点本地范围是指组播在由多个传输网络组成的站点网络内进行。组织本地范围是指组播在由多个站点网络组成但由同一组织管辖的网络内进行。全球范围是指在 Internet 中组播。

以下是 IANA 分配的常用著名组播地址。

- FF02::1　链路本地范围内所有结点
- FF02::2　链路本地范围内所有路由器
- FF05::2　站点本地范围内所有路由器
- FF02::9　链路本地范围内所有运行 RIP 的路由器

3. 任播地址

任播地址没有被分配单独的地址格式，一般在单播地址空间中分配任播地址。如果为某个接口分配了任播地址，则必须在分配地址时说明。目前只有路由器接口允许分配任播地址，本教材不对任播地址的应用方式进行讨论。

8.4　IPv6 网络实现通信过程

连接在不同网络上的两个终端之间传输 IPv6 分组前，必须完成以下操作：一是这两个终端必须完成网络信息配置过程，二是必须建立这两个终端之间的 IPv6 传输路径。

8.4.1　网络结构和基本配置

实现图 8.13 中的终端 A 至终端 B 的数据传输，必须完成两方面的操作。

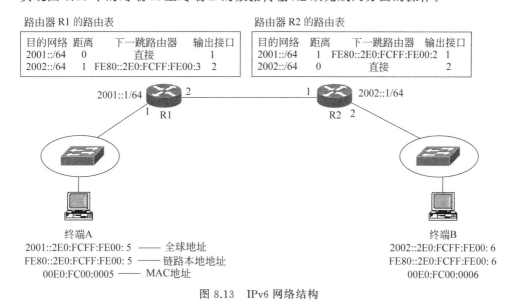

图 8.13　IPv6 网络结构

一是网际层必须完成如下操作。

- 终端配置全球 IPv6 地址。
- 终端配置默认路由器地址。
- 路由器建立路由表。

二是连接终端和路由器及互联路由器的传输网络必须完成 IPv6 over X（X 指不同类型的传输网络）操作,本节讨论 IPv6 的网际层操作过程,下一节讨论 IPv6 over Ethernet 操作过程。

在 IPv4 网络中,手动配置路由器接口地址,终端接口的 IPv4 地址和默认路由器地址可以手动配置,也可通过动态主机配置协议(DHCP)自动获取。路由器中的路由表通过路由协议动态建立。

在 IPv6 网络中,可以为路由器接口配置多种类型的地址,其中一种是全球地址,需要手动配置;另一种是链路本地地址,在指定某个接口为 IPv6 接口后,由路由器自动生成。终端接口也有多种类型的接口地址,其中一种是全球地址,用于向其他网络中的终端传输数据。另一种是只在终端接口所连接的传输网络内作用的链路本地地址,在指定终端接口为 IPv6 接口后,由终端自动生成。终端接口的全球地址和默认路由器地址与 IPv4 网络一样,可以手动配置,也可以通过 DHCP 自动获取。如果手动配置,配置人员必须了解终端所连接子网的拓扑结构和路由器配置信息。如果通过 DHCP 自动获取,必须管理和同步 DHCP 服务器内容。由于 IPv6 可能被未来家电用于数据传输,而人们对家电总是希望即插即用,不愿意在对家电进行配置或向某个管理人员注册后启用家电,因此它提供了邻站发现(Neighbor Discovery,ND)协议。

8.4.2 邻站发现协议

1. 终端获取全球地址和默认路由器地址的过程

终端将接口定义为 IPv6 接口后,自动为接口生成链路本地地址。在图 8.13 中,假定终端 A 和终端 B 的 MAC 地址分别为 00E0:FC00:0005 和 00E0:FC00:0006,这两个终端分别生成链路本地地址 FE80::2E0:FCFF:FE00:5 和 FE80::2E0:FCFF:FE00:6。同样,根据路由器 R1、R2 的接口 1 和接口 2 的 MAC 地址分别求出如表 8.3 所示的链路本地地址。

表 8.3　路由器各个接口的链路本地地址

路由器接口	MAC 地址	链路本地地址
路由器 R1 的接口 1	00E0:FC00:0001	FE80::2E0:FCFF:FE00:1
路由器 R1 的接口 2	00E0:FC00:0002	FE80::2E0:FCFF:FE00:2
路由器 R2 的接口 1	00E0:FC00:0003	FE80::2E0:FCFF:FE00:3
路由器 R2 的接口 2	00E0:FC00:0004	FE80::2E0:FCFF:FE00:4

终端 A 和终端 B 分别求出链路本地地址后,需要求出接口的全球地址和默认路由器地址。由于终端和默认路由器连接在同一个传输网络上,具有相同的网络前缀,因此终端只要得到默认路由器的网络前缀和通过接口的链路层地址导出的接口标识符(也可以是随机生成的 64 位随机数),就可得出全球地址。由于接口标识符为 64 位,因此网络前缀也必须是 64 位,这样才能组合出 128 位的全球地址。现在的问题是终端如何获取默认路由器地址和网络前缀?

IPv6 路由器定期通过各个接口组播路由器通告,该通告的源地址是发送接口的链路本地地址,目的地址是表明接收方是链路中所有结点的著名组播地址 FF02::1。通告中给出为接口配置的全球地址的网络前缀、前缀长度及路由器生存时间等参数。当终端接收到某个路由器通告时,该通告的源地址就是路由器连接终端所在网络的接口的地址,即终端的默认路由器地址。通告中给出的网络前缀和前缀长度是终端所在网络的网络前缀,当该网络前缀的长度为 64 位时,终端将其和通过终端接口的链路层地址导出的接口标识符(也可以是随机生成的 64 位随机数)组合在一起,构成 128 位的终端全球地址。为了将这种全球地址获取方式和通过 DHCP 服务器的自动获取方式相区别,我们称这种地址获取方式为无状态地址自动配置,而称通过 DHCP 服务器获取地址的方式为有状态地址自动配置。

　　由于路由器是定期发送路由器通告,因此当某个终端启动后,可能需要等待一段时间才能接收到路由器通告。如果终端希望立即接收到路由器通告,则可以向路由器发送路由器请求,该路由器请求的源地址是终端接口的链路本地地址,目的地址是表明接收方是链路中所有路由器的著名组播地址 FF02::2。当路由器接收到路由器请求时,立即组播一个路由器通告。图 8.14 给出了终端获取全球地址及默认路由器地址的过程。

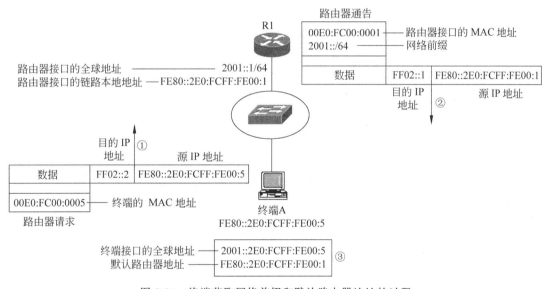

图 8.14　终端获取网络前缀和默认路由器地址的过程

　　从图 8.14 中可以看出,无论是终端发送的路由器请求还是路由器发送的路由器通告,都给出了发送接口的链路层地址(这里是以太网的 MAC 地址),这主要因为 IPv6 分组必须封装在 MAC 帧的数据字段中,才能通过传输网络传给下一跳结点。因此,在通过传输网络传输 IPv6 分组前,必须先获取下一跳结点的 MAC 地址,在路由器请求和通告中给出发送接口的链路层地址就是为了这一目的。IPv4 over Ethernet 通过 ARP 实现地址解析过程,即根据下一跳结点的 IPv4 地址获取下一跳结点的 MAC 地址的过程,IPv6 通过邻站发现协议解决这一问题。下一节 IPv6 over Ethernet 将详细讨论 IPv6 的地址解析过程。

2. 重复地址检测

　　无论是链路本地地址还是通过无状态地址自动配置方式得出的全球地址,其唯一性都依赖于接口标识符的唯一性。由于不同网络的网络前缀是不同的,因此只要保证同一网络内不存在相同的接口标识符,就可保证地址的唯一性。重复地址检测(Duplicate Address Detection,DAD)是一种确定网络中是否存在另一个和某个接口有着相同接口标识符的接口的机制。

当结点的某个接口自动生成 IPv6 地址(链路本地地址或全球地址)时,结点通过该接口发送邻站请求来确定该地址的唯一性,该邻站请求的接收方是可能具有相同接口标识符的所有接口。为此,对任何进行重复检测的单播地址都定义了用于指定可能具有相同接口标识符的接口集合的组播地址,该组播地址的网络前缀为 FF02::1:FF00:0/104,低 24 位为单播地址的低 24 位,实际上就是接口标识符的低 24 位。这就意味着链路中所有接口标识符低 24 位相同的接口组成一个组播组,以该组播地址为目的地址的 IP 分组被该组播组中的所有接口接收。某个接口的地址在通过重复地址检测前属于试验地址,不能正常使用。因此,某个源结点为确定接口地址唯一性而发送的邻站请求的源地址为未确定地址::(全 0),目的地址是根据需要进行重复检测的接口地址的低 24 位导出的组播地址。邻站请求中的目标地址字段给出需要重复检测的单播地址,即试验地址。当属于由目的地址指定的组播组的接口(接口标识符低 24 位和需要重复地址检测的单播地址的低 24 位相同的接口)接收到邻站请求时,接收到邻站请求的结点(目的结点)用该接口的接口地址和该邻站请求中包含的试验地址进行比较,如果相同且该接口的接口地址也是试验地址,则将放弃使用该试验地址。如果该接口的接口地址是正常使用的地址(非试验地址),目的结点向源结点发送邻站通告,该通告的源地址是接收邻站请求的接口正常使用的接口地址,目的地址是表明接收方是链路中所有结点的组播地址 FF02::1。通告中目标地址字段给出对应的邻站请求中的目标地址字段值和该接口的链路层地址。如果目的结点接收到该邻站请求的接口的接口地址和该邻站请求中包含的试验地址不同,则不作任何处理。如果源结点发送邻站请求后,接收到邻站通告,且通告中包含的目标地址字段值和接口的试验地址相同,则将放弃使用该接口地址。如果源结点发送邻站请求后,在规定时间内一直没有接收到对应的邻站通告,则确定链路中不存在和其接口标识符相同的其他接口,将该接口地址作为正常使用的地址。整个过程如图 8.15 所示。

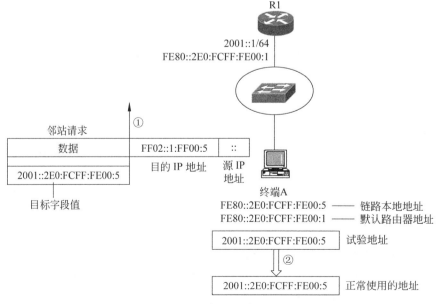

图 8.15　重复地址检测过程

8.4.3　路由器建立路由表的过程

1. 路由项格式

IPv6 路由项格式如表 8.4 所示,目的网络由两部分组成:一是主机号清零的 IPv6 地址,二是网络前缀长度。例如表 8.4 中的目的网络 2002::/64,2002:: 是主机号清零的 IPv6 地址(其中 2002:0:0:0 是 64 位网络前缀,0:0:0:0 是清零后的主机号,64 是网络前缀长度)。距离给出当前路由器至目的网络的传输路径的距离,不同类型的路由项,其距离的含义也不同,如下一代 RIP(RIP Next Generation,RIPng)生成的动态路由项的距离是指当前路由器至目的网络的传输路径所经过的路由器的跳数。下一跳是当前路由器至目的网络的传输路径上下一跳结点的 IPv6 地址,通常是下一跳结点连接在输出接口所连接的传输网络上的接口的链路本地地址。输出接口是当前路由器输出以属于目的网络的 IPv6 地址为目的地址的 IPv6 分组的接口。该接口与下一跳地址标识的下一跳结点的接口连接在同一个传输网络上。

表 8.4　IPv6 路由表

目的网络	距离	下一跳	输出接口
2002::/64	0	FE80::2E0:FCFF:FE00:2	1

2. 路由项类型

IPv6 路由项同样分为直连路由项、静态路由项和动态路由项。完成路由器接口全球地址和网络前缀配置过程后,路由器自动生成直连路由项,直连路由项的距离为 0。可以为路由器人工配置静态路由项。由路由协议生成的路由项称为动态路由项。支持 IPv4 的路由协议 RIP、OSPF 和 BGP 分别有支持 IPv6 的 RIPng、OSPFv3 和 BGP4+(其中 RIPng 和 OSPFv3 是内部网关协议,BGP4+是外部网关协议)。

3. RIPng 建立路由表的过程

IPv6 中路由器通过路由协议 RIPng 建立路由表的过程和 IPv4 中路由器通过路由协议 RIP 建立路由表的过程基本相同,只是路由项中的目的网络用 IPv6 地址的网络前缀表示方式表示。封装路由消息的 IP 分组的源地址是发送该路由消息的接口的链路本地地址,目的地址是表示链路本地范围内所有运行 RIPng 的路由器的著名组播地址 FF02::9。因此,路由表中下一跳路由器地址也是下一跳路由器对应接口的链路本地地址。下面通过用 RIPng 建立图 8.13 所示的 IPv6 网络结构中路由器 R1 和 R2 的路由表为例,讨论 IPv6 网络中路由器建立路由表的过程。

当路由器 R1 的接口 1 和路由器 R2 的接口 2 配置了全球地址和网络前缀后,路由器 R1、R2 自动生成图 8.16 所示的初始路由表。然后路由器 R1 和 R2 周期性地向对方发送包含路由表中路由项的路由消息。图 8.16(a)是路由器 R1 向路由器 R2 发送路由消息的过程。当路由器 R2 接收到路由器 R1 发送的路由消息时,进行 RIP 路由消息处理流程,在路由表中增添用于指明通往网络 2001::/64 的传输路径的路由项。同样,路由器 R2 也向路由器 R1 发送路由消息,使得路由器 R1 也得出用于指明通往网络 2002::/64 的传输路径的路由项,整个过程如图 8.16(b)所示。

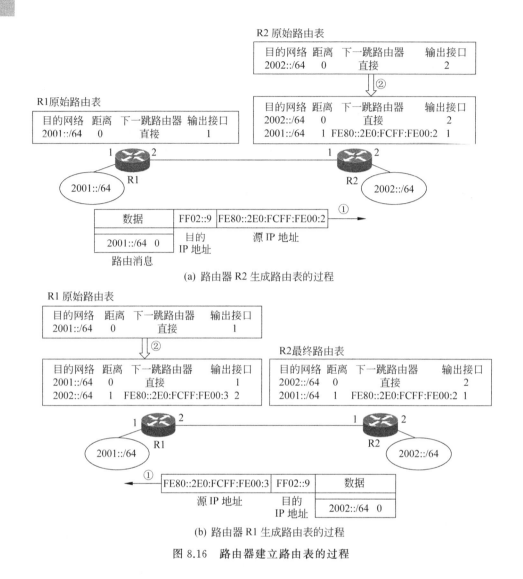

图 8.16　路由器建立路由表的过程

8.5　IPv6 over Ethernet

IPv6 over Ethernet 涉及三方面内容：一是地址解析过程，二是将 IPv6 分组封装成 MAC 帧的过程，三是 MAC 帧逐段传输过程。除了地址解析过程，其他两方面内容与 IPv4 over Ethernet 基本相同。

8.5.1　IPv6 地址解析过程

1. 终端邻站缓存

当图 8.13 中的终端 A 想给终端 B 发送数据时，终端 A 构建一个以终端 A 的 IPv6 地址 2001::2E0:FCFF:FE00:5 为源地址，以终端 B 的 IPv6 地址 2002::2E0:FCFF:FE00:6 为目的地址的 IPv6 分组。终端 A 在开始发送该 IPv6 分组前，先检索路由表。根据图 8.13 所示的配置,终端 A 的路由表中存在如表 8.5 所示的两项路由项。和 IPv4 相同,终端的路由表内容通过手动配置和邻站发现协议获得,不是通过路由协议获得。

表 8.5　终端 A 建立的路由表

目的网络	下一跳路由器	目的网络	下一跳路由器
2001::/64	本地连接	::/0	FE80::2E0:FCFF:FE00:1

第 1 项指明终端 A 所连接的网络的网络前缀,第 2 项指明默认路由。和 IPv4 一样,终端 A 首先确定 IPv6 分组的目的终端是否和源终端连接在同一个网络上(在 IPv6 网络中,连接在同一个网络上称为 on-link),这个过程需要比较目的地址的网络前缀和终端 A 所连接的网络的网络前缀。由于目的地址的网络前缀 2002::/64 和终端 A 所连接的网络的网络前缀 2001::/64 不同,因此确定源终端和目的终端不在同一个网络上(在 IPv6 网络中,连接在不同网络上称为 off-link),终端 A 选择将该 IPv6 分组发送给默认路由器。获取默认路由器的 IPv6 地址后,在将 IPv6 分组封装成经过以太网传输的 MAC 帧前,需要根据默认路由器的 IPv6 地址解析出默认路由器的 MAC 地址,这一过程称为地址解析过程,对应的 IPv6 地址称为解析地址。在前一节讨论终端获取网络前缀和默认路由器地址的过程(无状态地址自动配置过程)中已经讲到,路由器在链路本地范围内组播的路由器通告不仅包含网络前缀,而且还包含路由器连接该链路的接口的链路层地址。如果链路是以太网,接口的链路层地址就是 MAC 地址。因此,终端在完成获取网络前缀和默认路由器地址的过程后,不仅建立如表 8.5 所示的两项路由项,而且还建立如表 8.6 所示的邻站缓存,邻站缓存中的每一项给出邻站的 IPv6 地址和对应的链路层地址。如果在邻站缓存中找到默认路由器的 IPv6 地址对应的项,则终端 A 可以立即通过该项给出的 MAC 地址封装 MAC 帧;否则需要通过地址解析过程获取默认路由器的 MAC 地址。和 IPv4 的 ARP 缓存相同,邻站缓存中的每一项都有寿命,如果在寿命期内没有接收到用于确认 IPv6 地址和对应的链路层地址之间关联的信息,则该项将因为过时而不再有效。这种情况下,终端也将通过地址解析过程获取和某个 IPv6 地址关联的链路层地址。

表 8.6　终端 A 的邻站缓存

邻站 IPv6 地址	邻站链路层地址
FE80::2E0:FCFF:FE00:1	00E0:FC00:0001

2. 地址解析过程

地址解析过程首先由需要解析地址的终端发送邻站请求,邻站请求的源地址是发送该邻站请求的接口的 IPv6 地址。由于每一个接口有多个 IPv6 地址,如终端 A 连接链路的接口有链路本地地址和全球地址等,因此选择作为邻站请求的源地址的原则是选择最有可能被邻站用来解析接口的链路层地址的 IPv6 地址。由于终端 A 用全球地址作为发送给终端 B 的 IPv6 分组的源地址,因此终端 B 回送给终端 A 的 IPv6 分组必定以终端 A 的全球地址作为目的地址。当路由器 R1 通过以太网传输终端 B 回送给终端 A 的 IPv6 分组时,需要通过该 IPv6 分组的目的地址解析终端 A 的链路层地址。因此,在这次数据传输过程中,路由器 R1 最有可能用来解析终端 A 的链路层地址的接口地址是全球地址。因而,终端 A 用接口的全球地址作为邻站请求的源地址。邻站请求的目的地址是组播地址,组播组标识符是解析地址的低 24 位,表示接收方是接口地址低 24 位等于组播组标识符的接口。邻站请求包含解析地址和发送邻站请求的接口的链路层地址。所有接口地址的低 24 位和解析地址的低 24 位相同的接口都接收该邻站请求,目的结点首先在邻站缓存中检索邻站请求源地址对应的项。如果找到对应项且对应项给出的链路层地址和邻站请求中给出的链路层地址相同,则更新寿命定时器;否则在邻站缓存中记录下源地址和链路层地址之间的关联。如果发现接收邻站请求的接口具有和解析地址相同的接口地址,则目的结点回送邻站通告,邻站通告中给出解析地址和解析出的链路层地址。终端 A 解析出默认路由器的链路层地址的过程如图 8.17 所示。

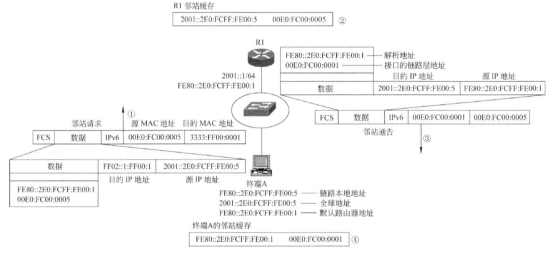

图 8.17　终端 A 解析出默认路由器的链路层地址的过程

上一节讨论重复地址检测时用到的是邻站请求和邻站通告,这一节同样用邻站请求和邻站通告完成地址解析过程。目的结点必须区分出接收到的邻站请求是用于完成重复地址检测的邻站请求还是用于完成地址解析的邻站请求,它通过接收到的邻站请求的源地址区分出两种不同用途的邻站请求。由于通过重复地址检测前,分配给接口的地址是试验地址,不能正常使用,因此邻站请求的源地址是未确定地址::。而进行地址解析时,邻站请求的源地址是发送接口的正常使用地址。不同用途下邻站请求包含的目标地址字段值也不同,重复地址检测时发送的邻站请求中的目标地址字段给出用于进行重复检测的试验地址,而地址解析时发送的邻站请求中的目标地址字段给出用于解析出邻站链路层地址的邻站 IPv6 地址。

8.5.2　IPv6 组播地址和 MAC 组地址之间的关系

终端 A 组播的邻站请求封装成 MAC 帧后,才能通过以太网进行传输。IPv6 分组封装成 MAC 帧的过程和 IPv4 相同,只是类型字段给出的十六进制值是 86DD,表明数据字段中数据的类型是 IPv6 分组。由于邻站请求是组播分组,因此目的 MAC 地址是根据 IPv6 组播地址转换成的 MAC 组地址。IPv6 组播地址转换成 MAC 组地址的过程如图 8.18 所示,MAC 组地址的高 16 位固定为 3333,低 32 位是 IPv6 组播地址的低 32 位。

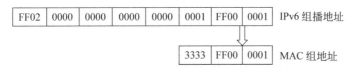

图 8.18　IPv6 组播地址转换成 MAC 组地址的过程

8.5.3　IPv6 分组传输过程

终端 A 解析出默认路由器 R1 的 MAC 地址后,将传输给终端 B 的 IPv6 分组封装成 MAC 帧,并且通过以太网将该 MAC 帧传输给路由器 R1。路由器 R1 从接收到的 MAC 帧中分离出 IPv6 分组,用 IPv6 分组的目的地址检索路由表,找到下一跳路由器。同样用下一跳路由器的 IPv6 地址解析出下一跳路由器的 MAC 地址,再将 IPv6 分组封装成 MAC 帧,经过以太网将该 MAC 帧传输给路由器 R2。经过逐跳转发,最终到达终端 B。整个传输过程如图 8.19 所示。

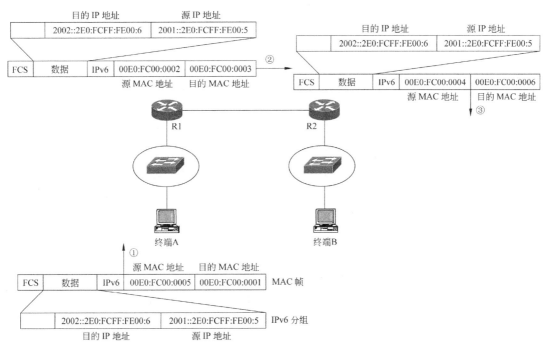

图 8.19　IPv6 分组从终端 A 至终端 B 的传输过程

IPv4 的地址解析过程通过 ARP 实现,ARP 报文被直接封装成 MAC 帧,因此 ARP 只能实现类似以太网的广播型网络的地址解析过程,这就意味着 IPv4 需要对不同的传输网络采用不同的地址解析协议。而邻站发现协议以 IPv6 分组格式传输协议报文,和传输网络无关,因此 IPv6 地址解析协议独立于传输网络,不同传输网络均可用邻站发现协议实现地址解析过程。更重要的是,由于通过 IPv6 的鉴别和封装安全净荷扩展首部,可以对源终端进行鉴别,避免了其他终端冒用源终端的情况发生,因此也不会出现类似 ARP 欺骗攻击这样的问题。ARP 欺骗攻击是指某个终端通过发送 ARP 请求报文,把别的终端的 IPv4 地址和自己的 MAC 地址绑定在一起,以此实现窃取发送给别的终端的 IPv4 分组的目的的攻击手段。

8.6　IPv6 网络和 IPv4 网络互联

实现网络互联的前提是找到一种能够解决互联问题的、高于且独立于传输网络的协议。因此,如果真正要求实现 IPv4 网络和 IPv6 网络互联,则必须仿照通过 IP 实现不同类型的传输网络互联的方式,设计出一种高于且独立于 IPv4 和 IPv6 的协议。这种协议能够对 IPv4 网络和 IPv6 网络中的终端分配统一的、独立于 IPv4 和 IPv6 的协议地址,因而可以在这一层的协议数据单元(PDU)中对位于 IPv6 或 IPv4 网络的源和目的终端给出统一的协议地址。实现这一层协议的设备应该是某种网关设备,源终端至目的终端的传输路径由一系列这样的网关组成,而互联网关的网络是 IPv6 或 IPv4 网络,该协议数据单元通过 X over IPv4 或 X over IPv6(X 指独立于 IPv6 和 IPv4 的上一层协议)技术实现 X 协议数据单元相邻网关之间的传输过程。如果 IPv6 和 IPv4 网络也像不同类型的传输网络那样独立发展,则实现 IPv4 网络和 IPv6 网络的互联必须走上述道路。但事实是,IPv6 网络和 IPv4 网络共存是暂时的,最终是 IPv6 网络取代 IPv4 网络,因此实现 IPv4 网络和 IPv6 网络互联的需求也是暂时的。因而只能采用一些简单的方法解决共存时期的通信问题,而不会像用 IP 实现不同类型的传输网络互联那样开发出一整套的协议和设备来实现 IPv4 网络和 IPv6 网络互联。

目前解决 IPv4 网络和 IPv6 网络共存问题的技术主要有三种:一是双协议栈技术,该技术允许 IPv4 网络和 IPv6 网络共存,但 IPv4 网络与 IPv6 网络各行其是、相互独立;二是隧道技术,该技术用于实现被 IPv4 网络分隔的若干 IPv6 孤岛之间的通信过程;三是网络地址和协议转换技术,该技术用于实现 IPv4 网络与 IPv6 网络之间的通信过程。

8.6.1　双协议栈技术

IPv4 和 IPv6 虽然互不兼容,各自有着独立的编址空间,但它们为传输层提供的服务是

图 8.20　双协议栈结构

相同的,而且 IPv4 over X 技术和 IPv6 over X 技术又十分相似。因此,人们开始生产同时支持 IPv4 和 IPv6 的路由器,这种路由器称为双协议栈路由器。在由这种路由器构成的网络中,允许同时存在 IPv4 和 IPv6 终端,当然 IPv4 终端只能和另一个 IPv4 终端通信,IPv6 也同样。如果某个终端希望既能和 IPv4 终端通信,又能和 IPv6 终端通信,则这个终端也必须支持双协议栈。双协议栈体系结构如图 8.20 所示。

图 8.21 所示是采用双协议栈路由器的网络结构。路由器一旦采用双协议栈,它将同时运行 IPv4 协议系列和 IPv6 协议系列,必须将所有接口定义为 IPv4 和 IPv6 接口,为接口分配 IP 地址,启动路由协议(如 IPv4 的 RIP 和 IPv6 的 RIPng),并且通过各自的路由协议建立如图 8.21 所示的 IPv4 和 IPv6 路由表。对于 IPv6 终端,配置相对简单,在采用无状态地址自动配置方式时,自动获取图 8.21 中所示的配置信息。对于 IPv4 终端,手动配置或者通过 DHCP 获取图 8.21 中所示的配置信息。

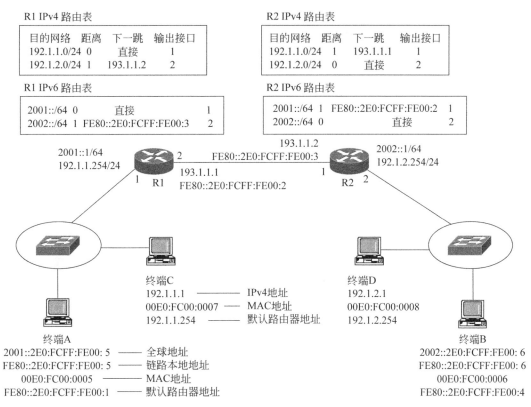

图 8.21　采用双协议栈路由器的网络结构

无论是终端 A 向终端 B 发送数据还是终端 C 向终端 D 发送数据,都必须先获取目的终端的 IP 地址。通过目的终端的 IP 地址确定下一跳路由器的 IP 地址,IPv4 over Ethernet 或 IPv6 over Ethernet 技术与以太网的 MAC 层和物理层一起实现下一跳路由器(或目的终端)的地址解析、IP 分组封装及 MAC 帧传输过程。当路由器接口接收到 MAC 帧时,通过 MAC 帧的类型字段确定数据字段包含的 IP 分组类型,将分离出的 IP 分组提交给对应的网际层进程。对应的网际层进程在对应的路由表中完成检索,获取下一跳路由器地址,再次通过 IPv4 over X 或 IPv6 over X(X 指传输网络类型)技术与 X 传输网络将 IP 分组传输给下一跳路由器。最终将 IP 分组传输给目的终端。需要说明的是,图 8.21 所示的网络结构是无法实现 IPv4 终端和 IPv6 终端之间通信的,除非终端支持双协议栈,否则只能和采用同一网际层协议的终端通信。

8.6.2　隧道技术

双协议栈当然是解决 IPv4 和 IPv6 共存问题的一种有效方法,但当前的 Internet 是 IPv4 网络,Internet 中的路由器只支持 IPv4,而且在短时间内很难使 Internet 中的路由器支持 IPv6。因此,IPv6 网络在未来一段时间内只能是孤岛,无法融入 Internet,图 8.22 给出了 IPv6 网络的发展路线图。那么,在当前 IPv6 网络为孤岛的情况下,如何实现这些 IPv6 孤岛的互联呢? 隧道技术就是一种用于实现 IPv6 孤岛互联的机制。

图 8.23 所示是用隧道实现两个 IPv6 孤岛互联的互联网结构,图中路由器 R1 的接口 2

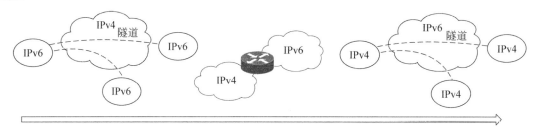

图 8.22　IPv6 网络的发展路线图

和路由器 R2 的接口 1 配置为 IPv4 接口并配置 IPv4 地址。分别在路由器 R1 和 R2 中定义 IPv4 隧道,隧道两个端点的 IPv4 地址分别为 192.1.1.1 和 192.1.2.2;同时在路由器中设置到达隧道另一端的 IPv4 路由项。路由器配置的信息如图 8.23 所示。对于 IPv6 网络,IPv4 隧道等同于点对点链路。因此,对于路由器 R1,通往目的网络 2002::/64 传输路径上的下一跳是 IPv4 隧道的另一端。同样,对于路由器 R2,通往目的网络 2001::/64 传输路径上的下一跳是 IPv4 隧道的另一端。因此,IPv4 隧道两端还需要分配网络前缀相同的 IPv6 地址,如图 8.23 所示的 3001::1/64 和 3001::2/64。

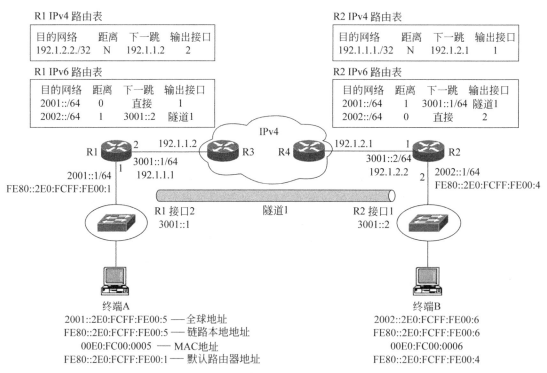

图 8.23　隧道实现两个 IPv6 孤岛互联

当终端 A 需要给终端 B 发送 IPv6 分组时,它构建以 2001::2E0:FCFF:FE00：5 为源地址、以 2002::2E0:FCFF:FE00：6 为目的地址的 IPv6 分组,并且根据配置的默认网关地址将该 IPv6 分组传输给路由器 R1。路由器 R1 用 IPv6 分组的目的地址检索 IPv6 路由表,找到下一跳路由器,但发现连接下一跳路由器的是隧道 1。根据路由器 R1 配置隧道 1 时给出的信息(隧道 1 源地址为 192.1.1.1、目的地址为 192.1.2.2),路由器 R1 将 IPv6 分组封装成隧道格式。由于隧道 1 是 IPv4 隧道,隧道格式外层首部为 IPv4 首部,因此封装后的隧道格式如图 8.24 所示。隧道格式被提交给路由器 R1 的 IPv4 进程,IPv4 进程用隧道格式的目的地址检索 IPv4 路由表,找到下一跳路由器,通过对应的 IPv4 over X 技术和 X 传输网络将隧道格式转发给路由器 R3。经过 IPv4 网络的逐跳转发,隧道格式到达路由器 R2。由于路由器 R2 的接口 1 被定义成隧道 1 的另一个端点,因此当路由器 R2 从接口 1 接收到隧道格式时,从中分离出 IPv6 分组并用 IPv6 分组的目的地址检索 IPv6 路由表,找到下一跳结点(目的终端),通过 IPv6 over Ethernet 技术和以太网将 IPv6 分组传输给目的终端。

图 8.24　IPv6 分组封装成 IPv4 隧道格式

8.6.3　网络地址和协议转换技术

隧道技术只能解决两个 IPv6 孤岛通过 IPv4 网络进行通信的问题,当 IPv4 网络和 IPv6 网络共存时,更需要一种用于解决两个分别属于这两种不同网络的终端之间的通信问题的方法。无状态 IP/ICMP 转换(Stateless IP/ICMP Translation,SIIT)与网络地址和协议转换(Network Address Translation-Protocol Translation,NAT-PT)就是解决这一问题的协议。

1. SSIT

当 IPv4 网络中的终端和 IPv6 网络中的终端相互通信时,必须在网络边界实现 IPv4 分组格式和 IPv6 分组格式之间的转换,SIIT 是一种用于完成这种转换的协议。它需要在 IPv6 网络中为那些需要和 IPv4 网络通信的终端分配 IPv4 地址,但这些 IPv4 地址在 IPv6 网络中被转换成::FFFF:0:a.b.c.d 格式的 IPv6 地址。当 IPv6 网络中的终端希望发送数据给 IPv4 网络中的终端时,它直接在 IPv6 分组的目的地址字段给出 IPv4 网络中的终端的 IPv4 地址,但以::FFFF:a.b.c.d 的 IPv6 地址格式给出。IPv6 网络必须将以::FFFF:a.b.c.d 格式的 IPv6 地址为目的地址的 IPv6 分组路由到网络边界的地址和协议转换器,由地址和协议转换器完成 IPv6 分组格式至 IPv4 分组格式的转换。同样,当 IPv4 网络中的终端希望向 IPv6 网络中的终端发送数据时,它直接在 IPv4 分组的目的地址字段给出分配给 IPv6 网络中终端的 IPv4 地址,IPv4 网络也必须将以分配给 IPv6 网络中终端的 IPv4 地址为目的地址的 IPv4 分组路由到网络边界的地址和协议转换器,由地址和协议转换器完成 IPv4 分组格式至 IPv6 分组格式的转换。下面结合图 8.25 所示的网络结构详细讨论 IPv4 网络中的终端和 IPv6 网络中的终端用 SIIT 实现相互通信的过程。

在图 8.25 所示的网络结构中,分配给 IPv6 网络中终端的 IPv4 网络地址是 193.1.1.0/24,这些地址必须是 IPv4 网络没有使用的地址,IPv4 网络必须保证将目的地址属于 193.1.

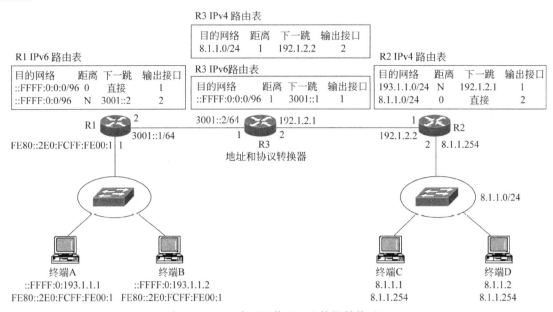

图 8.25 SIIT 实现网络地址和协议转换过程

1.0/24 的 IPv4 分组路由到 IPv4 网络边界的地址和协议转换器(路由器 R3),图 8.25 中路由器 R2 路由表中的路由项<193.1.1.0/24,N,192.1.2.1,1>反映了这一点。同样,IPv6 网络也必须保证将以::FFFF:a.b.c.d 格式的 IPv6 地址为目的地址的 IPv6 分组路由到 IPv6网络边界的地址和协议转换器,图 8.25 中路由器 R1 路由表中的路由项<::FFFF:0:0/96,N,3001::2,2>也反映了这一点。作为地址和协议转换器的路由器 R3 支持双协议栈,接口1 为 IPv6 接口,分配 IPv6 地址。接口 2 为 IPv4 接口,分配 IPv4 地址。通过 IPv6 接口接收到的 IPv6 分组转换成 IPv4 分组后,通过 IPv4 接口转发出去,反之亦然。当图 8.25 中的终端 A 发送数据给终端 C 时,它构建以::FFFF:0:193.1.1.1 为源地址、以::FFFF:8.1.1.1 为目的地址的 IPv6 分组,该 IPv6 分组经过路由器 R1 转发后到达路由器 R3。路由器 R3 完成表 8.7 所示的 IPv6 首部字段至 IPv4 首部字段的转换,用转换后的 IPv4 分组的目的地址(8.1.1.1)检索 IPv4 路由表,找到下一跳路由器,将 IPv4 分组转发给路由器 R2。IPv4 分组经过路由器 R2 转发后,到达终端 C,完成终端 A 至终端 C 的数据传输过程。

当终端 C 向终端 A 发送数据时,它构建以 8.1.1.1 为源地址、以 193.1.1.1 为目的地址的 IPv4 分组,该 IPv4 分组经过路由器 R2 转发后到达路由器 R3。路由器 R3 完成表 8.8 所示的 IPv4 首部字段至 IPv6 首部字段的转换,用转换后的 IPv6 分组的目的地址检索 IPv6路由表,找到下一跳路由器,将 IPv6 分组转发给路由器 R1。IPv6 分组经过路由器 R1 转发后,到达终端 A,完成终端 C 至终端 A 的数据传输过程。为简单起见,假定 IPv4 分组和IPv6 分组都没有任何可选项或扩展首部,其格式如图 8.26 所示。

图 8.26 IPv4 和 IPv6 分组格式

表 8.7　IPv6 首部至 IPv4 首部的转换

IPv6 首部字段	IPv4 首部字段
版本：6	版本：4
	首部长度：5
信息流类别：X	服务类型：X
净荷长度：Y	总长度：Y+20(20 是 IPv4 首部长度)
	标识：0
	MF=0,DF=1
	片偏移：0
跳数限制：Z	生存时间：Z
下一个首部：A	协议：A
	首部校验和：重新计算
源地址：::FFFF:0:193.1.1.1	源地址：193.1.1.1
目的地址：::FFFF:8.1.1.1	目的地址：8.1.1.1

　　IPv6 分组转换成 IPv4 分组时,一些 IPv4 首部字段值可以直接从对应的 IPv6 首部字段中复制过来,如服务类型、生存时间、协议等。一些 IPv4 首部字段值可以通过对应的 IPv6 首部字段值导出,如总长度、源地址、目的地址等。一些 IPv4 首部字段值只能设置成约定值,如标识、片偏移、MF 和 DF 标志位等。

表 8.8　IPv4 首部至 IPv6 首部的转换

IPv4 首部字段	IPv6 首部字段
版本：4	版本：6
服务类型：X	信息流类别：X
	流标签：0
总长度：Y	净荷长度：Y-20(20 是 IPv4 首部长度)
协议：A	下一个首部：A
生存时间：Z	跳数限制：Z
源地址：8.1.1.1	源地址：::FFFF:8.1.1.1
目的地址：193.1.1.1	目的地址：::FFFF:0:193.1.1.1

　　同样,IPv4 分组转换成 IPv6 分组时,一些 IPv6 首部字段值可以直接从对应的 IPv4 首部字段中复制过来,如信息流类别、下一个首部、跳数限制等。一些 IPv6 首部字段值可以通过对应的 IPv4 首部字段值导出,如净荷长度、源地址、目的地址等。一些 IPv6 首部字段值只能设置成约定值,如流标签。

　　SIIT 能够比较简单地解决属于两种不同网络(IPv4 和 IPv6 网络)的终端之间的通信问题,但需要为 IPv6 网络中的终端分配 IPv4 地址,而且这种地址分配是静态的。在 IPv6 网络中,只有分配了 IPv4 地址的终端才能和 IPv4 网络中的终端通信,这就可能需要为 IPv6 网络分配大量的 IPv4 地址。而发展 IPv6 的最主要原因就是 IPv4 地址短缺问题,因此这种通过为 IPv6 网络中的终端静态分配 IPv4 地址解决 IPv4 终端和 IPv6 终端之间通信问题的方式存在很大的局限性。

多数情况下,虽然 IPv6 网络中有多个终端需要和 IPv4 网络中的终端通信,但需要同时通信的终端并不多。因此,可以只对 IPv6 网络分配少许 IPv4 地址,以此构成 IPv4 地址池。IPv6 网络中需要和 IPv4 网络通信的终端临时从地址池中分配一个空闲的 IPv4 地址,在通信结束后自动释放该 IPv4 地址。由于每一个 IPv4 地址都不固定分配给 IPv6 网络中的终端,因此我们将这种地址分配方式称为动态地址分配方式。

2. NAT-PT

(1)单向会话通信过程

NAT-PT 是一种将 SIIT 和动态 NAT 有机结合的地址和协议转换技术,它对 IPv6 网络中终端的地址配置没有限制,也不需要对 IPv6 网络中需要和 IPv4 网络通信的终端分配 IPv4 地址。它和 IPv4 网络所采用的动态 NAT 一样,在网络边界的地址和协议转换器中设置一组 IPv4 地址,并且以此构成 IPv4 地址池。当 IPv6 网络中的某个终端发起和 IPv4 网络中的终端之间的会话时,由地址和协议转换器为发起会话的终端分配一个 IPv4 地址,并且将该 IPv4 地址和该终端发起的会话绑定在一起。如果会话是 TCP 连接,则可用会话两端的源和目的地址以及源和目的端口号标识该会话。在会话存在期间,该 IPv4 地址一直分配给发起会话的终端,当属于该会话的 IPv6 分组经过地址和协议转换器进入 IPv4 网络时,用该 IPv4 地址取代 IPv6 分组的源地址,并且完成 IPv6 分组至 IPv4 分组的转换。IPv4 网络中的终端用该 IPv4 地址和发起会话的终端通信,当属于该会话的 IPv4 分组进入地址和协议转换器时,用该 IPv4 分组的目的地址检索会话表,用会话表中给出的发起会话终端的 IPv6 地址取代 IPv4 分组的目的地址,并且完成 IPv4 分组至 IPv6 分组的转换。在 SIIT 中,IPv6 网络用::FFFF:a.b.c.d 格式表示 IPv4 地址 a.b.c.d;在 NAT-PT 中,96 位网络前缀可以是其他的值,但必须保证 IPv6 网络将目的地址和该 96 位网络前缀匹配的 IPv6 分组路由到网络边界的地址和协议转换器。地址和协议转换器将和 96 位网络前缀匹配的目的地址的低 32 位作为 IPv4 地址。反之,地址和协议转换器在 IPv4 分组的源地址前加上 96 位网络前缀作为 IPv6 分组的源地址。下面结合图 8.27 所示的网络结构详细讨论 NAT-PT 的工作机制。

在图 8.27 中,当终端 A 需要向终端 C 传输数据时,它发送一个以 2001::2E0:FCFF:FE00:7 为源地址、以 2::8.1.1.1 为目的地址的 IPv6 分组,该 IPv6 分组被 IPv6 网络路由到路由器 R3。路由器 R3 用该 IPv6 分组的源地址检索地址转换表。由于这是终端 A 发送给 IPv4 网络的第一个 IPv6 分组,地址转换表不存在匹配的地址转换项,因此路由器 R3 为终端 A 分配一个 IPv4 地址,这里假定是 193.1.1.1。同时,在地址转换表中创建一项用于建立 IPv6 地址 2001::2E0:FCFF:FE00:7 与 IPv4 地址 193.1.1.1 之间映射的地址转换项,如表 8.9 所示。路由器 R3 将该 IPv6 分组转换成 IPv4 分组,通过 IPv4 路由表确定的传输路径将该 IPv4 分组转发给下一跳路由器 R2。该 IPv4 分组经过路由器 R2 转发后到达终端 C,完成终端 A 至终端 C 的传输过程。IPv6 分组转换成 IPv4 分组时,除源和目的地址字段以外各个字段的转换过程和 SIIT 相同,如表 8.7 所示。源和目的地址的转换过程如图 8.28

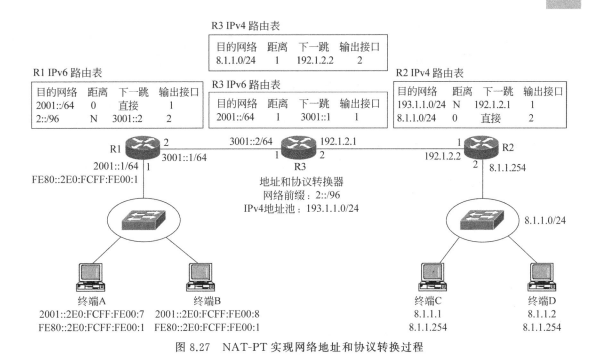

图 8.27　NAT-PT 实现网络地址和协议转换过程

所示。

表 8.9　地址转换表

IPv6 地址	IPv4 地址
2001::2E0:FCFF:FE00:7	193.1.1.1

图 8.28　IPv6 分组至 IPv4 分组的转换过程

　　当终端 C 需要向终端 A 发送数据时,它构建一个以 8.1.1.1 为源地址、以 193.1.1.1 为目的地址的 IPv4 分组,该 IPv4 分组被 IPv4 网络路由到路由器 R3。路由器 R3 用该 IPv4 分组的目的地址检索地址转换表,找到匹配的地址转换项,用该地址转换项中的 IPv6 地址 2001::2E0:FCFF:FE00:7 作为转换后的 IPv6 分组的目的地址。由于为路由器 R3 配置的网络前缀为 2::/96,转换后的 IPv6 分组的源地址为 2::8.1.1.1,因此路由器 R3 用转换后的 IPv6 分组的目的地址 2001::2E0:FCFF:FE00:7 检索 IPv6 路由表,找到匹配的路由项 <2001::/64,1,3001::1,1>。根据该路由项,将 IPv6 分组转发给路由器 R1。IPv4 分组转换成 IPv6 分组时,除源和目的地址字段以外各个字段的转换过程和 SIIT 相同,如表 8.8 所示。源和目的地址的转换过程如图 8.29 所示。

　　终端 A 后续发送给终端 C 的 IPv6 分组由于能够在地址转换表中找到匹配的地址转换项,因此可以根据该地址转换项中的 IPv4 地址进行源地址转换。地址转换表中的每一项地

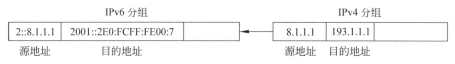

图 8.29　IPv4 分组至 IPv6 分组的转换过程

址转换项都关联一个定时器,每当通过路由器 R3 连接 IPv6 网络的接口接收到源地址为该地址转换项中 IPv6 地址的 IP 分组时,刷新与该地址转换项关联的定时器。一旦关联的定时器溢出,将删除该地址转换项,路由器可以重新分配该地址转换项中的 IPv4 地址。

(2) 双向会话通信过程

和 IPv4 动态 NAT 一样,NAT-PT 只能用于由 IPv6 网络中的终端发起会话的应用,如果某个应用需要由 IPv4 网络中的终端发起会话,NAT-PT 是无法实现的,因为 IPv4 网络中的终端是无法用某个 IPv4 地址绑定 IPv6 网络中的某个终端的。如果非要实现由 IPv4 网络中的终端发起会话的访问过程,需要采用静态 NAT,即在路由器 R3 中配置静态的 IPv4 地址和 IPv6 地址之间的映射。在图 8.30 中,如果终端 C 希望访问 IPv6 网络中的 DNS 服务器(IPv6 DNS),就构建以 8.1.1.1 为源地址、以 193.1.1.5 为目的地址的 IPv4 分组。该 IPv4 分组到达路由器 R3 后,路由器 R3 通过手动配置的静态地址映射,将目的地址转换成 2001::2E0:FCFF:FE00:9。但如果对 IPv6 中的其他终端也采用静态地址映射,NAT-PT 将重新变为 SIIT,需要为所有可能和 IPv4 网络通信的 IPv6 网络中的终端静态分配 IPv4 地址,这显然是不可能的。

对于图 8.30 所示的网络结构,路由器 R3 不仅是地址和协议转换器,还是 DNS 应用层网关,DNS 用于将完全合格域名解析成 IP 地址。如果是 IPv6 网络,则解析成 IPv6 地址;如果是 IPv4 网络,则解析成 IPv4 地址。DNS 服务器给出完全合格域名和对应的 IP 地址之间的映射,如<终端 A:2001::2E0:FCFF:FE00:7>。DNS 应用层网关完成 IPv4 DNS 协议和 IPv6 DNS 协议之间的转换,这种转换除了消息格式转换外,还包括命令和响应的转换。

当终端 C 想发起和终端 A 之间的会话时,首先通过 DNS 解析出终端 A 的完全合格域名:终端 A 所对应的 IPv4 地址。由于在路由器 R3 中已经静态配置了 IPv6 网络中 DNS 服务器的 IPv6 地址 2001::2E0:FCFF:FE00:9 和 IPv4 地址 193.1.1.5 之间的映射,因此终端 C 配置的 DNS 服务器地址为 193.1.1.5。因而,当需要 DNS 解析出完全合格域名时,向 IPv4 地址为 193.1.1.5 的 DNS 服务器发送请求报文,请求报文被封装成 IPv4 分组后进入 IPv4 网络,被 IPv4 网络路由到路由器 R3。由路由器 R3 完成 IPv4 DNS 请求报文至 IPv6 DNS 请求报文的转换,并且将该 DNS 请求报文封装成以 2::8.1.1.1 为源地址、以 2001::2E0:FCFF:FE00:9 为目的地址的 IPv6 分组,通过 IPv6 网络将该 IPv6 分组传输到 IPv6 网络的 DNS 服务器。IPv6 网络的 DNS 服务器根据完全合格域名解析出 IPv6 地址 2001::2E0:FCFF:FE00:7,并且将该地址通过 DNS 响应报文回送给地址为 2::8.1.1.1 的终端(终端 C)。该 DNS 响应报文被 IPv6 网络路由到路由器 R3,由路由器 R3 在 IPv4 地址池中选择一个未分配的 IPv4 地址,这里假定是 193.1.1.1。将其分配给终端 A,同时在地址转换表创建用于建立 2001::2E0:FCFF:FE00:7 和 193.1.1.1 之间映射的地址转换项。路由器 R3 将 IPv6 DNS 响应报文转换为 IPv4 DNS 响应报文并将该 IPv4 DNS 响应报文封装成以 8.1.

1.1 为目的地址的 IPv4 分组,通过 IPv4 网络将该 IPv4 分组传输到终端 C,终端 C 随后用 IPv4 地址 193.1.1.1 和终端 A 进行通信。

需要指出的是,在上述通信过程中,IPv4 网络中的终端通过 DNS 的地址解析过程创建用于建立 2001::2E0:FCFF:FE00:7 和 193.1.1.1 之间映射的地址转换项,路由器 R3 将所有通过连接 IPv6 网络接口接收到的源地址为 2001::2E0:FCFF:FE00:7 的 IPv6 分组转换成源 IP 地址为 193.1.1.1 的 IPv4 分组;将所有通过连接 IPv4 网络接收到的目的地址为 193.1.1.1 的 IPv4 分组转换成目的地址为 2001::2E0:FCFF:FE00:7 的 IPv6 分组。通过 DNS 的地址解析过程创建的地址转换项等同于动态 NAT 创建的地址转换项。

IPv4 网络中所有终端和服务器对应的 IPv6 地址都是固定的,IPv6 网络中的终端可以获取 IPv4 网络中所有终端和服务器对应的 IPv6 地址,因此 IPv6 网络中的终端可以通过直接给出 IPv6 地址的方式和 IPv4 网络中的终端通信。当然,记住完全合格域名总比记住 128 位的 IPv6 地址容易,因此 IPv6 网络中的终端可能通过完全合格域名(如终端 C)发起和 IPv4 网络中的终端之间的会话。这种情况下,由 IPv6 终端向 IPv4 网络的 DNS 服务器发送 DNS 请求报文,由路由器 R3 完成 IPv6 DNS 请求报文至 IPv4 DNS 请求报文的转换。当路由器 R3 接收到 IPv4 网络中的 DNS 服务器回送的 DNS 响应报文时,一方面通过加上网络前缀 2::将解析出的 IPv4 地址转换成 IPv6 地址,另一方面完成 IPv4 DNS 响应报文至 IPv6 DNS 响应报文的转换。

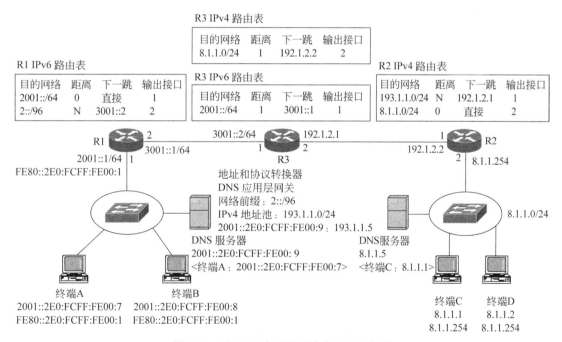

图 8.30　用 DNS 应用层网关实现双向会话

隧道技术和 NAT-PT 都是解决 IPv6 网络和 IPv4 网络互联的权宜之计,存在很多问题,也有很大的局限性,它们只能解决 IPv4 或 IPv6 网络中一方占据主导地位时,和作为孤岛的另一方中终端的通信问题。因此,如果 IPv6 网络和 IPv4 网络长时间平分秋色,则必须用更合适的技术解决它们的互联问题。目前情况下,IPv4 占据绝对的主导地位,但网络发展的趋势是用 IPv6 代替 IPv4,只是不知道这个过程何时开始和需要多长时间。

习题

8.1 IPv4 的主要缺陷有哪些?

8.2 IPv4 短时间内是否会被 IPv6 取代? 试解释原因。

8.3 IPv6 和 IPv4 相比,有什么优势?

8.4 按文中所述设计 IPv6 首部的理由是什么? 增加的字段有什么作用?

8.5 IPv6 取消首部检验和字段的理由是什么?

8.6 IPv6 的扩展首部是否只是取代 IPv4 的可选项? 它有什么作用?

8.7 IPv6 分片过程和 IPv4 分片过程相比,有哪些优势?

8.8 IPv6 地址结构的设计依据是什么?

8.9 将以下用基本表示方式表示的 IPv6 地址用 0 压缩表示方式表示。

    (1) 0000:0000:0F53:6382:AB00:67DB:BB27:7332

    (2) 0000:0000:0000:0000:0000:0000:004D:ABCD

    (3) 0000:0000:0000:AF36:7328:0000:87AA:0398

    (4) 2819:00AF:0000:0000:0000:0035:0CB2:B271

8.10 将以下用 0 压缩表示方式表示的 IPv6 地址用基本表示方式表示。

    (1) ::

    (2) 0:AA::0

    (3) 0:1234::3

    (4) 123::1:2

8.11 给出以下每一个 IPv6 地址所属的类型。

    (1) FE80::12

    (2) FEC0::24A2

    (3) FF02::0

    (4) 0::01

8.12 下述地址表示方法是否正确。

    (1) ::0F53:6382:AB00:67DB:BB27:7332

    (2) 7803:42F2:::88EC:D4BA:B75D:11CD

    (3) ::4BA8:95CC::DB97:4EAB

    (4) 74DC::02BA

    (5) ::00FF:128.112.92.116

8.13 IPv6 为什么没有广播地址? 哪个组播地址等同于全 1 的广播地址?

8.14 IPv6 设置链路本地地址的目的是什么?

8.15 IPv6 为什么使用无状态地址自动配置方式? IPv4 为什么不使用这种地址分配方式?

8.16 IPv4 是否不需要重复地址检测? 如果需要,如何实现重复地址检测?

8.17 分别用 IPv6 和 IPv4 设计一个有 30 个终端的交换式以太网并使各个以太网内的终端之间能够相互通信,给出设计步骤并比较其过程。

8.18　IPv4 over Ethernet 用 ARP 实现目的终端地址解析,ARP 报文直接用 MAC 帧封装; 而 IPv6 over Ethernet 用邻站发现协议实现目的终端地址解析,用 IPv6 分组封装邻 站发现协议的协议报文。这两者有什么区别?

8.19　根据图 8.31 所示的网络结构配置终端和三层交换机,并且讨论终端 A 至终端 B 的 IPv6 分组传输过程。

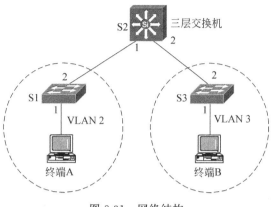

图 8.31　网络结构

8.20　根据图 8.32 所示的网络结构配置终端和三层交换机,讨论三层交换机之间用 RIPng 建立路由表的过程,并且给出终端 A 至终端 D 的 IPv6 分组传输过程。

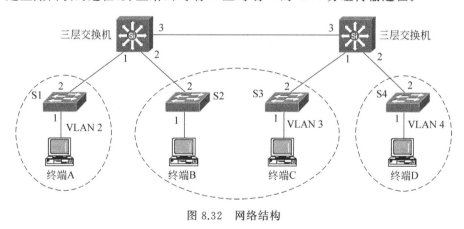

图 8.32　网络结构

8.21　IPv4 和 IPv6 互联的技术有哪些? 各自在什么应用环境下使用?

8.22　假定在图 8.32 中,VLAN 2 使用 IPv4,其他 VLAN 使用 IPv6,请给出用双协议栈解 决 IPv4 和 IPv6 网络共存和同一网络内终端之间通信问题的配置,并且讨论终端 B 至终端 C、终端 A 至终端 D 之间的通信过程。

8.23　假定在图 8.32 中,VLAN 3 使用 IPv4,其他 VLAN 使用 IPv6,请给出用 SIIT 解决属 于不同类型网络的终端之间通信问题的配置,并且讨论终端 A 至终端 B、终端 C 至终 端 D 之间的通信过程。

8.24　假定在图 8.32 中,VLAN 3 使用 IPv4,其他 VLAN 使用 IPv6,请给出用 NAT-PT 和 DNS 应用层网关解决属于不同网络的终端之间通信问题的配置,并且讨论终端 A 至终端 B、终端 C 至终端 D 之间的通信过程。

8.25 SIIT 的局限性是什么？

8.26 NAT-PT 的局限性是什么？

8.27 NAT-PT 实现双向会话的原理是什么？

8.28 能否仿照 IP 互联不同类型传输网络的模式，提出一种真正实现 IPv4 和 IPv6 网络互联的模式？

第9章 物联网设计方法和实现过程

一方面智能物体、通信网络和云平台的发展为物联网奠定了技术基础,另一方面物联网又为智能家居、智慧校园、智慧农业、工业互联网等应用提供了技术保障。物联网将通信对象由主机延伸到人、机、物。

9.1 物联网概述

如今的计算机和通信技术发生了重大变化,这些变化体现在多方面:云计算导致的数据处理能力的增强;智能移动设备的增多;工业、制造和智能移动设备之间互联的增强;通过工业网和企业网的融合,导致新应用的出现,如视频监控、智能仪表、资产追踪、运输设备管理、数字健康监测等。这些变化为物联网的发展和应用提供了坚实基础。

9.1.1 物联网定义和技术特征

1. 互联网发展过程

互联网发展过程经历互联、网络经济、沉浸式体验和物联网这四个阶段。

(1)互联阶段

互联阶段是互联网发展的初级阶段,人们通过拨号上网,接入速率低,费用高,互联网应用主要限制在 E-mail、Web 服务器浏览和搜索等方面。这一阶段互联网的主要任务是尽可能将更多的终端和服务器连接在一起。

(2)网络经济阶段

随着互联网的发展,互联网传输速率越来越高,接入互联网的费用越来越低,互联网应用不再局限于 E-mail、Web 服务器浏览和搜索等。人们开始通过利用互联网提升生产效率和盈利能力,互联网进入网络经济阶段。电子商务开始兴起,生产者和消费者通过互联网紧密联系一起,在线购物成为时尚。

(3)沉浸式体验阶段

智能手机的普及和无线通信技术的发展使得有更多的移动设备接入互联网,互联网应用更加多姿多彩,社交媒体和移动应用开始兴起。人们通过社交媒体共享文本、图片、音频和视频等多媒体信息,互联网应用开始进入沉浸式体验阶段。

(4)物联网阶段

随着互联网的发展,通过互联网连接在一起的不仅是 PC、智能手机这样的固定和移动的智能设备,人们开始将构成物理世界的各种物体接入互联网,以此实现物理空间与信息空间的无缝连接,使得互联网能够为营造更加自动化的生产环境和更舒适的生活空间提供服务,互联网成为物联网。物联网通过人、机、物的深度融合可以为人们提供一个智能世界,如智能家居、智能城市和智能制造等。

2. 物联网定义

物联网(Internet of Things,IoT)本质上是一个将构成物理世界的物体连接在一起的互联网。目前普遍被大家接受的定义是：物联网是一种通过使用射频识别(Radio Frequency Identification,RFID)、传感器、红外感应器、全球定位系统、激光扫描器等信息采集设备,按约定的协议把任何物品与互联网连接起来进行信息交换和通信,以实现智能化识别、定位、跟踪、监控和管理的网络。

3. 物联网技术特征

物联网的技术特征包括全面感知、广泛互联、智能处理和自动控制四个方面,简称感联智控。

(1) 全面感知

感知是对客观事物的信息直接获取并进行认知和理解的过程。全面感知是指通过多种技术感知物理世界,这些技术包括各种各样的传感器、RFID 和各种各样的定位技术等。

(2) 广泛互联

物联网中需要连接的物体的类型是多种多样的,这些物体有着不同的供电方式、处理能力、数据传输密度和传输距离等。有些物体是固定物体,有些物体是移动物体,不同类型的物体需要不同的连接网络技术。有些物体采用电池供电,需要采用低耗传输网络。有些物体是移动物体,需要采用无线传输网络。因此,为实现物体的广泛互联,需要提供多种多样的传输网络,这些传输网络包括短距离传输网络、长距离传输网络、有线传输网络、无线传输网络、低功耗传输网络等。

(3) 智能处理

由全面感知获得的数据有以下特点：一是量大。数以百亿计的物体接入物联网,向物联网提供数据;二是多种类型结构。不同类型的物体提供不同类型和结构的数据;三是数据的价值密度很低,但大量数据综合分析后的结果非常有价值;四是时效性要求高。由于感知物理世界的目的是对物理世界进行控制,因此需要通过实时处理感知获得的数据,对物理世界中的物体及时作出反应。为能够存储和处理具有上述特征的数据,一是需要提供海量数据存储能力;二是需要提供云计算;三是需要能够通过人工智能算法对数据进行智能分析;四是需要通过边缘计算满足实时反应的要求。

(4) 自动控制

物联网通过物理空间与信息空间的无缝连接营造更加自动化的生产环境和更舒适的生活空间。实现这一点不仅需要感知物理世界,而且需要根据感知结果自动控制物理世界。自动控制体现在以下几个方面：一是能够跟踪分析每一个人的行为习惯,为每一个人提供最舒适的生活空间;二是引入人工智能算法,对通过感知物理世界获得的数据进行学习,精确描绘周围生活环境;三是能够根据感知结果,自动对物理世界作出反应。

9.1.2 物联网体系结构

1. 物联网体系结构定义原则

物联网体系结构定义需要遵循以下原则。

- 把复杂系统分层,使得每一层功能相对简单,容易实现和理解。
- 清楚地定义和描述每一层的功能,统一术语。

- 优化每一层功能的实现机制。
- 标准化实现每一层功能的设备。
- 使得物联网的实现过程更具可操作性。

2. 简化的三层结构

简化的三层体系结构如图 9.1 所示,将感联智控功能分布到每一层。

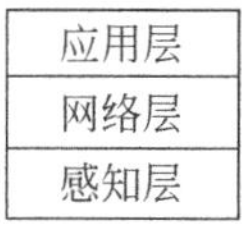

应用层
网络层
感知层

图 9.1　三层结构

第一层感知层完成全面感知和智能控制的功能,主要构件包括感知设备和控制设备。感知设备包括各种类型的传感器、标识设备、定位设备等;控制设备包括各种执行器,如灯光调节器、空调控制器等。

第二层网络层实现广泛互联功能:一是包括用于实现各种物体互联的传输网络,如 ZigBee、Bluetooth、NB-IoT、WiMAX;二是包括构成互联网的各种传输网络。

第三层应用层实现智能处理功能,包括各种智能算法、应用程序、海量数据库等。数据在三层体系结构中的流动是双向的,全面感知主要涉及感知层至应用层方向的流动,自动控制主要涉及应用层至感知层方向的流动。

三层结构可以简单描述感联智控功能的分层和实现过程以及各层之间的相互关系,但各层功能的分配不够精细,无法对构建实际物联网提供有效指导。

3. IoTWF 体系结构

2014 年,物联网世界论坛(IoT World Forum,IoTWF)发布了一个七层的物联网体系结构参考模型,如图 9.2 所示。这个七层的物联网体系结构参考模型为物联网提供了一个简单、清晰的视角。感知数据从物理设备流向应用,控制信息从应用流向物理设备。

协作和流程 (人和业务流程)
应用 (报告、分析和控制)
数据抽象 (数据聚合和访问)
数据积累 (数据存储)
边缘计算 (数据分析和转换)
连接 (通信及处理单元)
物理设备和控制器 (物)

图 9.2　物联网体系
结构参考模型

(1)物理设备和控制器

这一层主要定义用于感知物理世界的传感器和控制物理世界的控制器,以及所有连接到物联网的物体。这一层物理设备的类型极其丰富,但要求具有向网络提供数据或者通过网络接收数据并根据数据作出反应的基本功能。

(2)连接

这一层的核心功能是实现物理设备之间以及物理设备与网络之间的数据传输过程。物联网主张通过现有的互联网实现数据传输过程,但有些物体不是基于 IP 网络的,因此需要通过网关设备实现互联网与这些物体之间的连接。因而,连接层需要具有以下功能。

- 实现物体与物体之间的可靠传输。
- 实现各种协议。
- 实现交换和路由。
- 完成各种协议之间的转换。
- 实现网络安全。

(3)边缘计算

这一层的主要功能是把网络数据流转换成适合存储和高层处理的格式,其核心任务是大容量数据分析和转换。用于感知物理世界的传感器会产生大量数据,理想的处理方式是尽可能在接近数据源的位置对数据实施处理。这也是引发边缘计算(也称雾计算)的原因。边缘计算层具有的功能如下。

- 对数据进行过滤、清洗和聚合。
- 对数据内容进行监测。
- 根据标准对数据进行评估,确定是否需要提交高层处理。
- 将数据格式转换成高层处理时要求的统一格式。
- 还原数据。
- 确定数据值是否是阈值或报警值,并且将值为阈值或报警值的数据传输给特定的目的地。

(4)数据累积

前三层完成数据生成、传输和基本处理功能,这三层中的数据位于运动状态。由于许多应用无法实时处理数据,因此需要对数据进行存储。存储过程中的数据是不变的,因此位于静止状态。由此得出数据累积层具有的功能如下。

- 将数据从运动状态转变为静止状态。
- 将数据格式从网络分组转换成关系数据库。
- 完成从基于事件到基于查询的转变。
- 通过过滤和筛选大量减少存储的数据。

(5)数据抽象

物联网的特点导致以下三种情况:一是传感设备产生的大容量数据需要分散存储在多个不同的存储系统中;二是对应用程序提供数据的数据源是多种多样的;三是不同类型的物体产生不同格式和语义的数据。但应用程序希望提供的数据是对来自多种不同数据源的数据完成整合后的模式和视图统一的数据。由此得出数据抽象层具有的功能如下。

- 统一来自不同数据源的数据的格式。
- 保证来自不同数据源的数据语义的一致性。
- 确保为应用程序提供完整的数据。
- 通过虚拟化技术实现对不同存储系统中的数据的统一访问。
- 通过身份鉴别和授权对数据实施保护。
- 为使应用程序能够快速访问数据,对数据进行规格化(或非规格化)和索引。

(6)应用

应用层中包含的应用是多种多样的,随着物联网垂直应用的不同而不同。物联网体系结构没有对应用的具体功能做出定义。以下是几种可能的应用。

- 关键事务应用程序,如通用企业资源计划(Enterprise Resource Planning,ERP)和专门的行业解决方案。
- 具有交互功能的移动应用。
- 商业智能。
- 用于为商业决策提供支持的智能数据分析系统。
- 用于对物联网中物体实施控制的系统管理控制中心。

（7）协作和流程

物联网的实质是人、机、物的深度融合，因此强调对人的赋能。人们通过物联网应用和物联网感知的数据满足特定的需求，而且经常是多个人通过相同的物联网应用满足多种不同的需求。因此，物联网的目标不是应用，而是赋能人们，使得人们能够更好地完成他们的工作。应用只是在正确的时间为人们提供正确的数据，从而使人们能够做正确的事情。

完成一件工作需要许多人相互合作，这些人之间也需要相互通信。人与人之间协作和通信可能需要多个步骤，超越多个应用，这也是将协作和流程作为应用层的高层的原因。

9.1.3　物联网系统结构

物联网系统结构如图 9.3 所示，传感器和执行器构成感知层。当然，传感器用于感知构成物理世界的物体，执行器用于对构成物理世界的物体实施动作。连接层实现感知层中传感器和执行器与云平台之间的数据传输过程，它涉及的网络技术是多种多样的。如图 9.3 所示，传感器 1 和执行器 1 通过 LoRa 与 LoRa 网关相互通信，LoRa 网关通过接入网络接入 Internet 并通过 Internet 实现与云平台之间的数据传输过程。图 9.3 中的传感器 1 和执行器 1 具有处理模块和通信模块，能够独立完成数据采集、数据格式转换、动作执行和 LoRa 通信功能。而传感器 2 和执行器 2 本身不具有处理模块和通信模块，需要连接微控制单元（Microcontroller Unit，MCU）开发板，在 MCU 开发板控制下完成数据采集和动作执行过程，需要由 MCU 开发板完成数据格式转换和 4G/5G 通信功能。MCU 开发板通过 4G/5G 移动数据通信网络实现与云平台之间的数据传输过程。

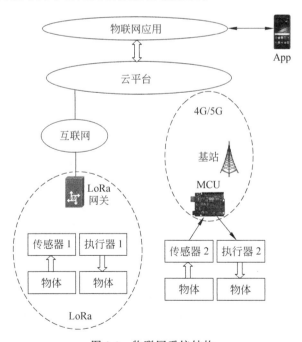

图 9.3　物联网系统结构

边缘计算层的功能分布在多个设备中，MCU 和 LoRa 网关可以完成简单的数据过滤和数据聚合功能，4G/5G 移动数据通信网络中的基站可以完成数据评估和阈值检测等功能。

数据累积层功能主要由云平台实现,由它实现时序数据存储和数据库管理功能。

数据抽象层功能由云平台实现,由它实现不同协议格式数据与数据库格式数据之间的转换过程。

应用层功能由基于云平台提供的软件开发工具包(Software Development Kit,SDK)开发的各种物联网应用实现。

协作和流程层功能通过人与各种物联网应用之间的交互实现。例如智能家居,物联网应用可以对家居中各个传感器感知的数据和各种物体的状态进行智能分析,向用户 App 实时推送分析结果,给出指导性的实施动作建议。用户通过 App 将家居调整到最舒适状态。图 9.3 中的手机可以通过 4G/5G 或 WiFi 接入 Internet,通过 Internet 与物联网应用相互通信。

9.2 物联网组成

物联网由智能物体、通信网络、云平台和物联网应用组成。智能物体是指能够感知物理世界,对物理世界实施动作,且具有与其他智能物体和云平台相互通信功能的设备。通信网络用于实现智能物体之间、智能物体与云平台之间的通信过程。云平台用于实现数据存储、数据处理和控制命令发布等功能。物联网应用用于满足用户个性化需要。

9.2.1 智能物体

智能物体结构如图 9.4 所示,包含传感器模块、执行器模块、处理器模块、电源模块和通信模块等。传感器模块和执行器模块可以二者选一。

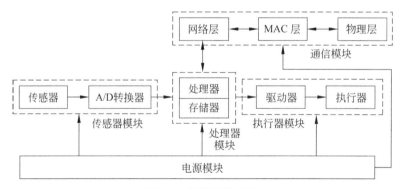

图 9.4　智能物体结构

1. 处理器模块

智能物体的核心模块是处理器模块。处理器模块主要完成以下 4 个功能:一是接收传感器模块发送的数据并对数据进行处理和分析;二是根据需要完成控制过程,产生用于驱动执行器的信号;三是控制通信模块完成通信过程;四是对智能物体的其他模块(如电源模块等)进行管理。

市面上存在多种功能和性能不同的处理器,可根据应用需要选择合适的处理器。目前使用最多的处理器类型是 Microchip 公司的 MCU。

2. 传感器模块

传感器是一种检测装置,能感受到被测量的信息,并且能将感受到的信息按一定规律转换成电信号或其他所需形式的信息输出,以满足信息的传输、处理、存储、显示、记录和控制等要求。

目前传感器的种类繁多,几乎可以测量一切值得测量的物体。传感器大大增强了人们感知物理世界的能力。表 9.1 列出了几种类型的传感器及应用。

表 9.1　几种类型的传感器及应用

类型	功　能	应　用
声音传感器	用于测量声级并将被测量信息转换成数字或模拟信号	麦克风、地音探听器、水诊器等
湿度传感器	用于测量空气中的湿度,测量值可以是绝对湿度和相对湿度	湿度计、保湿器、土壤水分传感器等
光线传感器	用于检测光线的存在和亮度	红外传感器、光电探测器、火焰检测器等
温度传感器	用于检测物体的热度或冷度。通常分为接触式检测和非接触式检测。接触式检测需要物理接触被检测物体;非接触式检测通过对流和辐射检测物体温度	温度计、热量计、温度测试表等
化学传感器	用于检测系统中化学物质的浓度,对于混合物需要选择特定化学物质传感器,如用二氧化碳传感器检测混合物中的二氧化碳	酒精测试仪、嗅觉计、烟雾探测器等
生物传感器	用于检测各种生物元素,如各种微生物、组织、细胞、酶、抗体和核酸等	脉搏血氧仪、心电图等

目前传感器已经得到广泛应用,一部智能手机可能配置十几个传感器,如表 9.2 所示。智能手机之所以如此普及,与配置的传感器密不可分。移动互联网开辟的大量新的应用领域也与智能手机配置的传感器密不可分。

表 9.2　智能手机中的传感器及功能

传感器名称	功　能
距离传感器	检测物体与屏幕之间的距离,主要用于检测是否有物体靠近屏幕
磁力计	测试磁场强度和方向,可以测量出手机与东南西北四个方向之间的夹角,从而定位手机的方位
加速传感器	感知任意方向上的加速度以及轴向的加速度大小和方向。测量手机三轴方向的受力情况
陀螺仪	测量三维坐标系内陀螺转子的垂直轴与设备之间的夹角并计算角速度。通过夹角和角速度判别物体在三维空间的运动状态。三轴陀螺仪可以同时测定上、下、左、右、前、后 6 个方向(合成方向同样可分解为三轴坐标),最终可判断出手机的移动轨迹和加速度
湿度传感器	手机接触的空气的湿度
麦克风	用于完成声电转换

续表

传感器名称	功　　能
指纹传感器	用于识别个体指纹特征
数字气压传感器	测量气体的绝对压强,通过测量大气压强计算出手机的海拔高度
温度计	用于测量手机自身电池、CPU等元件的温度
触摸屏	检测对屏的触摸动作和触摸位置
光线传感器	检测手机所处环境的光线亮度
全球定位系统(Global Positioning System,GPS)	获取移动手机的位置信息,即经纬度
照相机	景物反射的光线通过相机的镜头透射到电荷耦合元件(Charge Coupled Device,CCD)上,CCD将光线转换成对应的电信号
计步器	是陀螺仪和加速传感器综合应用的结果,陀螺仪获知手机在三维空间的运动状态,加速传感器可以获知手机三轴方向上的加速度,以此综合判别手机携带者的步数

3. 执行器模块

执行器和传感器是相互补充的,它们之间的关系如图9.5所示。传感器用于感知物理世界,将物体的物理量转换成电信号,然后由A/D转换器将电信号转换成二进制数。处理模块对感知到的数据进行处理,根据处理结果对物理世界实施动作,这些动作包括移动物体、对物体施加外力等。执行器就是一种根据输入的电信号或其他数字表示对物体产生动作的设备。

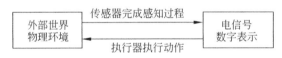

图9.5　传感器和执行器之间的关系

执行器可分为机械执行器、电子执行器等类型,每一种类型存在多种执行器。表9.3列出了常见的执行器类型和实例。

表9.3　不同类型的执行器实例

类　　型	实　　例
机械执行器	杠杆、螺旋千斤顶、手动曲柄
电子执行器	晶体闸流管、双极型晶体管、二极管
电子机械执行器	交流电动机、直流电动机、步进电动机
电磁执行器	电磁铁、线性电子阀
液压与气动执行器	液压缸、气压缸、活塞、压力控制阀、空气发动机
智能材料执行器	形状记忆合金、离子交换液、磁约束材料、双金属片、双压电晶片
微纳执行器	静电微电机、微型阀、梳齿驱动器

4. 通信模块

携带传感器和执行器的智能物体的应用场合是多种多样的。有的应用场合要求智能物体只能电池供电,且放置智能物体后较长时间内无法更换电池;有的应用场合要求高密度地对环境进行监测,因此需要密集分布大量的携带传感器的智能物体。因而,智能物体通信技术往往具有以下特点。

- 无线通信。
- 低功耗。
- 通信协议容易实现。
- 有的需要实现远距离通信。
- 有的需要构成无线 mesh 网络。

9.2.2 节将专门讨论适合智能物体使用的各种通信技术。

5. 电源模块

大部分智能物体采用电池供电,且供电系统需要考虑省电功能。

9.2.2　通信网络

物联网中的通信网络可以分为互联网和接入网络,接入网络主要用于实现将智能物体接入互联网以及实现智能物体之间通信过程的功能,如图 9.6 中的 LoRa、Bluetooth LE 和 ZigBee 传输网络。讨论物联网中的通信网络时,主要讨论物联网中的接入网络。Bluetooth 分为经典 Bluetooth 和 Bluetooth LE(低功耗 Bluetooth),作为接入网络的通常是 Bluetooth LE。

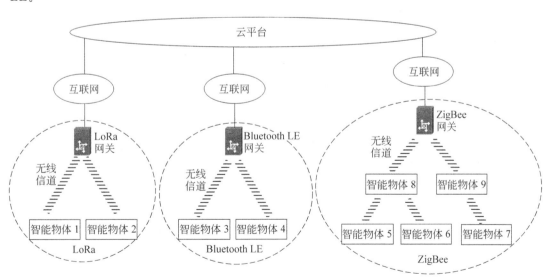

图 9.6　物联网接入网络的结构

1. 物联网接入网络的特点

物联网接入网络一般具有以下特点:一是低功耗。通常情况下智能物体采用电池供电,而且由于应用环境的原因,更换电池的间隔时间可能较长,因此通信实现过程必须是低功耗的。二是低成本。一个应用环境中可能存在成千上万个嵌入传感器和执行器的智能物体,这些智能物体之间需要相互通信,因此通信实现过程必须是低成本的。三是易于实现。由于智能物体的处理能力基于成本和功耗原因不可能很强,因此通信实现过程必须是易于实现的。四是大容量。通信技术需要支持成千上万个智能物体之间的通信过程。五是安全性。由于智能物体之间传输的可能是涉及个人隐私(如个人身体特征信息)的数据和控制执行器动作(如开启房门)的命令,因此需要保证这些信息传输过程中的保密性和完整性。

2. 物联网接入网络的分类

物联网接入网络可以根据功耗、传输距离、传输速率等进行分类。接入网络通常是低功耗网络,因此主要区别在于传输速率和传输距离。表 9.4 列出了 LoRa、Bluetooth LE 和 ZigBee 这三种传输网络的传输距离和传输速率。

表 9.4　典型接入网络的传输距离和传输速率

传输网络	传输距离	传输速率
LoRa	2~5km(都市) 15km(郊区) 45km(农村)	0.3~50kb/s
Bluetooth LE	150m(户外)	1Mb/s
ZigBee	10~75m(单跳传输距离)	20~250kb/s

3. Bluetooth LE

(1) 信道

Bluetooth LE 使用的频带范围是 2401MHz(2.401GHz)~2481MHz(2.481GHz),划分为 40 个信道,40 个物理信道的编号分别是 0~39,如图 9.7 所示。每一个信道占用 2MHz 带宽,其中心频率和信道编号之间的关系如式 9.1 所示。例如信道 0 的中心频率(f_0)是 2402MHz,表明信道 0 的频带范围是 2401~2403MHz。信道 12 的中心频率(f_{12})是 2426MHz,表明信道 12 的频带范围是 2425~2427MHz。

$$f_k = 2402\text{MHz} + k \times 2\text{MHz}; \quad k = 0,1,2,\cdots,39 \tag{9.1}$$

40 个物理信道分为公告信道和数据信道。公告信道的作用有两个:一是用于建立主设备和从设备之间的连接;二是用于广播数据。数据信道的作用是实现主设备和指定从设备之间的数据传输过程。编号为 0、12 和 39 的 3 个物理信道作为公告信道,其他 37 个信道作为数据信道。为便于调频,将 37 个数据信道重新编号为 0~36,将 3 个公告信道重新编号为 37、38 和 39,如图 9.8 所示。

3 个公告信道分别采用频带范围为 2401~2403MHz、2425~2427MHz 和 2479~2481MHz 的物理信道的目的是尽可能减少干扰。Bluetooth LE 使用的频带范围与无线局域网使用的频带范围是高度重叠的,无线局域网中频带范围完全没有重叠的信道分别是信道 1、6 和 11,因此无线局域网最有可能使用的信道分别是信道 1、6 和 11。为尽可能减少干扰,需要使得公告信道的频带范围与无线局域网信道 1、6 和 11 的频带范围之间没有重叠。无线局域网信道 1 的中心频率如图 9.8 所示,是 2412MHz。无线局域网的每一个信道占用 22MHz 带宽,因此无线局域网信道 1 的频带范围是 2401~2423MHz。但无线局域网每一个信道实际只使用 20MHz 带宽,频带范围 2401~2403MHz 只是作为隔离频带,从而使得 Bluetooth LE 频带范围为 2401~2403MHz 的公告信道与无线局域网信道 1 实际使用的频带之间没有重叠,如图 9.8 所示。无线局域网信道 6 的中心频率是 2437MHz,频带范围是 2426～2448MHz。同样,频带范围 2426～2428MHz 只是作为隔离频带,从而使得 Bluetooth LE 频带范围为 2425～2427MHz 的公告信道与无线局域网信道 6 实际使用的频带之间没有重 叠。无线局域网信道 11 的中心频率是 2462MHz,频带范围是 2451～2473MHz,从而使得 Bluetooth LE 频带范围为 2479～2481MHz 的公告信道与无线局域网信道 11 实际使用的 频带之间没有重叠。

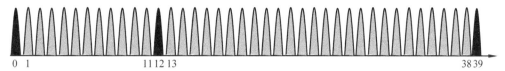

图 9.7　40 个物理信道及其编号

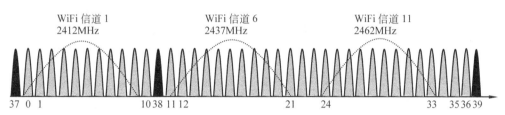

图 9.8　重新编号后的数据信道和公告信道编号

（2）跳频和调制

主设备与从设备之间每一次通信所使用的数据信道都是变化的,信道的编号是根据 式(9.2)计算出来的。其中 n_k 是第 k 次主设备与从设备之间传输数据时使用的信道的编号, n_{k+1} 是第 $k+1$ 次主设备与从设备之间传输数据时使用的信道的编号。hop 是用户指定的 跳数,范围为 5～16。

$$n_{k+1} = (n_k + \text{hop}) \bmod 37 \tag{9.2}$$

通过信道传输数据时,采用高斯频移键控(Gaussian Frequency-Shift Keying,GFSK)调 制技术。如果信道中心频率为 f,则用 $f+0.180$MHz 表示二进制数 1,用 $f-0.180$MHz 表 示二进制数 0。假如信道中心频率是 2402MHz,则用频率 2402.180MHz 表示二进制数 1, 用频率 2401.820MHz 表示二进制数 0。

（3）公告和扫描过程

设备状态如图 9.9 所示,设备启动后自动进入待机状态。然后根据用户命令进入公告、 扫描或启动状态。进入公告、扫描或启动状态的设备分别称为公告设备、扫描设备或启动设 备。公告设备进入公告状态后,周期性地通过 3 个公告信道广播通用公告指示(ADV_ IND),公告周期由参数公告间隔指定。为避免多个公告设备同时通过公告信道广播通用公 告指示,每一个公告设备相邻两次公告过程的间隔时间由式(9.3)决定,其中 T_advEvent 是 相邻两次公告过程的实际间隔时间,advInterval 是指定的公告间隔,advDelay 是公告延迟。 advDelay 是随机产生的 0～10ms 的值,其作用是使得各个设备即使 advInterval 相同,也有 着不同的公告过程开始时间。

$$\text{T\_advEvent} = \text{advInterval} + \text{advDelay} \tag{9.3}$$

如果设备进入扫描或启动状态,则需要有时间侦听公告信道,因此需要为进入扫描或启动状态的设备指定扫描间隔和扫描窗口,如图9.10所示,扫描窗口内持续侦听公告信道。

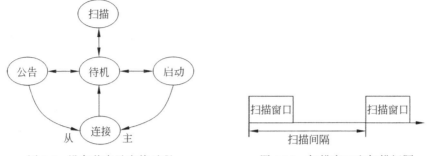

图9.9　设备状态及变换过程　　　　图9.10　扫描窗口和扫描间隔

扫描设备的扫描方式分为被动扫描方式和主动扫描方式。在被动扫描方式下,扫描设备只侦听公告信道,接收公告设备广播的公告指示。在主动扫描方式下,扫描设备接收到公告指示后,可以通过扫描请求(SAN_REQ)要求公告设备通过扫描响应(SCAN_RSP)提供更多信息。公告和扫描过程如图9.11所示。

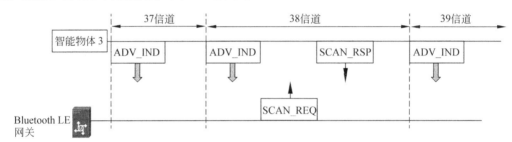

图9.11　公告和扫描过程

（4）连接建立过程

连接建立过程如图9.12所示,当进入启动状态的设备接收到公告设备公告的公告指示后,向公告设备发送一个连接请求(CONNECT_REQ)。连接请求中给出有关连接的相关参数,这些参数包括可用的数据信道序列、跳数、连接间隔、传输窗口大小、传输窗口偏移等。公告设备接收到启动设备发送的连接请求后,成功建立连接。

（5）数据传输过程

主设备和从设备之间每经过连接间隔启动一次数据传输过程,数据传输过程需要在传输窗口内完成。建立连接后第一次数据传输窗口的起始时间是接收到连接请求后的时间加上传输窗口偏移。第一次用于数据传输的信道编号由可用信道序列给出,跳数用于确定后续数据传输过程使用的数据信道。建立连接后,确定初始传输窗口和数据信道,后续传输窗口和数据信道的数据传输过程如图9.13所示。

如果有多个从设备与主设备建立连接,则主设备在与每一个从设备约定的传输窗口内完成与该从设备之间的数据传输过程。相互传输的数据需要确认,确认信息可以捎带在数据报文中,也可以单独发送确认报文。主设备与多个从设备之间的数据传输过程如图9.14所示。

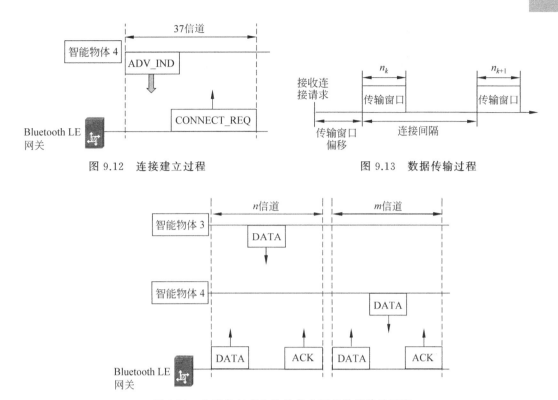

图 9.12 连接建立过程　　　　　　　图 9.13 数据传输过程

图 9.14 主设备与多个从设备之间的数据传输过程

（6）安全机制

主设备和从设备之间建立连接后，如果需要安全传输数据，则需要在两者之间完成配对过程，如图 9.15 所示。配对过程完成的功能主要有两个：一是完成相互身份鉴别过程，二是生成用于安全传输数据所需的密钥。

如果需要进行配对过程，首先由主设备向从设备发送配对请求（PARING_REQ），配对请求中主要给出主设备的 I/O 能力和要求的安全等级等。I/O 能力表明主设备是否具有输入和输出功能，如是否具有显示器和键盘等。安全等级表明是否需要身份鉴别、是否需要加密传输等。然后由从设备向主设备发送配对响应（PARING_RSP），配对响应中主要给出从设备的 I/O 能力和要求的安全等级等。

主设备和从设备之间交换配对请求和配对响应后，根据双方约定的安全等级开始身份鉴别和密钥生成过程。

如图 9.15 所示，首先通过基于 P-256 椭圆曲线的 Diffie-Hellman 密钥生成算法生成公共密钥 K_{DH}。主设备基于 P-256 椭圆曲线生成公钥 PK_1 和私钥 SK_1，将公钥 PK_1 发送给从设备。同样，从设备基于 P-256 椭圆曲线生成公钥 PK_2 和私钥 SK_2，将公钥 PK_2 发送给主设备。主设备根据从设备的公钥 PK_2 和自己的私钥 SK_1 通过 P-256 椭圆曲线算法计算出密钥 K_{DH}。同样，从设备根据主设备的公钥 PK_1 和自己的私钥 SK_2 通过 P-256 椭圆曲线算法计算出密钥 K_{DH}。

主设备和从设备之间交换各自生成的随机数，其中 N_1 是主设备生成的随机数，N_2 是从设备生成的随机数。为验证从设备的身份，主设备生成数字 R_1，从设备根据身份鉴别机制

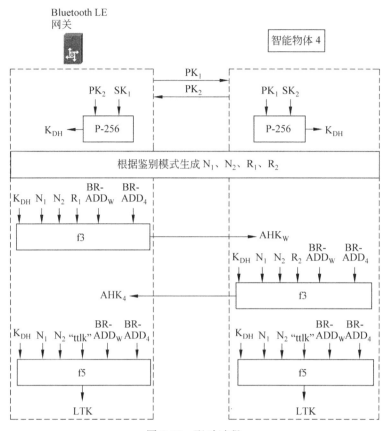

图 9.15　配对过程

获取数字 R_2，只有当从设备获取的数字 R_2 等于主设备生成的数字 R_1 时，从设备的身份才通过鉴别。从设备获取数字 R_2 的方法与从设备设定的鉴别机制有关，当主设备具有显示器而从设备具有键盘时，主设备显示生成的数字 R_1，从设备输入数字 R_2。只有当从设备用户有权限观察主设备显示的数字 R_1 且通过键盘输入数字 $R_2 = R_1$ 时，从设备才能通过身份鉴别。

　　一旦 R_2 等于 R_1，主设备和从设备就生成相同的认证密钥 AHK，其中 f3 是密钥生成算法，BR-ADD$_W$ 和 BR-ADD$_4$ 分别是主设备和从设备的 64 位物理地址。

　　主设备和从设备生成长期密钥 LTK，由 LTK 导出用于加密数据和生成数据验证码的其他密钥。

4. LoRa

　　LoRa 的特性是远距离、低功耗、低成本、大容量、低速和高抗干扰能力。远距离是指无中继无线传输距离可以达到十几甚至几十千米。低功耗是指可以在电池供电的情况下持续工作几年甚至十年。低成本是指实现通信协议的成本很低。大容量是指一个 LoRa 网络中可以激活大量智能物体，这些用于接入 LoRa 网络的智能物体称为终端设备。低速是指终端设备的上行和下行数据传输速率不会很高。高抗干扰能力是指 LoRa 网络可以在一个有较高干扰的环境下正常工作。

　　(1) 网络结构

　　LoRa 网络结构如图 9.16 所示。LoRa 网关与作为终端设备的智能物体之间通过无线信道实现通信过程,LoRa 网关与网络服务器之间通过 IP 网络实现通信过程。LoRa 网关作为中继设备,将通过无线信道接收到的智能物体发送给网络服务器的数据通过 IP 网络转发给网络服务器;或者相反,将通过 IP 网络接收到的网络服务器发送给智能物体的数据通过无线信道转发给智能物体。网络服务器完成智能物体接入 LoRa 网络过程中的接入控制过程。

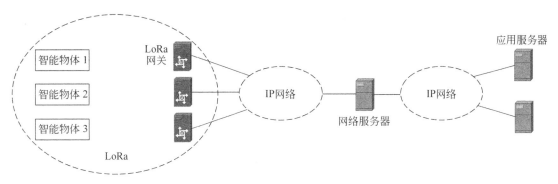

图 9.16　LoRa 网络结构

（2）信道和调制技术

LoRa 有三种类型的信道:第一种类型信道的实际使用带宽是 125kHz,第二种类型信道的实际使用带宽是 250kHz,第三种类型信道的实际使用带宽是 500kHz。中国目前用于 LoRa 的频带是 470~510MHz,该频带划分为 96 个上行信道和 48 个下行信道。96 个上行信道的编号分别是 0~95,信道 0 的中心频率是 470.3MHz,相邻信道的中心频率相差 0.2MHz,因此上行信道 i 的中心频率（f_i）＝470.3MHz＋i×0.2MHz（i＝0,1,2,…,95）。每一个信道实际使用的带宽是 125kHz。48 个下行信道的编号分别是 0~47,信道 0 的中心频率是 500.3MHz,相邻信道的中心频率相差 0.2MHz,因此下行信道 j 的中心频率（f_j）＝500.3MHz＋j×0.2MHz（j＝0,1,2,…,47）。每一个信道实际使用的带宽是 125kHz。

LoRa 具有远距离、低功耗和高抗干扰特性的原因在于其采用的调制技术是基于线性扩频（Chirp Spread Spectrum,CSS）的调制技术。CSS 调制技术的实际传输速率与带宽和扩频因子有关,表 9.5 给出了中国目前使用的 125kHz 带宽信道在各种扩频因子下的实际传输速率。传输距离和抗干扰性与扩频因子之间的关系如下:扩频因子越大,传输距离越远,抗干扰性越好。

表 9.5　扩频因子和实际传输速率之间的关系

数据传输速率类型	扩频因子	实际传输速率/(b/s)	数据传输速率类型	扩频因子	实际传输速率/(b/s)
D0	12	250	D3	9	1760
D1	11	440	D4	8	3125
D2	10	980	D5	7	5470

（3）终端设备分类

终端设备分为 A、B 和 C 三类,分类的主要依据在于工作时需要的功耗。A 类终端设备需要的功耗最少,不需要传输数据时,终端设备处于休眠状态。当终端设备需要传输数据时,可以随时通过上行信道发起数据传输过程。只有当终端设备通过上行信道发起数据传输过程后,网络服务器才能通过下行信道向终端设备传输数据。这使得下行数据的传输时延是不确定的且往往很大,因此,A 类终端设备往往是只需要发送数据的传感器。

对于 B 类终端设备,除了在终端设备发起数据传输过程后,网络服务器可以向终端设备传输数据外,它可以周期性地发起向 B 类终端设备传输数据的过程。因此,对于 B 类终端设备,即使没有数据需要发送,也需要周期性地从休眠状态转换为工作状态。显然,B 类终端设备需要的功耗要大于 A 类终端设备。

对于 C 类终端设备,网络服务器可以随时发起向终端设备传输数据的过程。因此,C 类终端设备需要时刻处于工作状态。显然,C 类终端设备需要的功耗是这三类设备中最大的。

（4）终端设备激活过程

终端设备激活过程也是终端设备加入 LoRa 网络的过程。终端设备加入 LoRa 网络前,必须在终端设备和网络服务器中同步配置 DevEUI、JoinEUI、NwkKey、AppKey 等信息。

DevEUI 和 JoinEUI 都是 64 位扩展唯一标识符（Extended Unique Identifier,EUI）。NwkKey 和 AppKey 都是 128 位 AES 密钥。终端设备根据跳频技术选择上行信道发送 Join-request 消息,Join-request 消息中包含 DevEUI 和 JoinEUI。Join-request 消息携带消息完整性编码（Message Integrity Code,MIC）,消息完整性编码是用 NwkKey 和消息完整性算法对 Join-request 消息中包含的各个字段值计算后得到的结果。网络服务器根据 MIC 验证终端设备的身份,即根据 Join-request 消息中包含的 DevEUI 和 JoinEUI 确定终端设备与该终端设备对应的 NwkKey 和 AppKey,根据该终端设备对应的 NwkKey 和接收到的 Join-request 消息重新计算 MIC。如果网络服务器计算出的 MIC 和 Join-request 消息携带的 MIC 相同,则该终端设备身份通过鉴别。网络服务器通过终端设备身份鉴别后,向终端设备发送 Join-accept 消息。Join-accept 消息中包含网络服务器为该终端设备分配的 32 位 DevAddr,32 位 DevAddr 是终端设备激活后与网络服务器交换信息时使用的地址。对于 A 类型终端设备,终端设备只能在指定下行信道和接收窗口接收 Join-accept 消息,如图 9.17 所示。终端设备发送完 Join-request 消息后,经过 JOIN_ACCEPT_DELAY1 时间开始第一个接收窗口,经过 JOIN_ACCEPT_DELAY2 时间开始第二个接收窗口。对应中国使用的 470~510MHz 频带,第一个接收窗口对应的下行信道的编号 $j = i \bmod 48$,其中 i 是终端设备发送 Join-request 消息的上行信道的编号。第二个接收窗口对应的下行信道的编号固定为 25。需要强调的是,LoRa 网关为了能够接收终端设备通过上行信道传输的数据,必须具有同时侦听多个上行信道的能力。不同 LoRa 网关同时侦听的上行信道集合可以不同,但这些 LoRa 网关同时侦听的上行信道集合之和必须涵盖全部上行信道。

图 9.17　Join-request 和 Join-accept 消息交换过程

网络服务器用 AppKey 和 AES 加密算法对 Join-accept 消息进行加密,用 NwkKey 和消息完整性算法计算 Join-accept 消息的 MIC,终端设备可以据此鉴别网络服务器的身份。

Join-request 消息中包含终端设备给出的 DevNonce,Join-accept 消息中包含网络服务器给出的 JoinNonce,终端设备和网络服务器根据 NwkKey、AppKey、DevNonce 和 JoinNonce 推导出与网络服务器和应用服务器交换信息时使用的会话密钥。

（5）数据传输过程

A 类终端设备与网络服务器之间交换数据的过程如图 9.18 所示。当 A 类终端设备需要向网络服务器发送数据时,它在选择的上行信道空闲时发送数据,该数据可能被多个 LoRa 网关接收到。这些 LoRa 网关将接收到的数据转发给网络服务器,网络服务器能够丢弃重复接收到的数据。终端设备只能在指定下行信道和接收窗口接收数据,如图 9.18 所示。终端设备发送完数据后,经过 RxDelay1 时间开始第一个接收窗口（RX1）,经过 RxDelay2 时间开始第二个接收窗口（RX2）。对应中国使用的 470～510MHz 频带,第一个接收窗口对应的下行信道的编号 $j = i \bmod 48$,其中 i 是终端设备发送数据的上行信道的编号。第二个接收窗口对应的下行信道的编号固定为 25（信道中心频率＝505.3MHz）。

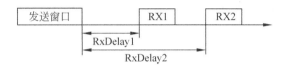

图 9.18　A 类终端设备的数据传输过程

5. ZigBee

（1）ZigBee 拓扑结构和设备角色

ZigBee 根据设备功能将设备分为全功能设备（Full Function Device,FFD）和精简功能设备（Reduced Function Device,RFD）这两种类型。FFD 具有规范要求的全部功能,RFD 具有规范要求的部分功能,是一种低成本和低功耗设备。

ZigBee 网络拓扑结构如图 9.19 所示,分为星状、树状和网状三种。ZigBee 网络中的设备按其角色分为协调器、路由器和终端设备三种,每一个 ZigBee 网络必须且只能有一个协调器,由协调器创建 ZigBee 网络。树状和网状型设备需要具有路由器,由路由器完成不同终端设备之间的路径选择功能。每一个 ZigBee 网络通常具有若干终端设备。协调器和路由器必须是 FFD,终端设备通常是 RFD。

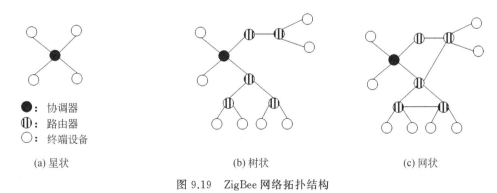

图 9.19　ZigBee 网络拓扑结构

（2）信道和调制技术

中国使用 2.4GHz 频段,该频段共有 16 信道,信道编号分别是 11～26。相邻信道中心频率间隔 5MHz。信道 i 的中心频率 $(f_i) = 2405\text{MHz} + 5 \times (i-11)\text{MHz}(i = 11, 12, \cdots,$ 26)。信道采用 O-QPSK 调制技术,传输速率为 250kb/s。

(3) 创建 ZigBee 网络

① 协调器创建 ZigBee 网络

指定某个 FFD 为协调器,为协调器配置相应参数,启动协调器创建 ZigBee 过程。协调器开始扫描信道,选择没有其他设备使用的信道作为该 ZigBee 网络使用的信道,选择 16 位的个域网标识符(Personal Area Network ID,PAN ID),将自己的 16 位短地址设置为 0。

② 路由器加入 ZigBee 网络

路由器加入 ZigBee 网络之前,首先需要通过扫描发现 ZigBee 网络,扫描方式分为主动扫描方式和被动扫描方式。图 9.20 所示是路由器主动扫描方式下的扫描过程,它逐个信道进行以下操作:发送一个信标请求(Beacon Request)帧,然后等待协调器发送信标(Beacon)帧。协调器发送的 Beacon 帧中包含该 ZigBee 网络的相关信息(如 PAN ID)以及协调器的地址(16 位全 0 短地址和 64 位 EUI)。路由器对所有信道完成上述操作后,获取所有已经建立的 ZigBee 网络及 ZigBee 网络使用的信道。为路由器指定需要加入的 ZigBee 网络。路由器接收到加入指定 ZigBee 网络的命令后,向协调器发送关联请求(Association Request)帧。协调器接收到路由器发送的关联请求帧后,向路由器发送确认应答(ACK)帧并开始处理路由器发送的关联请求。协调器如果允许路由器加入指定 ZigBee 网络,则为路由器分配 16 位短地址,向路由器发送关联响应(Association Response)帧,关联响应帧中包含协调器为路由器分配的 16 位短地址。协调器在发送的信标帧中表明存在向路由器发送的数据,路由器向协调器发送数据请求(Data Request)帧,然后协调器向路由器发送关联响应帧。路由器通过协调器加入指定 ZigBee 网络的过程如图 9.21 所示。

图 9.20　路由器主动扫描方式下的扫描过程

图 9.21　路由器加入 ZigBee 网络的过程

③ 终端设备加入 ZigBee 网络

在如图 9.19 所示的树状拓扑结构中,终端设备无法直接与协调器通信,需要通过路由器中继。这种情况下,终端设备只能通过路由器加入指定 ZigBee 网络,即只能与某个路由器建立关联,建立关联的路由器成为终端设备的父结点。

(4) 结点地址分配过程

如果结点 i 加入 ZigBee 网络时,与结点 k 相连,则结点 k 成为结点 i 的父结点,结点 i 成为结点 k 的子结点。假如结点 k 的 16 位短地址为 A_k,深度为 d_k,结点 k 为结点 i 分配的 16 位短地址为 A_i,则结点 i 的深度为 $d_i (d_i = d_k + 1)$。

为了使结点 k 能够根据自身 16 位短地址 A_k 计算出结点 i 的 16 位短地址,需要定义以下参数。

- L_m：网络最大深度；
- C_m：父结点允许拥有的最大子结点数。
- R_m：C_m个子结点中允许拥有的最大路由器结点数。
- $C_{skip}(d)$：网络深度为 d 的父结点为其子结点分配 16 位短地址时,子结点 16 位短地址之间的位移量。计算 $C_{skip}(d)$ 的公式如下。

$$C_{skip}(d)=\begin{cases}1+C_m\times(L_m-d-1); & R_m=1\\ \dfrac{1+C_m-R_m-C_m\times R_m(L_m-d-1)}{1-R_m}; & \text{其他}\end{cases}$$

如果子结点 i 是终端设备,则 $A_i=A_k+C_{skip}(d)\times R_m+n$,$1\leqslant n\leqslant C_m-R_m$；

如果子结点 i 是路由器,则 $A_i=A_k+1+C_{skip}(d)\times(n-1)$,$1\leqslant n\leqslant R_m$。

针对如图 9.22 所示的树结构,$L_m=3$,$C_m=4$,$R_m=2$。协调器的深度 $d=0$,计算出 $C_{skip}(0)=(1+4-2-4\times2^2)/(1-2)=13$。协调器子结点的深度 $d=1$,计算出 $C_{skip}(1)=(1+4-2-4\times2^1)/(1-2)=5$。编号为 5、6 和 7 的路由器结点的深度 $d=2$,计算出 $C_{skip}(2)=(1+4-2-4\times2^0)/(1-2)=1$。由此推导出如表 9.6 所示的图 9.22 中各个结点的 16 位短地址,表中用 A_i 表示编号为 i 的结点的地址。

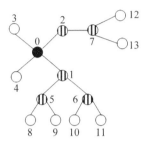

图 9.22　ZigBee 网路中的
各个结点

表 9.6　各个结点的 16 位短地址

结点编号	地　　　　　址	结点编号	地　　　　　址
0	$0(A_0)$	7	$14(A_2)+1+5\times0=15(A_7)$
1	$0(A_0)+1+13\times0=1(A_1)$	8	$2(A_5)+1\times2+1=5(A_8)$
2	$0(A_0)+1+13\times1=14(A_2)$	9	$2(A_5)+1\times2+2=6(A_9)$
3	$0(A_0)+13\times2+1=27(A_3)$	10	$7(A_6)+1\times2+1=10(A_{10})$
4	$0(A_0)+13\times2+2=28(A_4)$	11	$7(A_6)+1\times2+2=11(A_{11})$
5	$1(A_1)+1+5\times0=2(A_5)$	12	$15(A_7)+1\times2+1=18(A_{12})$
6	$1(A_1)+1+5\times1=7(A_6)$	13	$15(A_7)+1\times2+2=19(A_{12})$

（5）路由过程

假定路由器 k 接收到目的地址为 D 的帧且该路由器的地址为 A,深度为 d。

① 如果 $A<D<A+C_{skip}(d-1)$,转②处理,否则转④处理。

② 如果 $D>A+R_m\times C_{skip}(d)$,则下一跳是路由器 k 直接连接的终端设备子结点,即下一跳结点的地址 $N=D$,否则转③处理。

③ 下一跳是路由器 k 直接连接的路由器子结点,该子结点地址 $N=A+1+\text{INT}((D-(A+1))/C_{skip}(d))\times C_{skip}(d)$。其中 INT 是取整函数。

④ 下一跳是路由器 k 的父结点。

下面以结点 8 至结点 10 数据传输过程为例,讨论如图 9.22 所示的树状网络拓扑结构的路由过程。

结点 8 将传输给结点 10 的数据封装成目的地址 $D=10$ 的帧,将该帧传输给路由器 5。路由器 5 的地址 $A=2$,深度 $d=2$。由于 $A+C_{\text{skip}}(d-1)=2+5=7$,因此 $D \geqslant A+C_{\text{skip}}(d-1)$,下一跳是路由器 5 的父结点路由器 1。

路由器 5 将目的地址 $D=10$ 的帧传输给路由器 1。路由器 1 的地址 $A=1$,深度 $d=1$。由于 $A+C_{\text{skip}}(d-1)=1+13=14$,$A+R_{\text{m}} \times C_{\text{skip}}(d)=1+2 \times 5=11$,因此 $D<A+C_{\text{skip}}(d-1)$ 且 $D<A+R_{\text{m}} \times C_{\text{skip}}(d)$,下一跳是路由器 1 直接连接的路由器子结点。

路由器子结点地址 $N=A+1+\text{INT}((D-(A+1))/C_{\text{skip}}(d)) \times C_{\text{skip}}(d)=1+1+1 \times 5=7$,即 N 等于路由器 6 的地址。

路由器 1 将目的地址 $D=10$ 的帧传输给路由器 6。路由器 6 的地址 $A=7$,深度 $d=2$。由于 $A+C_{\text{skip}}(d-1)=7+5=12$,$A+R_{\text{m}} \times C_{\text{skip}}(d)=7+2 \times 1=9$,因此 $D<A+C_{\text{skip}}(d-1)$ 且 $D>A+R_{\text{m}} \times C_{\text{skip}}(d)$,下一跳是路由器 6 直接连接的终端设备子结点。路由器 6 直接将该帧传输给结点地址为 10 的结点 10。

(6) 数据传输过程

在 ZigBee 网络中,终端设备长时间处于睡眠状态,因此不能由协调器或路由器随时发起向终端设备传输数据的过程。ZigBee 网络的数据传输过程可分为 Beacon 模式和非 Beacon 模式。

在 Beacon 模式下,由协调器或路由器通过周期性发送 Beacon 帧启动超帧周期。如果终端设备需要向路由器或协调器发送数据,可以在超帧的竞争访问阶段(Contention Access Period,CAP)内通过时隙 CSMA/CA 算法进行发送。ZigBee 使用的载波侦听多点接入/冲突避免(Carrier Sense Multiple Access/Collision Avoidance,CSMA/CA)算法与无线局域网采用的 CSMA/CA 算法相似。Beacon 模式下终端设备向路由器或协调器传输数据的过程如图 9.23(a)所示。在 Beacon 模式下,如果路由器或协调器需要向终端设备发送数据,则在 Beacon 帧中给出该终端设备的地址。当该终端设备可以接收数据时,可在超帧的 CAP 内通过时隙 CSMA/CA 算法向路由器或协调器发送数据请求帧,然后由路由器或协调器向终端设备发送数据。Beacon 模式下路由器或协调器向终端设备传输数据的过程如图 9.24(a)所示。

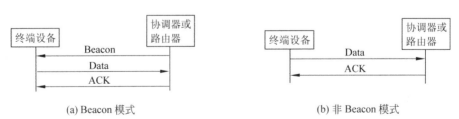

(a) Beacon 模式　　　　　　　　　　　(b) 非 Beacon 模式

图 9.23　终端设备至路由器或协调器的数据传输过程

在非 Beacon 模式下,终端设备随时可以通过 CSMA/CA 算法向路由器或协调器发送数据或数据请求帧。非 Beacon 模式下,终端设备向路由器或协调器传输数据的过程如图 9.23(b)所示,路由器或协调器向终端设备传输数据的过程如图 9.24(b)所示。

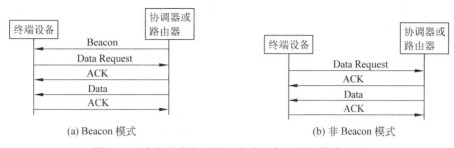

图 9.24　路由器或协调器至终端设备的数据传输过程

（7）安全机制

① 共享密钥。同一 ZigBee 网络中的协调器、路由器和终端设备拥有相同的共享密钥，该共享密钥可以事先加载到设备中。所有设备通过拥有该共享密钥证明自己是 ZigBee 网络的合法设备。

② 建立关联时验证身份。当终端设备与协调器或路由器建立关联时，终端设备用共享密钥加密发送的关联请求帧，协调器或路由器用共享密钥加密发送的关联响应帧。因此，只有当协调器或路由器可以用自己的共享密钥解密终端设备发送的加密后的关联请求帧，且终端设备能够用自己的共享密钥解密协调器或路由器发送的加密后的关联响应帧时，双方才能成功建立关联。

③ 两两之间生成传输密钥

基于对称密钥的密钥建立（Symmetric Key Key Establishment，SKKE）协议在双方拥有共享密钥的基础上，通过在两个结点之间交换随机数生成验证密钥和加密密钥。验证密钥（AUTH_KEY）用于双方验证密钥生成过程，加密密钥（DATA_KEY）用于加密两个结点之间传输的数据。SKKE 工作流程由以下 4 个步骤组成。

① 通过拥有相同的共享密钥建立信任关系。

② 双方交换随机数。

③ 根据随机数和共享密钥导出验证密钥和加密密钥。

④ 证实双方导出的密钥的正确性。

SKKE 数据交换过程如图 9.25 所示，Nonce_U 和 Nonce_V 分别是发起者 U 和响应者 V 通过随机数函数生成的随机数。发起者 U 和响应者 V 分别根据共享密钥、Nonce_U 和 Nonce_V 通过密钥生成函数生成验证密钥 AUTH_KEY 和加密密钥 DATA_KEY。为证实双方生成的密钥相同，发起者 U 向响应者 V 发送

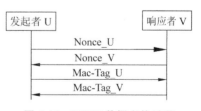

图 9.25　SKKE 数据交换过程

$Mac\text{-}Tag\_U = E_{AUTH\_KEY}(0316 \parallel Nonce\_U \parallel Nonce\_V \parallel EUI\_U \parallel EUI\_V)$。响应者 V 向发起者 U 发送 $Mac\text{-}Tag\_V = E_{AUTH\_KEY}(0216 \parallel Nonce\_U \parallel Nonce\_V \parallel EUI\_U \parallel EUI\_V)$，其中 EUI_U 和 EUI_V 分别是发起者 U 和响应者 V 的 64 位 EUI。如果响应者 V 能够用自己的验证密钥成功解密出发起者 U 发送的验证数据 $= 0316 \parallel Nonce\_U \parallel Nonce\_V \parallel EUI\_U \parallel EUI\_V$，则表明自己生成的密钥与发起者 U 相同。同样，如果发起者 U 能够用自己的验证密钥解密出响应者 V 发送的验证数据 $= 0216 \parallel$

Nonce_U ‖ Nonce_V ‖ EUI_U ‖ EUI_V,则表明自己生成的密钥与响应者 V 相同。这种情况下,双方可以用各自导出的加密密钥加密相互传输的数据。

9.2.3　云平台

物联网通过传感器感知物理世界,通过执行器控制物理世界。传感器获取的数据上传到云平台,由云平台对上传的数据进行存储和处理,然后根据处理结果命令执行器完成相应动作。目前已经有一些大型企业构建了公共云平台并为社会提供服务。这些云平台为实现物联网应用提供了极大的方便。图 9.26 所示是一个简单的智能家居应用,其中有三个传感器设备,分别是一氧化碳传感器、二氧化碳传感器和温度传感器;还有三个执行器,分别是空调、换气扇和窗户。假定传感器和执行器都是智能设备,一是能够通过通信协议完成与云平台之间的通信过程;二是能够自动完成相应操作,如传感器的数据采集和执行器的相应动作。

1. 创建项目

通过公共云平台实现如图 9.26 所示的物联网应用非常简单、方便。注册云平台后,为该物联网应用创建一个项目,定义如表 9.7 所示的设备属性。每一个设备需要定义设备名称、数据含义、输入输出方式和数据格式等属性。输出表示由设备上传至云平台,输入表示由云平台发布至设备。

表 9.7　设备属性

设备名称	数据含义	输入输出	数据格式
一氧化碳传感器	浓度	输出	以百分制方式给出的实数值
一氧化碳传感器	状态	输出	1:一氧化碳浓度>20%;0:一氧化碳浓度≤20%
二氧化碳传感器	浓度	输出	以百分制方式给出的实数值
二氧化碳传感器	状态	输出	1:二氧化碳浓度>60%;0:二氧化碳浓度≤60%
温度传感器	温度	输出	表示摄氏温度的实数值
空调	控制	输入	1:开启;0:关闭
空调	状态	输出	1:开启;0:关闭
换气扇	控制	输入	1:开启;0:关闭
换气扇	状态	输出	1:开启;0:关闭
窗户	控制	输入	1:开启;0:关闭
窗户	状态	输出	1:开启;0:关闭

2. 设置条件和动作

为了能够通过云平台实施自动监测和控制,可以设置如表 9.8 所示的条件和动作。例如表 9.8 中名称为 Y1 的条件和动作表明,当云平台检测到通过一氧化碳传感器上传的一氧化碳浓度超过 20%时,通过向执行器窗户发布开窗命令完成开窗动作,通过向执行器换气扇发布启动命令启动换气扇。

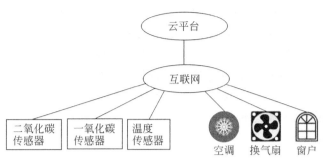

图 9.26　云平台和物联网

表 9.8　条件和动作

名称	条　件	动　作
Y1	一氧化碳浓度>20%	开窗、开换气扇
Y2	二氧化碳浓度>50%	开窗、开换气扇
Y3	温度>30°	开空调

3. 完成设备连接过程

传感器通过互联网自动向云平台上传感知数据以及云平台通过互联网向执行器发布命令并由命令执行器完成指定动作的前提是设备和云平台之间已经建立连接。成功建立设备和云平台之间连接的前提是设备设置的设备名称和密钥等与云平台定义设备时设置的设备名称和密钥等相一致。

9.2.4　应用程序

通过公共云平台可以实现自动监测和控制,但如果用户需要对图 9.26 所示的智能家居实施个性化管理(例如需要观察一氧化碳浓度的变化曲线,需要对执行器实施实时控制)。我们需要设计应用程序,通过应用程序对存储在云平台上的传感器上传的数据进行个性化处理,为用户提供所需的视图。用户也可以通过应用程序,以用户方便的方式对执行器进行操作。应用程序可以是手机上运行的 App。

9.3　智能家居

智能家居由感知环境的传感器和控制环境的执行器组成,通过在云平台设置用于实施控制策略的条件和动作,保证家居环境保持在一个舒适的程度。

9.3.1　智能家居系统结构

图 9.27 所示是一个简化的智能家居系统结构,该智能家居中的传感器和执行器都是智能物体,可以独立实现通信协议和一般的处理功能。为方便起见,假定这些智能物体都有以太网接口,可以直接连接到以太网交换机上。智能家居中的智能物体连接到家庭局域网,家庭局域网通过无线路由器连接到互联网。无线路由器作为 DHCP 服务器,负责为智能物体

分配私有 IP 地址。由服务器仿真云平台,智能物体需要连接到服务器上。由于智能物体的私有 IP 地址对互联网是透明的,因此需要由无线路由器负责地址转换过程并建立地址转换表。在服务器中设置条件和动作,建立智能物体与服务器之间连接后,传感器向服务器上传感知数据。由服务器对传感器上传的数据进行处理,并且根据设置的条件和动作向执行器发布命令。手机可以通过 4G 网络连接到互联网并可以通过浏览器登录服务器。登录服务器后,可以查询传感器上传到服务器的数据并直接对连接到服务器上的执行器发布命令。

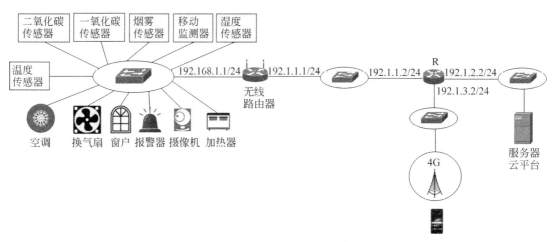

图 9.27　智能家居系统结构

9.3.2　智能家居设备定义和连接建立过程

1. 设备定义

我们需要在云平台完成设备定义过程,列出智能家居系统中使用的所有设备,以及这些设备与云平台之间交换的数据类型及格式。云平台为智能家居定义的设备属性如表 9.9 所示。设备输出数据用于上传给云平台,设备输入数据通常是云平台发送给设备的控制信息。

表 9.9　设备属性

设备名称	数据含义	输入输出	数 据 格 式
一氧化碳传感器	浓度	输出	以百分制方式给出的实数值
一氧化碳传感器	状态	输出	1:一氧化碳浓度>20%;0:一氧化碳浓度≤20%
二氧化碳传感器	浓度	输出	以百分制方式给出的实数值
二氧化碳传感器	状态	输出	1:二氧化碳浓度>60%;0:二氧化碳浓度≤60%
烟雾传感器	浓度	输出	以百分制方式给出的实数值
烟雾传感器	状态	输出	1:烟雾浓度>40%;0:烟雾浓度≤40%
移动监测器	状态	输出	1:检测到物体移动;0:没有检测到物体移动
湿度传感器	湿度	输出	以百分制方式给出的实数值

设备名称	数据含义	输入/输出	数据格式
温度传感器	温度	输出	表示摄氏温度的实数值
空调	控制	输入	1：开启；0：关闭
空调	状态	输出	1：开启；0：关闭
换气扇	控制	输入	1：开启；0：关闭
换气扇	状态	输出	1：开启；0：关闭
窗户	控制	输入	1：开启；0：关闭
窗户	状态	输出	1：开启；0：关闭
报警器	控制	输入	1：开启；0：关闭
报警器	状态	输出	1：开启；0：关闭
摄像机	控制	输入	1：开启；0：关闭
摄像机	状态	输出	1：开启；0：关闭
加热器	控制	输入	1：开启；0：关闭
加热器	状态	输出	1：开启；0：关闭

2. 连接建立过程

智能家居中的设备都是智能物体,在配置云平台的域名和连接到云平台时使用的用户名和密码后,能够自动建立与云平台之间的连接。建立连接后,传感器自动向云平台上传感知结果;执行器接收到云平台发送的控制信息后,自动完成相应的动作。

9.3.3　智能家居控制策略

1. 控制策略

智能家居的控制策略是一种通过关联传感器和执行器将家居环境维持在安全、舒适的程度的策略。根据图 9.27 所示的智能物体配置,可得出以下控制策略。

① 通过关联一氧化碳传感器与换气扇、窗户和报警器将一氧化碳浓度控制在 20% 以下。

② 通过关联二氧化碳传感器与换气扇、窗户和报警器将二氧化碳浓度控制在 50% 以下。

③ 通过关联烟雾传感器与报警器开启火警预报功能。

④ 通过关联湿度传感器与加热器将湿度控制在 60% 以下。

⑤ 通过关联温度传感器与加热器和空调将温度控制在 10°～25° 区间。

⑥ 通过关联移动监测器和摄像机开启对非法闯入者自动摄像的功能。

2. 条件和动作

根据控制策略和设备属性,在服务器中设置如表 9.10 所示的条件和动作。

表 9.10　条件和动作

名称	条　件	动　作
Y1	一氧化碳浓度＞20% ‖ 二氧化碳浓度＞50%	开启窗户、换气扇和报警器
Y2	一氧化碳浓度＜5% && 二氧化碳浓度＜10%	关闭窗户、换气扇和报警器
Y3	烟雾＞40%	开启报警器
Y4	烟雾＜10%	关闭报警器
Y5	湿度＞60% ‖ 温度＜10°	开启加热器
Y6	湿度＜20% && 温度＞15°	关闭加热器
Y7	温度＞30°	开启空调
Y8	温度＜25°	关闭空调
Y9	移动监测器＝＝true	开启摄像机

条件和动作决定了云平台的处理过程,对应名为 Y1 的条件和动作。当云平台接收到一氧化碳传感器上传的数据,且数据值大于 20% 时,或者当云平台接收到二氧化碳传感器上传的数据,且数据值大于 50% 时,云平台分别向窗户、换气扇和报警器发送开启窗户、换气扇和报警器的控制信息。智能家居自动监测和控制过程中传感器和执行器与云平台之间的信息交换过程如图 9.28 所示。

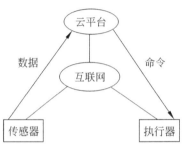

图 9.28　传感器和执行器与云平台之间的信息交换过程

9.4　智慧校园

智慧校园由楼宇控制系统、体育场草坪控制系统和校园路灯控制系统等组成,能够自动对办公楼、体育场草坪和道路路灯实施监测和控制。

9.4.1　智慧校园系统结构

智慧校园系统结构如图 9.29 所示。

1. 楼宇控制系统

办公楼 1 和办公楼 2 安装门禁系统,门禁系统包括 RFID 读卡器和智能门,工作人员刷卡进入。办公楼 1 和办公楼 2 还安装火警系统,由烟雾传感器检测烟雾浓度,一旦烟雾浓度超出阈值,开启报警器。可以通过云平台统一配置允许进入办公楼 1 和办公楼 2 的智能卡 ID 与开启报警器的烟雾浓度阈值。

2. 体育场草坪控制系统

体育场草坪控制系统由水监测器和喷水器组成。一旦水监测器监测到草坪的含水量低于下限,则开启喷水器,直到草坪含水量达到上限。可以通过云平台统一配置草坪含水量的下限和上限。

3. 校园路灯控制系统

校园路灯控制系统由智能路灯、AC 和 FAP 组成。智能路灯能够监测光线强度,根据监测到的光线强度自动调整路灯亮度。智能路灯通过无线局域网与 FAP 建立关联,由 AC 完成对 FAP 的统一配置。智能路灯具有监测靠近或离开它的物体的功能,以此可以监控智能路灯附近的物体流动过程。智能路灯可以实时向云平台上传检测到的光线强度和物体靠近或离开智能路灯的过程。

9.4.2　校园网设计

1. VLAN 划分和 IP 接口地址

校园网中连接智能物体的 VLAN 划分如图 9.29 所示,智能路灯外的其他智能物体具有以太网接口。智能路灯具有无线局域网接口。FAP 和 AC 构成 VLAN 5,智能路灯构成 VLAN 6。三层交换机为每一个 VLAN 定义对应的 IP 接口,各个 VLAN 对应的 IP 接口的 IP 地址和子网掩码如表 9.11 所示。智能物体通过 DHCP 自动获取 IP 地址、子网掩码和默认网关地址。FAP 也通过 DHCP 自动获取 IP 地址、子网掩码和默认网关地址。因此,需要在三层交换机中建立如表 9.12 所示的 VLAN 2、VLAN 3、VLAN 4、VLAN 5 和 VLAN 6 对应的 DHCP 作用域。

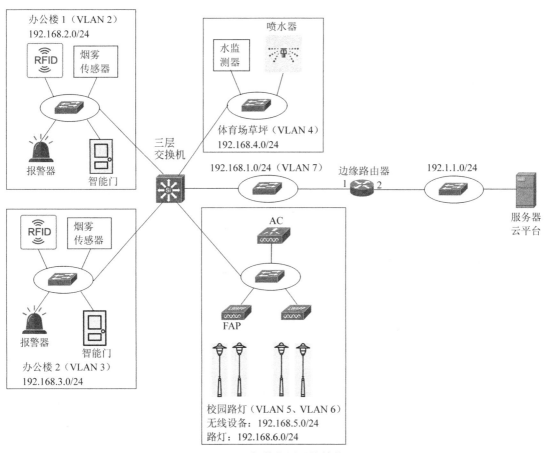

图 9.29　智慧校园系统结构

表 9.11 IP 接口地址和子网掩码

IP 接口	IP 地址和子网掩码	IP 接口	IP 地址和子网掩码
VLAN 2 对应的 IP 接口	192.168.2.254/24	VLAN 5 对应的 IP 接口	192.168.5.254/24
VLAN 3 对应的 IP 接口	192.168.3.254/24	VLAN 6 对应的 IP 接口	192.168.6.254/24
VLAN 4 对应的 IP 接口	192.168.4.254/24	VLAN 7 对应的 IP 接口	192.168.1.2/24

表 9.12 三层交换机的 DHCP 作用域配置

VLAN 2 对应的作用域		VLAN 5 对应的作用域	
IP 地址池	192.168.2.1～192.168.2.253	IP 地址池	192.168.5.2～192.168.5.253
子网掩码	255.255.255.0	子网掩码	255.255.255.0
默认网关地址	192.168.2.254	默认网关地址	192.168.5.254
VLAN 3 对应的作用域		VLAN 6 对应的作用域	
IP 地址池	192.168.3.1～192.168.3.253	IP 地址池	192.168.6.1～192.168.6.253
子网掩码	255.255.255.0	子网掩码	255.255.255.0
默认网关地址	192.168.3.254	默认网关地址	192.168.6.254
VLAN 4 对应的作用域			
IP 地址池	192.168.4.1～192.168.4.253		
子网掩码	255.255.255.0		
默认网关地址	192.168.4.254		

2. 路由表

三层交换机的路由表如表 9.13 所示，路由表中给出用于指明通往校园内各个子网的传输路径的路由项和用于指明通往互联网（这里用网络 192.1.1.0/24 代替）的传输路径的路由项。边缘路由器的路由表如表 9.14 所示，路由表中同样给出用于指明通往校园内各个子网的传输路径的路由项，但没有用于指明通往网络 192.168.5.0/24 的传输路径的路由项（该网络只是用于为 AC 和 FAP 分配 IP 地址，对边缘路由器是透明的）。

表 9.13 三层交换机的路由表

目的网络	输出接口	下一跳
192.168.1.0/24	VLAN 7	直接
192.168.2.0/24	VLAN 2	直接
192.168.3.0/24	VLAN 3	直接
192.168.4.0/24	VLAN 4	直接
192.168.5.0/24	VLAN 5	直接
192.168.6.0/24	VLAN 6	直接
192.1.1.0/24	VLAN 7	192.168.1.1

表 9.14 边缘路由器的路由表

目的网络	输出接口	下一跳
192.168.1.0/24	1	直接
192.168.2.0/24	1	192.168.1.2
192.168.3.0/24	1	192.168.1.2
192.168.4.0/24	1	192.168.1.2
192.168.6.0/24	1	192.168.1.2
192.1.1.0/24	2	直接

3. 网络地址转换

校园网中分配私有 IP 地址的智能物体访问互联网中云平台时，需要由边缘路由器实施网络地址转换过程。边缘路由器只对私有 IP 地址范围为 192.168.2.0/24、192.168.3.0/24、192.168.4.0/24 和 192.168.6.0/24 的智能物体发送的 IP 分组实施 NAT。

9.4.3　设备定义和连接建立过程

1. 设备定义

我们需要在云平台完成设备定义过程，列出智慧校园中使用的所有设备，以及这些设备与云平台之间交换的数据类型及格式。云平台定义的设备属性如表 9.15 所示。设备输出数据用于上传给云平台，设备输入数据通常是云平台发送给设备的控制信息。

表 9.15　设备属性

设备名称	数据含义	输入输出	数据格式
烟雾传感器	浓度	输出	以百分制方式给出的实数值
烟雾传感器	状态	输出	1：烟雾浓度＞40％；0：烟雾浓度≤40％
RFID 读卡器	Card ID	输出	十进制整数
RFID 读卡器	状态	输出	0：有效；1：无效；2：等待
水监测器	含水量	输出	以百分制方式给出的实数值
门	控制门	输入	1：开门；0：关门
门	控制锁	输入	1：开锁；0：锁上
门	门状态	输出	0：开门；1：关门
门	锁状态	输出	0：开锁；1：锁上
报警器	控制	输入	1：开启；0：关闭
报警器	状态	输出	1：开启；0：关闭
喷水器	控制	输入	1：开启；0：关闭
喷水器	状态	输出	1：开启；0：关闭
智慧灯	序列号	输出	字符串
智慧灯	光线强度	输出	实数
智慧灯	光线强度变化趋势	输出	－1：减少；0：不变；1：增加
智慧灯	接近的物体数量	输出	整数
智慧灯	接近的物体数量变化趋势	输出	－1：减少；0：不变；1：增加

2. 连接建立过程

智能校园中的设备都是智能物体，在配置云平台的域名和连接到云平台时使用的用户名和密码后，能够自动建立与云平台之间的连接。建立连接后，传感器自动向云平台上传感知结果；执行器接收到云平台发送的控制信息后，自动完成相应的动作。

9.4.4 智慧校园控制策略

1. 控制策略

智慧校园控制策略用于指定实现智慧校园预期目标所需的管理控制机制。

① 只允许授权人员进入办公楼。

② 通过关联烟雾传感器与报警器开启办公楼火警预报功能。

③ 将体育场草坪的含水量控制在设定的阈值内。

④ 实时监控校园道路光线强度变化情况。

⑤ 实时统计道路流量。

2. 条件和动作

表 9.16 所示的条件和动作是根据表 9.15 所示的智慧校园中设备的属性和智慧校园控制策略制订的。例如名为 Y1 的条件和动作,表示办公楼 1 的 RFID 读卡器只有读到授权人员的 Card ID 时,RFID 读卡器才能输出有效状态。名为 Y3 的条件和动作表明,只有当云平台接收到 RFID 读卡器的有效状态时,才能打开办公楼 1 的门。通过这种方式实施"只允许授权人员进入办公楼"的控制策略。

表 9.16 条件和动作

名称	条件	动作
Y1	Card ID≥1033 && Card ID≤1077	办公楼 1 RFID 读卡器状态有效
Y2	Card ID<1033 || Card ID>1077	办公楼 1 RFID 读卡器状态无效
Y3	办公楼 1 RFID 读卡器状态有效	打开办公楼 1 门
Y4	办公楼 1 RFID 读卡器状态无效	关闭办公楼 1 门
Y5	Card ID≥1123 && Card ID≤1137	办公楼 2 RFID 读卡器状态有效
Y6	Card ID<1123 || Card ID>1137	办公楼 2 RFID 读卡器状态无效
Y7	办公楼 2 RFID 读卡器状态有效	打开办公楼 2 门
Y8	办公楼 2 RFID 读卡器状态无效	关闭办公楼 2 门
Y9	办公楼 1 烟雾>40%	开启办公楼 1 报警器
Y10	办公楼 1 烟雾<10%	关闭办公楼 1 报警器
Y11	办公楼 2 烟雾>40%	开启办公楼 2 报警器
Y12	办公楼 2 烟雾<10%	关闭办公楼 2 报警器
Y13	含水量<20%	开启喷水器
Y14	含水量≥60%	关闭喷水器

习题

9.1 导致物联网兴起和发展的条件是什么?

9.2 物联网定义所反映的物联网内涵是什么?

9.3　物联网技术特征有哪些？

9.4　简述物联网与互联网之间的关系。

9.5　简述物联网体系结构和互联网体系结构之间的区别。

9.6　目前常见的物联网系统由哪些部分组成？

9.7　智能物体的"智能"表示哪些功能？

9.8　简述两个 Bluetooth 设备实现通信的过程。

9.9　简述 LoRa 网络中 LoRa 网关和网络服务器的作用。

9.10　如何分配树状 ZigBee 网络中结点的短地址？

9.11　树状 ZigBee 网络如何实现路由过程？

9.12　物联网中的云平台有什么作用？列出你所熟悉的物联网云平台。

9.13　简述智能家居中传感器、执行器和云平台之间的关系。

9.14　设备与云平台建立连接的过程会涉及哪些操作？

9.15　简述智慧校园中智能路灯的工作流程。

9.16　云平台中配置的条件和动作如何执行？

第10章　存储系统设计方法和实现过程

随着网络应用中数据存储重要性的日益提高,大数据共享、备份和恢复已经成为网络应用的首要功能,传统的服务器直接挂接存储设备的应用方式已经不再适合当前网络应用环境,SAN 和 NAS 成为解决网络应用中数据存储问题的主流技术。

10.1　存储系统分类

硬盘是最常见的用于长久保存数据的媒体介质,硬盘及硬盘与主机间的数据交换通道构成存储系统。根据硬盘与主机间的数据交换通道的不同,可以将存储系统分为直接附加存储(Direct Attached Storage,DAS)、存储区域网络(Storage Area Network,SAN)和网络附加存储(Network Attached Storage,NAS)。存储区域网络可以分为光纤通道存储区域网络(FC SAN)和互联网小型计算机系统接口(internet Small Computer System Interface,iSCSI)。

10.1.1　DAS

直接附加存储(DAS)结构如图 10.1 所示,主机与硬盘之间是固定连接,CPU 通过内部总线与硬盘总线适配器相连,硬盘总线适配器通过固定连接线与硬盘相连。CPU 经过硬盘总线适配器向硬盘发送命令,由硬盘控制器执行 CPU 发送的命令,完成对硬盘的各种操作。硬盘通过总线适配器完成与内存之间的数据交换过程。

图 10.1　直接附加存储结构

直接附加存储的特点是主机与硬盘之间的关系是固定的,由指定主机完成对整个硬盘的控制和操作。

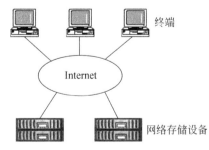

图 10.2　网络附加存储结构

10.1.2　NAS

网络附加存储(NAS)结构如图 10.2 所示。网络存储设备是一种集网络服务器与存储设备于一体的设备,多个终端可以通过文件系统方式共享网络存储设备。终端可以像安装移动存储介质一样的方式安装网络存储设备中创建的文件系统,可以像对本地文件系统一样的操作方式操作网络存储设备中允许共享的文件系统。

10.1.3　FC SAN

光纤通道存储区域网络(FC SAN)结构如图 10.3 所示,多个主机通过光纤通道(Fibre Channel,FC)交换网络与多个存储设备相连。主机与存储设备之间的关系是动态的,多个主机可以共享同一个存储设备,单个主机也可控制多个存储设备。

光纤通道存储区域网络将所有存储设备构成一个供所有主机共享的存储设备池,能够为每一个主机按需动态分配存储空间。值得强调的是,一旦为某个主机分配存储空间,该主机对该存储空间的控制和操作等同于直接附加存储中 CPU 对直接连接的硬盘的控制和操作。

10.1.4　iSCSI

互联网小型计算机系统接口(iSCSI)结构如图 10.4 所示。与图 10.3 相比,互联服务器与存储设备的网络由光纤通道交换网络变为 TCP/IP 网络,但服务器操作存储设备的方式基本相同。与图 10.2 相比,虽然互联主机与存储设备的网络都是 TCP/IP 网络,但图 10.2 中的终端以共享文件系统的方式使用网络存储设备,而图 10.4 中的服务器通过向存储设备发送 SCSI 命令完成对存储设备的操作。

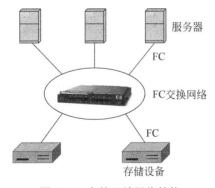

图 10.3　存储区域网络结构

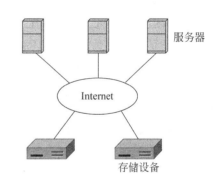

图 10.4　互联网小型计算机系统接口结构

10.1.5　各种存储系统比较

DAS 直接通过专用总线连接服务器和存储设备,服务器独占该存储设备。由于存储设备与服务器集成在一起,因此存储设备规模和容量不可能很大。

SAN 和 NAS 通过网络互联服务器和存储设备,存储设备作为单独设备连接在网络上,因此存储设备必须是一个智能设备,能够运行网络协议栈。由于存储设备作为独立设备存在,因此其规模和容量可以很大。多个服务器可以共享存储设备,因此多个连接在网络上的存储设备构成一个可以统一分配的硬盘池。

SAN 可以为每一个服务器分配独立的逻辑空间,将标识该逻辑空间的逻辑单元号(Logical Unit Number,LUN)与服务器绑定,服务器可以用和 DAS 一样的方式通过 SCSI 访问存储设备。在 SAN 方式下,服务器以数据块为单位访问存储设备。

在 NAS 方式下,服务器只能共享存储设备中的文件系统,以文件为单位访问存储设备。如果将服务器作为终端,将存储设备作为服务器,则服务器访问存储设备的过程与终端通过 FTP 访问文件服务器的过程相似;只是 FTP 只能实现文件终端与服务器之间的传输过程,而 NAS 能够使得服务器像访问本地文件系统一样访问存储设备中创建的文件系统。

10.2 硬盘和接口

硬盘分为机械硬盘(Hard Disk Drive,HDD)和固态硬盘(Solid State Drive,SSD)。随着半导体技术的发展,固态硬盘的容量越来越大,延迟越来越小,可靠性越来越高。因此,固态硬盘日益成为存储系统的主流设备,其接口标准也从与机械硬盘兼容逐渐发展为独立的、基于固态硬盘的接口标准。

10.2.1 硬盘接口

对于图 10.1 所示的直接附加存储结构,硬盘在 CPU 控制下完成各种操作,如寻道、读写扇区等。CPU、硬盘总线适配器和硬盘控制器一起作用,实现内存与硬盘之间的数据交换功能。硬盘总线适配器、硬盘控制器及互联硬盘总线适配器与硬盘控制器的连接线类型一起确定硬盘接口类型。目前常见的硬盘接口有电子集成驱动器(Integrated Drive Electronics,IDE)、串行高级技术附件(Serial Advanced Technology Attachment,SATA)、小型计算机系统接口(Small Computer System Interface,SCSI)和串行连接 SCSI(Serial Attached SCSI,SAS)等,它们之间的主要不同在于硬盘总线适配器和硬盘控制器的功能,以及硬盘总线适配器与硬盘控制器之间的连接线类型。

10.2.2 IDE

IDE 的特点是将盘体与控制电路集成在一起,使得硬盘自身能够实现寻道、读写等操作过程,CPU 只需要通过硬盘总线适配器向硬盘中的控制电路发送操作指令,由硬盘自身完成操作指令指定的操作。

硬盘以扇区作为基本访问单位,早期的硬盘用柱面号(cylinders)、磁头号(heads)和扇区号(sectors)唯一确定硬盘中的某个扇区(称为 CHS 寻址方式)。其中柱面号用于确定盘片上的某个磁道,磁头号用于确定盘片,扇区号用于确定磁道上的某个扇区。柱面号的位数确定每一盘片中允许存在的最大磁道数量,磁头号的位数确定硬盘中允许存在的最大盘片数量,扇区号的位数确定每一磁道允许存在的最大扇区数量。如果假定用 10 位二进制数作为柱面号,用 8 位二进制数作为磁头号,用 6 位二进制数作为扇区号,则可以得出硬盘的最大扇区数为 $1024 \times 256 \times 64 = 16777216$。如果每一扇区的容量为 512B,则硬盘的最大容量为 $16777216 \times 512B = 8GB(1GB = 2^{30} B)$。目前的硬盘采用逻辑块寻址(Logical Block Addressing,LBA)方式,LBA 是线性地址,LBA 至 CHS 的地址转换过程由硬盘控制器完成。

IDE 支持高级技术附件(Advanced Technology Attachment,ATA)指令集,硬盘总线适配器与硬盘之间用并行线缆连接。目前采用 40 针 80 芯并行线缆,其中 40 针用于传输信号,余下的 40 芯作为信号屏蔽线,用于降低信号之间的干扰。IDE 硬盘与存储器之间采用直接存储器存取(Direct Memory Access,DMA)传输方式,目前可以达到的最大传输速率为 133MB/s。

每一个 IDE 硬盘总线适配器允许连接两个 IDE 设备,其中一个为主设备,另一个为从设备。目前直接由主板提供 IDE 接口,通过并行线缆实现与 IDE 设备的互联。对于 IDE 接口,硬盘总线适配器的功能比较简单,因此 CPU 和硬盘承担了大部分实现数据存储器与硬盘之间交换的功能。

10.2.3 SATA

SATA 同样支持 ATA 指令集,但硬盘总线适配器与硬盘之间采用串行线缆。随着传输速率的提高,并行线缆信号之间的干扰成为一大问题,导致 133MB/s 传输速率成为 IDE 目前能够达到的最大传输速率。由于 IDE 采用 40 针 80 芯并行线缆,因此并行线缆需要占用机箱较大空间,使得机箱中只能容下有限的并行线缆。

在串行传输过程中,通常将需要传输的指令或数据封装成帧结构,帧结构中存在检错码字段,用于对指令或数据传输过程中可能发生的传输错误进行检错。串行传输方式由于减少了信号之间的干扰,可以取得较高的传输速率。SATA 1.0 的传输速率为 1.5Gb/s,在采用 8b/10b 编码的情况下,实际传输速率可以达到 150MB/s,已经超过 IDE 的 133MB/s 极限传输速率。SATA 2.0 的传输速率为 3Gb/s,实际传输速率可以达到 300MB/s。SATA 3.0 的传输速率为 6Gb/s,实际传输速率可以达到 600MB/s。

和 IDE 不同,SATA 采用点对点连接方式,每一个 SATA 接口连接一个 SATA 硬盘。SATA 接口硬盘支持热拔插功能。

由于 SATA 和 IDE 均支持 ATA 指令集,因此也将 IDE 称为并行 ATA(Parallel ATA,PATA)。由于 SATA 与 PATA 相比具有传输速率高、传输距离远、线缆体积小、硬盘功耗低等优点,目前已经取代 IDE,成为 PC 最常见的硬盘接口。

10.2.4 SCSI

SCSI 设备连接过程如图 10.5 所示。SCSI 总线是 50 针或 68 针的并行线缆,每一个 SCSI 控制器可以连接 15 个 SCSI 设备。SCSI 设备可以是硬盘,也可以是其他输入输出设备,如 CD-ROM、磁带机、扫描仪等。

图 10.5 SCSI 设备连接过程

SCSI 控制器的智能化程度很高,大量有关控制 SCSI 设备的功能都由 SCSI 控制器实现。因此,在 SCSI 设备与存储器的数据交换过程中,CPU 承担的任务相对较少。目前 SCSI 总线的传输速率已经达到 640MB/s(Ultra 640),远远高于 IDE 的 133MB/s。

SCSI 是与 IDE 同步发展起来的。与 IDE 相比,SCSI 具有以下优势:一是传输速率高;二是每一个 SCSI 控制器最多允许连接 15 个设备;三是 SCSI 硬盘转速、缓冲器容量和硬盘容量等性能指标都好于 IDE 硬盘;四是 SCSI 总线的长度可以达到 12m,远远大于 IDE 的 45cm;五是 SCSI 硬盘支持热插拔;六是 SCSI 控制器的智能化程度远高于 IDE 总线适配器；七是 SCSI 设备总体读写性能远远高于 IDE 设备。SCSI 支持 SCSI 指令集，SCSI 指令集不同于 ATA 指令集。

SCSI 与 IDE 相比，不足的地方如下：一是需要专门配置 SCSI 控制器；二是 SCSI 硬盘的成本较高；三是 SCSI 配置较复杂。因此，普通 PC 机通常配置 IDE 硬盘，服务器出于性能考虑，往往配置 SCSI 硬盘。

SCSI 控制器和 SCSI 设备都需要分配一个 SCSI ID，SCSI 控制器的优先级最高，其 SCSI ID＝7。可以将一个物理 SCSI 硬盘映射到多个逻辑硬盘，每一个逻辑硬盘用逻辑单元号（Logical Unit Number，LUN）表示。因此，操作系统使用硬盘时，通过 LUN ID 标识逻辑硬盘，如果整个物理 SCSI 硬盘作为单个逻辑硬盘，其 LUN ID＝0。

10.2.5 SAS

SAS 设备连接方式如图 10.6 所示。SAS 同样支持 SCSI 指令集，但与 SCSI 相比有很大不同：一是 SAS 总线适配器与 SAS 设备之间采用串行传输方式。二是 SAS 总线适配器与 SAS 设备之间采用点对点连接方式。三是 SAS 物理链路的传输速率较高，SAS 1.0 为 3Gb/s，由于采用 8b/10b 编码，实际传输速率为 300MB/s。SAS 2.0 为 6Gb/s，实际传输速率可以达到 600MB/s。SAS 3.0 为 12Gb/s，实际传输速率可以达到 1.2GB/s。四是 SAS 同时支持 SAS 设备和 SATA 设备，SAS 物理链路可以连接 SATA 设备，因此将 SAS 支持的设备统称为 SAS 终端设备。五是通过使用扩展器允许最多连接 16128 个 SAS 终端设备。六是通过端口倍增技术允许多条 SAS 物理链路连接单个 SAS 终端设备，以此提高 SAS 终端设备与 SAS 总线适配器或扩展器之间的传输速率。七是允许 SAS 终端设备与 SAS 总线适配器或扩展器之间进行全双工通信，即同时对某个 SAS 终端设备进行读写操作。

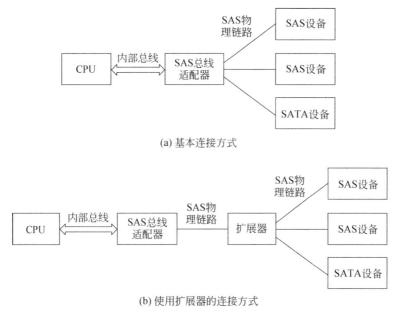

(a) 基本连接方式

(b) 使用扩展器的连接方式

图 10.6　SAS 设备连接方式

10.2.6 固态硬盘、PCIe 和 NVMe

1. 固态硬盘与机械硬盘

固态硬盘(Solid State Disk,SSD)是由控制单元和固态存储单元(DRAM 或 FLASH 芯片)组成的硬盘,目前主要有两类:一是基于闪存的固态硬盘,采用 Flash 芯片作为存储介质。这种固态硬盘最大的优点就是可以移动,而且数据保护不受电源控制,能适应于各种环境,但是使用寿命不高。二是基于 DRAM 的固态硬盘,采用 DRAM 作为存储介质。这种固态硬盘可以像传统机械硬盘一样进行卷设置和管理,是一种高性能的存储器,而且使用寿命很长,但需要独立电源保护数据安全,目前市面上较少见到。因此,目前固态硬盘主要指基于闪存的固态硬盘。

传统机械硬盘的存取速率由于受转速和平均寻道时间的限制,很难有所突破。目前普通 SATA 硬盘的转速维持在 7200 转/分钟左右,SAS 和 SCSI 硬盘的转速维持在 15000 转/分钟左右。普通 SATA 硬盘的平均寻道时间为 9ms 左右,SAS 和 SCSI 硬盘的平均寻道时间为 4ms 左右。由于涉及机械操作,短时间内转速和平均寻道时间很难有大的提高。但固态硬盘由于是对闪存进行读写,其实际访问速率远大于机械硬盘。随着电子技术的发展,闪存的容量也越来越大,目前市场上已经可以见到 2TB 的固态硬盘。固态硬盘由于是电子操作,对环境的要求相对较低,震动对其没有影响。固态硬盘的主要缺陷有三个:一是由于闪存的写入次数有限,其寿命受限制;二是成本较高;三是其容量稍少于机械硬盘。

2. PCIe

早期固态硬盘的常见接口为 SATA,实际传输速率在 500MB/s 左右,主机可以像使用 SATA 硬盘一样使用固态硬盘。随着电子技术发展,固态硬盘的数据传输速率越来越高。由于 SATA 3.0 的实际传输速率只能达到 600MB/s,因此当固态硬盘的数据传输速率超过 600MB/s 时,SATA 接口已经无法满足高速固态硬盘的数据传输速率要求。这种情况下,由 PCI-SIG 提出了 PCI-Express(简称 PCIe)接口标准。PCIe 接口标准已经从 1.0 发展到 5.0,目前主板基本支持 PCIe 3.0,也有主板开始支持 PCIe 4.0。PCIe 接口标准各个版本的相关特性如表 10.1 所示。PCIe 是高速串行点对点双向传输总线标准,总线可以由多个通道组成。PCIe 1.0 采用 8b/10b 编码方案,该编码方案在 10b 构成的 2^{10} 个编码中选择 2^8 个编码表示 8b 对应的 2^8 个不同的二进制数组合。2.5GT/s 传输速率是指 10b 编码的传输速率。由于用 10b 编码表示 8b 二进制数,因此实际数据传输速率=2.5GT/s×(8/10)=2Gb/s,

表 10.1 PCIe 接口标准各个版本的相关特性

PCI Express 版本	编码方案	传输速率	吞吐量			
			×1	×4	×8	×16
1.0	8b/10b	2.5GT/s	250MB/s	1GB/s	2GB/s	4GB/s
2.0	8b/10b	5GT/s	500MB/s	2GB/s	4GB/s	8GB/s
3.0	128b/130b	8GT/s	984.6MB/s	3.938GB/s	7.877GB/s	15.754GB/s
4.0	128b/130b	16GT/s	1.969GB/s	7.877GB/s	15.754GB/s	31.508GB/s
5.0	128b/130b	32 或 25GT/s	3.9 或 3.08GB/s	15.8 或 12.3GB/s	31.5 或 24.6GB/s	63.0 或 49.2GB/s

即 250MB/s。n 个通道的数据传输速率＝$n \times 250$MB/s。8b/10b 编码方案中的有效传输速率只有 80%(8/10)，为提高有效传输速率，PCIe 3.0 以后的标准采用 128b/130b 编码方案，128b/130b 编码方案的有效传输速率可以达到 99%(128/130)。

目前，PCIe 4.0 接口的固态硬盘容量已经达到 2TB，读写速度达到 5GB/s，总线由 4 个通道组成。

3. NVMe

PCIe 是总线标准，用于规范主机与固态硬盘之间的数据传输通道。NVMe(Non-Volatile Memory express)是接口标准，用于规范主机访问固态硬盘的过程。NVMe 是针对固态硬盘开发的接口标准，用于实现固态硬盘访问的低延迟、高传输速率和长寿命。NVMe 目前分别定义了基于 PCIe 的固态硬盘访问过程(NVMe over PCIe)和基于光纤通道的固态硬盘访问过程(NVMe over Fabrics)。NVMe over PCIe 主要用于实现直接附加存储(DAS)。NVMe over Fabrics 主要用于实现光纤通道存储区域网络(FC SAN)。对于由固态硬盘构成的存储系统，NVMe over Fabrics 开始逐渐取代 iSCSI。

NVMe 将闪存空间划分成若干个独立的逻辑空间，每个逻辑空间中逻辑块的地址范围为 0 到 $N-1$(N 是以逻辑块为单位的逻辑空间大小)，这样划分的逻辑空间叫做命名空间(Namespace，NS)。每个命名空间都有一个名称和 ID，系统通过 NS 的 ID 区分不同的 NS。例如可以把整个闪存空间划分成两个 NS，名称分别是 NS A 和 NS B，对应的 NS ID 分别是 1 和 2。如果 NS A 的大小是 M(以逻辑块为单位的逻辑空间大小)，NS 的大小是 N，那么它们的逻辑地址空间分别为 0 到 $M-1$ 和 0 到 $N-1$。主机读写 SSD 时，首先通过 NS ID 指定读写的 NS。

每个 NS 相当于一个独立的磁盘，用户可以对每个 NS 进行分区等操作。不同的 NS 可以有不同的逻辑块大小和不同的端到端数据保护配置。

10.3　RAID

随着计算机应用的普及，人们对硬盘容量、性能和可靠性提出了更高要求，单个硬盘已经无法满足这些要求，冗余磁盘阵列(Redundant Array of Independent Disks，RAID)作为一种新的硬盘应用方式应运而生。RAID 是一种将多块独立的物理硬盘按照一定的形式组织成硬盘组的技术，硬盘组作为逻辑硬盘在速度、稳定性和存储能力上都比单个物理硬盘有很大提高，并且具备一定的数据安全保护能力。

RAID 结构如图 10.7 所示，两个物理硬盘组成一个硬盘组，硬盘组作为逻辑硬盘具有两个物理硬盘所包含的容量。构成逻辑硬盘的数据块(D0、D1…)均匀分布在两个物理硬盘中，两个物理硬盘相同位置的数据块构成条带。如果以条带为单位对逻辑硬盘进行读写，则 RAID 的总体性能是单个物理硬盘的两倍。如果需要在图 10.7 所示的 RAID 结构中增加可靠性，可能需要损失逻辑硬盘的容量。

根据不同的组合方式可以将 RAID 分为不同的 RAID 级别，目前常见的 RAID 级别有 RAID 0、RAID 1、RAID 3、RAID 5 和 RAID 6。由于不同的 RAID 级别呈现不同的功能特性，因此为融合多个不同 RAID 级别的功能特性，可以将两种不同的 RAID 级别组合在一起，如 RAID 50。RAID 50 将物理硬盘分成两组，每一组物理硬盘采用 RAID 5 级别，两组

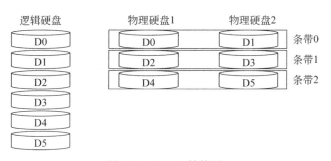

图 10.7　RAID 结构图

物理硬盘之间采用 RAID 0 级别,以此融合 RAID 5 和 RAID 0 的功能特性。

10.3.1　RAID 0

RAID 0 结构如图 10.8 所示,RAID 0 的作用是提高逻辑硬盘的容量和读写性能。逻辑硬盘中连续的数据块被分布在多个不同的物理硬盘中,逻辑硬盘的容量是所有物理硬盘的容量之和。对逻辑硬盘连续数据块的读写操作被并发到多个不同的物理硬盘上,因此如果以条带为单位读写逻辑硬盘,逻辑硬盘的读写时间是单个物理硬盘读写时间的 $1/N$,其中 N 是物理硬盘数量。RAID 0 对可靠性没有改进,任何一个物理硬盘损坏都将导致存储系统崩溃。RAID 0 物理硬盘数量必须大于或等于 2。

图 10.8　RAID 0 结构图

10.3.2　RAID 1

RAID 1 结构如图 10.9 所示,两个相同的物理硬盘存储相同的数据,其中一个物理硬盘作为另一个物理硬盘的镜像。逻辑硬盘中每一个数据块分别映射到两个物理硬盘中对应的数据块,逻辑硬盘中某个数据块的写操作将引发两个物理硬盘中对应数据块的写操作。逻辑硬盘容量是单个物理硬盘的容量,逻辑硬盘的读写性能与单个物理硬盘的读写性能相同。由于对每一个数据块做了备份,因此 RAID 1 具有非常好的可靠性,单个物理硬盘损坏不会影响存储系统的数据读写操作。RAID 1 的物理硬盘数量固定为 2。

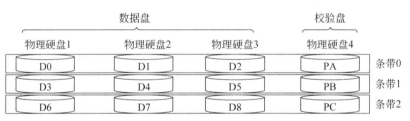

图 10.9　RAID 1 结构图

10.3.3　RAID 3

RAID 3 结构如图 10.10 所示。在 N(图 10.10 中的 $N=4$)个物理硬盘中,$N-1$ 个物理硬盘作为数据盘用于存放数据,余下的一个物理硬盘作为校验盘用于存放校验结果。校验结果是对同一条带中数据块进行异或运算的结果,如图 10.10 中的 PA$=$D0$\oplus$D1$\oplus$D2($\oplus$表示异或运算)。如果逻辑盘需要写入数据块 D0、D1 和 D2,则数据块 D0、D1 和 D2 被分布到三个不同的物理硬盘中,计算出 PA$=$D0$\oplus$D1$\oplus$D2 并将 PA 写入校验盘中。RAID 3 如果以条带为单位读写逻辑盘,逻辑盘的读写时间是单个物理硬盘的 $1/(N-1)$,其中 N 是物理硬盘数。逻辑盘的容量是单个物理硬盘容量的 $N-1$ 倍。

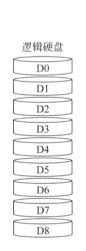

图 10.10　RAID 3 结构图

1. 数据重构过程

RAID 3 与 RAID 0 相比,最大的优势是通过牺牲 $1/N$ 容量获得了高可靠性。对于图 10.10 所示的 RAID 3 结构,其中任何一个物理硬盘损坏,都可通过重构过程重构该物理硬盘中的数据。假如物理硬盘 1 损坏,原先存储在物理硬盘 1 中的数据全部丢失,根据以下计算过程,可以重构物理硬盘 1 中的数据。

$$D0=D1\oplus D2\oplus PA$$
$$D3=D4\oplus D5\oplus PB$$
$$D6=D7\oplus D8\oplus PC$$

2. 单独校验盘的缺陷

对于图 10.10 所示的 RAID 3 结构,假定所有数据块和校验块已经存放在各自的物理硬盘中,如果需要改写数据块 D0 和 D4,可以按照下式计算出新的校验块内容。

$$PA_{new} = PA_{old} \oplus D0_{new} \oplus D0_{old}$$
$$PB_{new} = PB_{old} \oplus D4_{new} \oplus D4_{old}$$

其中 PA_{new} 和 PB_{new} 是新的校验块内容,PA_{old} 和 PB_{old} 是校验块中老的内容,$D0_{new}$ 和 $D4_{new}$ 是新写入数据块 D0 和 D4 的内容,$D0_{old}$ 和 $D4_{old}$ 是数据块 D0 和 D4 中老的内容。由于所有校验块在同一个校验盘中,因此导致数据块 D0 和 D4 的改写操作无法并发进行。

10.3.4　RAID 5

RAID 5 结构如图 10.11 所示。RAID 5 与 RAID 3 相似,不同的是 RAID 5 中没有单独的校验盘,校验块分布在各个数据盘中,每一个数据盘留出 $1/N$ 容量存放校验内容。图中各个校验块内容根据以下公式计算所得。

图 10.11　RAID 5 结构图

$$PA = D0 \oplus D1 \oplus D2$$
$$PB = D3 \oplus D4 \oplus D5$$
$$PC = D6 \oplus D7 \oplus D8$$
$$PD = D9 \oplus D10 \oplus D11$$

假定已经按照图 10.11 所示完成数据块和校验块内容的存放。如果需要改写数据块 D9 和 D2,可以按照下式计算出新的校验块内容。

$$PA_{new} = PA_{old} \oplus D2_{new} \oplus D2_{old}$$
$$PD_{new} = PD_{old} \oplus D9_{new} \oplus D9_{old}$$

其中 PA_{new} 和 PD_{new} 是新的校验块内容,PA_{old} 和 PD_{old} 是校验块中老的内容,$D2_{new}$ 和 $D9_{new}$ 是新写入数据块 D2 和 D9 的内容,$D2_{old}$ 和 $D9_{old}$ 是数据块 D2 和 D9 中老的内容。由于对数据块 D9 的改写操作只涉及物理硬盘 1 和 2,对数据块 D2 的改写操作只涉及物理硬盘 3 和 4,因此导致数据块 D2 和 D9 的改写操作可以并发进行。

10.3.5 RAID 6

RAID 3 和 RAID 5 解决了单个物理硬盘损坏时的数据重构问题,对于数据可靠性要求高的应用场合,需要能够解决多个物理硬盘同时损坏时的数据重构问题,而 RAID 6 用于解决两个物理硬盘同时损坏时的数据重构问题。

1. 校验块生成过程

RAID 6 没有统一的标准,不同厂家有着不同的实现技术,图 10.12 所示的 RAID 6 结构是其中一种实现技术。N(图 10.12 中的 N 为 6)个物理硬盘中的 $N-2$ 个物理硬盘作为数据盘,其余两个物理硬盘作为校验盘。其中一个校验盘是横向校验盘,校验块内容是属于相同条带的数据块的异或运算结果。图 10.12 所示的物理硬盘 5 中存放的校验结果根据下式计算所得。

物理硬盘1	物理硬盘2	物理硬盘3	物理硬盘4	物理硬盘5	物理硬盘6	
D0	D1	D2	D3	P0	DP0	条带0
D4	D5	D6	D7	P1	DP1	条带1
D8	D9	D10	D11	P2	DP2	条带2
D12	D13	D14	D15	P3	DP3	条带3
					DP4	

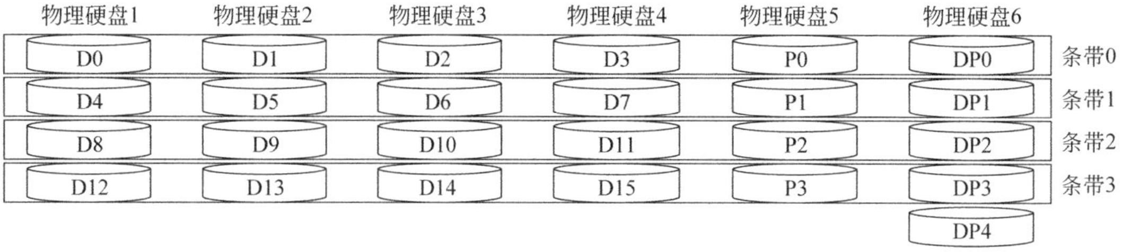

图 10.12　RAID 6 结构图

$$P0 = D0 \oplus D1 \oplus D2 \oplus D3$$
$$P1 = D4 \oplus D5 \oplus D6 \oplus D7$$
$$P2 = D8 \oplus D9 \oplus D10 \oplus D11$$
$$P3 = D12 \oplus D13 \oplus D14 \oplus D15$$

另一个校验盘是斜向校验盘,校验块内容是对角线方向的数据块和横向校验块的异或运算结果,如图 10.12 中物理硬盘 6 中存放的校验结果根据下式计算所得。

$$DP0 = D0 \oplus D5 \oplus D10 \oplus D15$$
$$DP1 = D1 \oplus D6 \oplus D11 \oplus P3$$
$$DP2 = D2 \oplus D7 \oplus P2 \oplus D12$$
$$DP3 = D3 \oplus P1 \oplus D8 \oplus D13$$
$$DP4 = P0 \oplus D4 \oplus D9 \oplus D14$$

2. 数据重构过程

RAID 6 能够在两个物理硬盘同时损坏的情况下重构存放在这两个损坏的物理硬盘上的数据。假定图 10.12 中的物理硬盘 1 和物理硬盘 3 同时损坏,重构存放在物理硬盘 1 和物理硬盘 3 中数据的过程如下:首先重构根据未损坏的数据盘和校验盘中的内容能够推导出的损坏数据盘中的某个数据块内容,这里是物理硬盘 3 中的数据块 D6,因为 D6 可以根据余下 4 个物理硬盘中的数据块和校验块内容推导出。式(10.1)是推导出 D6 数据块中内容的算式,根据计算 DP1 的算式导出。

$$D6 = D1 \oplus DP1 \oplus D11 \oplus P3 \tag{10.1}$$

推导出物理硬盘 3 中 D6 数据块中的内容后,可以推导出物理硬盘 1 中与 D6 数据块属于同一条带的数据块 D4 的内容。式(10.2)是推导出 D4 数据块中内容的算式,根据计算 P1 的算式导出。

$$D4 = P1 \oplus D5 \oplus D6 \oplus D7 \tag{10.2}$$

继续根据未损坏的数据盘和校验盘中的内容及已经推导出的损坏的数据盘中数据块的内容推导出其他损坏的数据盘中数据块的内容,式(10.3)～式(10.8)用于完成物理硬盘 1 和 3 中其他数据块内容的导出过程。

$$D14 = P0 \oplus D4 \oplus D9 \oplus DP4 \tag{10.3}$$
$$D12 = P3 \oplus D13 \oplus D14 \oplus D15 \tag{10.4}$$
$$D2 = DP2 \oplus D7 \oplus P2 \oplus D12 \tag{10.5}$$
$$D0 = P0 \oplus D1 \oplus D2 \oplus D3 \tag{10.6}$$
$$D10 = D0 \oplus D5 \oplus DP0 \oplus D15 \tag{10.7}$$
$$D8 = P2 \oplus D9 \oplus D10 \oplus D11 \tag{10.8}$$

10.3.6　RAID 50

RAID 50 结构如图 10.13 所示,两个独立的 RAID 5 组成 RAID 0 结构。写入 RAID 50 的数据{D0,D1,D2,D3,D4,D5,D6,D7,D8,D9,D10,D11}被分成两组,一组是{D0,D1,D4,D5,D8,D9 },另一组是{ D2,D3,D6,D7,D10,D11},这两组数据可以并发写入两个独立的 RAID 5 中。每一个 RAID 5 以条带为单位,将数据并行写入多个不同的物理硬盘中,如数据 D0、D1 和根据 D0、D1 计算所得的 P0(P0＝ D0⊕D1)同时被写入物理硬盘 1、2 和 3 中。

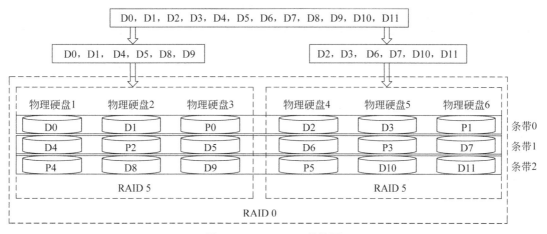

图 10.13　RAID 50 结构图

10.4　FC SAN 实现过程

目前的趋势是构建一个硬盘池,然后由多个服务器共享该硬盘池。服务器与硬盘池之间通过光纤通道(Fiber Channel,FC)连接。服务器通过 SCSI over FC 或 NVMe over Fabrics 完成对硬盘池的访问过程。

10.4.1　网络结构

光纤通道存储区域网络(FC SAN)结构如图 10.14 所示,由光纤通道交换网络和结点组

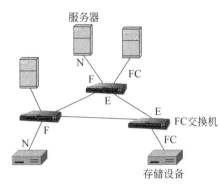

图 10.14　FC SAN 结构

成,光纤通道交换网络由光纤通道交换机和互联光纤通道交换机的链路组成。大部分情况下,用光纤作为互联光纤通道交换机的链路。结点通常为服务器和存储设备,服务器与存储设备之间通过光纤通道交换网络建立用于传输 SCSI 或者 NVMe 命令、数据和状态的通路。

1. 光纤通道交换网络

光纤通道交换机是分组交换设备,每一个结点需要分配地址,结点间传输的数据需要封装成帧,帧中需要给出源和目的结点的地址。光纤通道交换机根据建立的路由表和帧携带的目的结点地址完成帧路由和转发操作。光纤通道交换机的基本功能与以太网交换机相似,但其工作机制(包括路由表建立算法、帧端到端传输过程等)与交换式以太网相差甚远。

2. 服务器

服务器为了能够像访问本地存储设备(直接通过 SCSI 总线连接的存储设备或者通过 NVMe over PCIe 实现访问过程的存储设备)一样访问远程存储设备(连接在光纤通道交换网络上的存储设备),需要增加以下设备和功能。

① 连接光纤通道交换网络的服务器需要安装主机总线适配器(Host Bus Adapter, HBA),用链路互联光纤通道交换机和 HBA。互联光纤通道交换机和 HBA 的链路通常是光纤。

② 服务器必须运行光纤通道交换网络协议栈,这样才能通过光纤通道交换网络建立与存储设备之间的传输通路。

③ 服务器必须能够通过由光纤通道交换网络建立的与存储设备之间的传输通路交换完成存储设备数据访问操作所需的命令、数据和状态。对服务器应用程序而言,这种通过由光纤通道交换网络建立的与存储设备之间的传输通路完成的交换过程与经过 SCSI 总线或 PCIe 总线完成的交换过程是相同的。

3. 存储设备

存储设备为了能够被连接在光纤通道交换网络上的多个服务器共享,且使得这种共享过程对服务器应用程序是透明的,需要增加以下设备和功能。

① 存储设备需要具备连接光纤通道交换网络的接口。

② 存储设备必须运行光纤通道交换网络协议栈,这样才能通过光纤通道交换网络建立与服务器之间的传输通路。

③ 存储设备通常是 RAID,允许划分为多个用 LUN 标识的逻辑空间(基于 SCSI)或多个用 NS ID 标识的 NS(基于 NVMe)。可以为每一个服务器分配独立的逻辑空间,允许服务器像访问本地逻辑空间一样访问远程存储设备上的逻辑空间。

10.4.2　端口类型

图 10.14 所示的 FC SAN 结构涉及三种类型的端口：N 端口（N_Port）、F 端口（F_Port）和 E 端口（E_Port）。

1. N_Port

N_Port 位于结点（图 10.14 中的服务器和存储设备），用于将结点连接到光纤通道交换网络。光纤通道交换网络必须能够按需建立两个 N_Port 之间的传输通路。

2. F_Port

F_Port 位于光纤通道交换机，用于将 N_Port 接入光纤通道交换网络。

3. E_Port

E_Port 位于光纤通道交换机，通过交换机间链路（Inter Switch Link，ISL）实现与位于其他光纤通道交换机上的 E_Port 之间的互联。

4. 其他类型端口

为支持光纤通道仲裁环（Fibre Channel Arbitrated Loop，FC-AL），增加了 NL_Port 和 FL_Port 端口类型。NL_Port 用于将结点连接到光纤通道仲裁环，FL_Port 用于实现光纤通道交换机与光纤通道仲裁环之间的互联。

10.4.3　地址和标识符

FC SAN 中的每一个结点和光纤通道交换机分配唯一的 64 位全球结点名称（World Wide Node Name，WWNN），结点和光纤通道交换机中的每一个端口分配唯一的 64 位全球端口名称（World Wide Port Name，WWPN）。这些标识符与以太网卡中的 MAC 地址相似，固化在结点和光纤通道交换机中。但两个 N_Port 之间通信时并不是用 WWPN，而是用 24 位地址标识源和目的端口，结点连接到光纤通道网络过程中由光纤通道交换机为 N_Port 分配用于通信的 24 位地址。

10.4.4　FC SAN 工作过程

1. 选出主要交换机

每一个交换机允许分配优先级，光纤通道交换网络中优先级最高的交换机成为主要交换机。如果若干交换机有着相同的优先级，其中 WWNN 最小的交换机成为主要交换机。由主要交换机为光纤通道交换网络中的所有交换机分配唯一的 8 位域标识符（Domain ID）。

2. 结点完成注册过程

一旦通过链路（通常是光纤）实现结点 N_Port 与光纤通道交换机 F_Port 之间的连接，交换机开始该结点的注册过程，为该结点的 N_Port 分配 24 位地址，同时记录下该 24 位地址与该结点 WWNN 之间的绑定关系。24 位地址的高 8 位是该交换机的域标识符，低 16 位用于标识交换机中连接该结点的 F_Port。

3. 建立名称注册信息库

光纤通道交换机之间通过定期交换名称注册信息建立完整的名称注册信息库，名称注册信息库中记录光纤通道交换网络中所有结点的 WWNN 与 24 位地址之间的绑定关系。

图 10.15 给出光纤通道交换机完整的名称注册信息库内容。

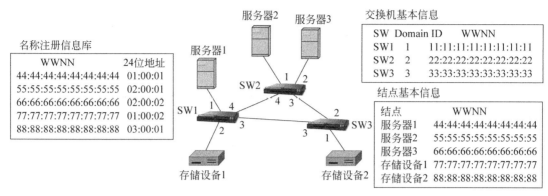

图 10.15　名称注册信息库内容

4. 建立路由表

光纤通道交换机建立路由表的过程与路由器通过 OSPF 路由协议建立路由表的过程十分相似,每一个交换机首先建立自己的链路状态信息,然后通过泛洪链路状态信息让光纤通道交换网络中的所有其他交换机拥有该交换机的链路状态信息。当光纤通道交换网络中的所有交换机泛洪链路状态信息后,光纤通道交换网络中的每一个交换机建立完整的链路状态信息库,它们通过最短路径优先(Shortest Path First,SPF)算法计算出到达其他交换机的最短路径并据此建立路由表。交换机 SW1、SW2 和 SW3 的路由表如表 10.2～表 10.4 所示。

表 10.2　SW1 的路由表

目的地址或目的域标识符	输出端口
01:00:01	1
01:00:02	2
02	4
03	3

表 10.3　SW2 的路由表

目的地址或目的域标识符	输出端口
02:00:01	1
02:00:02	2
01	4
03	3

表 10.4　SW3 的路由表

目的地址或目的域标识符	输出端口	目的地址或目的域标识符	输出端口
03:00:01	1	02	2
01	3		

如果路由表中某项路由项是用于指明通往连接在本交换机上的结点的传输路径,则用结点的 24 位地址作为目的地址;如果路由表中某项路由项是用于指明通往连接在其他交换机上的结点的传输路径,则用连接目的结点的交换机的域标识符作为目的域标识符。

5. N_Port 之间数据传输过程

两个 N_Port 之间传输数据前必须先建立连接,因此需要通过手动配置为服务器绑定存储设备并输入存储设备的 WWNN。同样,需要将存储设备划分为多个逻辑空间,为每一个逻辑空间绑定服务器,输入服务器的 WWNN。完成上述操作后,服务器和存储设备通过注册过程获取各自的 24 位地址。连接服务器和存储设备的交换机通过检索名称注册信息库完成对方 WWNN 至对应的 24 位地址的解析过程。

服务器和存储设备获取对方的 24 位地址后,将需要交换的信息封装成帧,帧以两端的 24 位地址作为源和目的地址。例如服务器 1 传输给存储设备 2 的帧以 01:00:01 为源地址、以 03:00:01 为目的地址,其中源地址的高 8 位 01 是交换机 SW1 的域标识符,目的地址高 8 位 03 是交换机 SW3 的域标识符。该帧由服务器 1 传输给交换机 SW1,交换机 SW1 首先确定帧目的地址中的域标识符是否和自身域标识符相同。确定不同后,用目的地址的域标识符匹配交换机 SW1 路由表中的目的域标识符,发现与路由项<03,03>匹配,将帧通过端口 3 转发出去。从交换机 SW1 端口 3 转发出去的帧通过端口 3 进入交换机 SW3,交换机 SW3 确定帧目的地址中的域标识符和自身域标识符相同,用目的地址匹配交换机 SW3 路由表中的目的地址,发现与路由项<03:00:01,01>匹配,将帧通过端口 1 转发出去。从交换机 SW3 端口 1 转发出去的帧到达存储设备 2。

6. SCSI over FC

SCSI over FC 示意图如图 10.16 所示,文件系统计算出需要读写的存储块的 LUN 和 LBA。SCSI 驱动器根据 LUN 确定需要访问的远程存储设备,解析出远程存储设备的 24 位地址,将 SCSI 命令和数据封装成帧。FC 驱动器和光通道交换网络保证将帧送达存储设备。存储设备的 FC 驱动器从帧中分离出 SCSI 命令和数据,将其传输给 RAID 控制器,由 RAID 控制器完成 SCSI 命令要求的操作。存储设备的操作结果(数据和状态)以同样的方式传输到服务器的文件系统。

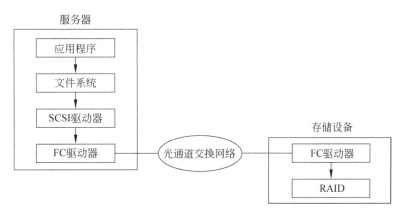

图 10.16　SCSI over FC 示意图

7. NVMe over Fabrics

NVMe over Fabrics 示意图如图 10.17 所示,文件系统计算出需要读写的存储块的 NS ID 和 LBA。NVMe 主机软件根据 NS ID 和 LBA 确定需要访问的远程存储设备,解析出远程存储设备的 24 位地址和访问远程存储设备所需的命令。FC 传输层负责将 NVMe 命令和数据封装成帧。FC 驱动器和光通道交换网络保证将帧送达存储设备。存储设备的 FC 驱动器将帧传送给 FC 传输层。FC 传输层从帧中分离出 NVMe 命令和数据,将其传送给 NVMe 子系统,由 NVMe 子系统完成 NVMe 命令要求的操作。存储设备的操作结果(数据和状态)以同样的方式传输到服务器的文件系统。

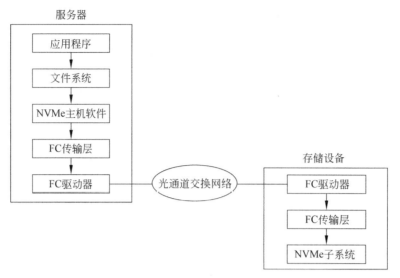

图 10.17　NVMe over Fabrics 示意图

10.5　iSCSI 实现过程

基于 TCP/IP 协议栈的 Internet 是目前最普及的互联网,以太网的传输速率也从 10Gb/s 发展到 40Gb/s 和 100Gb/s,因此通过以太网实现服务器与硬盘池之间互联,基于 TCP/IP 协议栈实现服务器与硬盘池之间 SCSI 命令、数据和状态传输过程的 Internet 小型计算机系统接口(iSCSI)逐渐得到重视和发展。

10.5.1　网络和协议结构

1. FC SAN 的缺陷

FC SAN 解决了多个服务器共享存储设备且服务器与存储设备物理上分离的问题,但如图 10.18 所示,需要两种不同类型的网络实现终端与服务器互联和服务器与存储设备互联。这就提高了网络实现成本,增加了网络管理难度。

采用光纤通道网络实现服务器与存储设备互联的主要原因是光纤通道网络的高带宽,其带宽从开始时的 2Gb/s 和 4Gb/s 已经发展到 16Gb/s 和 32Gb/s。但随着 10Gb/s 以太网的普及和 40Gb/s 以太网的应用,光纤通道网络的带宽优势已经不复存在。一旦用以太网实现服务器和存储设备之间的互联,终端与服务器以及服务器与存储设备将统一由 Internet 实现互联,如图 10.19 所示。

2. 协议体系结构

服务器与存储设备之间通过交换 SCSI 命令、数据和状态实现服务器对存储设备的访问过程,为了经过 Internet 实现服务器与存储设备之间的信息交换过程,需要在服务器与存储设备之间建立 iSCSI 会话。iSCSI 协议的主要功能就是基于服务器与存储设备之间的 TCP 连接建立 iSCSI 会话,经过 iSCSI 会话实现服务器与存储设备之间的信息交换过程。

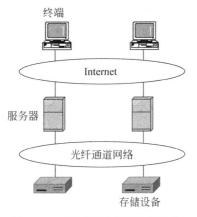

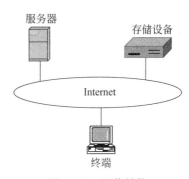

图 10.18　FC-SAN 应用系统结构　　　　　　图 10.19　网络结构

iSCSI 的协议体系结构如图 10.20 所示，SCSI 驱动器不是直接通过 SCSI 总线，而是通过服务器与存储设备之间的 iSCSI 会话，向存储设备传输服务器文件系统生成的 SCSI 命令和数据。iSCSI 会话是用于实现服务器与存储设备之间信息交换的逻辑通道。由于通过 Internet 实现服务器与存储设备互联，经过 iSCSI 会话传输的信息需要封装成 TCP 报文，由服务器与存储设备之间建立的 TCP 连接实现这些 TCP 报文的传输过程。

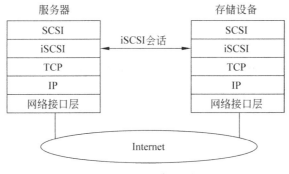

图 10.20　协议体系结构

10.5.2　标识符

iSCSI 中的每一个结点需要分配唯一的标识符，iSCSI 支持两种命名方式：iSCSI 限定名（iSCSI qualified names，iqn）和企业唯一标识符（enterprise unique identifier，eui）。

1. iqn

iqn 格式如下：

iqn.完全合格域名注册日期.反向完全合格域名：结点唯一标识符。

iqn 是名称类型，以 yyyy-mm 格式给出完全合格域名的注册日期，反向完全合格域名是完全合格域名的反向写法，结点唯一标识符用于在完全合格域名指定的企业内唯一标识该结点。以下是 iqn 格式的标识符实例。

iqn.1984-08.com.whatzis:hedgetrimmer-1926184

上述 iqn 格式的标识符实例中，1984-08 是完全合格域名 whatzis.com 的注册时间；

1984 年 8 月。com. whatzis 是完全合格域名 whatzis. com 的反向写法。hedgetrimmer-1926184 是结点唯一标识符,用于在 whatzis.com 企业中唯一标识该结点。

2. eui

eui 格式如下:

eui.64 位企业唯一标识符

64 位企业唯一标识符中的高 24 位由 IEEE 注册机构分配,用于唯一标识该企业,后 40 位用于在该企业内唯一标识该结点。64 位企业唯一标识符用 16 位十六进制数表示。以下是 eui 格式的标识符实例。

eui.02004567A425678D

10.5.3　iSCSI 工作过程

1. 服务器配置

服务器需要配置存储设备的标识符、IP 地址和端口号。由于允许由多条 TCP 连接构成 iSCSI 会话,因此允许配置多对门户。每一个门户由 IP 地址和 TCP 端口号组成,一对门户用于建立一条 TCP 连接。

2. 存储设备配置

构建逻辑空间,分配 LUN,建立 LUN 与服务器标识符之间的绑定。

3. 服务器访问存储设备过程

服务器访问存储设备过程如下:①服务器建立与存储设备之间的 TCP 连接;②服务器建立与存储设备之间的 iSCSI 会话,在建立 iSCSI 会话过程中,存储设备需要确认服务器身份和与该服务器绑定的 LUN;③服务器可以像访问本地硬盘一样访问远程存储设备。

4. 安全问题

由于服务器和存储设备连接在 Internet 上,而 Internet 是一个公共数据传输网络,因此一是需要解决存储设备对服务器的身份鉴别问题;二是需要解决数据经过 Internet 传输时的保密性和完整性问题。

服务器建立与存储设备之间的 iSCSI 会话时,存储设备可以通过鉴别协议(如挑战握手鉴别协议),完成对服务器的身份鉴别过程,确定存在与该服务器绑定的 LUN 后,才允许建立与该服务器之间的 iSCSI 会话。

iSCSI 协议无法解决数据经过 Internet 传输时的保密性和完整性问题,需要通过使用 IPSec 协议来解决。

10.6　存储系统设计实例

NetApp AFF8000 系列存储设备可以构建企业存储系统和企业私有云,用户和服务器可以多种方式访问用 NetApp AFF8000 系列存储设备构建的企业存储系统。

10.6.1　NetApp AFF8000 系列存储设备结构

NetApp AFF8000 系列存储设备结构如图 10.21 所示,由网络接口、控制器和硬盘接口三部分组成。

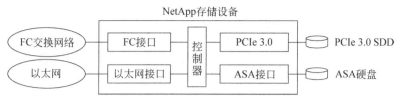

图 10.21　NetApp 存储设备结构

1. 网络接口

网络接口用于连接网络,NetApp AFF8000 存储设备同时具备 FC 接口和以太网接口,可同时连接光纤通道交换网络和以太网。NetApp AFF8020 以太网接口和光纤通道接口配置如表 10.5 所示。

表 10.5　NetApp AFF8020 接口配置

以太网接口	FC 接口(UTA2)	PCIe 3.0 插槽	SAS 接口
4 个 1000Base-TX 4 个 10Gb/s SFP+接口	4 个 16Gb/s SFP+接口	4 个 PCIe 3.0 插槽	4 个 6Gb/s QSFP 接口(mini SAS 接口)

2. 硬盘接口

硬盘接口用于连接硬盘,NetApp 存储设备同时具备 PCIe 3.0 插槽和 SAS 接口,PCIe 3.0 插槽用于插入 PCIe 3.0 总线标准的 SSD。SAS 接口可以连接 SAS 接口的机械硬盘和 SSD。这些硬盘接口可以连接多个 SSD,这些 SSD 可以组成 RAID。NetApp AFF8020 PCIe 3.0 插槽和 SAS 接口配置如表 10.5 所示。

3. 控制器

控制器是 NetApp 存储设备的核心,它支持多种协议,包括 FC SAN、iSCSI 和 NAS 等。对于 NAS,同时支持网络文件系统(NFS)和通用 Internet 文件系统(Common Internet File System,CIFS)。它还实现对硬盘的读写访问,可构建 RAID、创建逻辑空间、为逻辑空间分配 LUN、建立 LUN 与服务器之间的绑定等。最新的 NetApp AFF8000 系列存储系统已经支持 NVMe over Fabrics。

10.6.2　NetApp AFF8000 系列存储设备应用

用 NetApp AFF8000 系列存储设备构建的企业存储系统如图 10.22 所示,该存储设备具备 FC 和以太网接口,可同时连接光纤通道交换网络和以太网。连接在光纤通道交换网络上的服务器通过光纤通道协议(FCP)像访问本地硬盘一样访问远程硬盘,连接在以太网上的服务器通过 iSCSI 协议像访问本地硬盘一样访问远程硬盘。FCP 和 iSCSI 用于实现 SAN,只是前者基于光纤通道交换网络,后者基于 Internet。SAN 基于数据块访问远程硬盘。

安装 Windows 的终端可以通过 CIFS 以共享文件或共享文件夹的方式访问远程硬盘中的文件系统。同样,安装 UNIX 的服务器通过 NFS 像访问本地硬盘中的文件系统一样访问远程硬盘中的文件系统。NFS 和 CIFS 用于实现 NAS,NAS 基于文件访问远程硬盘。

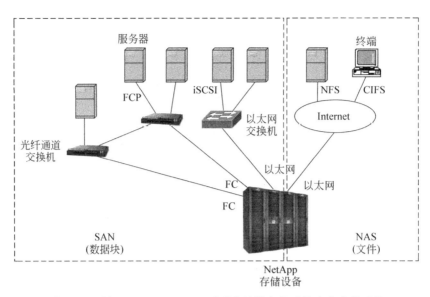

图 10.22　用 NetApp AFF8000 系列存储设备构建的企业存储系统

习题

10.1　解释名词 DAS、SAN 和 NAS。

10.2　简述 DAS、SAN 和 NAS 之间的区别。

10.3　简述 PCIe 总线标准和 NVMe 接口标准之间的关系。

10.4　引发 SAN 出现和发展的原因是什么?

10.5　FC SAN 和 iSCSI 各有什么优缺点?

10.6　简述 NVMe over Fabrics 发展趋势。

10.7　光纤通道交换机和以太网交换机有什么区别?

10.8　以太网发展对 SCSI over FC 有什么影响?

10.9　简述 NetApp 存储设备的优势和作用。

第 11 章　网络管理和监测

随着网络应用的普及,网络规模已经越来越大,网络本身也已成为黑客攻击的目标,对网络实施自动管理和对网络行为实施实时监测已成为保障网络安全及网络有效运行的必要手段。

11.1　SNMP 和网络管理

由网络管理工作站通过简单网络管理协议(Simple Network Management Protocol, SNMP)对网络设备进行集中统一管理是最基本的网络管理方式。

11.1.1　网络管理功能

随着网络规模的扩大以及接入主机的增多和复杂网络应用的开展,网络管理的重要性日益显现。网络管理功能主要包括:故障管理、计费管理、配置管理、性能管理和安全管理。故障管理主要包括故障检测、故障隔离和故障修复这三个方面。计费管理用于记录网络资源使用情况并据此计算出需要支付的费用。配置管理包括两个方面:一是统一对网络设备参数进行配置;二是为了使网络性能达到最优,采集和存储配置时需要参考的数据。性能管理是指用户通过对网络运行及通信效率等系统性能进行评价,对网络运行状态进行监测,发现性能瓶颈,经过重新对网络设备进行配置使网络维持服务所需的性能的过程。安全管理保证数据的私有性,通过身份鉴别、接入控制等手段控制用户对网络资源的访问,另外它还包括密钥分配、安全日志检查、维护等功能。

11.1.2　网络管理系统结构

对于大规模的网络,用人工监测的方法实施网络管理是不现实的,必须采用自动和分布式管理机制。自动意味着不需要人工监测就能完成网络管理功能。分布式意味着将网络管理功能分散到多个部件中,目前常将网络管理功能分散到网络管理工作站(Network Management Station,NMS)和路由器、交换机、主机等网络结点中。图 11.1 给出了常见的网络管理系统结构。

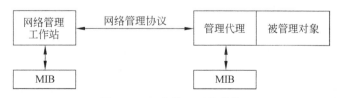

图 11.1　网络管理系统结构

图 11.1 所示的网络管理系统结构由网络管理工作站、管理代理、管理信息库(Management

Information Base,MIB)、被管理对象和网络管理协议组成。

网络管理工作站是一台运行多个网络管理应用程序的主机系统,至少具有以下功能。

- 提供网络管理员和网络管理系统之间的接口,网络管理员通过网络管理工作站实现对网络系统的监测和控制。
- 运行一系列和网络管理功能相关的应用程序,如数据分析、故障恢复、设备配置、计费管理等。
- 将网络管理员的要求转换成对网络结点的实际监测和控制操作。
- 从网络结点的管理信息库(MIB)中提取出相应信息,构成综合管理数据库,并且以用户方便阅读和理解的界面提供整个网络系统的配置、运行状态及流量分布情况。

显然,网络管理工作站实现上述功能的前提是可以和网络结点进行数据交换,能够从网络结点的管理信息库中获取相关信息,同时可以向网络结点传输控制命令。

管理代理寄生在路由器、交换机、终端等网络结点中,它一方面负责这些设备的配置,进行运行时性能参数的采集及一些流量的统计,并将采集和统计结果存储在 MIB 中;另一方面实现和网络管理工作站之间的数据交换,接收网络管理工作站的查询和配置命令,完成信息查询和设备配置操作。对于查询命令,从 MIB 中检索出相应信息并通过网络管理协议传输给网络管理工作站。对于配置命令,按照命令要求,完成设备中某个被管理对象的配置操作。另外,当管理代理监测到某个被管理对象发生某个重大事件时,也可以通过陷阱主动向网络管理工作站报告,以便网络管理工作站及时向网络管理员示警,督促网络管理员对网络系统进行干预。

网络管理的基本单位是被管理对象,一个网络结点可以分解为多个被管理对象,每一个被管理对象都有一组属性参数。所有被管理对象的属性参数集合就是管理信息库(MIB)。被管理对象是标准的,不同厂家生产的交换机由相同的一组被管理对象进行描述。网络管理工作站通过管理代理对管理信息库中和某个被管理对象相关的属性参数进行操作(如检索和配置),以此实现对该被管理对象的监测和控制。

网络管理协议实现网络管理工作站和网络结点中管理代理之间的通信过程,目前常见的网络管理协议是基于 TCP/IP 协议栈的简单网络管理协议(SNMP),网络管理工作站通过 SNMP 对网络系统进行集中监测和配置。

11.1.3 SMI 和 MIB

每一个网络结点(如交换机和路由器)都可以被分解为多个被管理对象,被管理对象可以是构成该网络结点的其中一个硬件构件(如路由器接口、交换机端口等),也可以是网络协议(如路由器中的路由协议 RIP 和 OSPF 等)。与被管理对象关联的参数值构成 MIB。

管理信息结构(Structure of Management Information,SMI)的主要功能是规定被管理对象的命名方式、定义被管理对象的数据类型和制定被管理对象与值的编码规则。SMI 规定所有被管理对象必须处于被管理对象树上,图 11.2 是交换机对应的被管理对象树。树结构中的每一个对象都有相应的标号,如 iso 的标号为 1。每一个被管理对象均以树根至被管理对象分枝经过的所有对象的标号的组合作为其对象标识符,如被管理对象 iso.org.dod. internt.mgmt.mib-2.interface.ifTable.ifEntry.ifType 的对象标识符为 1.3.6.1.2.1.2.2.1.3。 SMI 定义的基本数据类型如表 11.1 所示,每一个被管理对象分配一种 SMI 定义的数据类型,如被管理对象 iso.org.dod.internt.mgmt.mib-2.interface.ifTable.ifEntry.ifType 的数据类型为 INTEGER。

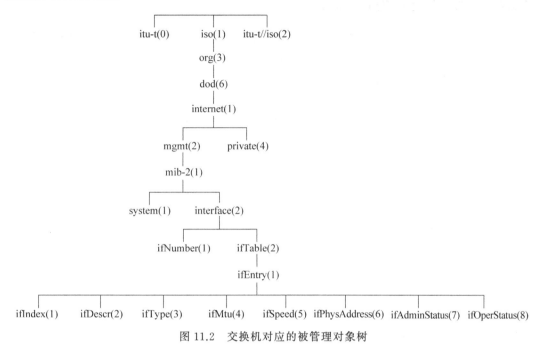

图 11.2　交换机对应的被管理对象树

表 11.1　SMI 定义的基本数据类型

数据类型	描　述
INTEGER	32 位整数,其值范围为 $-2^{31}\sim2^{31}-1$
Integer32	32 位整数,其值范围为 $-2^{31}\sim2^{31}-1$
Unsigned32	32 位无符号整数,其值范围为 $0\sim2^{32}-1$
OCTET STRING	ASN.1 格式字节串,表示任意二进制或文本数据,最大长度为 65535
OBJECT IDENTIFIER	对象标识符
IPAddress	32 位 IP 地址
Counter32	32 位计数器,从 0 增加到 $2^{32}-1$,然后回归到 0
Counter64	64 位计数器
Gauge	32 位计量器,计量范围为 $0\sim2^{32}-1$
TimeTicks	记录时间的计数器,以 1/1000 秒为单位
BITS	比特串
Opaque	不解释的串

　　不同的网络设备有着不同的 MIB,SMI 不会对每一种网络设备 MIB 中被管理对象的组成做出规定,但每一种网络设备 MIB 中的被管理对象必须构成 SMI 规定的对象树。被管理对象必须处于对象树上,被管理对象标识符的命名方式必须使用 SMI 规定的命名方

式,被管理对象必须属于 SMI 定义的数据类型。

11.1.4 网络管理系统的安全问题

网络管理系统直接对网络设备进行监测和配置,关系着整个网络系统的运行和安全,它的安全性是保证整个网络系统正常运行的基础。

1. 网络管理工作站的身份鉴别问题

每一个网络管理工作站授权管理一组被管理对象,管理代理在执行网络管理工作站发送的命令时,必须先验证网络管理工作站的身份,防止黑客冒用网络管理工作站查询网络结点状态和修改网络结点配置。

2. SNMP 消息的安全传输问题

SNMP 消息经过网络传输时可能被黑客截获或嗅探,黑客可以通过获得的 SNMP 消息了解网络结点状态和配置,通过篡改或重放截获的 SNMP 消息实施对网络结点的攻击。因此,必须保证 SNMP 消息传输过程中的保密性和完整性,同时必须具有防重放攻击能力。

3. 访问控制问题

对被管理对象的操作直接影响网络系统的正常运行,必须受到严格控制。用访问控制策略给出允许对特定被管理对象进行指定操作的条件,管理代理只执行符合访问控制策略的操作请求。表 11.2 给出了访问控制策略的实例,管理代理执行对特定被管理对象(交换机 1 端口 1)指定操作(配置)的前提是该操作请求包含在由授权管理工作站(AAA)发出的 SNMP 消息中,且 SNMP 消息的安全传输机制满足 SNMP 安全传输(保密性和完整性)要求。

表 11.2　访问控制策略实例

管理工作站名称	安全传输机制	被管理对象名称	操作类型
AAA	完整性	交换机 1 端口 1	查询
AAA	完整性＋保密性	交换机 1 端口 1	查询＋配置
...			

11.2　基于 SNMPv1 的网络管理系统

SNMPv1 可以完成管理工作站与被管理对象之间用于对被管理对象进行查询和控制操作的命令和状态的传输过程,但存在身份鉴别和授权机制不够安全、SNMPv1 消息传输过程中缺乏加密和完整性检测机制、管理工作站集中管理被管理对象等缺陷。

11.2.1 基本功能

SNMP 作用过程如图 11.3 所示,网络管理工作站和管理代理之间交换 SNMP 消息并执行 SNMP 消息包含的命令。SNMP 的命令主要有如下这些。

- GET:检索指定被管理对象相关的属性参数值。
- GET NEXT:检索被管理对象树中下一个被管理对象相关的属性参数值。由于被

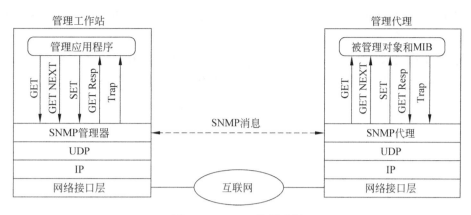

图 11.3　SNMP 作用过程

管理对象按照树结构排列,在指定某个被管理对象后,可用 GET NEXT 检索该被管理对象后面的全部被管理对象。

- SET:配置指定被管理对象相关的属性参数值。
- GET Resp:是管理代理执行 GET 和 GET NEXT 命令后的响应,其中包含检索到的指定被管理对象相关的属性参数值。
- Trap:管理代理用于主动向网络管理工作站通报某个被管理对象发生的变化。

如果网络管理工作站需要查询某台交换机某个端口的状态(UP 或 DOWN 以及传输速率),则网络管理工作站向指定交换机发送 SNMP GET 命令,命令中指定需要查询的被管理对象(端口号)和属性参数类型(工作状态和传输速率)。包含该 SNMP 命令的 SNMP 消息到达交换机后,由交换机中的 SNMP 代理进行处理。SNMP 代理通过检索 MIB 找到指定被管理对象(交换机端口)的相关属性参数值(端口状态和传输速率),通过 SNMP GET Resp 命令将指定交换机端口的相关属性参数值发送给网络管理工作站,由管理应用程序以用户友好的界面显示出来。

同样,如果网络管理工作站需要配置某台交换机某个端口的状态(UP 或 DOWN 以及传输速率),则网络管理工作站向指定交换机发送 SNMP SET 命令,命令中指定需要配置的被管理对象(端口号)和属性参数值(UP 和 100Mb/s)。包含该 SNMP 命令的 SNMP 消息到达交换机后,由交换机中的 SNMP 代理进行处理。SNMP 代理将指定被管理对象(交换机端口)的相关属性参数值(端口状态和传输速率)设定为 SET 命令指定的属性参数值(UP 和 100Mb/s)。

如果某台交换机中其中一个端口连接的物理链路发生故障,该交换机管理代理将监测到该交换机端口状态发生变化(从 UP 转变为 DOWN),管理代理通过 Trap 命令主动向管理工作站通报这一情况。

11.2.2　SNMPv1 的安全机制

必须保证只有授权的网络管理工作站才能通过 SNMP 命令对网络结点进行查询和配置,而且允许将不同网络结点或者同一网络结点的不同被管理对象授权给不同的网络管理工作站进行管理。因此,网络结点中的管理代理在执行 SNMP 命令之前,必须对命令的合法性进行检验,只允许执行授权网络管理工作站发出的对授权管理的被管理对象进行授权操作的 SNMP 命令。

SNMPv1 通过共同体(Community)将对不同被管理对象的不同操作和授权网络管理工作站绑定在一起,例如某个交换机可以设置如下有关被管理对象的访问权限。

访问权限 2　　　　　　　　　访问权限 1

共同体:bbaa　　　　　　　　　共同体:aabb

被管理对象:端口 1　　　　　　被管理对象:端口 1

操作模式:读写　　　　　　　　操作模式:只读

访问权限 1 表明允许共同体值为 aabb 的网络管理工作站通过 GET、GET NEXT 命令读取端口 1 的状态信息,如端口 1 连接的链路状态(UP 或 DOWN)、传输速率、经过端口 1 传输的字节数等。访问权限 2 表明允许共同体值为 bbaa 的网络管理工作站通过 GET、GET NEXT 命令读取端口 1 的状态信息,并且允许通过 SET 命令配置端口 1 的属性参数,如启动端口 1、配置端口 1 所属的 VLAN 等。从中可以看出,共同体等同于网络管理工作站用于查询和配置网络结点的通行证,管理代理根据 SNMP 消息携带的共同体和配置的访问权限确定是否执行 SNMP 消息中指定的操作。由于 SNMPv1 消息传输过程中没有采用保证 SNMPv1 消息保密性和完整性的安全传输机制,共同体直接用明文的方式出现在 SNMPv1 的消息中并在网络管理工作站和网络结点之间传输,因此很容易被第三方截获。黑客一旦获得某个共同体,就拥有了对特定被管理对象进行指定操作的权限,就可以对该被管理对象实施相应的操作,这将造成很大的网络安全隐患。

11.2.3　SNMPv1 的集中管理问题

SNMPv1 支持集中式管理方式,如图 11.4(a)所示。网络管理工作站直接面向网络结点,周期性查询所有网络结点的状态,接收网络结点发送的 Trap 命令,以此产生整个网络的状态和流量分布信息。显然,这种管理方式下,网络管理工作站将成为性能瓶颈。图 11.4(b)中虽然使用了两个网络管理工作站,也只是将一个大的网络管理域分割为两个较小的网络管理域。两个网络管理工作站各自管理属于所负责的管理域的网络结点,网络管理员只能分别通过每一个网络管理工作站对属于不同管理域的网络结点实施管理。每一个网络管理工作站只能提供和所管理的网络结点有关的状态和流量分布信息,如果想要得到整个

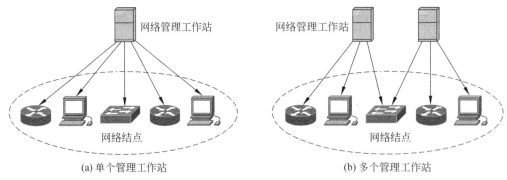

(a) 单个管理工作站　　　　　　　　　　(b) 多个管理工作站

图 11.4　集中管理方式

网络的状态和流量分布信息,需要网络管理员对取自两个网络管理工作站的状态和流量分布信息进行综合处理。

真正解决大型网络的网络管理问题的机制是图 11.5 所示的分布式管理方式,它将一个大型网络分割为多个管理域,每一个网络管理工作站负责一个管理域,由中心网络管理工作站对网络管理工作站进行管理。这种分布式管理方式下,网络管理工作站具有双重功能:对于属于所负责的管理域的网络结点,实施网络管理工作站功能;对于中心网络管理工作站,实施管理代理功能。我们通常用委托代理称呼这种具有双重功能的设备。SNMPv1 并不支持分布式管理方式,因此并不适合作为大型网络的网络管理协议。

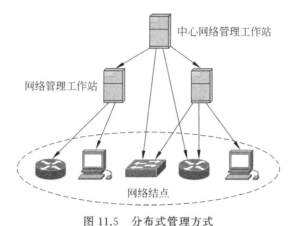

图 11.5 分布式管理方式

11.3 SNMPv3 的安全机制

基于 SNMPv1 的网络管理系统的主要缺陷有四点:一是缺乏有效的发送端身份鉴别机制,用共同体作为鉴别 SNMP 消息发送端的标识信息,而且用明文方式传输共同体;二是 SNMP 消息传输过程中没有采用有效的安全传输机制,无法保证 SNMP 消息的保密性和完整性;三是缺乏有效的访问控制机制,访问控制策略用共同体绑定访问权限,管理代理根据 SNMP 消息携带的共同体判别 SNMP 消息中要求的对特定被管理对象的操作的合法性;四是 SNMPv1 只支持集中管理方式,无法对大型网络系统实施有效管理。为解决基于 SNMPv1 的网络管理系统存在的缺陷,人们提出了 SNMPv3 和基于 SNMPv3 的网络管理系统。SNMPv3 增强的安全机制有效地解决了 SNMPv1 存在的安全问题。

11.3.1 发送端身份鉴别机制

如果发送端(如网络管理工作站)和接收端(如某个网络结点)共享一个对称密钥 K,则接收端鉴别发送端身份的过程就是确认 SNMP 消息发送端是否拥有对称密钥 K 的过程。用对称密钥 K 加密 SNMP 消息的报文摘要是最简单、开销最少的发送端身份鉴别机制,图 11.6 给出了整个身份鉴别过程。

实际操作过程中用 HMAC-MD5-96 或 HMAC-SHA-1-96 同时完成报文摘要和加密运算过程,整个过程如图 11.7 所示。

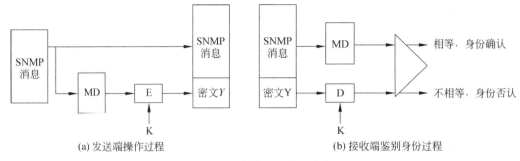

(a) 发送端操作过程   (b) 接收端鉴别身份过程

图 11.6   鉴别网络管理工作站身份的过程

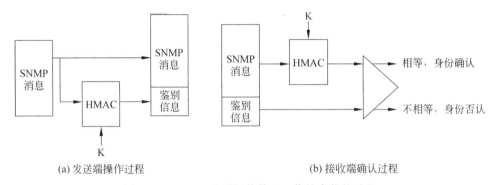

(a) 发送端操作过程   (b) 接收端确认过程

图 11.7   HMAC 鉴别网络管理工作站身份的过程

    大部分情况下由网络管理工作站发送包含操作请求的 SNMP 消息,由网络结点完成对网络管理工作站的身份鉴别。当被管理对象状态发生变化时,网络结点中的管理代理可以通过 Trap 消息主动向网络管理工作站通报被管理对象变化后的状态。这种情况下,网络管理工作站需要鉴别网络结点的身份,以免攻击者冒充某个网络结点发送虚假的被管理对象状态信息。

    鉴别发送端身份的过程也是检测 SNMP 消息完整性的过程。

11.3.2   加密 SNMP 消息的机制

    SNMPv3 采用 DES 作为加密算法。由于 DES 属于分组密码体制,因此采用加密分组链接模式完成 SNMP 消息的加密和解密运算,整个过程如图 11.8 所示。DES 是对称密钥加密算法,因此发送端和接收端必须拥有相同的密钥 K。由于发送端每一次加密 SNMP 消息时都使用不同的初始向量(IV),因此发送端必须以明文方式将 IV 传输给接收端,接收端用同样的 IV 对密文进行解密。当然,为了安全,可以不在 SNMP 消息中直接以明文方式传输 IV,而是传输 IV 种子。实际的 IV 通过对 IV 种子进行某种运算后获得。

11.3.3   防重放攻击机制

    SNMPv3 将 SNMP 引擎分为权威和非权威两类。发送包含操作请求的 SNMP 消息的 SNMP 引擎为非权威引擎。接收包含操作请求的 SNMP 消息后执行操作并回送执行结果的 SNMP 引擎为权威引擎。发送不需要回送响应消息的 SNMP 消息的 SNMP 引擎也是权

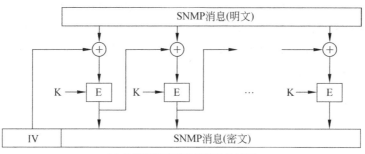

(a) 发送端加密SNMP消息的过程

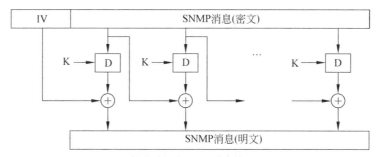

(b) 接收端解密SNMP消息的过程

图 11.8　加密 SNMP 消息的机制

威引擎。因此,对于网络管理工作站和网络结点,网络结点中的 SNMP 引擎是权威引擎,网络管理工作站中的 SNMP 引擎是非权威引擎。对于两个网络管理工作站,发送 Inform 请求消息的 SNMP 引擎是非权威引擎,接收并执行 Inform 请求的 SNMP 引擎是权威引擎。Inform 请求消息和 Inform 响应消息是 SNMPv3 为支持如图 11.5 所示的分布式管理方式而增加的 SNMP 消息类型。每一个权威引擎维持本地引导计数器值 boot 和时间计数器值 time。每一个非权威引擎对应每一个权威引擎维持四个变量:权威引擎名、32 位的权威引擎引导计数器 Aboot、32 位的权威引擎时间计数器 Atime 和 32 位最新的权威引擎时间 Lastesttime。后三个变量的初值为 0,经过时间同步过程,32 位的权威引擎引导计数器 Aboot 和 32 位的权威引擎时间计数器 Atime 设置为对应权威引擎维持的本地引导计数器值 boot 和时间计数器值 time。32 位最新的权威引擎时间 Lastesttime 等于来自该权威引擎的 SNMP 消息中最大的时间计数器值。SNMP 消息中除了用于鉴别发送者身份的鉴别信息、用于解密 SNMP 消息的初始向量(或初始向量种子)外,还需要包含权威引擎名、权威引擎引导计数器值 Mboot 和权威引擎时间计数器值 Mtime。对于发送给权威引擎的 SNMP 消息,如网络管理工作站发送给网络结点的 GET、GET NEXT、SET 消息,权威引擎名是对应网络结点名,权威引擎引导计数器值 Mboot 和权威引擎时间计数器值 Mtime 是网络管理工作站对应该网络结点保持的权威引擎引导计数器值 Aboot 和权威引擎时间计数器值 Atime。对于权威引擎发送的 SNMP 响应消息,如网络结点发送给网络管理工作站对应 GET、GET NEXT 的响应消息;GET Resp 消息,权威引擎名是该网络结点名,权威引擎引导计数器值 Mboot 和权威引擎时间计数器值 Mtime 是该网络结点维持的本地引导计数器值 boot 和本地时间计数器值 time。

当非权威引擎接收到 SNMP 消息时,如果该 SNMP 消息携带鉴别信息且通过发送端身份鉴别,则用该 SNMP 消息给出的权威引擎名找到该权威引擎对应的三个参数:Aboot、Atime 和 Lastesttime;如果 SNMP 消息中给出的参数值是最新的,则用 SNMP 消息中给出的参数值取代原来的参数值,取代算法如图 11.9 所示。

```
IF Mboot>Aboot.OR. (Mboot=Aboot.AND. Mtime>Lastesttime)
 {
  Aboot= Mboot;
  Atime= Mtime;
  Lastesttime= Mtime ;
 }
```

图 11.9 取代算法

无论是权威引擎维持的本地计数器值还是非权威引擎维持的对应每一个权威引擎的计数器值都正常递增,即每经过一秒,time=time+1,一旦 time 溢出,boot=boot+1。同样,每经过一秒,Atime=Atime+1,一旦 Atime 溢出,Aboot=Aboot+1。

当权威引擎接收到 SNMP 消息时,如果该 SNMP 消息携带鉴别信息且通过发送端身份鉴别,则判别 SNMP 消息中给出的权威引擎名是否和自己相同。在相同的前提下,如果图 11.10 所示的条件成立,则确定该 SNMP 消息是重放攻击消息,予以丢弃。

$$IF\ boot=2^{31}-1.OR.\ Mboot\neq boot.OR.(\ Mboot=boot.AND.ABS(Mtime-time)\geqslant 150))$$

图 11.10   权威引擎重放攻击判别条件

图 11.10 所示条件表明如果权威引擎本地引导计数器值 boot=$2^{31}-1$,则表明所有接收到的 SNMP 消息都是重放攻击消息。如果 SNMP 消息中给出的权威引擎引导计数器值 Mboot 和权威引擎维持的本地引导计数器值 boot 不同,则确定接收到的 SNMP 消息是重放攻击消息。如果 SNMP 消息中给出的权威引擎时间计数器值 Mtime 和权威引擎维持的本地时间计数器值 time 之间差值大于±150,则确定接收到的 SNMP 消息是重放攻击消息。某个非权威引擎一旦和指定权威引擎完成时间同步过程,该非权威引擎发送给指定权威引擎的 SNMP 消息中包含的权威引擎引导计数器值 Mboot 和权威引擎时间计数器值 Mtime 与该权威引擎维持的本地引导计数器值 boot 和时间计数器值 time 只相差往返传输时延。因此,它们之间肯定满足条件 Mboot=boot.AND.ABS(Mtime-time)<150。如果满足图 11.10 所示的条件,则表明该 SNMP 消息在传输过程中被黑客截留了一段时间。

同样,当非权威引擎接收到 SNMP 消息时,如果该 SNMP 消息携带鉴别信息且通过发送端身份鉴别,则用 SNMP 消息给出的权威引擎名找到该权威引擎对应的三个参数:Aboot、Atime 和 Lastesttime。如果图 11.11 所示的条件成立,则确定该 SNMP 消息是重放攻击消息。

$$IF\ Aboot=2^{31}-1.OR.\ Mboot\neq Aboot.OR.(\ Mboot=Aboot.AND.(Atime-Mtime)\geqslant 150))$$

图 11.11   非权威引擎重放攻击判别条件

11.3.4　密钥生成机制

一般情况下，一个网络管理工作站管理多个网络结点，如图 11.12 所示。这种管理模式下，网络管理工作站和每一个网络结点之间需要两个对称密钥：鉴别密钥和加密密钥。当然，为了方便，网络管理工作站和所有网络结点之间可以使用同一对密钥。但如果这样，一旦某个网络结点的密钥外泄，所有网络结点的管理安全都将成为问题。因此，为安全起见，网络管理工作站与不同的网络结点之间传输 SNMP 消息时需要使用不同的密钥对。每一个鉴别密钥的长度是 16 字节（使用 HMAC-MD5-96），或 20 字节（使用 HMAC-SHA-1-96）。加密密钥的长度是 16 字节，其中 8 字节作为 DES 密钥，另外 8 字节作为初始向量 IV（或 IV 种子）。由于实际的 DES 密钥是 56 位，因此 8 字节中的每一个字节的最高位是不用的。显然，由网络管理员记住这些密钥对是不现实的，但如果将这些密钥对存储在网络管理工作站中，又会造成安全隐患。

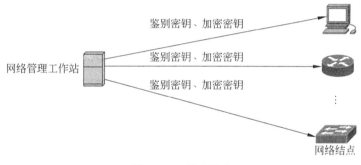

图 11.12　管理模式

实际的密钥生成机制如图 11.13 所示，网络管理员只需要记住一对口令（鉴别口令和加密口令），每一个口令经过反复重复，扩展为 2^{20} 字节长度。然后对扩展后产生的字符串进行 MD5 或 SHA-1 运算，产生 16 字节（MD5 运算）或 20 字节（SHA-1 运算）的用户密钥。对于不同的权威引擎，首先将用户密钥和该权威引擎名串接为一个字符串，然后对该字符串进行 MD5 或 SHA-1 运算。对于鉴别口令，产生 16 字节（MD5 运算）或 20 字节（SHA-1 运算）的权威引擎鉴别密钥。对于加密口令，产生 16 字节的权威引擎加密密钥。这样，可以通过一个口令衍生出多个对应不同权威引擎的权威引擎密钥。MD5 或 SHA-1 运算都是单向运算，即无法通过运算结果推导出原始输入数据。因此，即使某个权威引擎的权威引擎密钥外

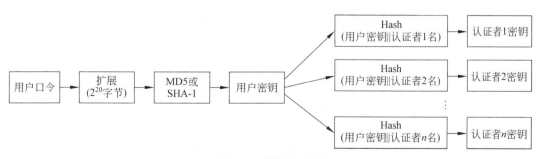

图 11.13　密钥生成机制

泄,也无法通过该权威引擎密钥得出用户口令,因而无法得到其他权威引擎的权威引擎密钥。

11.3.5　USM 消息处理过程

我们将 SNMPv3 发送端身份鉴别、SNMP 消息加密、密钥生成及防重放攻击机制统称为 SNMPv3 的用户安全模型(User Security Model,USM),图 11.14(a)和(b)分别给出了 USM 发送和接收 SNMP 消息的过程。

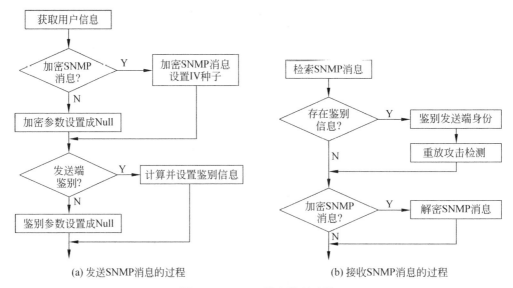

(a) 发送SNMP消息的过程　　　　　　　　(b) 接收SNMP消息的过程

图 11.14　USM 消息处理过程

发送端根据安全级别可以在发送端鉴别和加密 SNMP 消息中选择 0 项、1 项或 2 项安全机制。接收端只对实施发送端鉴别的 SNMP 消息进行重放攻击检测,因为重放攻击检测需要用到 SNMP 消息携带的权威引擎引导计数器值 Mboot 和权威引擎时间计数器值 Mtime。只有保证 SNMP 消息的完整性,才能保证权威引擎引导计数器值 Mboot 和权威引擎时间计数器值 Mtime 的正确性,重放攻击检测才有意义。

11.3.6　访问控制策略

访问控制策略给出了不同用户、不同安全模型、不同安全级别、不同操作所对应的被管理对象树,一旦管理代理接收到某个用户发出的 SNMP 消息,将通过 SNMP 消息携带的用户名、使用的安全模型、采用的安全级别和请求执行的操作检索访问控制策略,获得对应的被管理对象树,用操作对象匹配该被管理对象树。如果操作对象属于该被管理对象树,则允许执行操作请求,否则拒绝该操作请求。

安全模型分为 SNMPv1 安全机制和 SNMPv3 安全机制,使用不同安全机制的网络管理工作站具有不同的访问权限。

安全级别分为只鉴别用户身份、只加密 SNMP 消息和鉴别用户身份且加密 SNMP 消息。鉴别用户身份过程也是检测 SNMP 消息完整性的过程。

操作类型分为只读(查询)、只写(配置)和读写(查询+配置)。

不同用户、不同安全模型、不同安全级别、不同操作对应不同的被管理对象树,表 11.3 是一个访问控制策略的实例。如果用户 AAA 使用 SNMPv1 安全模型,则只允许用户 AAA 查询交换机端口状态。如果用户 AAA 使用 SNMPv3 安全模型,SNMP 消息携带鉴别信息,则允许用户 AAA 查询交换机端口状态,对交换机端口进行配置。如果用户 AAA 使用 SNMPv3 安全模型,对 SNMP 消息加密并携带鉴别信息,则允许用户 AAA 查询交换机端口状态和路由器路由表,对交换机端口进行配置。交换机端口和路由器路由表在 MIB 中作为一个子树存在。

表 11.3　访问控制策略

用户名	安全模型	安全级别	读被管理对象树	写被管理对象树	读写被管理对象树
AAA	SNMPv1		交换机端口		
AAA	SNMPv3	身份鉴别			交换机端口
AAA	SNMPv3	身份鉴别＋加密	路由器路由表		交换机端口
...					

由于访问控制策略基于被管理对象子树分配访问权限,因此我们将这种访问控制方式称为基于视图的访问控制(View-Based Access Control,VBAC),视图指被管理对象子树。

11.4　网络综合监测系统

为全面监控网络,发现网络中存在的安全漏洞和对网络实施的攻击行为,需要一个能够监测到网络中发生的一切事情并就其对网络安全的影响进行自动评估的网络综合监测系统。

11.4.1　现有网络系统结构的缺陷

在网络操作过程中,每一个网络结点都会记录下大量信息,这些信息是判别网络运行是否正常、网络性能是否能够满足应用需要、网络是否遭到黑客攻击的重要依据。但在如图 11.15 所示的现有网络系统结构中,这些信息由不同的管理系统汇聚和处理。例如 SNMP 网络管理工作站能够获得网络结点的配置、状态信息和经过该网络结点传输的信息流分布情况。管理服务器能够获得探测器和主机入侵防御系统监测到的黑客攻击过程、非法访问资源过程及主机状态信息。但这些管理系统是相互独立的,如果想得到有关网络操作的完整信息,需要网络管理员人工集成由不同的管理系统汇聚和处理后的结果。对于一个大型网络,通过人工集成由不同的管理系统汇聚和处理后的结果来得出有关网络操作的完整信息的难度是无法想象的,因此,需要一个能够监测到网络中发生的一切事情并就其对网络安全的影响进行自动评估的网络综合监测系统。

11.4.2　网络综合监测系统的功能

网络综合监测系统的功能主要有两个:①监测网络上发生的一切事情;②评估这些事情对网络安全的影响。具体完成的工作如下。

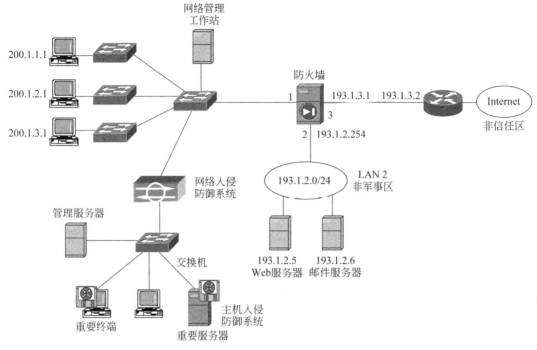

图 11.15　网络系统结构

- 获悉网络中有哪些网络设备和服务器以及提供哪些网络服务。
- 获悉网络中资源访问模式和信息流分布情况。
- 获悉用户从 Internet 下载的新的应用程序。
- 获悉终端和服务器所使用的系统软件和应用软件的类型和版本。
- 发现攻击行为并跟踪攻击源头。
- 主动提示网络存在的安全漏洞。
- 跟踪终端和服务器的安全状态。
- 确定非法访问网络资源的用户。
- 以友好的图形界面方式实时提供网络状态，可以通过关联查找方式获取相关信息。

11.4.3　网络综合监测系统的实现机制

1. 主动探测机制

许多攻击是利用操作系统漏洞实现的，不同类型和版本的操作系统可能存在不同的漏洞，需要用不同的补丁软件解决。因此，确定终端和服务器所运行的操作系统类型和版本并针对发现的漏洞及时下载对应补丁软件是确保终端和服务器安全的重要步骤。主机入侵防御系统具有检测主机系统所运行的操作系统类型和版本的功能，并会将检测结果通报给网络综合监测系统。由于成本因素，大量主机系统没有安装主机入侵防御系统，这些主机系统所使用的操作系统类型和版本由用户主动向网络综合监测系统通报或者由网络综合监测系统进行探测。对于一个具有成千上万用户且用户不断变化的大型网络，第一种方法显然不可行。因此，往往采用网络综合监测系统进行探测的机制，如果这种探测过程由网络综合监测系统主动发起,则称为主动探测机制。

由于不同类型和版本的操作系统在 TCP/IP 协议栈的实现细节上存在差别,因此只要掌握了这种差别且能够检测出某个主机系统所运行的操作系统 TCP/IP 协议栈的实现细节,就可推测该操作系统的类型和版本。不同类型和版本的操作系统在 TCP/IP 协议栈的实现细节上的差别主要有如下这些。

- 侦听端口对置位 FIN 位的 TCP 报文的反应:不同类型和版本的操作系统对侦听端口接收到的不属于任何已经建立的 TCP 连接且置位 FIN 位的 TCP 报文的反应是不同的。一种反应是不予理睬;另一种反应是回送一个置位 FIN 和 ACK 位的响应报文,如 Windows NT/2000/2003。
- 侦听端口对存在无效标志位且置位 SYN 位的 TCP 报文的反应:正常的 TCP 连接建立过程是三次握手过程,即请求方首先发送一个置位 SYN 位的请求报文,侦听方回送一个置位 SYN 和 ACK 位的响应报文,请求方发送一个置位 ACK 的确认报文。如果请求方发送的请求报文不仅置位 SYN 位,还置位了其他标志位,则不同类型和版本的操作系统对这种请求报文的反应是不同的。一种反应是将其作为错误请求报文予以丢弃;另一种反应是回送一个响应报文,该响应报文不仅置位 SYN 和 ACK 位,并且置位请求报文中置位的其他标志位,如 Linux。
- 不同的初始序号(ISN):不同类型和版本的操作系统接收到请求方发送的 TCP 连接请求报文后,在回送的 TCP 连接响应报文中给出的初始序号(ISN)值是不同的。
- 不同的初始窗口值:不同类型和版本的操作系统接收到请求方发送的 TCP 连接请求报文后,在回送的 TCP 连接响应报文中给出的初始窗口值是不同的。
- 封装 TCP 报文的 IP 分组的 DF 位:不同类型和版本的操作系统对封装 TCP 报文的 IP 分组的 DF 位的处理方式不同,有些操作系统为了改善网络传输性能,一律将封装 TCP 报文的 IP 分组的 DF 位置位,不允许转发结点拆分封装 TCP 报文的 IP 分组。
- ICMP 出错消息的频率限制:不同类型和版本的操作系统对发送 ICMP 出错消息的频率有着不同的限制,一般通过向某个主机系统连续发送一些确定是无法送达的 UDP 报文(如一些接收端口号为高编号的 UDP 报文),然后对在给定时间内回送的"目的地无法到达"的 ICMP 出错消息进行统计,得出该主机系统 ICMP 出错消息的频率限制。
- ICMP 消息内容:不同类型和版本的操作系统在 ICMP 返回消息中给出的文字内容是不一样的。

2. 被动探测机制

主动探测机制需要网络综合监测系统向主机系统发送探测报文,然后根据主机系统回送的响应报文推测主机系统所运行的操作系统类型和版本。当网络规模很大时,这种探测机制的成本会很高。实际上,分布在网络中的探测器也可以通过检测不同主机系统发送的 IP 分组推测主机系统所运行的操作系统类型和版本。不同类型和版本的操作系统往往在下述字段的设置上有所区别。

- IP 分组的 TTL 字段值。
- TCP 窗口字段值。

- IP 分组的 DF 标志位。

分布在网络中的探测器通过综合分析 IP 分组中的上述字段值推测主机系统所运行的操作系统类型和版本。

3. 集成 SNMP 网络管理系统

网络结点中的管理代理可以提供任意两个主机之间的流量和应用层协议分布。对于路由器和交换机,可以提供每一个端口的状态、传输效率以及特定主机发送的分组数和字节数、属于不同应用层协议的报文数和字节数。因为输出队列溢出而丢弃的报文数和字节数等。根据这些信息,可以了解网络中每一个网段的流量分布情况,任意两个主机之间传输的、和特定应用层协议相关的报文数、字节数,特定主机占用网络中各个网段带宽的情况,属于不同应用层协议的报文在总的流量中所占的比例,整个网络的连通情况,拥塞状态,性能瓶颈,信息流模式和流量变化过程等。

4. 集成防火墙功能

防火墙主要作用于内部网络和 Internet 的边界,用于检测和控制内部网络和 Internet 之间传输的信息流。因此,防火墙能够检测到内部网络终端从 Internet 下载的应用程序、下载网页中隐藏的病毒、Internet 对内部网络终端实施的攻击、内部网络终端访问 Internet 资源的模式、内部网络与 Internet 之间流量中不同应用层协议的比例、内部网络终端的扫描频率、端口扫描频率等。

5. 集成入侵防御系统功能

主机入侵防御系统可以提供主机系统所运行的操作系统类型和版本、是否安装补丁软件、是否感染病毒、主机系统的安全状态、主机系统运行的应用程序等信息。网络入侵防御系统(主要为探测器)可以提供异常信息流模式和源头、异常信息流可能实施的攻击、异常信息流的攻击目标等信息。

6. 策略配置和关联检索

网络综合监测系统获取的信息是巨大的,为了有针对性地解决某个安全问题,需要主动探测机制、SNMP 管理系统、防火墙和入侵防御系统采集和通报特定的信息,而安全策略就用于为这些系统设置过滤表达式或信息采集和通报策略。为了在庞大的信息库中检索出和特定安全问题相关的信息,需要网络综合监测系统提供关联检索功能。

11.4.4　网络综合监测系统的应用

1. 监测网络安全漏洞

黑客的许多攻击是利用主机操作系统或应用程序漏洞实现的,许多安全监测机构会定期公布当前流行的操作系统和应用程序的漏洞。软件厂商通过及时发布补丁软件应对被发现的漏洞,黑客也会推出利用漏洞实施攻击的黑客软件,这是一个软件厂商和黑客之间抢时间、比速度的竞争游戏。一旦某个安全监测机构公布了某种操作系统或应用程序的漏洞,运行存在漏洞的软件的主机系统在更换存在漏洞的软件或运行该软件厂商发布的补丁软件前是不安全的主机系统。这样的主机系统极易遭受黑客攻击并因此使整个内部网络成为黑客攻击的牺牲品。因而,需要检测出这种存在安全隐患的主机系统并加以隔离,具体步骤如下。

(1) 配置安全策略

网络综合监测系统及时下载安全监测机构最新公布的存在漏洞的操作系统或应用程序类型和版本,并且在安全策略中禁止运行存在漏洞的操作系统或应用程序的主机系统继续访问 Internet。

(2) SNMP 代理通报新发现的主机

网络结点(如交换机)中的 SNMP 代理每发现一个新的主机系统,就主动向网络综合监测系统通报该主机系统的 IP 地址和 MAC 地址。为精确起见,只有在网络结点中的接入端口(连接终端或服务器的端口)发现新的主机系统时,才启动主动通报功能。

(3) 探测该主机所运行的操作系统或应用程序类型和版本

网络综合监测系统通过主动探测机制获取该主机所运行的操作系统或应用程序类型和版本,一旦和某个存在安全漏洞的软件匹配,则进行步骤(4)指出的隔离操作。

(4) 隔离操作

如果网络系统如图 11.16 所示,IP 地址为 200.1.1.1、MAC 地址为 MAC 1 的主机系统所运行的操作系统类型和版本存在漏洞,则网络综合监测系统在防火墙端口 1 输入方向设置过滤规则: 源 MAC 地址=MAC 1,丢弃。在防火墙端口 1 输出方向设置过滤规则: 目的 MAC 地址=MAC 1,丢弃。

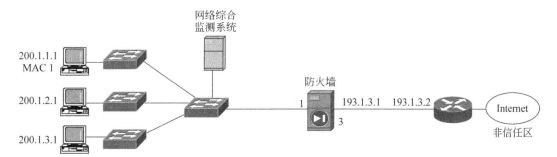

图 11.16 隔离操作过程

这样可保证该主机系统在更换操作系统前或在下载并运行补丁软件前,无法和 Internet 中的终端进行通信,避免因此遭到攻击。之所以选择用 MAC 地址作为用于匹配过滤规则的字段值,是因为在主机通过 DHCP 自动获取配置信息的情况下 IP 地址是变化的。

2. 禁止访问非法网站

非法网站是指内容不健康或经常传播网络病毒的网站,如果觉察到内部网络用户访问这样的网站,则需要立即将该用户终端从网络中断开。

(1) 配置安全策略

网络综合监测系统及时下载或手动配置非法网站的统一资源定位符(URL)列表并在安全策略中规定: 将访问属于非法 URL 列表中网页的用户终端从网络中断开。

(2) 防火墙通报 HTTP 请求报文

防火墙一旦检测到内部网络终端发送的 HTTP 请求报文,在按照访问控制策略转发该 HTTP 请求报文的同时,按照网络综合监测系统的要求将 HTTP 请求报文中的关键字段值(如 URL、FROM、TO、封装 HTTP 请求报文的 IP 分组的源和目的地址等),发送给网络综合监测系统。网络综合监测系统用 HTTP 请求报文的 URL 匹配非法 URL 列表,一旦非法 URL 列表中存在和该 URL 相同的项,则进行步骤(3)和(4)指定的操作。

(3)定位用户终端

在进行断开操作前,必须定位该用户终端,即找出该用户终端所连接的交换机端口。由于网络综合监测系统只得到用户终端的 IP 地址,因此需要确定连接该 IP 地址指定子网的交换机,根据交换机中 IP 地址和 MAC 地址的绑定关系、转发表内容以及内部网络的网络拓扑结构图确定连接该用户终端的交换机端口。

(4)断开操作

通过向该交换机发送 SNMP SET 命令,将连接用户终端的交换机端口由 UP 改为 DOWN,同时通过其他途径向该用户发出警告。

3. 监测蠕虫病毒传播过程

蠕虫病毒的特点是能够自动传播。一旦某个主机系统感染了蠕虫病毒,蠕虫病毒能够通过主机和端口扫描发现其他存在漏洞的主机系统并将自己传播给它,这是蠕虫病毒能够快速蔓延的原因。下面以 Blaster 蠕虫病毒为例分析网络综合监测系统监测和阻止蠕虫病毒传播过程的机制。Blaster 蠕虫病毒利用 Windows 远程过程调用(Remote Procedure Call,RPC)机制中的漏洞进行传播。RPC 机制允许某台主机系统上运行的程序能够无缝执行另一台主机系统上的代码,许多资源共享服务需要用到这一机制,如局域网中用户之间的文件共享服务。因此,内部网络中的主机系统往往启用这一机制,这就为 Blaster 蠕虫病毒的传播提供了平台。

(1)网络入侵防御系统监测端口扫描

不同 RPC 服务侦听的端口是不一样的,不同主机系统打开的 RPC 服务也不同,因此攻击主机传播蠕虫病毒的第一步是对网络中的其他主机系统进行端口扫描。当网络入侵防御系统(探测器)监测到某个主机正在实施端口扫描时,将其 IP 地址以及被扫描主机的 IP 地址和端口号集合通报给网络综合监测系统。

(2)定位攻击主机

根据攻击主机的 IP 地址确定攻击主机位于 Internet 或内部网络中。对位于内部网络的攻击主机,根据 SNMP 管理系统获得的信息确定连接该主机的交换机端口,通过向该交换机发送 SNMP SET 命令将该交换机端口由 UP 改为 DOWN,以此将该攻击主机从网络上断开,同时通过其他途径向该主机用户发出警告。如果主机位于 Internet,则通过设置边界防火墙,禁止该攻击主机和内部网络中的终端进行通信。

(3)发出安全警告

在监测到网络中发生 Blaster 蠕虫病毒攻击的情况下,通过主动探测机制判别被攻击主机系统是否打开 RPC 服务并对打开 RPC 服务的主机系统发出警告,要求对主机系统进行检测,判别是否感染 Blaster 蠕虫病毒。

(4)加强内部网络安全监测

通过修改内部网络探测器中的监测策略,加强对 Blaster 蠕虫病毒攻击的监测(如端口扫描监测、Blaster 蠕虫病毒特征匹配等),将 Blaster 蠕虫病毒攻击消灭在萌芽。

4. 监测网络性能瓶颈

网络性能出现瓶颈主要指内部网络中的某个网络结点或某段链路出现过载现象,导致大量经过该网络结点或网络链路传输的数据被丢弃。

（1）监测过载结点

网络结点中的管理代理能够采集每一个端口的工作情况（如指定时间段内端口接收和发送的 MAC 帧数、字节数和 IP 分组数；指定时间段内端口输出队列的平均长度；因为输出队列溢出而丢弃的 MAC 帧数、字节数和 IP 分组数），还允许为这些工作参数设置阈值。管理代理一旦发现从某个端口采集的工作参数超过阈值，则通过 Trap 命令将这种情况主动通报给网络综合监测系统。

（2）分析流量组成

通过 SNMP 网络管理系统可以得到经过拥挤网络结点的流量中各个源终端的分布情况、各种应用层协议的分布情况。综合内部网络中其他网络结点采集的流量信息，可以得出流量突然增大的网络终端的流量变化情况、流量中各种应用层协议的分布情况。根据网络入侵防御系统统计到的基准信息，计算出流量变化超出设定范围的网络终端及对应的应用层协议。

（3）限制终端流量

定位这些源终端的位置和由源终端至监测到拥挤的网络结点的传输路径，在传输路径经过的某个具有限制输入流量功能的端口设置限速器，设定该终端各种应用层协议所对应的最大流量。一旦超过设定流量，就丢弃超过流量的后续数据。

习题

11.1 简述 SNMP 的主要功能。

11.2 列出常见的配置网络结点的机制并比较它们的优缺点。

11.3 如何了解整个网络的状态和流量分布？

11.4 根据图 11.17 所示网络结构，给出通过网络管理工作站看到的有关终端 A 的信息。

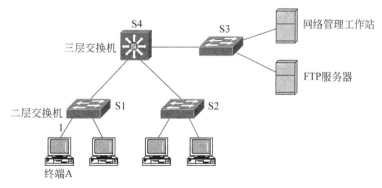

图 11.17 网络结构

11.5 网络结构如图 11.17 所示，如何通过网络管理工作站给出的有关终端 A 的信息确定终端 A 因为感染蠕虫病毒正在向网络的其他终端发起攻击？

11.6 SNMPv1 的安全隐患是什么？黑客如何利用这些安全隐患实施攻击？

11.7 根据图 11.17 所示网络结构，给出黑客利用 SNMPv1 安全隐患控制网络工作过程的思路。

11.8　SNMPv3 解决 SNMPv1 安全隐患的方法是什么？

11.9　根据图 11.17 所示网络结构,解释网络管理工作站对网络结点实施安全配置的原理。

11.10　实现网络综合监测系统的困难是什么？ 如何解决？

11.11　网络结构如图 11.18 所示,给出网络综合监测系统实现下述控制过程的思路。

- 防止终端 A 下载包含病毒的网页；
- 确定终端 A 被安装了木马程序；
- 确定对 FTP 服务器实施 SYN 泛洪攻击的攻击源；
- 阻止某个终端通过大量发送 ICMP ECHO 请求报文阻塞网络链路。

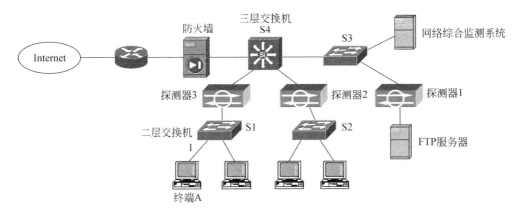

图 11.18　网络结构

术 语 表

AAL(ATM Adaptation Layer),ATM 适配层(5.2)[①]

AC(Access Controller),无线控制器(1.1)

ADM(Add/Drop Multiplexer),分插复用器(1.2)

ADSL(Asymmetric Digital Subscriber Line),非对称数字用户线(1.2)

AN(Access Network),接入网络(6.1)

AP(Access Point),接入点(1.1)

ARP(Address Resolution Protocol),地址解析协议(1.3)

AS(Autonomous System),自治系统(2.3)

ASBR(Autonomous System Boundary Router),自治系统边界路由器(2.3)

ASN(Access Service Network),接入服务网(1.1)

ASN(Autonomous System Number),自治系统号(2.3)

ATA(Advanced Technology Attachment),高级技术附件(10.2)

ATM(Asynchronous Transfer Mode),异步传输模式(1.1)

AVP(Attribute Value Pair),属性值对(7.3)

BAS(Broadband Access Server),宽带接入服务器(6.2)

BGP(Border Gateway Protocol),边界网关协议(2.3)

BSS(Basic Service Set),基本服务集(1.1)

CAP(Carrierless Amplitude Phase),无载波振幅相位调制(6.1)

CAPWAP(Control And Provisioning of Wireless Access Point),无线接入点控制和配置(1.1)

CHAP(Challenge Handshake Authentication Protocol),挑战握手鉴别协议(5.2)

CIDR(Classless InterDomain Routing),无分类域间路由(2.2)

CIFS(Common Internet File System),通用互联网文件系统(1.3)

CPE(Customer Premise Equipment),客户终端(1.1)

CRC(Cyclic Redundancy Check),循环冗余检验(5.2)

CS(Convergence Sublayer),汇聚子层(5.2)

CSMA/CA(Carrier Sense Multiple Access/Collision Avoidance),载波侦听多点接入/冲突避免(9.2)

CSS(Chirp Spread Spectrum),线性扩频(9.2)

DAD(Duplicate Address Detection),重复地址检测(8.4)

DAS(Direct Attached Storage),直接附加存储(1.3)

DDN(Digital Data Network),数字数据网(1.1)

DHCP(Dynamic Host Configuration Protocol),动态主机配置协议(1.3)

---

① 括号中的数字是术语首次出现的节号。

IPS(Intrusion Prevention System),入侵防御系统(2.5)

iqn(iSCSI qualified names),iSCSI 限定名(10.5)

ISAMP(Internet Security Association and key Management Protocol),Internet 安全关联
　和密钥管理协议(7.2)

iSCSI(internet Small Computer System Interface),互联网小型计算机系统接口(1.2)

ISL(Inter Switch Link),交换机间链路(10.4)

ISP(Internet Service Provider),Internet 服务提供者(5.1)

IV(Initialization Vector),初始向量(6.4)

L2TP(Layer Two Tunneling Protocol),第二层隧道协议(7.1)

LAC(Access Concentrator),L2TP 接入集中器(7.3)

LACP(Link Aggregation Control Protocol),链路聚合控制协议(3.6)

LAN(Local Area Network),局域网(3.3)

LBA(Logical Block Addressing),逻辑块寻址(10.2)

LCP(Link Control Protocol),链路控制协议(6.1)

LDP(Label Distribution Protocol),标签分发协议(7.5)

LLC(Logical Link Control),逻辑链路控制(5.2)

LLID(Logical Link Identifier),逻辑链路标识符(6.3)

LNS(L2TP Network Server),第二层隧道网络服务器(7.3)

LSA(Link state advertisement),链路状态通告(2.3)

LSP(Label Switched Path),标签交换路径(7.1)

LSR(Label Switching Router),标签交换路由器(7.5)

LUN(Logical Unit Number),逻辑单元号(10.2)

MAC(Medium Access Control),媒体接入控制(1.1)

MAC(Message Authentication Code),消息鉴别码(7.3)

MBGP(Multiprotocol Extensions for BGP-4),多协议边界网关协议(7.5)

MCU(Microcontroller Unit),微控制单元(9.1)

MD5(Message Digest Version 5),报文摘要第 5 版(5.2)

MIB(Management Information Base),管理信息库(2.6)

MIC(Message Integrity Code),消息完整性编码(9.2)

MPCP(Multi Point Control Protocol),多点控制协议(6.3)

MPLS(MultiProtocol Label Switching),多协议标签交换(7.1)

MTU(Maximum Transfer Unit),最大传输单元(6.1)

NAS(Network Attached Storage),网络附加存储(1.3)

NAS(Network Access Server),网络接入服务器(6.5)

NAT(Network Address Translation),网络地址转换(1.1)

NAT-PT(Network Address Translation-Protocol Translation),网络地址和协议转换(8.6)

ND(Neighbor Discovery),邻站发现(8.4)

NIPS(Network Intrusion Prevention System),网络入侵防御系统(2.5)

NFS(Network File System),网络文件系统(1.3)

NMS(Network Management Station),网络管理工作站(2.6)

NS(Namespace),命名空间(10.2)

OBD(Optical Branching Device),光分路器(1.1)

ODN(Optical Distribution Network),光分配网(1.1)

OLT(Optical Line Terminal),光线路终端(1.1)

ONU(Optical Network Unit),光网络单元(1.1)

OSPF(Open Shortest Path First),开放最短路径优先(2.3)

PAN(Personal Area Network),个域网(1.1)

PAN ID(Personal Area Network ID),个域网标识符(9.2)

PAP(Password Authentication Protocol),口令鉴别协议(6.1)

PAT(Port Address Translation),端口地址转换(4.3)

PATA(Parallel ATA),并行 ATA(10.2)

PBX(Private Branch Exchange),用户级交换机(6.2)

PDA(Personal Digital Assistant),个人数字助理(8.1)

PDU(Protocol Data Unit),协议数据单元(6.1)

PMK(Pairwise Master Key),成对主密钥(6.4)

POH(Path Overhead),通道开销(5.2)

PON(Passive Optical Network),无源光网络(1.2)

POP3(Post Office Protocol 3),邮局协议第 3 版(4.2)

POS(Packet over SDH),SDH 直接承载分组方式(1.2)

PPP(Point-to-Point Protocol),点对点协议(1.2)

PPPoE(PPP over Ethernet),基于以太网的 PPP(6.2)

PSTN(Public Switched Telephone Network),公共交换电话网(1.1)

PVC(Permanent Virtual Circuit),永久虚电路(1.1)

QAM(Quadrature Amplitude Modulation),正交幅度调制(6.2)

RADIUS(Remote Authentication Dial In User Service),远程鉴别拨入用户服务(6.1)

RAID(Redundant Array of Independent Disk),冗余磁盘阵列(10.3)

RD(Route Distinguisher),路由标识符(7.5)

RFD(Reduced Function Device),精简功能设备(9.2)

RFID(Radio Frequency Identification),射频识别(9.1)

RIP(Routing Information Protocol),路由信息协议(2.3)

RIPng(RIP Next Generation),下一代 RIP(8.4)

RPC(Remote Procedure Call),远程过程调用(11.4)

SAD(Security Association Database),安全关联数据库(7.3)

SAN(Storage Area Networking),存储区域网络(1.3)

SAR(Segmentation And Reassembly),拆装子层(5.2)

SAS(Serial Attached SCSI),串行连接 SCSI(10.2)

SATA(Serial Advanced Technology Attachment),串行高级技术附件(10.2)

SCCCN(Start Control Connection Connected),启动控制连接建立(7.3)

SCCRP(Start Control Connection Reply),启动控制连接响应(7.3)

SCCRQ(Start Control Connection Request),启动控制连接请求(7.3)

SCSI(Small Computer System Interface),小型计算机系统接口(1.3)

SDH(Synchronous Digital Hierarchy),同步数字体系(1.1)

SDK(Software Development Kit),软件开发工具包(9.1)

SIIT(Stateless IP/ICMP Translation),无状态 IP/ICMP 转换(8.6)

SKKE(Symmetric Key Key Establishment),基于对称密钥的密钥建立(9.2)

SMI(Structure of Management Information),管理信息结构(11.1)

SMTP(Simple Mail Transfer Protocol),简单邮件传输协议(4.2)

SNMP(Simple Network Management Protocol),简单网络管理协议(2.6)

SPF(Shortest Path First),最短路径优先(10.4)

SSD(Solid State Disk),固态硬盘(10.2)

SSID(Service Set Identifier),服务集标识符(3.2)

SSL(Secure Socket Layer),安全套接层(1.3)

STM-N(Synchronous Transport Module level-N),同步传送模块等级 N(1.1)

STP(Spanning Tree Protocol),生成树协议(1.3)

SVC(Switched Virtual Circuit),交换虚电路(1.1)

TDMA(Time Division Multiple Address),时分多址复用(1.1)

TKIP(Temporal Key Integrity Protocol),临时密钥完整性协议(6.4)

TLS(Transport Layer Security),传输层安全(7.1)

USM(User Security Model),用户安全模型(11.3)

VBAC(View-Based Access Control),基于视图的访问控制(11.3)

VC(Virtual Container),虚容器(1.1)

VCI(Virtual Channel Identifier),虚通路标识符(5.2)

VLAN(Virtual LAN),虚拟局域网(1.1)

VLSM(Variable Length Subnet Mask),变长子网掩码(2.2)

VPI(Virtual Path Identifier),虚通道标识符(5.2)

VPN(Virtual Private Network),虚拟专用网(1.3)

VRRP(Virtual Router Redundancy Protocol),虚拟路由器冗余协议(1.3)

WDM(Wavelength Division Multiplexing),波分复用(6.3)

WEP(Wired Equivalent Privacy),等同有线安全(6.4)

WiMAX(World Interoperability for Microwave Access),全球微波接入互操作性(1.1)

WLAN(Wireless LAN),无线局域网(1.1)

WPA(Wi-Fi Protected Access),Wi-Fi 保护访问(6.4)

WPA-PSK(Wi-Fi Protected Access Pre-Shared Key),WPA 预共享密钥(6.4)

WSN(Wireless Sensor Network),无线传感器网络(1.1)

WWNN(World Wide Node Name),全球结点名称(10.4)

WWPN(World Wide Port Name),全球端口名称(10.4)

参 考 文 献

［1］　Peterson L L，Davie B S. Computer Networks，A Systems Approach［M］. Fifth Edition.北京：机械工业出版社，2012.

［2］　Tanenbaum A S. Computer Networks［M］. Fifth Edition.北京：机械工业出版社，2011.

［3］　Clark K，Hamilton K. Cisco LAN Switching［M］.北京：人民邮电出版社，2003.

［4］　Doyle J. TCP/IP 路由技术（第一卷）［M］.葛建立，吴剑章，译.北京：人民邮电出版社，2003.

［5］　Doyle J，Carroll J D. TCP/IP 路由技术（第二卷）［M］.北京：人民邮电出版社，2003.

［6］　沈鑫剡，等.计算机网络技术及应用［M］.2 版.北京：清华大学出版社，2010.

［7］　沈鑫剡.计算机网络［M］.2 版.北京：清华大学出版社，2010.

［8］　沈鑫剡，等.计算机网络技术及应用学习辅导和实验指南［M］.北京：清华大学出版社，2011.

［9］　沈鑫剡.计算机网络学习辅导与实验指南［M］.北京：清华大学出版社，2011.

［10］　沈鑫剡.路由和交换技术［M］.北京：清华大学出版社，2013.

［11］　沈鑫剡.路由和交换技术实验及实训［M］.北京：清华大学出版社，2013.

［12］　沈鑫剡.计算机网络工程［M］.北京：清华大学出版社，2013.

［13］　沈鑫剡.计算机网络工程实验教程［M］.北京：清华大学出版社，2013.

［14］　沈鑫剡，等.网络技术基础与计算思维［M］.北京：清华大学出版社，2016.

［15］　沈鑫剡，等.网络技术基础与计算思维实验教程［M］.北京：清华大学出版社，2016.

［16］　沈鑫剡，等.网络技术基础与计算思维习题详解［M］.北京：清华大学出版社，2016.

［17］　沈鑫剡，等.网络安全［M］.北京：清华大学出版社，2017.

［18］　沈鑫剡，等.网络安全实验教程［M］.北京：清华大学出版社，2017.

［19］　沈鑫剡，等.网络安全习题详解［M］.北京：清华大学出版社，2018.

［20］　沈鑫剡，等.路由和交换技术［M］.2 版.北京：清华大学出版社，2018.

［21］　沈鑫剡，等.路由和交换技术实验及实训——基于 Cisco Packet Tracer［M］.2 版.北京：清华大学出版社，2019.

［22］　沈鑫剡，等.路由和交换技术实验及实训——基于华为 eNSP［M］.2 版.北京：清华大学出版社，2019.

［23］　沈鑫剡，等.网络技术基础与计算思维实验教程——基于华为 eNSP［M］.北京：清华大学出版社，2020.

图 书 资 源 支 持

感谢您一直以来对清华版图书的支持和爱护。为了配合本书的使用,本书提供配套的资源,有需求的读者请扫描下方的"书圈"微信公众号二维码,在图书专区下载,也可以拨打电话或发送电子邮件咨询。

如果您在使用本书的过程中遇到了什么问题,或者有相关图书出版计划,也请您发邮件告诉我们,以便我们更好地为您服务。

我们的联系方式:

地　　　址:北京市海淀区双清路学研大厦 A 座 714

邮　　　编:100084

电　　　话:010-83470236　010-83470237

客服邮箱:2301891038@qq.com

QQ:2301891038(请写明您的单位和姓名)

资源下载:关注公众号"书圈"下载配套资源。

资源下载、样书申请

书 圈

获取最新书目

观看课程直播